滑坡演化及调控：理论与实践

唐辉明 等 著

科学出版社

北京

内 容 简 介

重大滑坡演化与过程调控理论和技术方法是科学进行滑坡地质灾害预测预警与防治的基础。滑坡演化规律、滑坡监测技术、滑坡预测预报方法、滑坡治理技术及研究滑坡的原位观测平台是滑坡调控理论和技术方法体系的重要组成部分。本书以信息论、系统论、控制论为理论基础，在深入研究重大工程区滑坡孕灾模式的基础上，揭示重大滑坡演化基本规律；研发重大滑坡新型观测技术，服务于滑坡立体综合观测；揭示重大滑坡启滑物理力学机制，构建滑坡启滑判据与数值预报模式；研发基于演化过程的滑坡防治技术，搭建应用示范平台；建立以滑坡演化机理与状态判识、物理过程与启滑预测、动态评价与过程控制为核心的滑坡过程调控理论。

本书可供地质灾害防治行业的科技工作者及相关领域的研究人员参考阅读。

图书在版编目（CIP）数据

滑坡演化及调控 ： 理论与实践 / 唐辉明等著. -- 北京 ： 科学出版社，2025. 5. -- ISBN 978-7-03-081164-6

I. P642.22

中国国家版本馆 CIP 数据核字第 2025S1K034 号

责任编辑：何　念　张　湾/责任校对：高　嵘
责任印制：彭　超/封面设计：无极书装

科 学 出 版 社 出版
北京东黄城根北街 16 号
邮政编码：100717
http://www.sciencep.com
武汉精一佳印刷有限公司印刷
科学出版社发行　各地新华书店经销
*
开本：787×1092　1/16
2025 年 5 月第 一 版　　印张：22 1/4
2025 年 5 月第一次印刷　字数：523 000
定价：358.00 元
（如有印装质量问题，我社负责调换）

序

金秋十月，唐辉明教授在西安把他所著的《滑坡演化及调控：理论与实践》放到我面前时，让我感到十分惊喜，一本专门论述滑坡演化的经典著作终于面世了，于是欣然为该书作序。

演化是滑坡的基本属性，滑坡演化是地球表部物质演化的主要形式之一。滑坡演化特性科学问题的研究深奥且复杂，如演化动力来源与地球内外力作用如何关联，如何划分演化基本形式中的渐变和突发，演化地质模式遵循什么样的物理力学机制，如何判识和确定演化过程与演化阶段，如何精确地进行演化状态预测与数值预报，在深化滑坡形成机理认识的基础上如何揭示滑坡时空分布规律，如何有效开展精准滑坡预测预报和滑坡防治，这些都是国际滑坡学研究领域中亟待解决的重大关键科学问题，因此研究意义十分重大。

唐辉明教授是国际知名工程地质学家，曾代表中国担任过国际工程地质与环境协会副主席，现任中国地质学会工程地质专业委员会主任委员。他扎根长江三峡库区和西南山区40余年，先后主持完成过国家重点基础研究发展计划项目、国家自然科学基金重大项目、国家重点研发计划项目、国家自然科学基金重大科研仪器研制项目和国际合作重点项目，开拓性地开展了滑坡演化与控制研究，提出了以滑坡演化机理与状态判识、物理过程与启滑预测、动态评价与过程控制为核心的滑坡过程调控理论，取得了系统性创新成果，得到了国内外同行的广泛认可，为中国工程地质的发展，以及国家防灾减灾和重大工程建设做出了重要贡献。《滑坡演化及调控：理论与实践》是这些重大研究成果的集成。

该书第一篇系统论述滑坡演化的基本规律。从滑坡演化模式与阶段判识、滑坡地质结构演化规律、滑带土强度演化规律、重大工程区典型滑坡演化过程等方面系统阐述滑坡演化基本理论。

该书第二篇全面介绍滑坡多场监测技术。从场的概念起源、滑坡的多场分类出发，阐明滑坡"天空地深"综合多场监测；特别是系统介绍自主研发的滑坡大变形监测技术的原理、设计过程及技术的实现；阐述滑坡多场关联监测思想、多场关联监测设备架构及多场关联监测物联网平台。

该书第三篇重点介绍基于物理力学过程的滑坡预测预报。提出滑坡预测预报中的关键科学问题，剖析锁固解锁型和动水驱动型两类滑坡启滑的物理力学机制；基于物理力学机制分析，构建锁固解锁型和动水驱动型两类滑坡的启滑判据；以此为基础，构建滑坡数值预报模式，搭建滑坡实时预报平台。

该书第四篇重点介绍基于演化过程的滑坡防治关键技术。基于演化过程思想，研发滑坡防治关键技术；揭示滑坡与防治结构协同演化的规律与相互作用机理，概化滑坡-防治结构体系失稳模式，构建滑坡-防治结构体系多参量时效稳定性评价方法，提出抗滑桩、锚索和锚拉桩关键参量优化设计方法。

该书第五篇全面介绍黄土坡滑坡大型野外综合试验场建设思路及架构体系，重点阐述滑带土大型原位三轴蠕变试验和大型原位直剪试验，论述依据试验数据建立的滑带土流变本构模型与剪切力学本构模型，介绍基于立体综合监测和试验观测数据的黄土坡滑坡演化机制和物理机制。

唐辉明教授聚焦滑坡形成演化过程理论与防控技术，依托国家一系列重大科研项目和国家一系列重大工程，创造性地开展了滑坡科学的系统研究，并取得了国内外瞩目的系统性成果。唐辉明教授先后获得国家科学技术进步奖二等奖 2 项、省部级科技奖 5 项、国家级教学成果奖二等奖 2 项，以及李四光地质科学奖，是享誉国内外的著名工程地质学家。目前，他正带领中国工程地质学者继续攻关滑坡成因与防控中的一些重大难题，预计不久的将来，我国滑坡研究会进一步占领国际学术前沿高地。

作为国内外首部系统研究滑坡演化的专著，该书体系完整、内容全面、图文并茂、深入浅出，体现了滑坡理论研究的重大突破和应用实践的重大创新，是唐辉明教授学术研究的一个新台阶、一个新标志，对相关领域研究人员及高校师生来说具有重要的参考价值和指导意义。预祝唐辉明教授及其研究团队在滑坡科学研究方面再创佳绩，再铸辉煌。

中国科学院院士

2024 年初冬于西安

前　言

我国地形地貌多样、地质条件复杂，滑坡地质灾害广泛发育、危害深重，在我国西南山区、长江三峡库区和黄河中上游流域尤为密集。地壳隆升与河谷下切造就了山高坡陡的地形地貌，由于构造运动和外动力作用极其活跃，滑坡、崩塌等地质灾害易发且频发。根据联合国教育、科学及文化组织统计的数据，我国是世界上遭受滑坡灾害损失最严重的国家，每年由滑坡导致的人员伤亡和财产损失均位于世界首位。

我国正在实施的"一带一路"倡议、长江经济带发展、黄河流域生态保护和高质量发展、美丽中国建设等国家战略计划，均面临着重大滑坡灾害的威胁，滑坡防治任务十分艰巨。我国重大滑坡事件屡见不鲜，并带来了严重的灾难性后果。例如，2018 年 10 月 11 日在川藏交界处发生的白格滑坡截断了金沙江，形成了长 5 600 m、高 70 m 的堰塞坝，严重威胁流域人民生命财产和工程设施安全，造成了重大的社会影响和经济损失；三峡库区巴东黄土坡滑坡体积巨大，达 $6.934 \times 10^7\ m^3$，严重威胁 2 万多居民的生命财产安全。长江经济带是我国地质灾害高发区，大型工程建设进一步凸显了人类工程活动和环境协调发展之间的矛盾，诱发了 2 000 多处滑坡灾害。黄河流域中上游发育 1 万余处滑坡，常造成群死群伤和重大财产损失。可见，滑坡地质灾害防控是工程地质领域亟须突破的课题。

聚焦重大滑坡防控科学技术问题，作者基于"地质演化-动力致灾-过程控制"的核心思想，以系统论和控制论为指导，在国家多项重大科研项目[包括国家重点基础研究发展计划项目"重大工程灾变滑坡演化与控制的基础研究"（2011CB710600）、国家自然科学基金重大项目"重大滑坡预测预报基础研究"（42090050）、国家自然科学基金重点项目"水库滑坡演化进程多维诊断与稳定性研究"（41230637）、国家重点研发计划项目"基于演化过程的滑坡防治关键技术及标准化体系"（2017YFC1501300）、国家自然科学基金重大科研仪器研制项目"滑坡演化过程全剖面多场特征参数监测设备研制"（41827808）]支持下，针对滑坡防控中与演化过程脱节的瓶颈问题，系统开展了基于演化过程的滑坡调控理论、方法、技术研究，在滑坡演化机理、防控技术方法、滑坡观测体系及应用示范等方面取得了创新性研究成果。本书是在这些项目研究成果的基础上凝练总结而成的。

本书共 17 章，分为五篇。第 1 章为滑坡演化与过程调控理论和技术方法体系。第一篇为滑坡演化基本规律，包括第 2～5 章，系统阐述滑坡演化中的基本规律。第 2 章为滑坡演化模式与阶段判识，系统介绍斜坡破坏主要类型，提出 6 类典型滑坡演化模式及滑坡演化阶段判识方法；第 3 章为滑坡地质结构演化规律，从滑带土结构演化和滑坡裂隙演化两个角度揭示滑坡地质结构演化基本规律；第 4 章为滑带土强度演化规律，阐明滑带土水致劣化效应与渗流冲蚀劣化效应，揭示滑带土强度劣化规律，建立强度劣化模型；第 5 章为重大工程区典型滑坡演化过程，选取三峡库区堆积层滑坡和澜沧江苗尾库区弯曲倾倒型滑坡，基于物理模型试验揭示重大工程区两类典型滑坡演化的基本特征。

第二篇为滑坡多场监测技术，包括第 6～8 章，阐述滑坡多场监测中的关键技术。第 6 章为滑坡多场演化，探讨场的概念起源、滑坡的多场分类，阐明滑坡"天空地深"综合多场监测；第 7 章为滑坡大变形监测技术，系统阐述滑坡大变形监测技术的原理、设计过程及技术的实现；第 8 章为滑坡多场关联监测，阐述滑坡多场关联监测思想、多场关联监测设备架构及多场关联监测物联网平台。

第三篇为滑坡预测预报，包括第 9～11 章，阐明滑坡预测预报中的关键科学问题，并建立数值预报模式。第 9 章为滑坡启滑物理力学机制，剖析锁固解锁型和动水驱动型两类滑坡启滑的物理力学机制；第 10 章为基于物理力学过程的滑坡启滑判据，基于物理力学机制分析，构建锁固解锁型和动水驱动型两类滑坡的启滑判据；第 11 章为数值预报模式与平台，构建滑坡数值预报模式，搭建滑坡实时预报平台框架。

第四篇为滑坡防治关键技术，包括第 12～14 章，基于演化过程思想，指导研发滑坡防治关键技术。第 12 章为滑坡-防治结构体系协同演化规律，揭示滑坡与防治结构（抗滑桩、锚索、锚拉桩）的协同演化规律与相互作用机理，总结滑坡-防治结构体系失稳模式；第 13 章为滑坡-防治结构体系多参量时效稳定性评价，揭示滑坡-防治结构体系主控参量演化规律，构建滑坡-防治结构体系多参量时效稳定性评价方法；第 14 章为基于演化过程的抗滑结构设计关键技术，提出抗滑桩、锚索、锚拉桩设计中桩位、锚固方向角、锚固长度等关键参量的优化设计方法。

第五篇为滑坡研究与示范平台，包括第 15～17 章，介绍大型野外综合试验场及其实践应用。第 15 章为水库滑坡大型野外综合试验场，介绍黄土坡滑坡大型野外综合试验场建设思路及架构体系；第 16 章为滑带土原位力学试验，基于滑带土大型原位三轴蠕变试验和大型原位直剪试验，建立滑带土流变本构模型与剪切力学本构模型；第 17 章为基于立体综合监测的黄土坡滑坡演化机制，基于试验场观测数据分析黄土坡滑坡演化特征，并揭示黄土坡滑坡演化力学机制。

本书主体内容是作者主持的一系列国家重大、重点类科研项目的研究成果。本书将系统阐述滑坡演化的基础理论及滑坡防控中的关键技术和方法。滑坡防控研究工作是一项极具挑战性的工作，如滑坡预测预报等科学问题仍是研究人员正在探索的世界性科学难题。

胡新丽、黄雨、秦四清、王亮清、李长冬、邹宗兴、龚文平、吴琼、葛云峰、张永权、张抒和谭钦文等同事参加了本书撰写。在国家重点基础研究发展计划项目、国家自然科学基金重大项目和国家重点研发计划项目研究工作中，得到了施斌教授、秦四清教授、胡新丽教授、黄雨教授、隋旺华教授、龚文平教授、李典庆教授、李长冬教授、王亮清教授、庄建琦教授、胡伟教授、熊承仁教授和曾志刚教授的指点和帮助。作者的研究工作始终得到崔鹏院士、彭建兵院士和殷跃平院士的指导。彭建兵院士十分关注本书的出版，在百忙中欣然作序。谨此致以深切的谢意！

本书难免存在不足与纰漏，敬请读者批评指正。

作 者

2024 年 9 月

目　　录

第二篇 滑坡多场监测技术

第四篇　滑坡防治关键技术

第五篇　滑坡研究与示范平台

第 1 章　滑坡演化与过程调控理论和技术方法体系

科学地进行滑坡地质灾害预测预警与防治需要系统完善的滑坡调控理论作为支撑。滑坡是表生地质作用的产物，是地表过程或地貌过程的重要组成部分。滑坡演化体现自然演化、地质演化的基本禀赋。通过揭示滑坡演化基本规律，构建基于演化过程的滑坡调控理论，是促进滑坡防灾减灾科技发展的重要途径。

滑坡演化规律、滑坡预测预报方法、滑坡治理技术及研究滑坡的现场观测和原位试验等技术是滑坡调控理论和技术方法体系的重要组成部分。本书以信息论、系统论、控制论等为理论基础，在深入研究重大工程灾变滑坡区滑坡孕灾地质环境与孕灾模式的基础上，揭示重大滑坡演化基本规律；研发重大滑坡新型观测技术，服务于滑坡立体综合观测；揭示重大滑坡启滑物理力学机制，构建滑坡启滑判据，提出滑坡预测预报数值模式；研发基于演化过程的滑坡防治技术，搭建应用示范平台。建立以滑坡演化机理与状态判识、物理过程与启滑预测、动态评价与过程调控为核心的滑坡过程调控理论(图 1.1)，其具体包含滑坡演化基本规律、滑坡多场监测技术、滑坡预测预报、滑坡防治关键技术及滑坡研究与示范平台五方面内容。

(1) 滑坡演化基本规律。

滑坡演化基本规律是滑坡过程控制的基础。演化是滑坡的基本属性，滑坡的演化经历了孕育、发展、发生和停止过程。在演化的整个过程中，滑坡的结构、强度、应力、变形等物理量均会发生变化。通过对这些物理量的观测和分析，深入了解滑坡的演化规律，可为后续的滑坡预测和防治提供重要依据。滑坡演化具有显著的模式多样性与阶段性特点。演化阶段划分是充分认识滑坡演化特征的重要环节。通过演化阶段划分，可开展针对性更强、精细化程度更高的滑坡防控工作。针对重大工程区，可开展典型滑坡精细化研究，揭示重大滑坡演化过程。

(2) 滑坡多场监测技术。

滑坡多场监测技术是滑坡过程控制的关键手段。准确获取滑坡演化过程中的多场信息是精细刻画滑坡演化过程及划分滑坡演化阶段的重要依据。不同于一般工程结构或地质体，滑坡具有显著的大变形特点，尤其是滑坡深部滑带附近的变形观测，是滑坡监测的难点。针对滑坡监测的关键技术难题，研发滑坡深部柔性大变形监测技术及水平横向管道轨迹技术，实现滑坡全剖面立体综合观测。同时，针对滑坡多场监测中信息时空不关联问题，研发滑坡多场关联监测技术，实现滑坡多场信息关联监测。

(3) 滑坡预测预报。

滑坡预测预报是滑坡过程控制的重要环节。现有滑坡防治理论与方法所依据的是滑坡发生某一时段的特征参量，基本不考虑滑坡的演化过程，在理论和实践上均存在重大

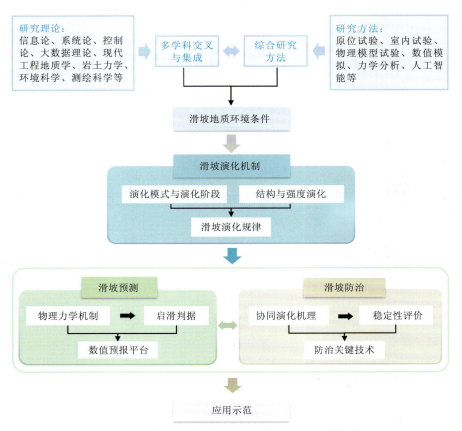

图 1.1　滑坡演化与过程调控理论和技术方法体系

缺陷。滑坡演化过程与阶段的确定为滑坡预测预警提供了基础。基于滑坡演化规律和滑坡多场监测数据的分析与研究，揭示重大滑坡启滑物理力学机制，构建典型重大滑坡启滑判据，搭建重大滑坡数值预报平台，发展滑坡预测预报新思路，提升滑坡预测预报理论水平。

（4）滑坡防治关键技术。

滑坡防治关键技术是滑坡过程控制的核心内容。复杂环境条件下滑坡防治结构的长期安全取决于防治结构的正常工作和其功能的充分发挥，其基础是防治措施的合理选择。因此，必须进行滑坡与防治结构相互作用和协同工作机理的研究。同时，在研究滑坡岩土体和防治结构材料特性的基础上，研究滑坡-防治结构变形破坏时效规律，为滑坡治理设计和长期稳定性分析提供依据。揭示典型滑坡-防治结构（抗滑桩、锚索、锚拉桩）协同演化机制，提出滑坡-防治结构体系多参量时效稳定性评价方法，研发基于演化过程的滑坡防治关键技术。

（5）滑坡研究与示范平台。

滑坡大型野外综合试验场既是开展重大滑坡演化过程研究的重要平台，又是理论实践应用的重要环节。选择三峡库区巨型水库滑坡，搭建了国际性的滑坡研究交流平台。现场立体综合观测及现场原位试验既有效服务了滑坡演化机理、监测技术、预测预报方法和防治技术等关键问题与滑坡重大理论的科学研究，又可有效支撑理论成果的实践应用。

第一篇

滑坡演化基本规律

滑坡演化基本规律是滑坡过程调控的基础。本篇提出典型滑坡演化基本模式及滑坡演化阶段判识方法,从滑带土结构和滑坡裂隙演化两个方面开展滑坡地质结构演化基本规律研究,重点研究了水致劣化作用下滑带土强度演化基本规律,以及重大工程区两类典型滑坡演化的基本规律。

第 2 章　滑坡演化模式与阶段判识

2.1　概　　述

在不同的地质环境条件组合下，滑坡展现出多样化的演化模式。滑坡的演化过程具有显著的阶段性特征，这体现在同一模式的滑坡在不同阶段会展现出独特的演化特点；然而，对于同类型模式的滑坡而言，它们在同一阶段呈现出一定的演化相似性。明确滑坡演化模式与滑坡演化阶段的划分标准，是开展滑坡精细化防控工作重要的理论基础。

前人针对不同区域及不同类型的滑坡演化模式开展了研究。我国西南地区的斜坡地质条件复杂，其变形破坏的地质力学模式也更加丰富，比较常见的有：蠕滑-拉裂、滑移-压致拉裂、滑移-拉裂、滑移-弯曲、弯曲-拉裂（倾倒）、流塑-拉裂及各种复合模式（张倬元 等，1994）。针对库区滑坡主要受到降雨作用及周期性库水位升降作用影响的特点，按照水库滑坡的破坏机制，将库区滑坡分为动水压力型滑坡和浮托型滑坡（Tang et al.，2015）。

本章结合前人研究，以滑坡地质结构为基础，以演化过程为核心，根据斜坡的结构类型，总结层状岩质斜坡、非层状岩质斜坡和土质斜坡三种滑坡的主要破坏类型，提出六种代表性的滑坡孕灾模式，包括顺层缓倾渐进滑移、顺层陡倾蠕变溃屈、深层顺向蠕变滑移、软弱夹层塑流滑脱、斜交切层贯通突滑、高陡反倾弯折滑移。这些模式不仅能够反映滑坡的孕育和发展机制，而且可以为滑坡的预测预报提供理论基础。进一步，通过多场数据监测，利用滑坡宏观变形、位移、速度、声信号和数值模拟结果等多维度数据，提出基于工程地质、多场监测、数值模拟的多准则滑坡演化阶段划分与定量判识的方法。

2.2　斜坡破坏主要类型

斜坡是滑坡发生的物理条件，而滑坡是斜坡失稳的一种表现形式，充分认识斜坡破坏类型是系统研究滑坡演化过程的重要基础。不同结构类型的斜坡具有不同的破坏模式，根据斜坡的结构类型，将斜坡分为层状岩质斜坡、非层状岩质斜坡和土质斜坡三种类型。

2.2.1　层状岩质斜坡破坏类型

层状岩质斜坡在自然界分布广泛，是滑坡孕育的主要斜坡结构之一。根据层面倾角变化，可以将层状岩质斜坡大致分为五大类，依次为近水平斜坡、顺层斜坡、近竖直层斜坡、反向陡倾斜坡和反向缓倾斜坡（汪丁建，2019）。

1. 近水平斜坡破坏类型

近水平地层中，斜坡破坏模式常为蠕滑-拉裂（Hart，2000）。在这种模式下，岩层的倾角一般小于 10°。斜坡岩体主要沿地层中的软弱层进行剪切蠕滑，其运动速率相对缓慢，如图 2.1 所示。该斜坡破坏模式具有以下几个显著特点：斜坡地层的岩性较弱，或者剪切带中黏土矿物的含量较高，这导致岩石的力学性质在遇水后会大幅度弱化，进而抗剪强度显著降低；斜坡的纵向延伸长度远大于其高度，且沿纵向剖面发育有大量竖向裂缝。由于长期的蠕滑作用，一些裂缝进一步发育成深部凹槽，斜坡在纵向上呈现出多级次的分布特征；雨水能够通过这些竖向裂缝和凹槽迅速渗入坡体，这不仅提高了地下水位，还增大了坡体的侧向水压力和底部扬压力，同时岩石的力学性质软化，导致斜坡滑动失稳。

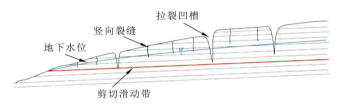

图 2.1　近水平斜坡剖面示意图

因此，尽管从地质结构上看近水平地层中发育的斜坡不易失稳，但在特定的地层结构中，由于坡体剪切带岩石力学性质较弱，加之地下水抬升的影响，近水平斜坡也可能产生滑移失稳。

2. 顺层斜坡破坏类型

层状岩质斜坡的演化模式受岩层层面、节理和临空面组合的影响，由于顺层斜坡的层面与临空面倾向一致，所以该类型斜坡较易失稳，其本质都是重力作用下岩体沿层面或节理面的滑动。常见的顺层斜坡破坏类型有平面滑动、台阶状滑动、滑移-溃曲、楔形体滑动、偏转滑动，如图 2.2 所示。

平面滑动[图 2.2（a）]的破坏机制为典型的沿层面或软弱层的剪切滑移（Zhang et al.，2018；Xu et al.，2015），斜坡的前缘临空面没有其他阻滑体限制岩体变形，岩体最终沿滑动面整体滑动失稳。

台阶状滑动[图 2.2（b）]一般发育于中厚层状地层之中，岩体内结构面除顺倾层面外，还发育一组与层面斜交的节理面，节理面的延伸范围一般较小（Brideau et al.，2009）。台阶状滑动斜坡的破坏面由沿层面的剪切面和层内拉裂缝组成，两者在剖面上呈台阶状组合。

当斜坡的前缘坡脚受阻时，顺层斜坡易形成滑移-溃曲破坏[图 2.2（c）]。重力作用下，斜坡整体沿层面或软弱层向下滑移，因前缘受阻，坡脚处产生应力集中，挤压带层面逐渐开启，上部岩层发生弯曲隆起，变形弯曲的岩层形成类似褶曲的形态（Weng et al.，2015；Tommasi et al.，2009）。

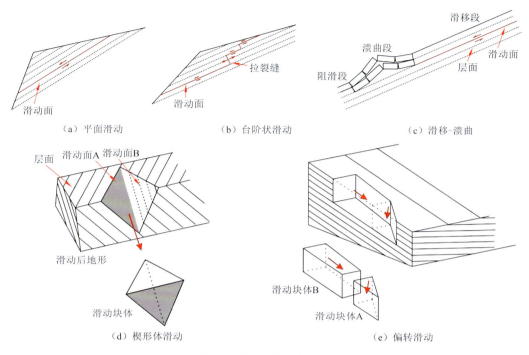

图 2.2　顺层斜坡破坏类型

　　楔形体滑动［图 2.2（d）］是指坡体沿软弱层（滑动面 A）和断层带-节理面组合面（滑动面 B）的滑动，其地层结构特点是岩层层面向山体内部倾斜且存在与层面相切割的临空面，当坡体内软弱夹层与断层组合成楔形体时，坡体在外力作用下沿组合面交线方向向下滑动（Barla，2017；Challen et al.，1984）。

　　偏转滑动［图 2.2（e）］在结构上与楔形体滑动有一定的相似之处（殷跃平，2010），表现在：岩层层面向山体内部倾斜，临空面切割岩层。临空面、软弱层、断裂面限定了变形岩体的边界，重力作用下后缘块体 B 沿软弱层与断裂面的交线向前滑动，挤压前缘块体 A。事实上，块体 A 为锁固段，起阻滑作用。但是，由于外侧临空，块体 A 逐渐向侧缘滑移，最终块体 A 滑出，块体 B 因失去阻挡力也失稳滑动。由此可见，斜坡前缘块体滑移方向与后缘块体不同，产生一定偏转，故称之为偏转滑动。

3. 近竖直层斜坡破坏类型

　　近竖直层斜坡的临空面与岩体层面近平行，斜坡结构较稳定，靠近临空面处岩层会发生局部破坏，破坏模式有倾倒破坏和溃曲破坏两种，如图 2.3 所示。

　　倾倒破坏［图 2.3（a）］是指重力作用下岩层顶部自由端逐渐向临空面外倾斜弯曲，岩层内部产生许多横向拉裂缝，随着时间推移，岩层将发生倾倒、折断（任光明 等，2009）。

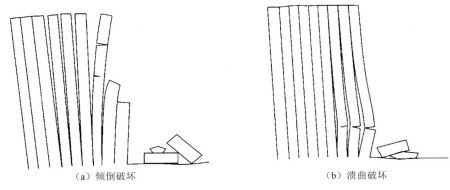

（a）倾倒破坏　　　　　　　　　　　　（b）溃曲破坏

图 2.3　近竖直层斜坡破坏类型

溃曲破坏[图 2.3（b）]发生在外侧竖直岩层坡脚的上方，由于岩层底部固定，顶部倚靠内侧岩层，重力作用下邻近地面处向外弯曲，最终发生溃曲破坏。

4. 反向陡倾斜坡破坏类型

倾倒破坏是反向陡倾斜坡的主要破坏模式，根据岩层完整性特点，倾倒破坏又可分为弯曲倾倒、块状倾倒和块状-弯曲倾倒三种类型（Hoek and Bray，1977）。

反倾岩层较完整时，其结构类似于相互叠加的岩柱，力学上可简化为悬臂梁模型。这种情况下，受重力作用，斜坡整体向临空面方向倾斜变形，使得每个岩柱外侧和内侧分别承受压缩和张拉应力。如果作用在岩柱上的最大拉应力超过了其抗拉强度，那么岩柱将发生弯曲张拉失稳，称之为弯曲倾倒[图 2.4（a）]。

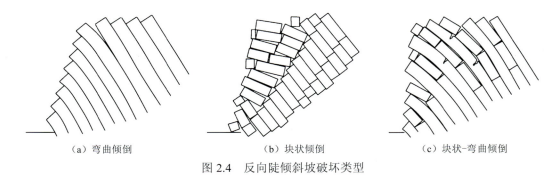

（a）弯曲倾倒　　　　　　　　　（b）块状倾倒　　　　　　　　（c）块状-弯曲倾倒

图 2.4　反向陡倾斜坡破坏类型

若反倾岩层内除了平行层面外还存在多组与层面垂直的节理，两组结构面将岩体切割成块状，那么重力作用下岩块可能会绕底角逐渐转动，当转动力矩较大时岩块将会发生倾倒破坏，称之为块状倾倒[图 2.4（b）]。

实际中，反向陡倾斜坡更多的是块状倾倒和弯曲倾倒组合的破坏模式，即块状-弯曲倾倒[图 2.4（c）]，其特点是块状岩体与完整岩柱相互叠加，转动倾倒和弯曲变形两种破坏模式同时存在。

5. 反向缓倾斜坡破坏类型

由图 2.5 所示的几何结构可知，反向缓倾斜坡的稳定性较高，不易发生破坏。但在长期重力作用及自然风化侵蚀影响下，岩层内部将逐渐产生一些与临空面近乎平行的拉裂隙，其呈雁列状分布；最终部分拉裂隙贯通，斜坡发生剪切滑动破坏。因此，反向缓倾斜坡破坏模式为张拉-剪切破坏，其破坏范围一般较小。

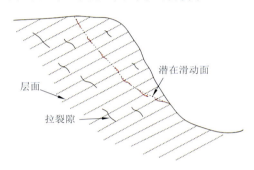

图 2.5　反向缓倾斜坡张拉-剪切破坏

2.2.2　非层状岩质斜坡破坏类型

除了层状岩质斜坡外，非层状岩质斜坡也广泛存在于各种地质环境中。非层状岩质斜坡的主要岩性为岩浆侵入、变质作用等原生地质作用所产生的花岗岩、片麻岩等岩浆岩或部分变质岩。非层状岩质斜坡的岩体缺乏明显的层理结构，其变形破坏主要受到节理、裂隙等构造特征的影响。根据岩体结构类型，将非层状岩质斜坡分为整体-块体结构斜坡和破裂状-散体状结构斜坡，两类斜坡的破坏类型如下。

1. 整体-块体结构斜坡破坏类型

整体-块体结构斜坡由大尺寸、较完整的岩块组成，岩体呈块状或厚层状，结构面不发育，多为刚性结构面，贯穿性软弱结构面少见，这类斜坡的岩体结构较为完整，斜坡稳定条件好，在变形特征上可视为均质弹性各向同性体。整体-块体结构斜坡破坏的主要类型包括：岩块之间存在较大的节理或裂隙，它们相互连接，斜坡受到外部作用力时，岩体沿一个或几个主控结构面发生滑移；当发育陡倾结构面时，岩体可能会因重力作用而直接崩塌（图 2.6）。

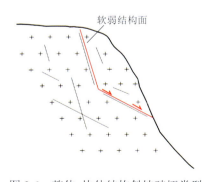

图 2.6　整体-块体结构斜坡破坏类型

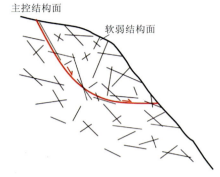

图 2.7　破裂状–散体状结构斜坡破坏类型

2. 破裂状–散体状结构斜坡破坏类型

破裂状–散体状结构斜坡由受构造作用影响严重的破碎岩层、断层破碎带、强风化及全风化带等岩体组成，岩体内构造及风化裂隙密集，结构面错综复杂，并多充填黏性土，形成无序的岩块和碎屑。这类斜坡的岩体完整性较差，整体强度较低，并受到软弱结构面控制，岩体属性接近松散体介质。该类型斜坡结构通常可视为均质结构，容易产生圆弧或近圆弧滑动（图 2.7）。

2.2.3　土质斜坡破坏类型

土质斜坡广泛存在于自然环境中，如山地、河岸等地形，也常出现在人类工程活动中。土质斜坡是由土体组成的斜坡，这些土壤可以是单一类型的，如纯砂土或纯黏土，也可以是多种类型土体的混合体。根据不同的土体类型，可以将土质斜坡大致分为碎石土斜坡、黄土斜坡、冻土斜坡等。

1. 碎石土斜坡破坏类型

碎石土斜坡由大小不一的碎石、砾石和砂土等单一体或混合体构成，这类斜坡的稳定性取决于颗粒间的相互嵌固作用。由于颗粒尺寸的变化范围较大，碎石土斜坡通常具有较高的透水性。碎石土斜坡主要的破坏类型为蠕滑–拉裂，由于重力作用，斜坡顶部可能会产生裂缝，尤其是在雨季之后，水分的增加降低了土体的抗剪强度，增加了斜坡失稳的可能性（图 2.8）。

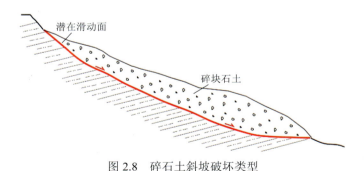

图 2.8　碎石土斜坡破坏类型

2. 黄土斜坡破坏类型

黄土是一种富含钙质的细粒土，通常呈黄色或浅棕色。黄土斜坡在干旱和半干旱地区比较常见，它们容易受到风化作用和水侵蚀的影响，具有较多的垂直节理和较高的孔隙率。在垂直节理发育的黄土斜坡中，常见的破坏类型是受到冲刷侵蚀后形成的多级后退式滑动。这种破坏类型的特点是在降雨作用下，斜坡沿着垂直节理在不同深度发生多次滑动，形成多个连续的滑动面，每次滑动后新的滑动面都会向上方后退一定的距离，形成阶梯状的滑动带（图 2.9）。

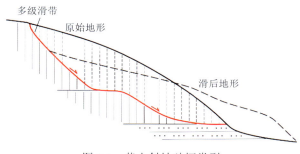

图 2.9　黄土斜坡破坏类型

3. 冻土斜坡破坏类型

冻土斜坡是指位于永久冻土区或季节性冻土区内的斜坡，斜坡的岩土体在冬季冻结，在夏季部分融化。冻土斜坡广泛分布于高纬度地区和高山地带，这类斜坡的稳定性受温度变化的影响很大。冻土斜坡的破坏与温度密切相关，气温降低时，水分因毛细作用向冻结面迁移并在冻结面附近结冰，形成冰楔与冰夹层，破坏了岩土体的结构；气温升高时，冰楔与岩土体中的冰夹层融化，岩土体含水量增加，并伴随着冻融循环作用，岩土体强度降低，进而引发斜坡滑塌（图 2.10）。

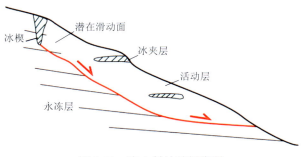

图 2.10　冻土斜坡破坏类型

2.3　滑坡演化典型模式

滑坡的形成与发展受控于地质结构、地形地貌和外动力等多种因素，不同地质环境可孕育出不同演化模式。本节以滑坡结构为主控因素，以地质演化过程为核心，系统总结了六种代表性的滑坡孕灾模式：顺层缓倾渐进滑移、顺层陡倾蠕变溃屈、深层顺向蠕变滑移、软弱夹层塑流滑脱、斜交切层贯通突滑和高陡反倾弯折滑移。

2.3.1 顺层缓倾渐进滑移

顺层缓倾渐进滑移分为两类，即顺层缓倾渐进后退滑移和顺层缓倾渐进前进滑移（邹宗兴 等，2020）。

1. 顺层缓倾渐进后退滑移

顺层缓倾渐进后退滑移式滑坡是一类变形由滑坡前端向后缘逐渐扩展的顺层岩质滑坡，主要发育于层面为缓倾—中倾的斜坡中。该类滑坡通常是由于河流长期下切或人工开挖产生的卸荷回弹作用，斜坡前缘产生变形并向后缘发生累进性扩展而形成的。在卸荷作用下，斜坡从前缘向后缘逐渐产生一系列的竖向拉裂缝，裂缝的规模（深度与宽度）通常会表现为从前缘向后缘递减的趋势，如图 2.11 所示。这类滑坡在强降雨条件下极易失稳，其演化发展可以分为以下三个阶段。

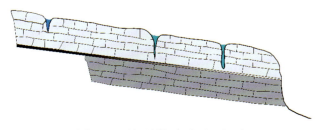

图 2.11　顺层缓倾渐进后退滑移

（1）前缘卸荷回弹阶段：在河流下切或人工开挖的作用下，由于坡体内部应力分布不均和卸荷回弹作用，坡体前缘表层产生竖向拉裂缝。

（2）裂缝延伸扩展阶段：地表水进入表层所产生的拉裂缝后，一方面裂缝被侵蚀或溶蚀，壁面抗拉强度降低，另一方面水流在裂缝中产生的水压劈裂作用会使裂缝持续向深部扩展，这对于裂缝后部的斜坡体而言，相当于又产生了新的卸荷作用，从而产生多组平行拉裂隙。

（3）滑动面贯通破坏阶段：卸荷裂缝切割至滑动面后，当滑带的力学性质弱化到一定程度而不足以抵抗其下滑力时，滑坡产生。

2. 顺层缓倾渐进前进滑移

顺层缓倾渐进前进滑移式滑坡是一类变形由滑坡后缘向前端逐渐递进的、层面较为平直的顺层岩质滑坡，主要发育于层面为中倾—陡倾的中厚层至厚层状灰岩、砂岩斜坡中。这种类型的滑坡的后缘在长期张拉应力及地下水的侵蚀或溶蚀作用下产生深大拉裂缝，地表水通过后缘拉裂缝进入滑带后，后部滑带性质较前端滑带性质先弱化并逐渐由后部向前端贯通，具有后部滑体向前端挤压、前端锁固的特点。顺层缓倾渐进前进滑移式滑坡的演化发展可以分为以下三个阶段。

（1）后缘拉裂缝形成阶段：在张拉应力及地表水共同作用下，在坡体后部形成拉裂缝，裂缝自坡面向深部发展直至切割下伏软弱夹层，拉裂缝发展为滑坡的后缘边界。

（2）拉裂缝扩展阶段：地下水进入滑带后使得涉水部分滑带性质弱化，强度降低，随着滑坡演化的推进，滑带弱化区也逐渐向前端扩展，进一步促进后缘拉裂缝的扩展。

（3）滑动面贯通破坏阶段：随着弱化区的扩展，滑坡锁固段也相应缩小，当滑坡锁固段缩小到一定程度、滑坡的抗滑力不足以抵抗滑坡的下滑力时，锁固段被剪出，滑坡沿着贯穿的滑动面下滑。

2.3.2　顺层陡倾蠕变溃屈

顺层陡倾蠕变溃屈式滑坡是一类因斜坡前缘锁固或存在较长平缓段而受阻，从而在前缘隆起并且在持续变形下形成潜在滑动面后贯通并发生破坏的滑坡。在薄层状及延性较强的硬质岩体中，当层状岩体前端受阻，层面的倾角明显大于潜在滑动面的峰值内摩擦角时，该斜坡极易发生溃屈式破坏，如图 2.12 所示。该类型滑坡的演化发展可分为以下三个阶段。

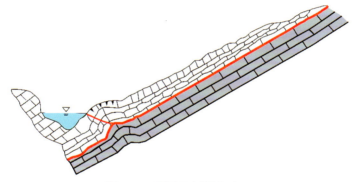

图 2.12　顺层陡倾蠕变溃屈

（1）轻微弯曲变形阶段：无论是地质构造作用使得地层隆起，还是内外动力作用使得潜在滑动面强度降低，只要滑动面的下滑力大于其抗剪强度，斜坡体就会开始缓慢下滑。而当前端受阻，没有可供下滑的临空面时，会在靠近坡脚附近轻微隆起。

（2）弯曲隆起松动阶段：该阶段弯曲隆起持续发展，并在剖面中出现 X 形错动，其中一组节理逐渐发展为滑移剪切面。由于累进性滑移的存在，地面持续隆起，岩体松动加剧，局部出现崩落或滑落。

（3）溃屈滑移阶段：前端潜在滑动面贯穿，滑坡沿着贯穿的滑动面发生滑移。

2.3.3　深层顺向蠕变滑移

深层顺向蠕变滑移式滑坡是一类坡体沿着一定厚度的滑带缓慢蠕动，并在重力作用下缓慢地向斜坡下方产生形变的滑坡。该类滑坡深层岩体的变形方式为黏性蠕动变形，浅部则表现为局部的脆性变形或断裂，变形的结果通常是深层出现不对称褶皱，浅部岩体块状破裂并错位，如图 2.13 所示。其滑坡演化过程可分为以下三个阶段。

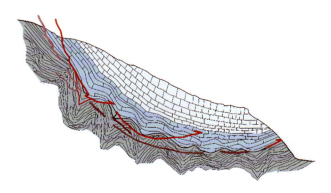

图 2.13　深层顺向蠕变滑移

（1）深部滑带形成阶段：在河流下切等地质作用下，斜坡沿着坡内既有软弱层产生变形，软弱层在动力作用及地下水作用下逐渐形成呈泥化的滑带。

（2）蠕变滑移阶段：在深部滑带形成后，滑体以近于顺层的剪切滑动为主，表现形式为深层蠕变滑移，该阶段持续时间较长。

（3）启滑失稳阶段：当深层蠕变发育到一定阶段时，在水库蓄水、长期降雨等外动力因素影响下，滑坡逐渐从稳定蠕变状态过渡到加速蠕变状态，进一步启滑失稳。

2.3.4　软弱夹层塑流滑脱

软弱夹层塑流滑脱式滑坡是一类滑动面由软塑带构成、在持续的"塑性"流动后发生整体失稳破坏的滑坡。该类滑坡在形成发展的地质历史过程中，由于坡脚临空面的存在和坡体内部的应力重分布，斜坡体向坡脚产生变形，同时斜坡后缘出现拉裂缝，后缘拉裂缝随着前缘蠕滑运动的加速而向滑体两侧扩展延伸，并沿着已有的软弱层形成局部塑性区，随着拉裂缝的持续发展，最终与塑性区贯通形成滑动面，从而形成滑坡，如图 2.14 所示。该类型滑坡的演化过程可分为以下三个阶段。

（1）后缘裂缝形成阶段：在河流切割等地质内动力作用下斜坡内部应力重分布，在斜坡后缘形成了拉裂缝。

（2）裂缝扩展拉裂阶段：后缘拉裂缝随着前缘蠕滑运动的加速而向滑体两侧扩展延伸，同时受到水的影响，裂缝还会向深部发生扩展，滑动面沿着已有软弱层出现局部的塑性区。

（3）整体滑移解体阶段：裂缝持续加深并向坡体两侧延伸，最终形成了贯通的滑动面，发生整体破坏。

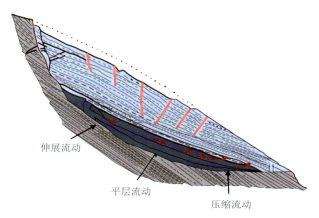

图 2.14　软弱夹层塑流滑脱

2.3.5　斜交切层贯通突滑

斜交切层贯通突滑式滑坡是一类由于反倾层状斜坡本身的坠覆作用，斜坡前缘的岩体向临空面发生变形并逐渐于坡体内部形成拉裂隙，在拉裂隙贯通后发生突然的失稳滑动的滑坡，主要发生于中倾—陡倾的中薄层反倾层状岩体中，如图 2.15 所示。该类型滑坡的演化过程可分为以下三个阶段。

（1）层内拉裂隙形成阶段：由于反倾层状斜坡的重力坠覆作用，从斜坡后缘开始逐渐形成切层的拉裂隙。

（2）拉裂隙发展阶段：由于岩体本身的应力释放和斜坡体进一步向临空面产生坠覆，层内拉裂隙逐渐发展和扩张，从而形成潜在切层滑动面。

（3）裂隙切层贯通失稳阶段：坡体中前部锁固段剪出，裂隙切层贯通，滑坡沿着贯通滑动面突发性失稳。

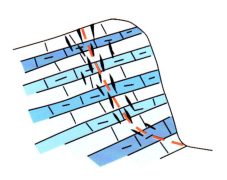

图 2.15　斜交切层贯通突滑

2.3.6　高陡反倾弯折滑移

高陡反倾弯折滑移式滑坡是一类由于陡倾反倾层面向临空面倾倒弯折，在岩层内部产生贯通的弯折带从而发生失稳的滑坡。高陡反倾弯折滑移式滑坡通常发生于高山峡谷地区，常发育为大型和巨型的深层滑坡，滑坡的层面反倾且较陡（>40°），甚至近乎直立，且常发生在具有"柔性"特点的薄层状地层中，如图 2.16 所示。该类滑坡的孕育发展与区域河谷演化过程密切相关，其演化过程可分为如下三个阶段。

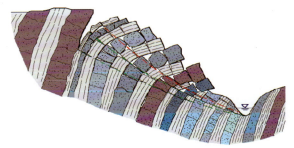

图 2.16　高陡反倾弯折滑移

（1）初始弯曲阶段：在河流的下蚀作用下，河谷逐渐加深，坡表的卸荷区逐渐向下部发展，受到岩体本身结构的影响，斜坡开始向临空面产生弯曲。

（2）自稳蠕变阶段：伴随着岸坡初始临空面的形成，原本处于高地应力状态下的岩体由于应力释放而产生卸荷回弹，克服层间摩擦阻力，产生层间剪切运动，逐渐向临空侧发生倾倒弯折。随着河流纵向切割程度的加深，岸坡逐渐加高变陡，向临空方向持续变形，此时斜坡整体属于蠕变阶段。

（3）统一剪切面形成破坏阶段：在岸坡蠕变过程中，岩层逐渐向临空方向倾倒变形并产生层间错动，进一步使岩层内部产生弯折裂缝并贯通，从而产生沿着剪切面或弯折带的破坏。

2.4　滑坡演化阶段判识

2.4.1　演化阶段划分

自然滑坡是表生地质作用的产物，反映地貌过程和地壳运动，具有明显的演化过程和阶段性；它们的发展遵循着有序的演化过程，这一过程可以划分为多个阶段，每个阶段都对应着特定的地质条件和动态变化，通过对滑坡演化阶段的划分和研究，能够揭示区域滑坡的边界条件，以及其在时间和空间上的发育规律。正确确定滑坡的演化阶段及其突变点是滑坡预测预报的基础，这不仅有助于理解滑坡行为模式、评估滑坡的潜在风险，而且为确定有效的防治措施提供了科学依据。

工程滑坡在不同的时间尺度上具有类似的演化过程和阶段性，自然滑坡和工程滑坡通常可划分为四个演化阶段，基于滑坡变形-时间曲线，可将滑坡演化划分为初始变形阶段（隐变形状态）、匀速变形阶段（弱变形状态）、加速变形阶段（强变形状态）和整体破坏阶段（临滑阶段）四个阶段（图 2.17），此外还有学者将斜坡岩土体的变形演化分为三个阶段，分别为初始变形阶段、等速变形阶段和加速变形阶段，其中，斜坡的加速变形阶段细分为初加速、中加速和加加速三个亚阶段（许强 等，2008）。在不同滑坡演化状态下，部分阶段可以相互转化，从而呈现复杂的演化过程。需要注意的是，这里所讲的滑坡演化阶段并非针对滑坡局部的演化状态，而是就滑坡整体而言的。

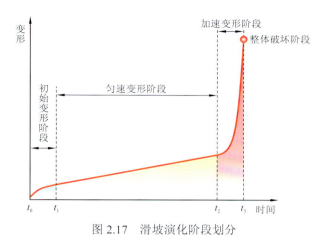

图 2.17　滑坡演化阶段划分

$t_i(i=0,1,2,3)$ 为滑坡演化阶段时间分割点

2.4.2　滑坡演化阶段判识方法

滑坡演化阶段可通过工程地质准则、多场监测准则和数值模拟准则加以综合判识（表 2.1）。

表 2.1　滑坡演化阶段判识指标体系及方法判据

阶段判识准则	指标	类别	阶段演化特征			
			初始变形阶段	匀速变形阶段	加速变形阶段	整体破坏阶段
工程地质准则	裂缝分期配套	推移式滑坡	后缘形成拉裂缝	中部侧翼产生剪张裂缝	前缘形成隆胀裂缝	裂缝圈闭贯通
		牵引式滑坡	前缘及临空面附近产生拉裂缝	前缘局部塌滑、裂缝向后扩展	后缘形成弧形拉裂缝	裂缝圈闭贯通
	宏观变形判据（弯曲倾倒）	岩层倾倒变化角度 β	$\beta<10°$	$10°\leq\beta<30°$		$\beta\geq30°$
多场监测准则	位移	赫斯特（Hurst）指数	方差>0.005，赫斯特指数呈随机波动状态，无规律	方差<0.005，赫斯特指数-时间曲线第一个波谷时刻		无明显特征
		位移矢量角	呈随机波动，无明显规律	出现稳定值或在经历持续增长、减少后出现稳定值	小幅度的波动增长或减少	剧烈波动增长或下降，可能伴随突变
		多重分形维数	均值最大	均值最小	大于匀速变形阶段均值，小于初始变形阶段均值	略低于加速变形阶段均值
		改进切线角 α_i	$\alpha_i<45°$	$\alpha_i\approx45°$	$45°<\alpha_i<89°$	$\alpha_i\geq89°$

续表

阶段判识准则	指标	类别	阶段演化特征			
			初始变形阶段	匀速变形阶段	加速变形阶段	整体破坏阶段
多场监测准则	速度	综合标准化变形指数 CSDI	CSDI<0	CSDI<1	0≤CSDI<2	CSDI≥2
	加速度	邹（Chow）分割点检验法（线性约束统计量 F 和似然比统计量 LR）	F 和 LR 统计量的值最大，并且其相应的概率值 P 都大于 0.05	F 和 LR 统计量的值最大，并且其相应的概率值 P 都小于 0.05，大于 0.01	F 和 LR 统计量的值最大，并且其相应的概率值 P 都小于 0.01	
	位移-速度-加速度-加加速度	基于运动学特征的综合判据（位移 D，速度 $\dot{D}$，加速度 $\ddot{D}$，加加速度 $\dddot{D}$）	D:+↗ $\dot{D}$:↗↘ $\ddot{D}$:−↘ $\dddot{D}$:−↘	D:+↗ $\dot{D}$:0↔ $\ddot{D}$:0↔ $\dddot{D}$:0↔	D:+↗ $\dot{D}$:+↗ $\ddot{D}$:+↗ $\dddot{D}$:+↗	—
	声信号	贡献比	均值小于 0.3，方差小于 1	均值处于 0.3～2，方差处于 1～10		均值大于 2，方差大于 10
数值模拟准则	塑性变形区	—	无塑性变形区或塑性变形区极小	局部出现塑性变形区	塑性变形区迅速扩展	塑性变形区滑动面全部贯通
	关键监测点位移	—	位移速率较小，位移趋于恒定	位移线性增长，无明显加速	位移增速显著，等速转向加速	位移与速度剧增，计算失真
	稳定性系数	强度折减法	>1.1	1.04～1.1	1.01～1.04	1.0～1.01

注：阶段特征用箭头表示，双头水平箭头（↔）代表稳定状态，向上箭头（↗）代表增长，向下箭头（↘）代表减少，"0"表示函数为零或常数，"−"表示正减函数或负增函数，"+"表示正增函数。

1. 工程地质准则

1）裂缝分期配套

在滑坡过程中，裂缝的发生、发展和分布与滑坡体的变形阶段紧密相关，并且裂缝之间存在一定的有序性和规律性。裂缝分期配套工程地质准则对于理解和预测滑坡的发展具有重要意义。

滑坡演化过程中，岩土体在应力作用下会发生体积、形状或宏观连续性的变化。当宏观连续性没有显著变化时，称为变形；当宏观连续性发生显著变化时，称为破坏。滑坡在整体失稳前，会经历一个较长的变形发展过程，其中裂缝的形成和发展是关键特征。滑坡裂缝体系的分期是指裂缝的发生、扩展与斜坡的演化阶段相对应，而配套则指裂缝的产生和发展在时间与空间上是有序的。这种特性对于理解滑坡的演化过程至关重要。

下面针对推移式滑坡和牵引式滑坡给出了相对完善的裂缝体系分期配套特性的描述。

（1）推移式滑坡裂缝体系的分期配套特性。

推移式滑坡的滑动面通常呈前缓后陡的形态，其裂缝体系的分期配套特性包括：①后缘拉裂缝的形成，滑坡后缘因较大的下滑推力首先发生拉裂和滑动变形，形成后缘拉裂缝；②中部侧翼剪张裂缝产生，随着后段变形的向前传递，中部两侧边界出现剪应力集中，形成侧翼剪张裂缝；③前缘隆胀裂缝的形成，当滑坡体前缘受到阻挡时，岩土体以隆胀形式协调变形，形成前缘隆起带和相应的裂缝；④形成圈闭的地表裂缝形态时，表明坡体滑动面已基本贯通，坡体整体失稳破坏的条件已经具备，滑坡即将发生，如图 2.18 所示。

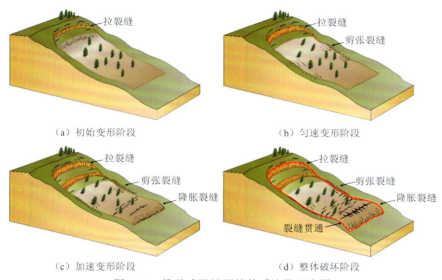

（a）初始变形阶段　　　　　　　　　　（b）匀速变形阶段

（c）加速变形阶段　　　　　　　　　　（d）整体破坏阶段

图 2.18　推移式滑坡裂缝体系演化示意图

（2）牵引式滑坡裂缝体系的分期配套特性。

牵引式滑坡的滑动面倾角相对均匀、平缓，其裂缝体系的分期配套特性包括：①前缘及临空面附近拉裂缝的产生，前缘岩土体在受到侵蚀或人工开挖等影响时，产生拉应力集中和拉裂变形；②前缘局部塌滑、裂缝向后扩展，随着变形的增加，前缘裂缝扩展形成次级滑块，逐渐形成从前至后的多级弧形拉裂缝和滑块；③后缘形成弧形拉裂缝，当坡体从前向后的滑移变形扩展到后缘一定部位时，后缘形成弧形拉裂缝；④裂缝圈闭贯通，受斜坡体地质结构和物质组成等因素的限制，变形将停止向后的继续扩展，滑坡前缘、中部和后缘裂缝圈闭贯通，滑坡进一步呈叠瓦式向前滑移，直至最后的整体失稳破坏，如图 2.19 所示。

在实际的滑坡预测预警过程中，应以裂缝分期配套特性为基础，注意具体问题具体分析，不能生搬硬套。滑坡的变形破坏机制和过程非常复杂，具有明显的个性特征，因此不同时间段和不同空间部位的滑坡裂缝体系可能会有所变化。

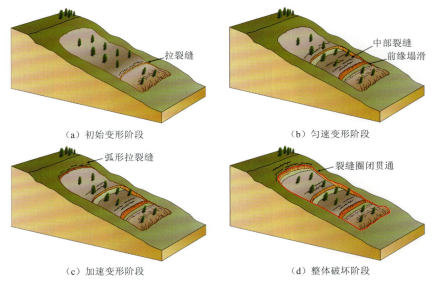

（a）初始变形阶段 （b）匀速变形阶段

（c）加速变形阶段 （d）整体破坏阶段

图 2.19 牵引式滑坡裂缝体系演化示意图

2）滑坡变形演化阶段宏观变形判据

滑坡变形演化阶段宏观变形判据是针对反倾滑坡提出的一种综合评估滑坡稳定性和变形特征的方法，该方法通过分析滑坡的宏观变形数据，定量探讨滑坡在变形过程中的关键变化。通过捕捉反倾滑坡关键时刻的变形图像，分析反倾滑坡的岩层倾倒变化角度。岩层倾倒变化角度 β 是反倾滑坡原始岩层倾角 b 与最表层岩层倾角 a 的差值，如图 2.20（a）所示。

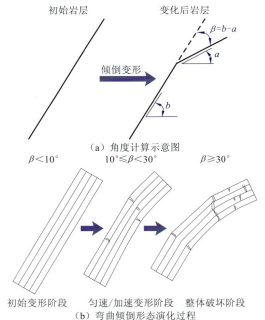

（a）角度计算示意图

$\beta < 10°$ 　　$10° \leqslant \beta < 30°$ 　　$\beta \geqslant 30°$

初始变形阶段　匀速/加速变形阶段　整体破坏阶段

（b）弯曲倾倒形态演化过程

图 2.20 弯曲倾倒演化示意图

将岩层倾倒变化角度 β 作为反倾滑坡宏观变形判据的重要指标，对反倾滑坡的变形演化阶段进行划分。各个演化阶段的宏观变形判据特征如表 2.2 所示。在初始变形阶段，β 小于 10°，弯曲变形较小；在匀速和加速变形阶段，岩层倾倒变化角度逐渐增大，β 在 10° 和 30° 之间，岩层出现多个弯折带；当 β 大于等于 30° 时，滑坡岩层弯曲程度过大，滑坡进入整体破坏阶段，如图 2.20（b）所示。

表 2.2　反倾滑坡宏观变形判据指标下各演化阶段的特征

演化阶段	初始变形阶段	匀速变形阶段	加速变形阶段	整体破坏阶段
岩层倾倒变化角度 β	$\beta<10°$	$10°\leqslant\beta<30°$		$\beta\geqslant30°$

宏观变形判据为滑坡变形演化阶段的评估提供了一种基于物理模型试验的定量分析方法，该方法能够全面捕捉滑坡的宏观变形特征，并为滑坡的早期识别和预警提供科学依据。与传统的位移和速度判据相比，宏观变形判据能够更直观地反映滑坡的稳定性状态。

2. 多场监测准则

滑坡多场监测技术，是一种运用多种监测手段与多场关联理论，测量、监视滑坡活动及各种诱发因素动态变化的技术体系，其成果是滑坡灾害治理与预测预报的重要依据。影响滑坡稳定性的"多场"包括位移场、应力场、渗流场、化学场、温度场、电磁场、声场、地质结构场等，场间既可以直接作用，又存在相互关联、映射特征。例如，渗流场的改变既可以直接影响位移场，又可以通过影响地质结构场从而间接改变位移场。与多场相适应的监测手段包括滑坡地表与深部的多场指标直接监测、仪器台网监测、卫星与遥感监测等。

众多学者已经提出了十几种判断滑坡变形演化阶段的判据，其中包括位移、速度、加速度、监测点应力应变、声信号、位移矢量角、力学判据、库水位、降雨强度及温度等。下面将分别介绍通过位移、速度、加速度、声信号等多场监测数据构建滑坡阶段判识准则的方法。

1）位移判据

位移监测数据容易获取，且是反映滑坡演化状态最直观的指标，已被广泛应用到滑坡演化阶段划分研究中。然而，以往基于位移数据的滑坡变形演化阶段划分大多数基于专家学者工程经验进行，缺乏滑坡变形演化阶段位移判据定量研究。位移分形参数赫斯特指数、位移矢量角和多重分形维数是几种定量的滑坡变形演化阶段位移判据，得到了研究学者的广泛认可。

（1）位移分形参数赫斯特指数判据。

位移分形参数赫斯特指数判据通过设置多个监测点并定时提取滑坡的水平位移、垂直位移和总位移数据，采用重标极差分析法对滑坡变形演化阶段进行定量划分。重标极差分析法是一种以分形理论为基础的用于评估时间序列数据自相似特性的统计方法。重标极差分析法的核心在于赫斯特指数的计算，赫斯特指数是一个介于 0 和 1 之间的统计量，用于量化时间序列的长期记忆特性。其中，赫斯特指数的计算大致分为三步：

一，将长度为 N 的时间序列数据 $\{p(t)\}$ $(t=1, 2, \cdots, N)$ 按照长度 n $(2 \leq n \leq L$，L 为子区间中能取到的最大长度)等间隔划分为 A 个连续不重叠的子区间 $\{I_a\}$ $(a=1, 2, \cdots, A)$；

二，对每个子区间 $\{I_a\}$ 计算极差 RI, a 和标准差 SI, a，然后计算重标度极差(RI, a/SI, a)及 A 个区间平均重标度极差(R/S)$_n$。

三，通过最小二乘法拟合直线，拟合直线的斜率即赫斯特指数。

$$(R/S)_n = K \left(\frac{n}{2} \right)^H \tag{2.1}$$

式中：K 为比例参数；H 为赫斯特指数。

赫斯特指数的物理意义如下：当 $0<H<0.5$ 时，时间序列表现出反持续性特征，即过去的趋势在未来可能会逆转；当 $H=0.5$ 时，时间序列近似于随机游走，没有明显的长期相关性；当 $0.5<H<1$ 时，时间序列表现出持续性特征，即过去的趋势在未来有较高的可能性持续出现。

根据赫斯特指数的变化规律，可以判别滑坡的变形演化阶段。无规律且方差大于 0.005 的时段为初始变形阶段；赫斯特指数第一次达到波谷且方差小于 0.005 的时段为匀速变形阶段或加速变形阶段；当滑坡进入整体破坏阶段时，赫斯特指数判据无明显特征（表 2.3）。

表 2.3　基于赫斯特指数的滑坡演化阶段划分

演化阶段	初始变形阶段	匀速变形阶段或加速变形阶段	整体破坏阶段
赫斯特指数	方差>0.005，赫斯特指数呈随机波动状态，无规律	方差<0.005，赫斯特指数-时间曲线第一个波谷时刻	无明显特征

通过分析滑坡位移时间序列数据，可以准确预测未来滑坡的状态，为滑坡预测预报提供科学依据。这种分析方法能够揭示时间序列中的动态规律，并将这些规律从一个时间尺度扩展到另一个时间尺度，反映了时间序列中的长程依赖关系，为理解不同尺度下的数据波动提供了新的视角。

（2）位移矢量角判据。

位移矢量角判据是一种用于滑坡演化阶段判识的方法，它通过分析滑坡岩土体位移矢量的方向变化来揭示滑坡的演化阶段及其稳定性状态。位移矢量角是滑坡岩土体位移矢量方向与水平面之间的夹角，也称为垂直位移矢量角。位移矢量场由位移矢量大小和方向两个因素共同构成，缺一不可。位移矢量的大小表现在位移量或位移速率的大小，方向表现在位移矢量角的大小。两者的关系是既相互联系又相互区别。位移速率主要体现在单位时间内坡体位移量的大小及其变化上，而位移矢量角则是指位移矢量沿边坡主滑线的倾角，它主要体现了边坡位移垂直空间的方向性。两者的大小及其变化规律均是边坡稳定状态的反映（贺可强 等，2003，2002）。

通过式（2.2）计算各个监测点在不同时间点的位移矢量角，涉及水平位移分量和垂直位移分量。

$$V_m^{(k)} = \arctan\left[\frac{S_m^{(k)}(y)}{S_m^{(k)}(x)}\right], \quad m \leqslant t, k \leqslant n_t \tag{2.2}$$

式中：$V_m^{(k)}$ 为监测点 k 在 m 时刻的位移矢量角；$S_m^{(k)}(x)$ 与 $S_m^{(k)}(y)$ 分别为监测点 k 在 m 时刻的水平位移分量和垂直位移分量；n_t 为滑坡监测点总数；k 为当前监测点序列号；m 为监测点当前监测时间点；t 为监测点总监测时间。

基于滑坡变形位移数据，对滑坡各监测点位移矢量角进行分析，得到了各监测点不同时刻的位移矢量角。初始变形阶段，各监测点的位移矢量角呈随机波动，无明显规律，处于无序状态；匀速变形阶段，各监测点的位移矢量角出现稳定值或在经历持续增长、减少后出现稳定值；加速变形阶段，监测点位移矢量角出现小幅度的波动增长或减少；整体破坏阶段，位移矢量角出现剧烈波动增长或下降，可能伴随突变（表 2.4）。

表 2.4　基于位移矢量角的滑坡变形演化阶段划分

演化阶段	初始变形阶段	匀速变形阶段	加速变形阶段	整体破坏阶段
位移矢量角	呈随机波动，无明显规律	出现稳定值或在经历持续增长、减少后出现稳定值	小幅度的波动增长或减少	剧烈波动增长或下降，可能伴随突变

通过分析滑坡的位移矢量角变化规律，并结合岩土体的总位移变形规律，可以将滑坡的变形演化过程细分为四个阶段：初始变形阶段、匀速变形阶段、加速变形阶段和整体破坏阶段。与赫斯特指数判据相比，位移矢量角判据划分出了该类滑坡整体破坏阶段的节点，对初始变形阶段时间节点的识别也更加准确。

（3）多重分形维数判据。

多重分形维数判据是一种用于分析滑坡演化阶段的高级方法，它利用分形几何学的概念来量化滑坡位移数据的复杂性和不规则性。分形维数是描述自然现象中复杂几何结构的数学工具，可以是整数或非整数，用于量化不规则形态。多重分形维数不仅考虑数据集的整体分形特性，还揭示数据在不同尺度下的多样性和复杂性。多重分形维数分析适用于复杂系统，如滑坡，其位移数据表现出非线性和多样性。

使用广义关联维法来计算滑坡累计位移数据的多重分形维数。针对观测到的 N_d 个滑坡累计位移数据点，定义局部密度函数 $C_i(\varepsilon)$ 为

$$C_i(\varepsilon) = \frac{1}{N_d}\sum_{i \neq j}\theta(\varepsilon - |x_i - x_j|) \tag{2.3}$$

$$\theta(\varepsilon - |x_i - x_j|) = \begin{cases} 0, & \varepsilon - |x_i - x_j| \leqslant 0 \\ 1, & \varepsilon - |x_i - x_j| > 0 \end{cases} \tag{2.4}$$

式中：$i, j = 1, 2, \cdots, N_d$，N_d 为滑坡累计位移数据点总数；x_i 和 x_j 分别为第 i 个和第 j 个滑坡位移数据值；ε 为测量单位，取值介于滑坡位移监测值最大值与最小值之间；$C_i(\varepsilon)$ 为局部密度函数，表示距离小于 ε 的点对数目占总点对数目的比例。

之后，定义广义关联积分为

$$C_q(\varepsilon) = \left\{ \frac{1}{N_d} \sum_{i=1}^{N_d} [C_i(\varepsilon)]^{q-1} \right\}^{\frac{1}{q-1}} \tag{2.5}$$

式中：q 为阶矩，取值为整数。当 $q \leqslant 1$ 时，关注滑坡位移数据分布中较低密度（或稀疏）区域的特征，而当 $q > 1$ 时，则更多关注滑坡位移数据分布中高密度（或稠密）区域的性质。为获得有效信息量，本节仅考虑 $q > 1$ 的情况，即 $q = 2, 3, \cdots, \infty$。

最后，令

$$C_q(\varepsilon) \propto \varepsilon^{D_q} \tag{2.6}$$

将式（2.6）等号两边取对数，以 $\ln \varepsilon$ 为横坐标，以 $\ln[C_q(\varepsilon)]$ 为纵坐标作散点图，通过拟合 $\ln[C_q(\varepsilon)]$-$\ln \varepsilon$ 直线的斜率求得多重分形维数 D_q。

根据多重分形维数的变化特征，将滑坡演化过程划分为初始变形阶段、匀速变形阶段、加速变形阶段和整体破坏阶段。关键监测点总位移多重分形维数特征如表 2.5 所示。

表 2.5　多重分形维数各演化阶段特征

项目	演化阶段			
	初始变形阶段	匀速变形阶段	加速变形阶段	整体破坏阶段
D_q 变化趋势	$D_2 > D_3 > \cdots > D_\infty$	$D_2 > D_3 > \cdots > D_n < D_{n+1}$ $> \cdots > D_\infty$	$D_2 < D_3 < \cdots < D_n < D_{n+1}$ $< \cdots < D_\infty$	$D_\infty > 1$
多重分形维数趋势	持续减小	持续减小或先减小后增加	持续增大	持续减小
多重分形维数均值	均值最大	均值最小	大于匀速变形阶段均值，小于初始变形阶段均值	略低于加速变形阶段均值

多重分形维数判据提供了一个深入理解滑坡位移特性和演化过程的数学框架，有助于提高滑坡预测的准确性和可靠性。然而，这种方法应该与其他判据结合使用，以避免过度依赖单一指标。

（4）改进切线角法。

在斜坡的整个发展演化过程中，累计位移-时间曲线的斜率是在不断变化的，尤其是斜坡变形进入加速变形阶段后，曲线斜率往往会不断增加，到最后的临滑阶段，变形曲线近于竖直，其与横坐标的夹角接近 90°。根据斜坡演化过程中的此变形特点，有学者提出根据累计位移-时间曲线的切线角来进行滑坡的预测预报。位移切线角是指累计位移-时间曲线中，某一时刻变形曲线的切线与横坐标之间的夹角，其实质就是累计位移-时间曲线上某一时刻用角度表示的曲线斜率。然而，斜坡累计位移-时间曲线的纵横坐标量纲明显不同，如果将纵横坐标中的任一坐标进行拉伸或压缩变换，累计位移-时间曲线仍可保持其三阶段的演化特征，但同一时刻的位移切线角则会随着拉伸（压缩）变换而发生变化。

　　对累计位移-时间坐标系进行适当变换处理，使其纵横坐标的量纲一致。斜坡在其发展演化过程中存在着一个非常明显的等速变形阶段。在等速变形阶段，斜坡变形速率基本保持恒定，累计位移 S 与时间 t 之间呈线性关系，其余阶段 S 与 t 之间均呈非线性关系。

　　考虑到等速变形阶段 S 与 t 的线性关系，有 $S = v \times t$，v 是等速变形阶段的位移速率。既然对于任何一个滑坡来说，等速变形阶段的位移速率 v 是一个恒定值，因此，可以用累计位移除以 v 的做法将 S-t 曲线的纵坐标变换为与横坐标相同的时间量纲，即定义：

$$T(i) = \frac{\Delta S(i)}{v} \tag{2.7}$$

式中：$\Delta S(i)$ 为某一单位时间段（一般采用一个监测周期，如 1 天、1 周等）内斜坡累计位移变化量；v 为等速变形阶段的位移速率；$T(i)$ 为变换后与时间相同量纲的纵坐标值。

　　$T(i)$ 替代 S 后的曲线称为 T-t 曲线。图 2.21 为经上述坐标和量纲变换后与图 2.22 滑坡 S-t 曲线相对应的 T-t 曲线。

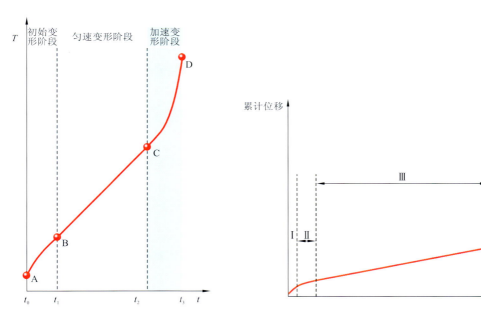

图 2.21　改进切线角法示意图　　　　　图 2.22　滑坡运动状态划分

　　根据 T-t 曲线，可以得到改进切线角 α_i 的表达式：

$$\alpha_i = \arctan \frac{T(i) - T(i-1)}{t_i - t_{i-1}} = \frac{\Delta T}{\Delta t} \tag{2.8}$$

式中：α_i 为改进切线角；t_i 为某一监测时刻；Δt 为对应 $\Delta S(i)$ 的单位时间段（一般采用一个监测周期，如 1 天、1 周等）；ΔT 为单位时间段内 $T(i)$ 的变化量。

　　显然，根据上述定义，改进切线角在各演化阶段的特征见表 2.6。

表 2.6 改进切线角各演化阶段特征（许强 等，2009；李秀珍 等，2003；王家鼎和张倬元，1999）

演化阶段	初始变形阶段	匀速变形阶段	加速变形阶段	整体破坏阶段
改进切线角 α_i	$\alpha_i < 45°$	$\alpha_i \approx 45°$	$45° < \alpha_i < 89°$	$\alpha_i \geqslant 89°$

值得说明的是，根据许强等（2009）所提出的改进切线角法计算改进切线角时，$S\text{-}t$ 曲线的监测数据应采用累计位移-时间资料，并且如果不同变形阶段的监测周期（Δt）不相同，应采用等间隔化处理方法使监测周期统一，即保持不同变形阶段的 Δt 一致。

2）基于综合标准化变形指数法的速度判据

滑坡变形演化阶段速度判据是一种基于岩土体位移速率分析的滑坡稳定性评估方法。它通过测量滑坡位移的速度变化来识别滑坡的演化阶段，为滑坡的预警和防治提供科学依据。

综合标准化变形指数法是一种通过等累积概率转换，将滑坡速度转化为遵循标准正态分布的量纲一指标的方法（张俊荣，2021）。综合标准化变形指数法使用预定义的预警级别区间，结合标准正态分布的概率分布特征，有效评估滑坡的当前演化阶段和预警级别。综合标准化变形指数法摒弃了以具体速率值判断滑坡演化阶段的传统方法，转而从统计学角度进行划分。

综合标准化变形指数 CSDI 的计算首先涉及对滑坡速度数据的归一化处理，包括最小-最大归一化和平均归一化，以便于比较和分析，见式（2.9）、式（2.10）。

$$v_i^{\text{M-M}} = \frac{v_i - v_{\min}}{v_{\max} - v_{\min}} \tag{2.9}$$

$$v_i^{\text{M}} = \frac{v_i - \overline{v}}{v_{\max} - v_{\min}} \tag{2.10}$$

式中：$v_i^{\text{M-M}}$ 和 v_i^{M} 分别为最小-最大归一化和平均归一化后的第 i 个速度；$v_{\max}$ 和 $v_{\min}$ 分别为原始数据最大速度和最小速度；$\overline{v}$ 为原始数据平均速度。最后，速度通过最小-最大归一化到达 0 和 1 之间，通过平均归一化到达 -1 和 1 之间。

然后，将速度数据分为正组和非正组，并采用不同的偏态概率分布函数来近似其概率分布。通过决定系数 R^2 评估拟合优度，确定最佳的概率分布函数，从而得到相应的累积概率密度。CSDI 通过这些累积概率密度转换得到，反映了滑坡速度的发生概率，而非具体速度值（张俊荣，2021）。

CSDI 的值为划分滑坡的预警级别和演化阶段提供了一种动态调整与滑坡事件相关的高速度值的概率范围的方法。

基于 CSDI，将滑坡的变形演化过程细分为四个阶段：初始变形阶段、匀速变形阶段、加速变形阶段及整体破坏阶段。本书采用的 CSDI 是最小-最大归一化后的综合标准化变形指数。每个阶段 CSDI 判据的特征详见表 2.7。值得注意的是，在使用综合标准化变形指数速度判据来判断滑坡演化阶段时，虽然匀速变形阶段与初始变形阶段之间，以及加速变形阶段与整体破坏阶段之间的时间节点相对容易识别，但匀速变形阶段和加速变形阶段的精确时间界定却较为困难。因此，确定这一过渡阶段的时间节点需要结合其他判据进行综合分析和判别。

表 2.7 CSDI 各演化阶段特征

演化阶段	初始变形阶段	匀速变形阶段	加速变形阶段	整体破坏阶段
CSDI	值均小于 0，呈波动状或维持固定	前期明显提升至 0 以上，之后长期处于 0 以下	大部分时间值处于 $0\sim1$	值大于等于 2，并伴随有上涨趋势
	CSDI<0	CSDI<1	$0\leqslant$CSDI<2	CSDI$\geqslant$2

综合标准化变形指数速度判据提供了一种新的视角来评估滑坡的变形演化阶段。通过将速度数据转换为标准正态分布的量纲一指标，综合标准化变形指数法能够更准确地反映滑坡速度的概率特性，并为滑坡的预警和防治提供了一种有效的工具。尽管在使用 CSDI 速度判据时，匀速变形阶段和加速变形阶段的精确时间界定可能较为困难，但结合其他判据进行综合分析和判别，可以显著提高滑坡演化阶段识别的准确性。

3）基于邹分割点检验法的加速度判据

滑坡各演化阶段的加速度具有不同的变化特点。对于滑坡的时间序列数据，因变量和解释变量之间的关系可能会发生结构变化，这可以作为滑坡演化阶段发生变化的表征，使用邹分割点检验法即可判断模型结构是否发生了显著变化。邹分割点检验法的基本思想是（高铁梅 等，2009）：先将样本观测值根据分割点划分为 2 个或 2 个以上的子集，并且这些子集包含的观测值个数必须大于方程待估计参数的个数；然后使用每个子集的观测值和全部样本的观测值分别估计方程；最后比较利用全部样本进行估计所得到的残差平方和（即有约束的残差平方和）与利用每个子集样本进行估计所得到的总的残差平方和（即无约束的残差平方和），判断模型的结构是否发生了显著变化。邹分割点检验法是利用 F 统计量和 LR 统计量进行检验的，F 统计量的计算方法如下。考虑一个线性回归模型：

$$y = \beta_0 + \sum_{i=1}^{k} \beta_i x_i' + u, \quad u \sim N(0, \sigma^2) \tag{2.11}$$

检验线性约束：

$$H_0 : \boldsymbol{R\beta} - \boldsymbol{r} = \boldsymbol{0} \tag{2.12}$$

式中：β_0 为截距项，是线性回归模型中常数项；β_i 为回归系数；σ^2 为误差项的方差，表示模型预测误差的波动程度；x_i' 为解释变量；u 为残差；$\boldsymbol{R}$ 为 $m_1 \times m_2$ 矩阵；$\boldsymbol{\beta}$ 为估计参数的 m_2 维向量；$\boldsymbol{r}$ 为 m_1 维向量，m_1 是 H_0 包含的约束条件个数。在原假设 H 下，构造渐进服从 $\chi^2(g)$ 分布的沃尔德（Wald）统计量如下：

$$W = (\boldsymbol{Rb} - \boldsymbol{r})^{\mathrm{T}} [\hat{\sigma}^2 \boldsymbol{R} (\boldsymbol{x'}^{\mathrm{T}} \boldsymbol{x'})^{-1} \boldsymbol{R}^{\mathrm{T}}]^{-1} (\boldsymbol{Rb} - \boldsymbol{r}) \tag{2.13}$$

式中：$\boldsymbol{x'}$ 为解释变量向量；$\boldsymbol{b}$ 为无约束下得到的参数估计的 m_2 维向量；$\hat{\sigma}^2$ 为方差的估计值。设 $\hat{\boldsymbol{u}}$ 为无约束残差向量，$\tilde{\boldsymbol{u}}$ 是有约束的模型普通最小二乘法估计的残差向量，则有

$$F = \frac{W}{m_1} = \frac{\tilde{\boldsymbol{u}}^{\mathrm{T}} \tilde{\boldsymbol{u}} - \hat{\boldsymbol{u}}^{\mathrm{T}} \hat{\boldsymbol{u}}}{\hat{\boldsymbol{u}}^{\mathrm{T}} \hat{\boldsymbol{u}} / (z - m_2 - 1)} \tag{2.14}$$

z 为样本个数，当检验是否存在一个分割点时，计算如下：

$$F = \frac{(\tilde{\boldsymbol{u}}^{\mathrm{T}}\tilde{\boldsymbol{u}} - \tilde{\boldsymbol{u}}_1^{\mathrm{T}}\tilde{\boldsymbol{u}}_1 - \hat{\boldsymbol{u}}_2^{\mathrm{T}}\hat{\boldsymbol{u}}_2)/(m_2+1)}{(\tilde{\boldsymbol{u}}_1^{\mathrm{T}}\tilde{\boldsymbol{u}}_1 - \hat{\boldsymbol{u}}_2^{\mathrm{T}}\hat{\boldsymbol{u}}_2)/(z - 2m_2 - 2)} \tag{2.15}$$

$\hat{\boldsymbol{u}}_i^{\mathrm{T}}\hat{\boldsymbol{u}}_i$ 是基于第 i 个子样本进行参数估计后得到的无约束残差平方和，$\tilde{\boldsymbol{u}}_i^{\mathrm{T}}\tilde{\boldsymbol{u}}_i$ 是基于第 i 个子样本进行参数估计后得到的有约束残差平方和，m_2+1 是方程系数的个数。如果两段区间没有发生显著变化，F 应该很小，反之，当下值大于临界值时，可以认为出现了结构变化。

LR 统计量的计算方法如下：

$$LR = -2(L^{\mathrm{r}} - L^{\mathrm{u}}) \tag{2.16}$$

式中：L^{r} 和 L^{u} 分别为有约束和无约束条件下通过对模型的估计得到的对数极大似然函数值。如果两段区间没有发生显著变化，F 和 LR 统计量的值应该很小，反之，当 F 和 LR 统计量的值大于临界值时，可以认为出现了结构变化。

在采用基于邹分割点检验法的加速度判据对滑坡的演化阶段进行划分时，首先采用累计位移和降雨量数据建立多元时间序列模型，通过 R^2 检验模型的拟合结果，再选取不同的划分点进行邹分割点检验。在 1% 的置信水平下，将可以判断模型有显著结构变化的点挑选出来（罗文强 等，2016）。

4）基于运动学特征的综合判据

滑坡演化过程中，速度、加速度和加加速度是描述其动态行为的关键参数。速度反映了滑坡的稳定状态，加速度和加加速度则具有明显的阶段性差异，它们分别反映了滑坡运动的不同方面，同时可以表征滑坡的不同演化阶段。

速度是直观表现滑坡运动状态的动力学参量。滑坡的速度可以非常缓慢，如蠕变阶段可能只有几毫米每年，也可以在滑坡快速发展阶段达到几米甚至几十米每秒。加速度是速度随时间的变化率，如果滑坡的速度在增加，那么加速度为正；如果速度在减小，那么加速度为负。在滑坡发展的不同阶段，加速度可以变化很大。例如，在触发阶段，由于重力作用或外部因素的影响，滑坡可能会迅速加速；而在稳定阶段，加速度可能趋于零，滑坡速度变得恒定。加加速度是加速度随时间的变化率，可以帮助人们理解滑坡动力学中的突然变化，如在降雨诱发滑坡启动时，滑坡的加速度可能会突然改变，导致加加速度不为零。

大量文献已经证明滑坡总是表现出复杂的力学行为或运动状态。滑坡累计位移-时间曲线中将具有明显线性行为的阶段表示为滑坡的稳定状态，其特征是加速度为零的匀速运动状态。当滑坡内外力不平衡时，滑坡运动状态发生改变，会有加速运动和减速运动两种可能，反映在累计位移-时间曲线中为曲线斜率的差异。图 2.22 将滑坡的运动状态划分为四种类型：加速状态 I、减速状态 II、匀速状态 III 和加速状态 IV。状态 II 曲线斜率减小，表征滑坡的减速状态；状态 III 为线性阶段，表征滑坡的匀速（平衡）状态；状态 IV 的斜率增大，表征滑坡的加速状态。加速状态 I 和加速状态 IV 的区别在于状态 I 之后滑坡逐渐趋于稳定，而状态 IV 后滑坡破坏，其差异也可以用加加速度说明。

基于典型滑坡运动曲线，重点考虑滑坡启滑前变形阶段的运动状态，可将滑坡分为初始变形阶段、匀速变形阶段和加速变形阶段。各个阶段有着完全不同的运动学特征（表 2.8）：①初始变形阶段，由于内外力从不平衡趋于平衡，滑坡位移不断增加，速度先增后减，加速度与加加速度逐渐减小至零；②匀速变形阶段，此阶段滑坡位移依然不断增加，速度与初始变形阶段的末速度相同，且加速度与加加速度均为零；③加速变形阶段，位移、速度、加速度、加加速度均逐渐增大，直至滑坡破坏。

表 2.8　滑坡演化阶段运动学特征

阶段	位移	速度	加速度	加加速度
初始变形阶段		↗ ↘	− ↘	− ↘
匀速变形阶段	+ ↗	0 ↔	0 ↔	0 ↔
加速变形阶段		+ ↗	+ ↗	+ ↗

注：阶段特征用箭头表示，双头水平箭头（↔）代表稳定状态，向上箭头（↗）代表增长，向下箭头（↘）代表减少，"0"表示函数为零或常数，"−"表示正减函数或负增函数，"+"表示正增函数。

在基于运动学参量划分滑坡演化阶段时，重点是获取到真实有效的滑坡运动指标。通过对各运动学参量的归类划分，分析速度、加速度和加加速度的变化，即可实时快速评估滑坡状态、识别滑坡运动阶段、预测滑坡发展趋势，更好地了解滑坡的动态特性并采取适当的应对措施。

5）声信号贡献比判据

滑坡变形演化阶段声信号贡献比判据是一种基于声发射活动监测的滑坡动态评估方法。该方法通过分析滑坡过程中产生的声信号特征参数，如计数和能量，来识别滑坡的变形和破坏程度。

在滑坡物理模型试验中，声信号特征参数（计数 RDC 和能量）被证实能够记录滑坡模型在变形破坏过程中的声发射活动。这些声信号特征参数的波动频率和幅度能够反映滑坡模型的变形和破坏程度。然而，由于不同工况条件下的声信号特征参数的量级存在显著差异，通过固定参数值来判断滑坡状态是不准确的。因此，本节深入分析声信号特征参数的变化规律，寻找共性特征，以判别滑坡演化阶段。

声信号贡献比判据是一种综合数据处理方法，结合了数据比值预处理法和滑动窗口分析法。数据比值预处理法通过计算当前数据值占总数据值的比例实现量纲一化，而滑动窗口分析法则通过计算时间序列数据的局部特性来揭示数据的变化趋势。这种方法适用于分析滑坡声信号特征参数时间序列，以判别滑坡变形演化过程。

声信号贡献比判据首先对声信号特征参数时间序列进行预处理，得到标准化数据；其次，选择同一时刻下数值最大的声信号特征参数，再在时间序列数据上设定一个固定大小的窗口，并在每个窗口内计算统计指标，如均值和方差；最后，通过分析统计指标序列数据的波动程度来判断当前状态是否改变。由于声信号的现场数据极少，多基于模型试验数据进行滑坡演化阶段的研究（张勃成，2023）。

计算窗口内时间序列数据均值与方差的公式如下：

$$\overline{\xi} = \frac{1}{M}\sum_{j=1}^{M}\overline{\xi}(j), \quad j = 1, 2, \cdots, M \qquad (2.17)$$

$$\sigma^2 = \frac{1}{M}\sum_{j=1}^{M}[\overline{\xi}(j) - \overline{\xi}]^2, \quad j = 1, 2, \cdots, M \qquad (2.18)$$

式中：M 为窗口大小；$\overline{\xi}$ 为窗口内时间序列数据均值；$\overline{\xi}(j)$ 为窗口内第 j 个时间序列数据；σ^2 为窗口内时间序列数据方差。

采用贡献比判据对滑坡变形演化过程的声信号特征参数进行分析。通过计算最大标准化数据，并运用滑动窗口分析法处理声信号特征参数贡献比数据，能够有效识别滑坡进入变形和破坏阶段的时间节点。基于声信号贡献比特征提出判定准则，贡献比均值小于 0.3 且方差小于 1 表示安全状态，贡献比均值处于 0.3～2 且方差在 1～10 时需注意，而贡献比均值大于 2 且方差超过 10 则为报警状态。基于声信号贡献比划分的滑坡演化阶段详见表 2.9。

表 2.9　声信号贡献比的各演化阶段特征

演化阶段	初始变形阶段	匀速变形阶段	加速变形阶段	整体破坏阶段
贡献比	均值小于 0.3，方差小于 1	均值处于 0.3～2，方差处于 1～10		均值大于 2，方差大于 10

声信号贡献比判据作为一种滑坡变形演化阶段的评估工具，提供了一种基于声发射活动的滑坡动态监测方法。该方法通过深入分析声信号特征参数的变化规律，结合数据比值预处理法和滑动窗口分析法，能够有效地识别滑坡的变形和破坏程度。与传统的位移和速度指标相比，声信号贡献比判据能够更早地预测滑坡的变形演化状态，为滑坡的早期预警和防治提供了一种有效的辅助手段。

3. 数值模拟准则

数值模拟是研究工程地质问题及滑坡问题的重要手段。计算机数值模拟技术，可对滑坡在不同外部环境作用下的变形、破坏过程进行定量分析和可视化展示。采用强度折减法逐步降低滑坡岩土体材料的强度参数，可以模拟滑坡在不同安全系数下的响应，直至其达到极限破坏状态。数值模拟准则包括塑性变形区、关键监测点位移、稳定性系数等三类方法。

1）塑性变形区

塑性变形区是指在材料或地质体中，应力状态超过材料的屈服强度，导致永久变形发生的区域。在滑坡研究中，塑性变形区通常指土体或岩石在受到剪切应力作用下，发生永久变形的区域。滑坡的演化过程与土体或岩石的应力-应变行为密切相关。当应力超过材料的屈服强度时，材料进入塑性状态，开始产生不可逆的变形。因此，塑性变形区的出现和发展可以反映滑坡体的变形和破坏过程。在数值模拟中，塑性变形区作为判识滑坡演化阶段的重要指标，具有其独特的意义和价值。在滑坡演化过程中，滑坡塑性变形区在不同演化阶段展现出不同的特征，如图 2.23 所示。

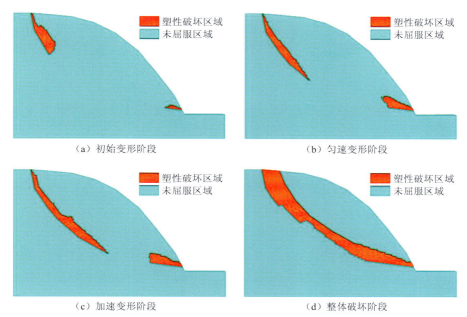

图 2.23　滑坡不同演化阶段塑性变形区分布图

在滑坡演化的初始变形阶段，滑坡体内部的应力水平尚未达到材料的屈服强度，导致塑性变形区的形成受到限制或仅在极小的局部区域出现。此时，滑坡体的应力状态维持在较低水平，未能触发广泛的塑性变形，从而使得滑坡体整体上保持较高的稳定性。

在滑坡演化的匀速变形阶段，随着滑坡体内部应力水平的逐步增加，局部区域开始经历塑性变形，形成塑性变形区。这一阶段的显著特征包括局部塑性，即塑性变形区主要出现在滑坡体的特定区域。这些区域的应力状态已经达到或超过材料的屈服强度，导致材料发生不可逆的变形。此外，塑性变形区的变形速率相对稳定，这表明滑坡体的变形过程处于一种控制状态。同时，随着潜在滑动面的形成，滑坡体内的应力开始发生重分布，这可能会在滑坡体内部引发新的潜在滑动面，从而影响滑坡的稳定性和进一步的演化趋势。

在滑坡演化的加速变形阶段，滑坡体的破坏程度显著加剧，表现为塑性变形区的面积和变形速率的快速增加。塑性变形区的迅速扩展是这一阶段的显著特征，它从局部区域迅速蔓延至更广阔的范围，甚至可能覆盖整个滑坡体，意味着滑坡体的整体稳定性正在急剧下降，滑坡体的变形速率也显著加快，位移和变形量在短时间内迅速增长，这进一步加剧了滑坡体的破坏过程。塑性变形区的迅速扩展是滑坡即将发生整体破坏的明显前兆。

在滑坡演化的整体破坏阶段，塑性变形区已经全面贯通滑坡体，标志着滑坡滑动面的形成与贯通。此时，滑坡体的所有区域均已进入塑性状态，随着塑性变形区的贯通，滑坡体的位移和变形达到峰值，表现为滑坡体的移动速度和位移量达到最大，这一现象是滑坡即将或已经发生的直接体现。

通过数值模拟技术对滑坡演化各阶段塑性变形区特征的深入分析，可以判断滑坡的演化状态，预测滑坡的发展态势，并为滑坡防治提供科学依据。

2）关键监测点位移

位移是滑坡运动的直接表现，通过监测关键点的位移变化，可以直观地反映滑坡体的运动状态，通过数值模拟技术对滑坡位移进行监测可以提供连续的数据流，有助于捕捉滑坡过程中的微小变化，为滑坡演化阶段的划分提供连续的依据，便于通过数学模型进行分析和处理，为数值模拟提供准确的输入参数。关键点通常是滑坡体中应力集中或变形最为显著的区域，其位移变化对滑坡整体稳定性具有决定性影响。

在滑坡演化的初始变形阶段，滑坡体表现出相对稳定的状态，其位移速率较小且位移趋于恒定。在这一阶段，形变主要受到内部应力调整和外部环境因素的影响。关键监测点位移的特征表现在三个方面：首先，微小位移，其位移量通常较小，不易被直观察觉；其次，位移速率相对稳定，没有明显的加速或减速趋势；最后，局部形变，位移主要集中在滑坡体的某些局部区域，尤其是裂缝发育区或潜在滑动面附近。

在滑坡演化的匀速变形阶段，滑坡体的位移以线性方式增长，且没有明显的加速趋势，表现出位移速度和方向的相对稳定性。尽管如此，滑坡体的整体稳定性实际上在逐渐降低，为滑坡进入加速变形阶段积累了潜在能量。

在滑坡演化的加速变形阶段，滑坡体的位移增速显著，从等速转向加速，这一变化标志着滑坡体的形变速度加快，同时形变方向可能发生转变，反映出内部应力状态的调整。此阶段滑坡体的稳定性急剧下降，位移量随时间的增长速度加快，呈现出明显的非线性特征。关键监测点位移的特征主要表现为位移量加速增长、位移方向转变、位移局部集中，这些特征共同指示了滑坡体即将进入破坏阶段。

在滑坡演化的整体破坏阶段，滑坡的位移和速度剧增，并出现监测点不收敛的现象。此时，滑坡体发生整体滑动或崩塌，位移量在短时间内急剧增加，而滑坡体的运动也极为迅速，有可能在几分钟甚至几秒钟内完成整体的滑动。关键监测点位移快速增大且不收敛是滑坡进入整体破坏阶段的显著标志特征。

3）稳定性系数

稳定性系数是评估滑坡稳定性的一个重要参数，它可以用来量化滑坡在不同演化阶段的稳定性状态。在数值模拟中，通常采用强度折减法来计算滑坡稳定性。

初始变形阶段：在这个阶段，滑坡开始出现微小的变形，但整体上仍然保持稳定。稳定性系数通常大于 1.1，表明滑坡的抗滑力明显大于滑动力，滑坡处于一个相对安全的状态。

匀速变形阶段：随着时间的推移，滑坡的变形速率开始增加，但仍然保持相对稳定。稳定性系数的范围在 1.04～1.1，表明滑坡的抗滑力略大于滑动力，但稳定性正在逐渐降低。

加速变形阶段：在这个阶段，滑坡的变形速率显著增加，稳定性系数的范围在 1.01～1.04，接近临界值。这表明滑坡的抗滑力正在减弱，滑动力开始占主导地位。

整体破坏阶段：当稳定性系数降至 1.01 以下时，滑坡的抗滑力无法抵抗滑动力，导致斜坡发生整体破坏和滑坡。在这个阶段，稳定性系数可能接近 1，表明滑坡已经完全失去稳定性。

2.5　本 章 小 结

本章深入探讨了斜坡破坏的主要类型、滑坡演化典型模式及滑坡演化阶段判识方法，为滑坡预测预报与防控提供了重要的理论基础。通过详细分类斜坡结构并分析其各自的破坏模式，总结了不同滑坡类型在地质结构、地质演化过程及触发因素影响下的孕灾模式。此外，通过监测并分析多场数据，如位移、速度、声信号及宏观变形等，对滑坡演化阶段进行了划分，提出了一套综合工程地质准则、多场监测准则和数值模拟准则的量化的滑坡演化阶段判识方法。

首先，按照斜坡的结构类型将斜坡分为层状岩质斜坡、非层状岩质斜坡和土质斜坡，并进一步细分斜坡的结构类型，将层状岩质斜坡分为近水平斜坡、顺层斜坡、近竖直层斜坡、反向陡倾斜坡和反向缓倾斜坡；将非层状岩质斜坡分为整体-块体结构斜坡和破裂状-散体状结构斜坡；将土质滑坡分为碎石土斜坡、黄土斜坡、冻土斜坡等。每种类型的斜坡都具有独特的地质和结构特点，这些特点决定了它们的主要破坏方式。这一分类不仅明确了斜坡的地质背景，也为理解各类型滑坡在不同环境因素作用下的破坏过程提供了基础。

在此基础上，提炼出六种典型的滑坡演化模式，包括顺层缓倾渐进滑移、顺层陡倾蠕变溃屈、深层顺向蠕变滑移、软弱夹层塑流滑脱、斜交切层贯通突滑和高陡反倾弯折滑移。每种模式详细阐述了其特点和演化过程，突出了地质结构对滑坡发展的具体影响。

最后，通过多场数据监测，提出了滑坡演化阶段的划分与定量判识方法，构建了基于工程地质准则、多场监测准则和数值模拟准则的综合多指标判别模型。其中，工程地质准则以裂缝分期配套和宏观变形判据（弯曲倾倒）为评价指标；多场监测准则基于位移、速度、加速度、声信号等多监测数据构建滑坡阶段判识指标；数值模拟准则利用了塑性变形区、关键监测点位移和稳定性系数三个指标参数。

综上所述，本章通过详细分类斜坡结构并分析其破坏模式，总结了不同滑坡类型在地质结构、地质演化过程及触发因素影响下的孕灾模式，并通过物理模型试验和多场数据监测，建立了一套量化的滑坡演化阶段判识方法，为滑坡的预测预警和防治提供了重要的科学依据与技术支持。

参 考 文 献

高铁梅, 王金明, 梁云芳, 等, 2009. 计量经济分析方法与建模: EViews 应用及实例[M]. 2 版. 北京: 清华大学出版社.

贺可强, 阳吉宝, 王思敬, 2002. 堆积层边坡位移矢量角的形成作用机制及其与稳定性演化关系的研究[J]. 岩石力学与工程学报, 21(2): 185-192.

贺可强, 阳吉宝, 王思敬, 2003. 堆积层边坡表层位移矢量角及其在稳定性预测中的作用与意义[J]. 岩石力学与工程学报, 22(12): 1976-1983.

李秀珍, 许强, 黄润秋, 等, 2003. 滑坡预报判据研究[J]. 中国地质灾害与防治学报, 14(4): 5-11.

罗文强，李飞翔，刘小珊，等，2016. 多元时间序列分析的滑坡演化阶段划分[J]. 地球科学，41(4): 711-717.

任光明，夏敏，李果，等，2009. 陡倾顺层岩质斜坡倾倒变形破坏特征研究[J]. 岩石力学与工程学报，28(S1): 3193-3200.

汪丁建，2019. 含节理层状岩石破裂特性及边坡工程应用研究[D]. 武汉：中国地质大学(武汉).

王家鼎，张倬元，1999. 典型高速黄土滑坡群的系统工程地质研究[M]. 成都：四川科学技术出版社.

许强，汤明高，徐开祥，等，2008. 滑坡时空演化规律及预警预报研究[J]. 岩石力学与工程学报，27(6): 1104-1112.

许强，曾裕平，钱江澎，等，2009. 一种改进的切线角及对应的滑坡预警判据[J]. 地质通报，28(4): 501-505.

殷跃平，2010. 斜倾厚层山体滑坡视向滑动机制研究：以重庆武隆鸡尾山滑坡为例[J]. 岩石力学与工程学报，29(2): 217-226.

张勃成，2023. 雅砻江上游互层反倾斜坡倾倒变形演化机理与稳定性研究[D]. 武汉：中国地质大学(武汉).

张俊荣，2021. 三峡库区滑坡多场信息监测与组合式预测模型优化研究[D]. 武汉：中国地质大学(武汉).

张倬元，王士天，王兰生，1994. 工程地质分析原理[M]. 北京：地质出版社.

邹宗兴，唐辉明，熊承仁，等，2020. 顺层岩质滑坡演化动力学[M]. 北京：科学出版社.

BARLA G, 2017. Wedge instability on the abutment of a gravity dam in Italy[J]. Geotechnical and geological engineering, 35(6): 3025-3033.

BRIDEAU M A, YAN M, STEAD D, 2009. The role of tectonic damage and brittle rock fracture in the development of large rock slope failures[J]. Geomorphology, 103(1): 30-49.

CHALLEN J M, MCLEAN L J, OXLEY P L B, 1984. Plastic deformation of a metal surface in sliding contact with a hard wedge: Its relation to friction and wear[J]. Proceedings of the royal society a. Mathematical, physical and engineering sciences, 394(1806): 161-181.

HART M W, 2000. Bedding-parallel shear zones as landslide mechanisms in horizontal sedimentary rocks[J]. Environmental and engineering geoscience, 6(2): 95-113.

HOEK E, BRAY J D, 1977. Rock slope engineering[M]. 2nd ed. London: Institution of Mining and Metallurgy.

TANG H M, LI C D, HU X L, et al., 2015. Deformation response of the Huangtupo landslide to rainfall and the changing levels of the Three Gorges Reservoir[J]. Bulletin of engineering geology and the environment, 74: 933-942.

TOMMASI P, VERRUCCI L, CAMPEDEL P, et al., 2009. Buckling of high natural slopes: The case of Lavini di Marco(Trento-Italy)[J]. Engineering geology, 109(1/2): 93-108.

WENG M C, LO C M, WU C H, et al., 2015. Gravitational deformation mechanisms of slate slopes revealed by model tests and discrete element analysis[J]. Engineering geology, 189: 116-132.

XU G L, LI W N, YU Z, et al., 2015. The 2 September 2014 Shanshucao landslide, Three Gorges Reservoir, China[J]. Landslides, 12(6): 1169-1178.

ZHANG S L, ZHU Z H, QI S C, et al., 2018. Deformation process and mechanism analyses for a planar sliding in the Mayanpo massive bedding rock slope at the Xiangjiaba Hydropower Station[J]. Landslides, 15(10): 2061-2073.

第3章　滑坡地质结构演化规律

3.1　概　　述

滑带是滑坡的重要地质单元。滑带的微观组构、结构特征、物理力学性质等显著区别于滑坡中其他部位的岩土体，对滑坡的演化及其稳定性起着关键性作用。滑带是滑坡长期物理、化学和力学综合作用的产物，滑带的物质成分、结构变化、发育特征记录了滑坡的形成演化历史。因此，为深入认识滑坡的形成机理和演化过程，需进一步开展滑带土结构及其物理力学性质演化规律的研究。滑坡孕育发展的过程伴随着滑坡地质结构演化的过程。破坏面往往发育于局部节理裂隙，然后逐渐扩展贯通整个斜坡，具体表现在从早期斜坡内部微损伤、微裂隙形成开始，宏观上在坡表逐渐形成裂缝。

本章首先采用综合性的试验研究方法，通过多种技术手段包括 X 射线衍射、激光粒度测试和水化学分析等，分析不同水化学条件下滑带土的物理化学作用、矿物演化、粒度变化等，揭示其对滑带土结构演化的影响。以自然界中分布最为广泛的层状斜坡为典型滑坡孕灾地质体，研究不同地质条件下层状斜坡裂隙的扩展规律。针对自然界分布广泛的层状斜坡，研究其节理裂隙演化扩展过程，再结合推移式滑坡和牵引式滑坡的变形特征与受力特点，系统阐述推移式滑坡和牵引式滑坡裂缝分期配套演化特征。

3.2　滑带土结构演化规律

水是促进滑带土结构演化的关键性因素。因此，采用 X 射线衍射、激光粒度测试和离子色谱分析滑带土在酸性地下水（acidic groundwater，AGW）、普通地下水（normal groundwater，NGW）和蒸馏水（distilled water，DW）三种水化学环境下干湿循环后矿物成分、粒度分布及孔隙水化学成分的变化特征，综合滑带土微观结构、矿物组成及水化学成分测试结果，研究滑带土结构演化的规律及其机制（Su et al.，2023）。

3.2.1　试验设计与试验过程

1. 试验方案

为深入探究滑带土结构演化过程中的水-土作用机制，本节以干湿循环试验为基础，通过 X 射线衍射、激光粒度测试和水化学分析等方法对不同水化学条件下滑带土-水作用的演化特征和机理进行了系统分析。本试验设计如下：

（1）利用化学试剂、黄土坡滑坡地下水和 DW 配制三种水化学溶液，将滑带土的三轴试样放入 AGW、NGW 和 DW 三种水溶液中进行干湿循环。

（2）每次干湿循环后，测定 pH 及总溶解性固体（total dissolved solids，TDS）质量浓度，收集并测定 1 次、2 次、3 次、5 次、7 次和 10 次干湿循环后的浸泡液，采用 DIONEX-ICS-1100、Agilent 5100 ICP-OES 及滴定方法测定浸泡液的水化学成分和离子浓度。此外，因干湿循环液体损耗，每次干湿循环后，向浸泡液中补充 500 mL 预制备的水化学溶液。

（3）收集干湿循环试验后的土样，将试样自然风干、破碎、筛析成无颗粒感的粉末样品，接着采用日本理学 X 射线衍射仪 Ultima IV 对其进行扫描测定，然后采用 Jade 9.0 软件和全岩黏土矿物定量分析软件对滑带土试样进行物相检索与定量分析，获取滑带土的矿物组成。

（4）收集干湿循环后的滑带土试样，同样进行风干、筛析后，采用 NKT5200-H 湿法全自动激光粒度分析仪测定滑带土的粒度分布，同时获得其体积比表面积，探究物理化学作用对滑带土结构演化过程中颗粒级配的影响。

（5）从滑带土矿物成分、粒度演化、水化学特征三个方面，多角度剖析物理化学作用下滑带土结构的水-土协同演化机制。

2. 试验过程

1）X 射线衍射

为探究物理化学作用对滑带土矿物组成的影响，采用日本理学 X 射线衍射仪 Ultima IV（图 3.1）对三种环境下干湿循环后的滑带土试样进行衍射。试验设置管压和管流分别为 40 kV 和 40 mA，发散狭缝和接收狭缝宽度均为 10 mm。采用步进扫描方式，扫描步长为 0.02°，扫描速度为 2（°）/min，扫描范围为 2.6°～70°。

采用 Jade 9.0 软件结合 PDF 2009 卡片库对样品进行物相检索及图谱对比。完成定性分析后，采用全岩黏土矿物定量分析软件对数据进行定量分析，获得滑带土中碎屑矿物（方解石、斜长石、石英、钾长石等）和黏土矿物（蒙脱石、伊利石、绿泥石和高岭石等）的质量分数。

2）激光粒度测试

常规的筛析法、密度计法及移液管法都无法实现精确测定，为深入探究物理化学作用下滑带土的粒度演化，选用激光粒度分析仪以精确测定滑带土样品的粒径级配。

选用 NKT5200-H 湿法全自动激光粒度分析仪，采用会聚光傅里叶变换测试技术和全量程无缝衔接测试方法，可实现 0.1～600 μm 范围内的颗粒粒度高精度测量，保证了测试结果的准确性和重复性。试验设置管压和管流分别为 40 kV 和 40 mA，测量粒径间距为 1 μm，测定范围为 0.1～600 μm。

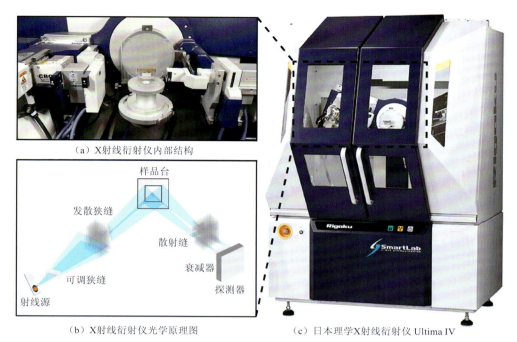

（a）X射线衍射仪内部结构

（b）X射线衍射仪光学原理图 　　（c）日本理学X射线衍射仪 Ultima IV

图 3.1　日本理学 X 射线衍射仪 Ultima IV 及其原理图

为分散样品，在滑带土样品放入激光粒度分析仪测试前加入无水乙醇，然后采用超声波仪器对样品进行分散测试。待样品彻底分散后进行粒度测定，记录滑带土试样的体积比表面积。

3）水化学分析

为揭示滑带土干湿循环过程中的水-土作用机制及滑带土干湿循环过程中的水-土化学作用，需要对干湿循环浸泡液的水化学成分进行测试和分析（图 3.2）。因此，在三种水化学条件的平行试验中，采用水质检测仪对每次干湿循环后的浸泡液进行 pH 和 TDS 质量浓度的测定，同时收集浸泡液用于测定其水化学成分。

浸泡液水化学成分的测定分为阳离子测定和阴离子测定，具体操作方法如下：①用一次性过滤针头过滤器收集三种浸泡液，装入两个 15 mL 离心管中，将离心管密封后放入恒温箱（4 ℃）储存，两个离心管分别用于后续阴离子、阳离子的测定。②采用 Agilent 5100 ICP-OES 测定浸泡液中的 Ca^{2+}、Mg^{2+}、Na^+、K^+ 和 Al^{3+}，然后按照《水质 32 种元素的测定 电感耦合等离子体发射光谱法》（HJ 776—2015）的标准方法计算阳离子浓度。③采用 DIONEX-ICS-1100 测定浸泡液中的 NO_3^- 和 Cl^-，再按照《水质 无机阴离子（F^-、Cl^-、NO_2^-、Br^-、NO_3^-、PO_4^{3-}、SO_3^{2-}、SO_4^{2-}）的测定 离子色谱法》（HJ 84—2016）的标准方法计算阴离子的浓度。④依据《地下水质分析方法 第 49 部分：碳酸根、重碳酸根和氢氧根离子的测定 滴定法》（DZ/T 0064.49—2021）的操作步骤及方法计算 HCO_3^- 浓度。

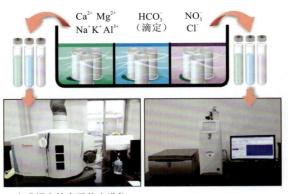

电感耦合等离子体光谱仪
（Agilent 5100 ICP-OES）

离子色谱仪
（DIONEX-ICS-1100）

图 3.2　浸泡液水化学成分的测定

3.2.2　滑带土矿物演化特征

通过 Jade 9.0 软件的物相分析和全岩黏土矿物定量分析软件的定量分析，获得三种水化学条件下碎屑矿物和黏土矿物的成分。

1. 碎屑矿物

图 3.3 展示了滑带土中碎屑矿物方解石、石英、斜长石和钾长石质量分数随干湿循环次数的变化规律。方解石质量分数的变化幅度最为显著[图 3.3（a）]，方解石质量分数总体呈现下降趋势。在酸性条件下，方解石质量分数降低的幅度最大，NGW 中其质量分数虽有波动但总体下降，而 DW 中方解石质量分数在第二次干湿循环后出现显著降低，之后的干湿循环中则基本稳定。AGW、NGW 和 DW 环境中，相比于其初始质量分数，平均每次干湿循环质量分数降低 4.01%、3.47% 和 2.71%。方解石容易在酸性溶液中发生化学反应，所以滑带土中的钙质胶结，如方解石、白云石等矿物，易发生溶解或浸出。图 3.3（b）显示，石英质量分数在 AGW 和 NGW 环境中呈现出波动特点，整体无明显的增加或减少规律；而 DW 中石英质量分数一开始显著增加，然后维持相对稳定的状态，这可能由土样成分不均匀所致，也与方解石的质量分数变化存在关联。图 3.3（c）显示，在 AGW 环境中斜长石质量分数整体呈现减少的趋势，在 NGW 和 DW 环境中斜长石质量分数虽有波动但整体呈现减少趋势。酸性条件下斜长石质量分数降低最为显著，可能是因为斜长石（如钠长石和钙长石）同样会与水中的 H^+ 发生化学反应，造成矿物的水解或转化。图 3.3（d）显示，钾长石质量分数在 NGW 和 DW 环境中整体呈现下降的趋势，但在 AGW 环境中没有检测到钾长石，这可能是由矿物成分不均一或化学侵蚀所致。

2. 黏土矿物

图 3.4 显示了滑带土干湿循环后黏土矿物质量分数的变化规律，总体上看除质量分数较小的绿泥石外，黏土矿物质量分数总体呈现增加的变化趋势。从图 3.4（a）、（b）中

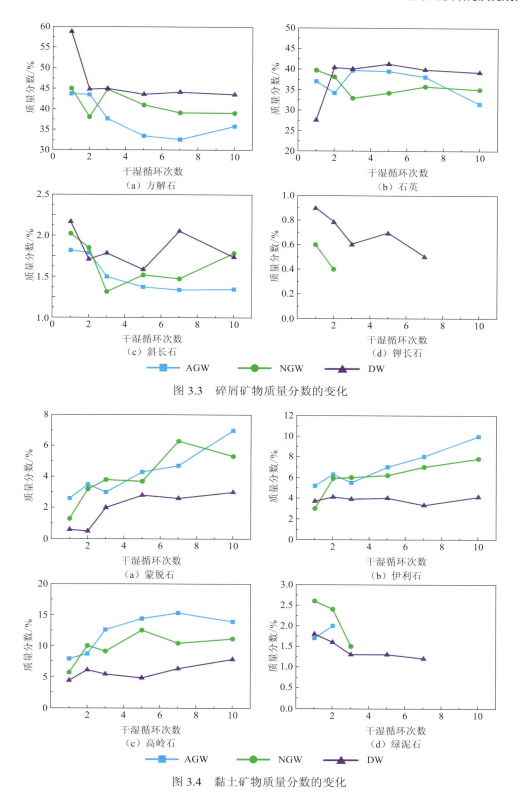

图 3.3　碎屑矿物质量分数的变化

图 3.4　黏土矿物质量分数的变化

可以观察到蒙脱石和伊利石质量分数的增加趋势。具体来说，在 AGW、NGW 和 DW 条件下，蒙脱石质量分数的平均增长率分别为 28.89%、19.44% 和 6.67%，而在 AGW 和 NGW 中，伊利石质量分数的平均增长率分别为 24.48% 和 16.90%，DW 中伊利石质量分数的变化相对恒定，这可能是由于滑带土与 DW 之间的物理化学反应较弱。图 3.4（c）显示三种水环境中高岭石质量分数总体随着干湿循环次数的增加而增加，但也存在一些波动。这可能是混层矿物与高岭石或其他黏土矿物混杂在一起，导致了结果上的偏差。此外，图 3.4（d）显示在 NGW 和 DW 条件下绿泥石质量分数出现不同程度的降低，而 AGW 环境中绿泥石的质量分数较小，在第三次干湿循环后未能测到其含量，说明绿泥石质量分数表现出降低的趋势，这可能是由于绿泥石的质量分数过小或在酸性条件下其转化为其他矿物。

3.2.3　滑带土粒度演化特征

采用 NKT5200-H 湿法全自动激光粒度分析仪获得三种水化学环境下干湿循环后的粒度分布结果（图 3.5）。

图 3.5（a）显示，AGW 溶液中干湿循环后滑带土整体的粒度逐渐减小，粗粒组分的体积分数由 47.47% 逐渐减小至 36.5%，与此同时，中粒组分和细粒组分的体积分数逐渐增多，分别增加 0.62% 和 10.35%。10 次干湿循环后滑带土的粒度范围在 0.29~53.94 μm，其中体积分数超过 5% 的粒度范围为 5.54~12.37 μm。从颗粒体积的累积分布中可知，AGW 溶液中干湿循环作用后，土样的中值粒径集中在 6.90~8.88 μm，均值为 8.15 μm。

图 3.5（b）显示，NGW 溶液中干湿循环后滑带土粗粒组分的体积分数由 47.21% 逐渐减小至 36.6%，与此同时，中粒组分的体积分数由 51.11% 增加至 61.16%，而细粒组分体积较小，体积分数仅增加 0.57%。10 次干湿循环后滑带土的粒度范围在 0.26~92.13 μm。通过颗粒体积的累积分布可知，该溶液中干湿循环后土样的中值粒径集中在 6.88~8.81 μm，均值为 8.16 μm，中值粒径与 AGW 环境中的相差不大。

图 3.5（c）显示，DW 中经过水-土作用，滑带土的粒度逐渐减小，粗粒组分、中粒组分和细粒组分的体积分数分别变化了 -12.80%、12.12% 和 0.65%，中粒组分和细粒组分的体积分数逐渐增多。粗颗粒的减少和细颗粒的增多说明尽管物理化学作用较弱，但干湿循环作用依然使滑带土的颗粒发生明显破碎。10 次干湿循环后滑带土的粒度范围在 0.29~92.13 μm，其中体积分数超过 5% 的粒度范围为 9.47~14.15 μm。通过滑带土颗粒体积的累积分布可知，土体的中值粒径集中在 7.13~9.74 μm，均值为 8.69 μm。

由以上结果可知，物理化学作用会对滑带土的粒度演化产生影响。在酸蚀作用下，粗颗粒显著减少，所以 AGW 条件下滑带土粒度分布范围明显变小，但颗粒的整体分布与 NGW 环境相比差别不大，所以颗粒的中值粒径和均值相差不大；而 DW 环境中，由于物理化学作用较弱，粗粒组分的减少幅度及中粒组分、细粒组分的增大幅度都小于其他两种环境；而 NGW 环境中，虽然粗粒组分、中粒组分、细粒组分三个组分都有较为明显的变化，但 10 次干湿循环后，颗粒的粒度范围无明显变化，说明相比于酸性溶液对粗颗粒的侵蚀破坏，离子作用主要作用于中粒组分。

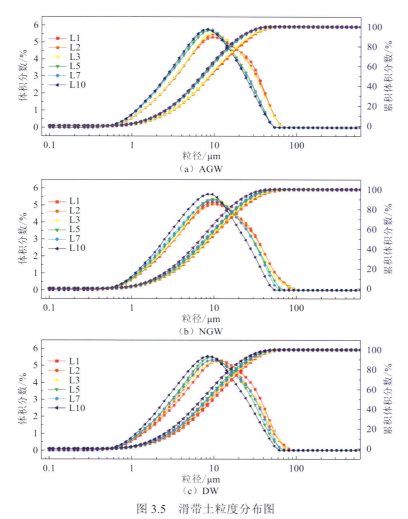

图 3.5　滑带土粒度分布图

L1～L10 表示经过不同干湿循环次数后的滑带土粒度分布

　　图 3.6（a）为滑带土中颗粒平均直径的变化。如前所述，三种水化学环境中滑带土颗粒粒度随干湿循环次数的增多，基本表现为逐渐降低的变化趋势。相比于 NGW 和 DW 环境，AGW 中土体颗粒的平均直径最小，主要是由于此环境中粗颗粒被酸性溶液侵蚀，平均直径变化最明显。对比 NGW 和 DW 两种溶液发现，颗粒的平均直径在前三个干湿循环后相差不大，但在干湿循环的后期，NGW 中颗粒的平均直径低于 DW 环境。此外，通过观察三种环境下土颗粒的变化可以发现，在干湿循环的前期（1～3 次干湿循环），土体颗粒的变化不显著，而在第三次干湿循环后土体颗粒有较为明显的变化，其中 AGW 中颗粒平均直径在 3～5 次干湿循环的降幅是最大的，可能是由于物理化学作用对土体粒度产生影响也需要一定的时间，土颗粒间的钙质胶结或黏土胶结在 H^+ 或其他离子作用后会逐渐破坏，进而影响滑带土的粒度分布。

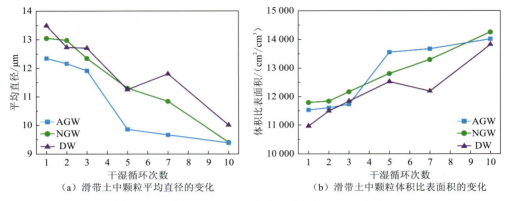

图 3.6 滑带土中颗粒平均直径和体积比表面积的变化

图 3.6（b）为滑带土中颗粒体积比表面积的变化。从中可以看出，随着干湿循环次数的增加，滑带土的体积比表面积呈现上升的趋势，说明在物理化学作用的影响下，土体颗粒减小，相对应的体积比表面积增大。AGW、NGW 和 DW 中，颗粒体积比表面积平均值分别为 11 872 cm^2/cm^3、10 865 cm^2/cm^3 和 10 396 cm^2/cm^3，AGW 和 NGW 中颗粒的体积比表面积相差不大，而 DW 溶液中最小，所以 DW 中土颗粒的粒度较大，同时其与水接触发生物理化学反应的表面积较小。以上结果表明，在酸性溶液侵蚀或盐溶液作用下，由于土体颗粒较为分散，粒度较小，比表面积较大，其与溶液中的 H$^+$、Ca^{2+} 和 Mg^{2+} 等阳离子发生化学反应的可能性变大，黏土颗粒间双电层的变化会更显著，土体中的胶结物质更易遭受物理化学作用的侵蚀，所以产生溶解或破坏。

3.2.4 孔隙水化学演化特征

为厘清滑带土与水相互作用的内在机理，本节对 AGW、NGW 和 DW 三种水溶液环境下滑带土干湿循环后的浸泡液进行了分析，得到了溶液中 pH、TDS 质量浓度、阳离子质量浓度和阴离子质量浓度的变化结果。

图 3.7（a）为三种条件下滑带土干湿循环后浸泡液 TDS 质量浓度的变化。可以看出，浸泡液中 TDS 质量浓度随干湿循环次数的增多而不断增加，AGW、NGW 和 DW 三种溶液中，TDS 质量浓度分别增加了 119 mg/L、81 mg/L 和 73 mg/L，可见酸性溶液中滑带土与溶液发生了物理化学反应，矿物颗粒与溶液中的离子产生化学反应，导致矿物颗粒中的离子浸出或淋溶，并进入水溶液中，使溶液中 TDS 增多，这个过程中同样伴随着 pH 的变化。NGW 中存在 Ca^{2+}、Na$^+$、Mg^{2+}、HCO$_3^-$ 等离子，这些离子会与滑带土中的矿物发生反应，同样会出现离子浸出和淋溶，所以溶液的 TDS 质量浓度变化也较为显著。而 DW 中，因为无其他离子作用，TDS 质量浓度的增加主要依靠滑带土中的易溶矿物与水作用后发生的浸出和淋溶，所以离子的浸出量小，TDS 质量浓度的变化也最小。

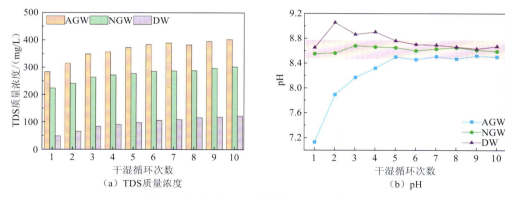

图 3.7　浸泡液 TDS 质量浓度和 pH 的变化

图 3.7（b）为三种水化学溶液滑带土试样干湿循环后浸泡液的 pH 变化。从 pH 的变化可以发现，AGW 条件下在每次干湿循环后溶液的 pH 呈现上升的趋势，范围为 7.13～8.52；NGW 中 pH 的范围为 8.55～8.68，整体变化不大；DW 条件下 pH 的范围为 8.63～9.05，呈现波动下降的趋势。对比三种环境中溶液的 pH 发现，AGW 中因为加入硫酸试剂，pH 最低；DW 条件下无其他离子，pH 最高；而 NGW 中基本为地下水，没添加其他溶液，pH 介于两者之间。

图 3.8 为浸泡液中阳离子质量浓度随干湿循环次数的变化。总体上，溶液中 Ca^{2+} 和 Na^+ 的质量浓度趋于增大，特别是在 AGW 中。而在 DW 条件下，水－土作用中仅有少量的阳离子发生淋溶或浸出。例如，图 3.8（a）显示，在 AGW、NGW 和 DW 环境中，

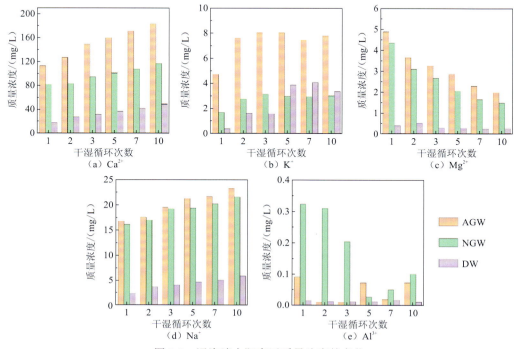

图 3.8　浸泡液中阳离子质量浓度的变化

Ca^{2+}质量浓度平均每次干湿循环增加 7.75 mg/L、3.90 mg/L 和 3.43 mg/L。相比于 Ca^{2+}，Na^+的质量浓度虽有增加但低于 25 mg/L。而 Mg^{2+}质量浓度在三种化学溶液中均有所减少[图 3.8（c）]，这可能归因于滑带土与水之间的离子交换。图 3.8（b）显示，K^+在 AGW 条件下基本稳定，无明显变化，在 NGW 条件下略有增加，在 DW 中有较为明显的增多趋势，这与图 3.8（d）中 Na^+的变化相对应，所以可能与土样中斜长石的含量有关。图 3.8（e）显示，在 NGW 条件下 Al^{3+}的质量浓度整体呈现减少趋势，在 DW 中 Al^{3+}的质量浓度基本稳定，而在 AGW 条件下 Al^{3+}的质量浓度呈现波动特征。

根据溶液中阳离子质量浓度的变化可以发现，酸性溶液和离子较多的溶液中，滑带土与溶液发生物理化学作用，所以存在明显的物质交互。在酸蚀作用、离子置换、氧化还原等作用的影响下，滑带土中的方解石、斜长石、钾长石等矿物发生化学反应，所以矿物中的离子发生置换和浸出。但通过 K^+和 Al^{3+}质量浓度的变化也可以看出，溶液中存在较为复杂的物理化学变化，所以溶液中部分阳离子的质量浓度出现波动或降低。

图 3.9 为浸泡液中阴离子质量浓度随干湿循环次数的变化结果。根据 NO_3^- 和 Cl^- 质量浓度的变化可知，浸泡液中 NO_3^- 和 Cl^- 的质量浓度随干湿循环次数的增大呈现增大的趋势。对比三种溶液发现，AGW 比 NGW 中两种离子的质量浓度高 1.22% 和 6.13%，DW环境中离子质量浓度则低 25.53% 和 81.11%，表明 H^+不影响 NO_3^- 和 Cl^- 质量浓度的变化。但 DW 中由于几乎无初始离子，所以质量浓度和其变化都较小。而由 HCO_3^- 质量浓度的波动变化可知，HCO_3^- 质量浓度似乎随着干湿循环次数先增大后逐渐减小，峰值分别出现在 AGW、NGW 和 DW 环境的第 2、1 和 7 次干湿循环后。同时，对比三种条件下 HCO_3^- 的质量浓度发现，NGW 中 HCO_3^- 的质量浓度较高，AGW 中次之，而 DW 中最低。AGW中可能因为部分 H^+的作用或矿物的作用，HCO_3^- 的质量浓度降低，而 DW 中因为初始质量浓度几乎为 0，所以 HCO_3^- 的质量浓度较低。但也可以看出，在干湿循环过程中，土体与水也发生了轻微的物理化学作用，所以其质量浓度出现增长。

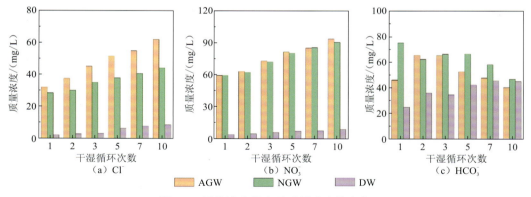

图 3.9　浸泡液中阴离子质量浓度的变化

综上可知，相比于 DW 环境，AGW 和 NGW 中存在较为明显的物理化学作用，但物理化学作用的过程也较为复杂，部分离子的波动或增长不能单一地从矿物溶解或矿物转化的角度进行解释。而 DW 中虽然淋溶或浸出的离子质量浓度较小，但部分离子的增加或波动变化说明此环境中也存在物理化学作用，这些都有助于深入理解和认识物化效应导致的滑带土微观结构损伤及矿物转化机理。

3.2.5　滑带土-水协同演化机理

1. 物理化学作用

基于 3.2.1～3.2.4 小节对滑带土物理化学作用下矿物组成、粒度组分及浸泡液浸出离子质量浓度的分析，可以明确物理化学作用会对滑带土结构演化过程中的矿物相、粒度、水相产生不同的影响。同时，根据对滑带土微观形貌的观测及分析，可以揭示滑带土试样在水-土相互作用中发生的一系列潜在物理化学作用。

1）水化膨胀

水化膨胀包括晶间膨胀和渗透膨胀，通常发生在黏土矿物丰富并以基底胶结为主的岩土体中。黏土矿物的亲水性较强，在浸水之后，水分子因颗粒表面的张力吸附逐渐进入黏土矿物晶胞层间，使矿物产生晶间膨胀，同时形成极性水分子层（图 3.10）。水分子层会继续吸水膨胀，造成土样内部的不均匀膨胀和应力的不均匀分布，从而导致黏土基底胶结的破坏。而渗透膨胀与黏土颗粒表面的双电层扩散及其表面力有关。随着水化的发展，黏粒表面双电层发育，颗粒间的分子引力逐渐减弱而斥力却不断增强，同时颗粒间的相互作用力由阳离子-静电引力转化为阳离子与水分子间的偶极作用力，由此产生渗透膨胀。由此可见，水化膨胀是一个复杂的物理化学过程，其膨胀效应与黏粒的表面张力，包括范德瓦尔斯力和双电层排斥力有关，而这些表面张力受电解质浓度、表面电荷密度、位能等因素影响。而不同水化学溶液中，黏土颗粒间的表面张力必然存在一定的差别。因此，在不同 pH 或矿化度的水溶液中，黏土颗粒的膨胀性存在差别，而膨胀性的差别也会导致黏土基底胶结不同程度的破坏。

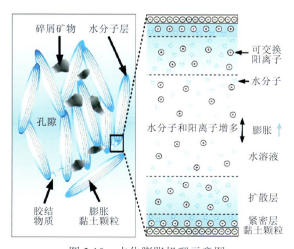

图 3.10　水化膨胀机理示意图

2）颗粒联结

颗粒联结主要包括黏土凝絮和颗粒聚集体，是一种常见于结构性土的黏土胶结和颗粒骨架的组合。黏土凝絮受扩散双电层和颗粒间作用力的影响，黏粒会形成不同的排列方式，主要包括边—面接触、边—边接触和面—面接触（图3.11）。因为黏土颗粒表面存在电荷，在库仑力、范德瓦尔斯力和渗透排斥的综合作用下，黏土颗粒会产生不同的排列组合，从而形成黏土片层堆叠或组合的凝絮结构，凝絮结构的连通性较好，但定向性差。而颗粒聚集体是碎屑颗粒和黏土片层在扩散双电层与颗粒间引力综合作用下的复杂组合，又受颗粒形态和孔隙排布的影响，表现出不同的堆叠结构，如紊流状堆叠、粒状堆叠和片状堆叠等。同时，由于颗粒间堆叠的密集程度不同，粒间孔隙的排列和分布出现差异，所以土体在微观形貌上会表现出开放式/封闭式的凝絮结构。此外，由于扩散双电层和颗粒间作用力会受电解质、电荷密度等因素影响，阳离子富集的溶液中，黏土颗粒更趋于高度凝絮/聚集。

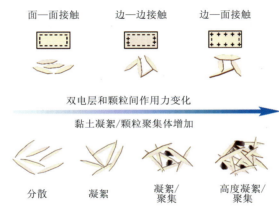

图3.11　颗粒联结机理示意图

3）矿物溶解浸出

矿物溶解浸出主要指矿物在与水溶液接触后发生的矿物的溶蚀、水解及可溶盐的浸出等化学反应。矿物溶蚀发生在水土接触的宏观界面，这个过程涉及 H^+ 与易溶矿物之间的化学反应，矿物逐渐溶解并释放出 Ca^{2+}、Mg^{2+} 和 Na^+ 等活动性较强的离子，浸泡液中阳离子质量浓度升高并通过扩散作用溶蚀其他矿物颗粒。矿物水解主要指的是矿物中 Ca^{2+}、Mg^{2+} 和 Na^+ 等活动性较强的阳离子与水中的 OH^- 产生交换，导致矿物的水解及次生矿物的生成。例如，钠长石会在浸水后发生水解生成高岭石黏土矿物及胶体物质［式（3.5）］。此外，还有部分矿物含有较多的可溶盐，如 NaCl 在与水接触后会浸出释放出阳离子。在矿物溶解浸出的过程中，岩土体中的矿物被溶解，破坏了岩土体的钙质胶结，同时随着离子的转移扩散，会引起扩散双电层的变化，进而破坏黏土胶结。因此，水-岩/土作用过程中，物理化学作用会侵蚀破坏碎屑颗粒的联结及黏土的胶结。

碎屑矿物溶解浸出：

$$CaCO_3(方解石)\downarrow +H^+ \rightleftharpoons Ca^{2+}\uparrow +HCO_3^-$$

（方解石的溶解，释放 Ca^{2+} 和 HCO_3^-）（3.1）

$$NaAlSi_3O_8(钠长石)\downarrow +5.5H_2O \rightleftharpoons 0.5Al_2Si_2O_5(OH)_4 + Na^+\uparrow +OH^- +2H_2SiO_4$$

（钠长石的溶解，释放 Na^+）（3.2）

$$Ca[Al_2Si_2O_8](钙长石)\downarrow +2CO_2 +3H_2O \Longrightarrow Al_2Si_2O_5(OH)_4 +2HCO_3^-\uparrow +Ca^{2+}\uparrow$$

（钙长石的溶解，释放 Ca^{2+}）（3.3）

$$KAlSi_3O_8(钾长石)\downarrow +4H^+ + 4H_2O \rightleftharpoons K^+\uparrow +Al^{3+} + 3H_4SiO_4$$

（钾长石的溶解，释放 K^+ 和 Al^{3+}）（3.4）

$$2NaAlSi_3O_8(钠长石)\downarrow +3H_2O \rightleftharpoons Al_2Si_2O_5(OH)_4(高岭石)\uparrow +4SiO_2 +2NaOH$$

（钠长石的水解，生成高岭石和胶体）（3.5）

4）离子吸附交换

离子吸附交换通常指的是同晶置换、氢键断裂及羟基的氢交换三种水土化学作用。同晶置换一般发生在黏土矿物中，如蒙脱石的硅氧四面体中的 Al^{3+} 同 Si^{4+} 置换，以及晶片中的 Mg^{2+} 同 Al^{3+} 置换。置换后，矿物解理面吸附 K^+ 并转变为其他矿物或发生解体分离。例如，在酸性溶液中长石转变为高岭石/蒙脱石（Francis et al.，2020）。由于伊利石和蒙脱石的增加及长石的减少，滑带土和浸泡液之间可能发生该化学反应。氢键断裂一般发生在矿物溶解后的黏土矿物边缘或非解理面上，提高了矿物的离子交换能力。同时，矿物溶解后也可能产生暴露的羟基（—OH），当其接触到 H^+ 时，阳离子就会析出，并转移到溶液中，继续进行物理化学反应。

黏土矿物溶解：

$$K_{0.6}Mg_{0.25}Al_{2.3}Si_{3.5}O_{10}(OH)_2(伊利石)\downarrow +11.2H_2O \rightleftharpoons 0.6K^+ + 0.25Mg^{2+}$$
$$+2.3Al(OH)_4^- +3.5H_4SiO_4 +1.2H^+(伊利石的溶解，释放K^+和Mg^{2+}) \quad (3.6)$$

$$KAl_3Si_3O_{10}(OH)_2(伊利石)+10H^+ \longrightarrow K^+ +3Al^{3+} +3H_4SiO_4 \quad (3.7)$$

（伊利石的溶解，释放 K^+ 和 Al^{3+}）

$$Mg_5Al_2Si_3O_{10}(OH)_8(绿泥石)\downarrow +16H^+ \rightleftharpoons 5Mg^{2+}\uparrow +2Al^{3+} +3H_4SiO_4 +6H_2O \quad (3.8)$$

（绿泥石的溶解，释放 Mg^{2+} 和 Al^{3+}）

矿物转化：

$$3KAlSi_3O_8(钾长石)+2H^+ + H_2O \longrightarrow KAl_3Si_3O_{10}(OH)_2(伊利石)+2K^+ +6SiO_2 +H_2O \quad (3.9)$$

（钾长石的溶解，生成次生伊利石）

$$NaAlSi_3O_8(钠长石)+AlO(OH)+H_2O \longrightarrow Na_{0.33}Al_{2.33}Si_{3.67}O_{10}(OH)_2(蒙脱石)+H_4SiO_4 +H^+$$
$$(3.10)$$

（钠长石的溶解，生成次生蒙脱石）

自由离子置换：

$$Ca^{2+} + 2NaX \longrightarrow 2Na^+ + CaX_2 \quad (3.11)$$

$$Ca^{2+} + 2KX \longrightarrow 2K^+ + CaX_2 \quad (3.12)$$

$$Mg^{2+} + 2NaX \longrightarrow 2Na^+ + MgX_2 \quad (3.13)$$

$$Mg^{2+} + 2KX \longrightarrow 2K^+ + MgX_2 \quad (3.14)$$

2. 滑带土微观演化机制

基于第 1 部分的研究及分析，可以知道物理化学作用会对滑带土的微观组构、矿物组成、粒度分布及水溶液环境产生影响。同时，根据微观组构及粒度分布的变化可以发现，在不同的干湿循环阶段，滑带土-水系统表现出不同的特点。为了更深入地理解滑带土与水的相互作用，提出了化学劣化与干湿循环综合作用下的滑带土微观演化机制。根据不同演化阶段滑带土微观组构、矿物组成、粒度分布及潜在的物理化学作用，将滑带土的演化分为如下三个阶段（图 3.12）。

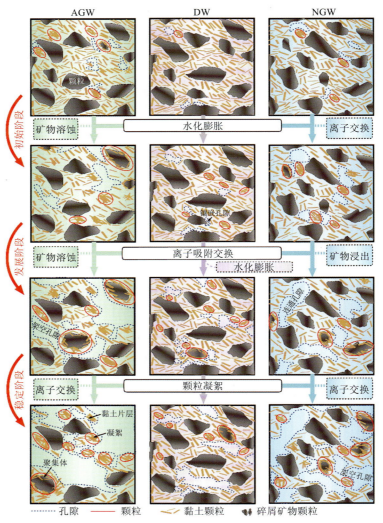

图 3.12　三种水化学溶液中滑带土的微观演化机制

（1）以胶结降解为主的初始阶段；

（2）以孔隙扩大为主的发展阶段；

（3）以组构变化为主的稳定阶段。

初始阶段，滑带土的劣化以基底胶结的降解破坏为主，而引起胶结破坏的主要物理化学作用是水化膨胀及矿物的溶解浸出。通常在干湿循环初期，由于晶间膨胀和渗透膨胀，扩散双电层的厚度增加，膨胀力逐渐增大并超过黏土颗粒间的内聚力，黏土胶结破坏，出现黏土薄片和小孔隙。然而，不同的化学溶液中，物理化学作用存在差别。在 AGW 条件下，由于 H^+ 的存在，方解石和长石会发生溶解，Ca^{2+} 和 Na^+ 随之释放并进入浸泡液中，引起碎屑矿物的剥离脱落、离子质量浓度的升高及少量架空孔隙的产生。NGW 条件下，在发生水化膨胀的同时，溶液中存在的离子进入矿物晶格之间，发生离子交换。因此，部分黏土矿物发生溶解，矿物边缘变得模糊，并形成黏土凝絮，孔隙逐渐扩大，溶液的离子质量浓度也随之升高。而在 DW 中，由于缺少 H^+ 和其他阳离子，仅水化膨胀起作用，所以孔隙的扩展和颗粒的剥离脱落不明显，仅能看到零星的黏土薄片和镶嵌孔隙，滑带土的胶结基本完好。

发展阶段，滑带土劣化以孔隙扩大为主，而引起孔隙扩大、胶结进一步破坏的主要物理化学作用是离子交换和矿物的溶解浸出。随着干湿循环的持续进行，滑带土中的黏土颗粒在水化膨胀或离子作用后，发生溶解或分离，颗粒之间的化学键出现断裂，并暴露出更多的解理面及表面电荷，整体的离子交换能力显著提高。同时，其他化学反应也会影响该过程。酸性溶液中，H^+ 的作用会溶解更多的矿物，随之产生的氢键断裂及羟基交换会变多，所以更多的阳离子（Mg^{2+}、K^+、Ca^{2+} 和 Na^+）会释放到水相中并转移扩散，与其他黏土发生离子交换，因此 AGW 条件下滑带土的黏土/碳酸盐胶结被显著破坏，孔隙不断扩大并逐渐连通。在离子较丰富的地下水中，氢键的断裂会释放少量的 H^+ 和 OH^-，离子转移后会促进方解石和绿泥石的溶解及长石向伊利石/蒙脱石的转变（Pusch and Karnland，1996）。因此，该条件下，可见大量的凝絮和聚集体，孔隙也有明显的扩展和延伸。而在 DW 中，溶液中离子较少，但在其微观组构中也可观察到镶嵌孔隙的扩大，这可能是由斜长石和钾长石的少量溶解所致。

稳定阶段，滑带土的劣化以组构变化为主，引起组构变化的主要物理化学作用是颗粒联结。在干湿循环的后期，矿物和离子之间的离子交换逐渐变弱，但因阳离子的存在，电解质浓度的变化会继续引起黏土矿物双电层的变化，所以部分黏土矿物及脱落的矿物颗粒会发生凝絮或聚集。与此同时，孔隙也逐渐扩展或连通。但不同水化学条件下颗粒联结和组合的方式存在差别。AGW 条件下，脱落的黏土片层和碎屑矿物较多，受双电层变化及颗粒间作用力的影响，凝絮和聚集体发生堆叠，形成高度凝絮/聚集的微观组构。NGW 条件下，离子质量浓度较高，受阳离子 Na^+、Ca^{2+} 和 Mg^{2+} 的影响，黏土矿物和碎屑颗粒形成了随机分布的凝絮和少量聚集体。而在离子质量浓度较小的 DW 中，颗粒相对分散，孔隙仅局部产生连通，胶结物质还有部分未发生明显破坏。

3.3 滑坡裂隙演化规律

滑坡破裂面往往发育于局部节理裂隙，然后逐渐扩展贯通整个斜坡，具体表现在从早期斜坡内部微损伤、微裂隙形成开始，宏观上在坡表逐渐形成裂缝。滑坡裂隙的演化可分为细观和宏观两个层面。本节在细观层面，以自然界和实际工程中常见的层状斜坡为例开展其裂隙演化研究。在宏观层面，开展滑坡地表裂缝演化规律研究。

3.3.1 层状斜坡节理裂隙演化

层状斜坡的稳定性受其内部节理裂隙演化的显著影响。本节深入分析了单节理和双节理在不同岩层倾角条件下的裂隙扩展模式，以及这些模式如何导致斜坡的破坏和失稳（汪丁建，2019）。通过理解这些演化过程，可以为斜坡稳定性评估和防治提供关键见解。

1. 层状斜坡内单节理裂隙演化

层状斜坡不仅含有层面，还含有构造节理和次生裂隙等结构缺陷，斜坡的破坏往往是由这些结构缺陷的出现并扩展导致的。根据含单裂纹层状岩石压缩试验结果，可进一步分析层状斜坡内单节理裂隙演化过程。

岩层的产状不同时，斜坡内单节理裂隙演化过程如图 3.13 所示。岩层顺倾且倾角较小[图 3.13（a）]时，节理处产生的拉裂隙逐渐向外扩展，上方产生台阶状裂隙和翼形拉裂隙，两者分别背离和靠近临空面向坡顶方向演化，但台阶状裂隙剪切段较短小且主要由张拉段组成；下方裂隙扩展一定距离后转化为层间剪切裂隙，岩体最终沿该层间剪切裂隙滑动失稳。岩层顺倾且倾角较大[图 3.13（b）]时，裂隙从节理处产生并最终演化为台阶状破坏面，破坏面由多段长距离层间剪切裂隙和层内拉裂隙组成。岩层反倾[图 3.13（c）]时，沿节理延伸方向产生多个拉裂隙，并呈雁列状排列，最终裂隙贯通，岩体沿圆弧形潜在破坏面滑动。这种条件下，裂隙的扩展不仅受到张拉应力的影响，而且受到剪切应力的影响。特别是裂隙演化后期，剪切应力致使裂隙间岩桥破坏，从而导致斜坡失稳。

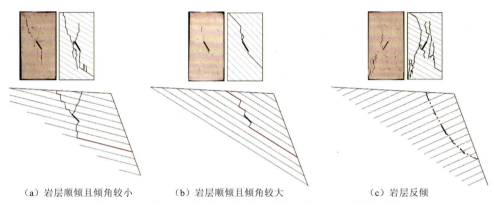

（a）岩层顺倾且倾角较小　　（b）岩层顺倾且倾角较大　　（c）岩层反倾

图 3.13　不同层面倾角条件下斜坡内单节理裂隙演化过程

节理产状对顺倾斜坡内裂隙的演化过程会产生影响（图 3.14）。节理顺倾且倾角较小[图 3.14（a）]时，节理上方裂隙呈阶梯状扩展但剪切段较短，下方裂隙由拉裂隙转化为沿层面的剪切裂隙。节理顺倾且倾角较大[图 3.14（b）]时，岩体沿台阶状滑面滑动，且层间剪切裂隙较长。节理反倾[图 3.14（c）]时，大量层间剪切裂隙和层内拉裂隙产生，呈网状分布，将岩体切割成破碎块体。

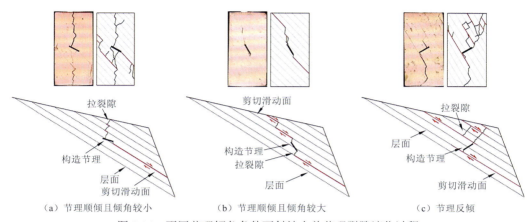

（a）节理顺倾且倾角较小　　　　（b）节理顺倾且倾角较大　　　　（c）节理反倾

图 3.14　不同节理倾角条件下斜坡内单节理裂隙演化过程

2. 层状斜坡内双节理裂隙演化

在自然斜坡结构中，往往存在两组或多组结构面。本节将重点分析层状斜坡内双节理联结及斜坡破坏过程。

岩桥倾角为负值[图 3.15（a）]时，节理内侧产生的两条拉裂隙（部分转化为层间剪切裂隙）发生非直接联结，进而合并为同一条裂隙继续扩展。此外，两条节理外侧均可能产生纵向拉裂隙，并发展至坡顶处。岩桥倾角为零（即双节理处于同一平面）[图 3.15（b）]时，节理内侧的联结模式为直接联结，但联结裂隙可能在张拉作用或张拉与剪切共同作用下形成，两条节理的外侧均可能产生两条拉裂隙并向坡顶或临空面发展。岩桥倾角为正值[图 3.15（c）]时，节理之间由拉裂隙直接联结，节理外侧各产生一条拉裂隙并向外扩展，这种情况下斜坡破坏面较统一。

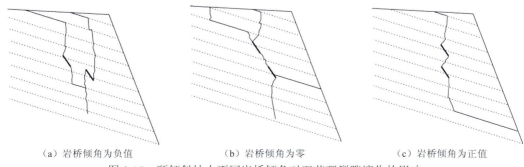

（a）岩桥倾角为负值　　　　　（b）岩桥倾角为零　　　　　（c）岩桥倾角为正值

图 3.15　顺倾斜坡内不同岩桥倾角对双节理裂隙演化的影响

反倾斜坡内双节理联结模式与顺倾斜坡有一定的差异，具体如图 3.16 所示。岩桥倾角为负值［图 3.16（a）］时，节理内侧产生的两条拉裂隙发生非直接联结。此外，沿节理延伸方向产生多条雁列状分布的拉裂隙，最终岩体将沿雁列状节理组成的弧面发生滑动。该类型斜坡存在两个潜在破坏面，两条节理分别位于潜在破坏面之上。岩桥倾角为零［图 3.16（b）］时，双节理由一条拉裂隙联结，沿双节理延伸方向弧面上产生多个雁列状分布的拉裂隙，构成斜坡的潜在破坏面。岩桥倾角为正值［图 3.16（c）］时，双节理之间由三条拉裂隙发挥联结作用，多条拉裂隙将分别沿两条节理的延伸方向向坡顶和临空面呈雁列状排布，最终岩体沿这些裂隙滑动失稳。

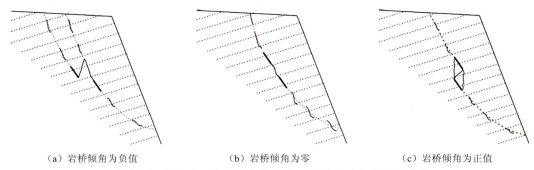

（a）岩桥倾角为负值　　　　　（b）岩桥倾角为零　　　　　（c）岩桥倾角为正值

图 3.16　反倾斜坡内不同岩桥倾角对双节理裂隙演化的影响

3.3.2　滑坡演化裂缝分期配套特征

滑坡变形演化过程中，在空间上会呈现出一定的规律。滑坡的裂缝直观易于观测，在滑坡的稳定性分析中具有重要的意义。因此，本小节主要针对滑坡的裂缝演化特征展开论述。裂缝分期配套特征是指：裂缝的出现时机和出现部位并不是随机、散乱分布的，而是与滑坡的演化过程具有一定的对应关系；不同成因类型的滑坡，其裂缝分期配套特征往往不同。

1. 推移式滑坡裂缝体系空间演化过程

推移式滑坡在剖面形态上通常呈现出前缓后陡的形态（图 3.17），坡体的后段为下滑段，中前段为阻滑段。坡体变形演化过程中，后段坡体在较大下滑力的作用下，首先拉裂—滑移，坡体后缘产生拉裂缝。后段坡体变形不断向坡体前缘扩展。更为详细的坡体裂缝产生和发展过程可以概括如下。

（1）后缘拉裂缝形成：斜坡在自重或外部扰动荷载的作用下，坡体稳定性降低。坡体稳定性持续降低，斜坡岩土体开始变形。坡体的下滑力大于滑面所能提供的抗滑力，坡体的中后部产生剩余下滑力，在后缘形成张拉应力区域。因此，推移式滑坡的滑动起始于坡体后缘，该变形通常表现为沿滑动面的下滑变形。该变形的水平分量使坡体后缘产生垂直于滑坡主滑方向的拉裂缝；该变形的垂直分量在坡体的后缘产生下座变形。拉

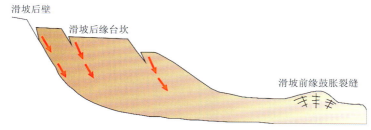

图 3.17　推移式滑坡剖面示意图

裂缝的数量、分布范围和形态特征（长度、宽度和深度）随着变形的持续增长而持续扩展。变形持续扩展，坡体的后缘发展出多级弧形拉裂缝和下错台坎，地形上表现为多级断壁[图 3.18（b）]。坡体前缘出现拉裂和下陷变形。此时，滑坡通常处于初始变形阶段，斜坡岩土体变形演化曲线详见图 3.18（a）。

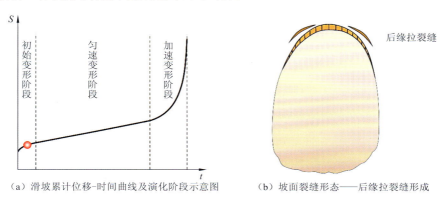

（a）滑坡累计位移-时间曲线及演化阶段示意图　　（b）坡面裂缝形态——后缘拉裂缝形成

图 3.18　推移式滑坡初始变形阶段裂缝配套特征

（2）中部侧翼剪张裂缝形成：后缘变形向坡体的中部渐进扩展。中段滑体被动向前滑移时，在滑坡的两侧出现剪应力集中现象，在坡体的两侧形成剪切错动带，雁列状侧翼剪张裂缝出现。该侧翼剪张裂缝在坡体两侧往往同步对称出现[图 3.19（b）]。当坡体两侧边界条件不同时，该侧翼剪张裂缝表现出一定的差异性。此时，滑坡通常处于匀速变形阶段，斜坡岩土体变形演化曲线详见图 3.19（a）。

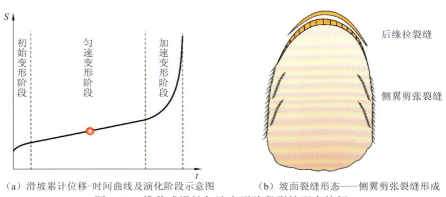

（a）滑坡累计位移-时间曲线及演化阶段示意图　　（b）坡面裂缝形态——侧翼剪张裂缝形成

图 3.19　推移式滑坡匀速变形阶段裂缝配套特征

（3）前缘鼓胀裂缝形成：当滑坡体前缘具有平缓段或反翘段时，对坡体的前移表现出阻滑作用。在坡体前移过程中，在该阻滑部位产生压应力集中，坡体上产生前缘鼓胀裂缝。该鼓胀裂缝在主滑方向上表现出放射状[图 3.20（b）]。此时，滑坡通常处于加速变形阶段，斜坡岩土体变形演化曲线详见图 3.20（a）。

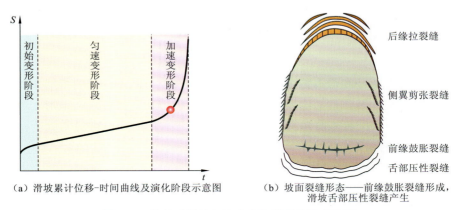

（a）滑坡累计位移-时间曲线及演化阶段示意图　　（b）坡面裂缝形态——前缘鼓胀裂缝形成，
　　　　　　　　　　　　　　　　　　　　　　　　滑坡舌部压性裂缝产生

图 3.20　推移式滑坡加速变形阶段裂缝配套特征

（4）形成圈闭的地表裂缝形态：当上述裂缝配套特征出现，裂缝地表形态圈闭后[图 3.21（b）]，坡体滑动面已基本贯通，斜坡即将发生整体滑动失稳破坏。此时，滑坡通常处于整体破坏阶段，斜坡岩土体变形演化曲线详见图 3.21（a）。

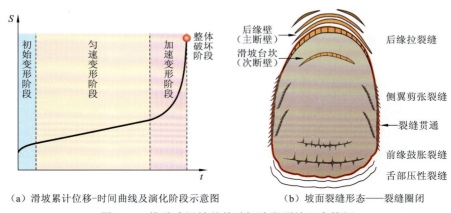

（a）滑坡累计位移-时间曲线及演化阶段示意图　　　（b）坡面裂缝形态——裂缝圈闭

图 3.21　推移式滑坡整体破坏阶段裂缝配套特征

2. 牵引式滑坡裂缝体系空间演化过程

牵引式滑坡前缘临空条件较好，较为平直，没有明显的阻滑段（图 3.22）。受库水侵蚀、人工开挖坡脚等作用的影响，变形和滑移往往起始于坡体前缘。前缘滑块局部崩滑为后缘块体提供了新的临空面，次级滑坡进而失稳，以此类推，其在宏观和空间上表现出渐进后退式特点。

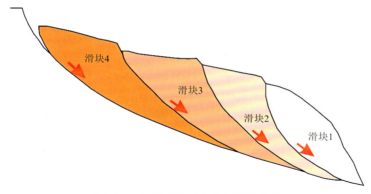

图 3.22　牵引式滑坡典型剖面结构图

（1）前缘及临空面附近拉裂缝产生：坡体前缘遭受库水侵蚀、人工开挖坡脚等，前缘坡体顶部出现拉应力集中，产生向临空方向的拉裂—错落变形，出现横向拉裂缝［图 3.23（b）］。此时，滑坡通常处于初始变形阶段，斜坡岩土体变形演化曲线详见图 3.23（a）。

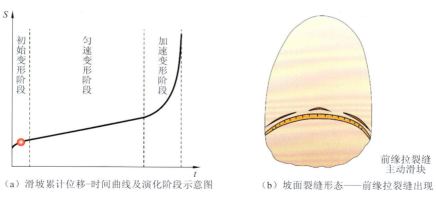

（a）滑坡累计位移-时间曲线及演化阶段示意图　　　（b）坡面裂缝形态——前缘拉裂缝出现

图 3.23　牵引式滑坡初始变形阶段裂缝配套特征

（2）前缘局部崩滑、裂缝向后扩展：前缘裂缝的形态（长度、宽度和深度）随着变形的增长而不断扩展。前缘滑块持续向前滑移，逐渐与滑坡母体脱离。该滑块的失稳滑动为后缘的滑块提供了临空滑移条件，产生新的变形和拉裂缝，进而发展为后缘滑块的崩滑。该过程持续进行，形成多级弧形拉裂缝、下错台坎和多级滑块［图 3.24（b）］。此时，滑坡通常处于匀速变形阶段，斜坡岩土体变形演化曲线详见图 3.24（a）。

（3）后缘形成弧形拉裂缝：当坡体从前向后的滑移变形扩展到后缘一定部位时，后缘形成弧形拉裂缝［图 3.25（b）］；此时，滑坡通常处于加速变形阶段，斜坡岩土体变形演化曲线详见图 3.25（a）。

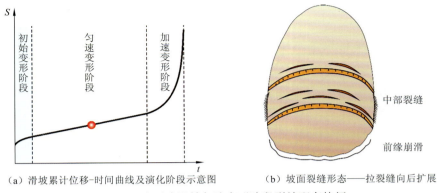

（a）滑坡累计位移-时间曲线及演化阶段示意图　　（b）坡面裂缝形态——拉裂缝向后扩展

图 3.24　牵引式滑坡匀速变形阶段裂缝配套特征

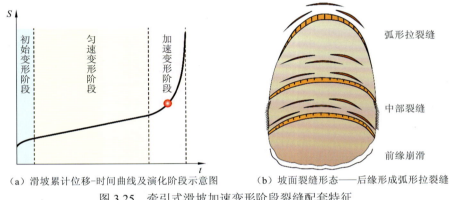

（a）滑坡累计位移-时间曲线及演化阶段示意图　　（b）坡面裂缝形态——后缘形成弧形拉裂缝

图 3.25　牵引式滑坡加速变形阶段裂缝配套特征

（4）裂缝圈闭：滑移变形扩展到后期，滑坡地表裂缝基本圈闭[图 3.26（b）]，坡体发生滑移失稳破坏。坡体的失稳主要有以下两种形态：岩土体材料强度较低或坡体坡度较大时，各滑块往往依次独立滑动；各滑块呈叠瓦状向前滑移，发生整体失稳破坏。此时，滑坡通常处于整体破坏阶段，斜坡岩土体变形演化曲线详见图 3.26（a）。

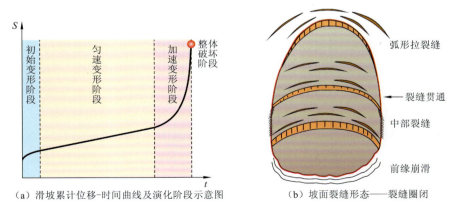

（a）滑坡累计位移-时间曲线及演化阶段示意图　　（b）坡面裂缝形态——裂缝圈闭

图 3.26　牵引式滑坡整体破坏阶段裂缝配套特征

3.4　本 章 小 结

本章基于对滑带土结构演化规律和滑坡裂隙演化规律的研究，揭示了滑坡地质结构演化规律，主要结论如下。

（1）揭示了滑带土结构演化规律。采用综合性的试验研究方法，并结合 X 射线衍射、激光粒度测试和水化学分析等技术手段，系统分析了滑带土矿物演化特征、粒度演化特征和孔隙水化学演化特征。滑带土中的物理化学作用、矿物演化、粒度变化均会影响滑带土的结构演化。根据滑带土微观组构、矿物组成、粒度分布及潜在的物理化学作用的变化，将滑带土的演化分为三个阶段：以胶结降解为主的初始阶段、以孔隙扩大为主的发展阶段和以组构变化为主的稳定阶段。

（2）揭示了不同地质条件下层状斜坡节理裂隙的演化规律，包括层状斜坡破坏模式、单节理裂隙演化、双节理裂隙演化及滑坡演化裂缝分期配套特征。不同的岩层及节理产状会影响顺倾斜坡内的裂隙演化过程。依据推移式滑坡和牵引式滑坡不同的变形特征与受力特点，阐述了两者不同的裂缝分期配套演化特征，为滑坡演化阶段判识及预测预报提供了地质判据基础。

参 考 文 献

汪丁建, 2019. 含节理层状岩石破裂特性及边坡工程应用研究[D]. 武汉: 中国地质大学(武汉).

FRANCIS M L, MAJODINA T O, CLARKE C E, 2020.A geographic expression of the sepiolite-palygorskite continuum in soils of northwest South Africa[J]. Geoderma, 379: 114615.

PUSCH R, KARNLAND O, 1996. Physico/chemical stability of smectite clays[J]. Engineering geology, 41(1/2/3/4): 73-85.

SU X X, WU W, TANG H M, et al.,2023.Physicochemical effect on soil in sliding zone of reservoir landslides[J]. Engineering geology, 324: 107249.

第4章 滑带土强度演化规律

4.1 概　述

伴随着滑坡演化过程中岩土体结构、应力条件、水文状态等因素的变化，滑带土强度也处于动态演化的过程中。滑带土强度是滑坡稳定性评价与防治结构设计的核心参数之一，既是研究滑坡演化机理的核心内容，又是滑坡防治的重要基础。

众多研究表明，滑带土的强度并非恒定不变，而是会随其运动状态及环境因素的变化而动态演变。这种强度演化往往会呈现出两种明显的趋势，即强度劣化和强度增长。但在自然界中，随着滑坡的演化发展，滑带土强度仍以劣化现象为主。

水作为一种极其活跃的外地质营力，其通过多种方式与岩土体发生作用，使滑带土强度发生改变。土体在交替经历干燥和湿润环境后，其结构和性能逐渐恶化的现象称为干湿循环劣化。干湿循环对滑带土的劣化作用是多方面的，包括物理性质的变化、强度参数的降低、流变特性的改变，以及微观结构的破坏等，这些劣化作用最终会影响滑坡的稳定性和演化过程。渗流冲蚀劣化是在水流作用下，土体表面和内部颗粒逐渐被流体冲刷与剥蚀，滑带土强度逐渐减弱的现象。周期性的渗流作用对滑带土内部结构会产生持续损伤，土体颗粒团聚体之间的胶结被破坏，形成分散的颗粒结构，降低了土体的抗剪强度。

本章将对水导致滑带土强度劣化的两个重要效应（滑带土水致劣化效应与渗流冲蚀劣化效应）开展研究。针对滑带土水致劣化效应，采用直剪试验开展滑带土的干湿循环劣化、长期饱水劣化试验，定义滑带土强度劣化系数，并研究其随干湿循环次数及浸泡饱水时间的变化。针对渗流冲蚀劣化效应，开展不同渗透循环次数和渗透压力作用下的滑带土强度三轴试验，研究渗流冲蚀作用下滑带土力学及强度劣化特征，进一步揭示滑带土冲蚀劣化机理。

4.2　滑带土水致劣化效应研究

本节将探讨滑带土在库岸边坡稳定性研究中所面临的水致劣化效应，分析水对滑带土力学性能影响的两种主要形式：力学效应和劣化效应。通过综合考虑地下水动态变化和岩土体材料长期受水作用的影响，阐明干湿循环劣化和长期饱水劣化滑带土强度劣化规律，建立强度劣化模型（倪卫达，2014）。

4.2.1　滑带土水致劣化效应研究现状

在库岸边坡的相关研究中，水对边坡稳定性的影响显得尤为突出，主要表现在两方面：①水的力学效应，在水库运营期间，周期性调蓄引起库岸边坡内地下水渗流场的动态变化，使得库岸边坡受到动态的静水压力和动水压力作用，其稳定性发生动态变化；②水的劣化效应，低水位浸润线下的岩土体受到库水的长期浸泡作用，低水位和高水位浸润线之间的岩土体受到周期性的干湿循环作用，使得库岸边坡内部岩土体的力学性能随时间延长逐步劣化。

水得土而流，土得水而柔，在我国古代就已经认识到了水对岩土体的劣化作用。根据现代地质学的相关研究（傅晏，2010），岩土体在自然界中水的长期浸泡或周期性浸泡—风干作用下，其力学性质将随其结构的风化分解而逐步劣化降低，这就是水致劣化效应。根据水对岩土体作用形式的不同，将水致劣化效应分为两种具体类型：干湿循环劣化和长期饱水劣化。对水致劣化效应开展试验研究，揭示岩土体力学性质在动态库水作用下随时间的劣化规律，是研究库岸边坡长期稳定性、演化规律及其失稳机制的重要基础。

1）干湿循环劣化作用

关于干湿循环劣化作用，已有部分学者开展了试验研究。在岩体干湿循环劣化方面，姚华彦等（2010）、周世良等（2012）、邓华锋等（2012）针对砂岩、泥岩等岩类开展了干湿交替作用后的常规单轴和三轴压缩试验，研究了干湿循环作用下岩体强度的劣化规律。在土体干湿循环劣化方面，杨和平和肖夺（2005）通过重塑土的直剪试验研究了干湿循环作用下膨胀土抗剪强度的劣化过程；龚壁卫等（2006）采用体积压力板仪实现了脱湿和吸湿过程，进而通过直剪试验研究了干湿循环过程对土体力学性能的影响；曹玲和罗先启（2007）通过开展千将坪滑坡滑带土的干湿循环试验，研究了干湿循环条件下滑带土的强度特性及其变形特性。

通过定义黏聚力干湿循环劣化系数 $\upsilon(n)$ 和内摩擦角干湿循环劣化系数 $\omega(n)$ 来定量描述岩土体在干湿循环作用下其抗剪强度随干湿循环次数的变化规律。因此，在经历 n 次干湿循环后，岩土体的抗剪强度为

$$\tau(n) = \sigma(n) \cdot \tan \varphi_0 \cdot \omega(n) + c_0 \cdot \upsilon(n) \tag{4.1}$$

式中：$\sigma(n)$ 为经过 n 次干湿循环后作用于岩土体单元的法向正应力；$\upsilon(n)$ 为黏聚力 c 的干湿循环劣化系数，由式（4.2）计算所得；$\omega(n)$ 为内摩擦角 φ 的干湿循环劣化系数，由式（4.3）计算所得。

$$\upsilon(n) = \frac{c_n}{c_0} \tag{4.2}$$

式中：c_n 为经过 n 次干湿循环后的黏聚力；c_0 为黏聚力初始值。

$$\omega(n) = \frac{\tan \varphi_n}{\tan \varphi_0} \tag{4.3}$$

式中：φ_n 为经过 n 次干湿循环后的内摩擦角；φ_0 为内摩擦角初始值。

2）长期饱水劣化作用

部分学者开展了长期饱水劣化作用下岩土体力学性能劣化的研究。周翠英等（2005）、郭富利等（2007）通过试验研究了长期浸泡作用下泥岩岩块力学特性的变化规

律。结果表明，泥岩的力学强度指标随浸泡饱水时间的增长而逐渐降低并趋于定值，呈负指数函数衰减规律。由于这方面可借鉴的成果较少，且缺乏足够的试验数据，假定黏聚力 c 和内摩擦角 φ 随浸泡饱水时间的增加同步劣化。因此，只需定义一个长期饱水劣化系数 $\varpi(t)$ 即可定量描述岩土体抗剪强度随浸泡饱水时间的变化规律。因此，岩土体在长期浸泡作用下抗剪强度的劣化规律可由式（4.4）表达：

$$\tau(t) = \sigma(t) \cdot \tan\varphi_0 \cdot \varpi(t) + c_0 \cdot \varpi(t) \qquad (4.4)$$

式中：$\sigma(t)$ 为浸泡饱水时间 t 作用于岩土体单元的法向正应力；c_0 为黏聚力初始值；φ_0 为内摩擦角初始值。

因此，进一步通过试验确定黏聚力干湿循环劣化系数 $\upsilon(n)$、内摩擦角干湿循环劣化系数 $\omega(n)$ 和长期饱水劣化系数 $\varpi(t)$ 的数学表达式即可获得水致劣化的数学模型。

4.2.2　滑带土水致劣化试验研究

1）取样点基本情况

巴东大型野外综合试验场开创性地采用滑坡试验隧洞群的形式，对临江 1 号崩滑体的地质结构及其空间形态进行了全面揭露，为获取滑坡原状滑带土提供了有利条件。在试验场两个支洞的试验平硐内取得了原状滑带土试样，试验隧洞及取样点的平面位置如图 4.1 所示。

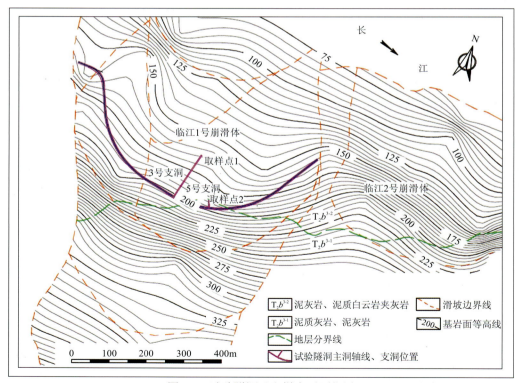

图 4.1　试验隧洞及取样点平面位置

取样点揭露的岩土体可明显分为三层：滑坡体碎石土层、滑带黏土夹碎石层及滑床中厚层青褐色泥质灰岩、褐黄色泥灰岩（图 4.2）。滑坡体碎石土层位于掌子面的左侧，为黄褐色、灰绿色碎块石土，碎石质量分数约为 60%，碎石成分主要为泥灰岩，局部可见块石，块径为 50～100 cm，呈次棱状。滑带位于掌子面的中部，为褐红色黏土夹少量碎石，结构密实，呈可塑至坚硬状，厚度 80～100 cm 不等，碎石质量分数约为 20%，粒径为 0.5～3.0 cm，磨圆较好，局部见擦痕镜面（图 4.3），碎石成分以泥灰岩为主，次为泥质灰岩，碎石多呈微风化及中等风化状。滑带基本顺下伏基岩层面发育，滑带与下伏基岩接触界面明显，层面清晰，滑带与上覆滑坡体界线呈逐渐过渡状态。滑带与上覆黄褐色碎石土的接触部分为青灰色，而与下伏基岩的接触部分为浅灰色。滑床基岩位于掌子面的右下侧，为青褐色泥质灰岩、褐黄色泥灰岩，中厚层状，层厚 20～40 cm，岩体完整性较好。

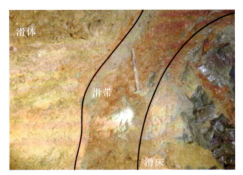
图 4.2　取样点典型滑坡结构照片

图 4.3　滑带与基岩接触面滑动擦痕

2）试样制备

如图 4.2 所示，试验隧洞揭露的滑带厚度较大，平整性较好，具备良好的取样条件。因此，此处采取压入聚氯乙烯（polyvinyl chloride，PVC）管的取样方法，首先选取滑带发育良好、碎石含量较少的位置[图 4.4（a）]，并将表层开挖扰动的土体去除。采用轻击缓压的方式将 ϕ75 mm×200 mm 的 PVC 管缓慢压入滑带土土体内，再将压入的 PVC 管周边的滑带土剥除，即可将滑带土试样连同 PVC 管一起取出[图 4.4（b）]。将取出后的试样进行清理、统一编号，并采用保鲜膜和胶带对滑带土试样进行密封处理[图 4.4（c）、（d）]。

（a）滑带发育良好局部图

（b）PVC管压入滑带土

（c）试样编号　　　　　　　　　　　　（d）密封处理试样

图 4.4　滑带土取样过程照片

为了减小试样的物质组成和内部结构对试验结果的影响，将取回的原状滑带土试样制成均一性较好的重塑土样。试样按照《公路土工试验规程》（JTG 3430—2020）所规定的扰动土样的制备程序处理，具体步骤如下：①将取回的滑带土试样经烘箱烘干、碾碎后过 2 mm筛（图 4.5、图 4.6）；②将过筛后的土样均匀地散布于土工托盘内，计算制备一定含水率的试样所需要的加水量，为使制备的试样具有较为均匀的含水率，采用喷雾设备逐次喷洒预计的加水量，充分拌和后将土样装入密闭容器内润湿一昼夜备用；③采用击实筒手工击实试样，击实筒内涂抹凡士林，便于试样脱模，为了使试样具有较好的均匀性，分 4 层进行击实，每层土的质量相同，各层接触面用毛刷打毛，控制干密度 $\rho_d = 1.75 \text{ g/cm}^3$；④将击实后的重塑滑带土用标准环刀加工成面积为 32 cm^2、高度为 2.5 cm 的圆柱形试样（图 4.7）。

图 4.5　烘干、碾碎后被筛出的碎石　　　图 4.6　烘干、碾碎、过筛后的滑带土样

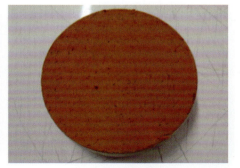

（a）圆柱形试样　　　　　　　　　　　（b）单个试样细节图

图 4.7　制备完成的滑带土试样

　　为使构建的水致劣化数学模型更具普适性，在研究中同时选取了武汉地区的普通黏土开展对比试验，普通黏土水致劣化试验的规格、数量和过程与滑带土保持一致。由于滑带土的天然含水率为 13.7%～19.9%，所以干湿循环劣化试验测试抗剪强度时，控制滑带土试样的含水率为 15% 左右。需要说明的是，含水率的控制是通过在烘干过程中间隔一定时间称重的方式实现的，因此无法完全精确控制试样的含水率为 15%，实际抗剪强度测试时的含水率略有浮动。

3）干湿循环劣化试验方案

　　试验的基本思路是在室内模拟干湿循环效应，再分别测定试样在经受不同干湿循环次数后的抗剪强度，从而研究滑带土和普通黏土的强度随干湿循环次数的变化规律。将滑带土和普通黏土试样各分为 5 群，每群又可细分为 3 个组，每组 4 个试样，共计 120 个环刀试样，滑带土和普通黏土各自的 5 群试样分别进行 0、1 次、3 次、6 次、10 次干湿循环。为模拟自然环境下库岸边坡岩土体在库水作用下的浸泡作用，本试验研究的饱水采用自由浸水法实现（图 4.8），即将环刀试样两侧用滤纸和透水石相夹，每 5 个叠成一组，用饱水夹夹紧后置入容器内进行自由浸水饱和。为保持试样的物质成分，保证试样的结构特点不受破坏，本试验研究的脱湿采用烘箱低温（≤40℃）鼓风烘干法实现（图 4.9）。

图 4.8　试样浸水饱和照片

图 4.9　试样低温烘干照片

4）长期饱水劣化试验方案

　　试验的基本思路是在室内模拟长期浸泡环境，再分别测定试样在浸泡不同时间后的抗剪强度，从而研究滑带土和普通黏土的强度随浸泡时间的变化规律。将滑带土和普通黏土试样各分成 4 组，每组 4 个试样，共计 32 个环刀试样，滑带土和普通黏土各自的 4 组试样分别浸泡 1 天、3 天、10 天、30 天。

5）试验结果

在干湿循环作用下，试样的表观形态也随着干湿循环次数的增加而变化。图 4.10 为不同干湿循环次数之后的普通黏土试样，在干湿循环次数较少（如干湿循环 1 次）时，试样表面相对平整，裂缝数量较少，但是裂缝呈整体性发育特征，且在干燥状态时裂缝呈扩张状态，在饱水状态时裂缝呈现闭合状态；随着干湿循环次数的逐渐增加（如干湿循环 6 次），试样表面变得较为粗糙起伏，整体性发育的裂缝逐渐闭合，但是试样整体呈碎裂松散结构；当干湿循环次数继续增加（如干湿循环 10 次）时，试样表面发育龟裂状裂缝，虽无整体性扩展裂缝，但试样的整体结构已十分松散。通过试样表观形态的分析可以发现，随着干湿循环次数的增加，试样的表面形态是从光洁平整逐渐过渡到粗糙起伏；裂缝发育情况是从稀疏的整体性扩张裂缝逐渐过渡到龟裂状的散布裂缝；表观结构是从整体结构逐渐过渡到松散结构。

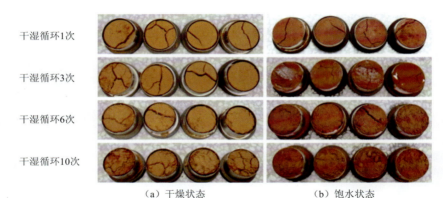

（a）干燥状态　　　　　　　（b）饱水状态

图 4.10　不同干湿循环次数时普通黏土试样的表观形态

上述研究分析了试样的表观形态随干湿循环次数增加的变化规律，现通过直剪试验开展力学参数研究，滑带土和普通黏土的干湿循环劣化试验结果及长期饱水劣化试验结果分别见表 4.1 和表 4.2。

表 4.1　干湿循环劣化试验结果

工况	滑带土黏聚力		滑带土内摩擦角		普通黏土黏聚力		普通黏土内摩擦角	
	均值/kPa	变异系数	均值/（°）	变异系数	均值/kPa	变异系数	均值/（°）	变异系数
天然状态	115.17	0.092	28.54	0.122	89.25	0.086	30.67	0.121
干湿循环 1 次	98.97	0.107	25.68	0.166	75.86	0.121	29.91	0.178
干湿循环 3 次	93.45	0.113	25.10	0.207	67.83	0.145	26.21	0.216
干湿循环 6 次	84.17	0.208	23.22	0.261	55.34	0.254	25.66	0.266
干湿循环 10 次	82.76	0.239	22.96	0.280	49.09	0.280	23.98	0.302

表 4.2　长期饱水劣化试验结果

工况	滑带土黏聚力/kPa	滑带土内摩擦角/(°)	普通黏土黏聚力/kPa	普通黏土内摩擦角/(°)
浸泡 1 天	26.07	11.93	20.56	14.29
浸泡 3 天	23.59	12.25	20.12	14.45
浸泡 10 天	24.34	11.33	19.36	13.62
浸泡 30 天	22.49	12.47	18.49	13.46

4.2.3　滑带土水致劣化数学模型

1. 干湿循环劣化数学模型

根据表 4.1 给出的滑带土和普通黏土的干湿循环劣化试验结果，由式（4.2）、式（4.3）分别计算滑带土和普通黏土的黏聚力干湿循环劣化系数 $v(n)$ 与内摩擦角干湿循环劣化系数 $\omega(n)$。分别绘制滑带土和普通黏土的 $v(n)$ 与 $\omega(n)$ 随干湿循环次数的变化曲线，如图 4.11～图 4.14 所示。

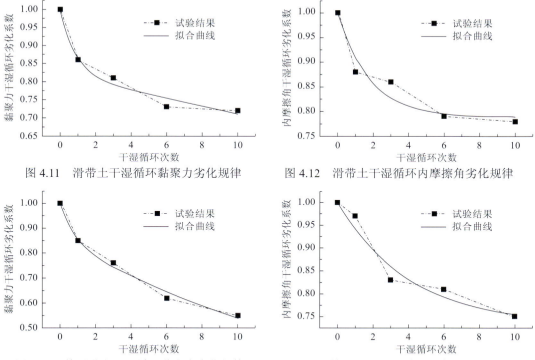

图 4.11　滑带土干湿循环黏聚力劣化规律　　图 4.12　滑带土干湿循环内摩擦角劣化规律

图 4.13　普通黏土干湿循环黏聚力劣化规律　　图 4.14　普通黏土干湿循环内摩擦角劣化规律

岩土体在大自然中受干湿循环等外动力地质作用后，最终将风化分解为砂土或淤泥等不具黏聚力的风化物。因此，在干湿循环作用下，岩土体黏聚力的最终劣化趋势为零，内摩擦角的最终劣化趋势为风化物的自然休止角（刘新荣 等，2008）。

图 4.11 和图 4.13 显示了滑带土和普通黏土的黏聚力干湿循环劣化系数 $\upsilon(n)$ 与干湿循环次数的关系。滑带土和普通黏土的黏聚力干湿循环劣化系数 $\upsilon(n)$ 均随干湿循环次数的增加而逐渐衰减，且在前 4 次干湿循环过程中降幅较为明显，4 次干湿循环后，$\upsilon(n)$ 的衰减速率逐渐降低，呈明显的负指数规律衰减。根据上述分析，随着干湿循环次数的不断增大，黏聚力干湿循环劣化系数 $\upsilon(n)$ 最终将收敛于零。因此，可采用式（4.5）所示的双负指数函数来定量表达黏聚力干湿循环劣化系数 $\upsilon(n)$ 与干湿循环次数之间的关系（倪卫达 等，2013）。

$$\upsilon(n) = \alpha \times e^{-a \times n} + \beta \times e^{-b \times n} \tag{4.5}$$

式中：n 为干湿循环次数；α、β、a 和 b 为待定系数，根据试验结果拟合确定。

图 4.12 和图 4.14 显示了滑带土和普通黏土的内摩擦角干湿循环劣化系数 $\omega(n)$ 与干湿循环次数的关系。滑带土和普通黏土的内摩擦角干湿循环劣化系数 $\omega(n)$ 也均随干湿循环次数的增加而逐渐衰减，对比滑带土和普通黏土内摩擦角干湿循环劣化系数的衰减规律发现，滑带土内摩擦角干湿循环劣化系数随干湿循环次数的增加衰减较快，在前 4 次干湿循环过程中降幅较大，4 次干湿循环后，衰减速率逐渐降低，内摩擦角干湿循环劣化系数逐渐趋于定值。普通黏土内摩擦角干湿循环劣化系数随干湿循环次数的增加衰减较缓，在前 6 次干湿循环过程中衰减幅度较大，6 次干湿循环后，衰减速率有所降低但依然呈逐渐衰减趋势。尽管滑带土和普通黏土的内摩擦角干湿循环劣化系数的衰减规律不尽相同，但是两者均呈负指数规律衰减。随着干湿循环次数的不断增大，内摩擦角干湿循环劣化系数 $\omega(n)$ 最终将收敛于某一定值。因此，可采用式（4.6）所示的负指数函数来定量表达内摩擦角干湿循环劣化系数 $\omega(n)$ 与干湿循环次数之间的关系。

$$\omega(n) = \gamma + (1 - \gamma) \cdot e^{-c_1' \cdot n} \tag{4.6}$$

式中：n 为干湿循环次数；γ 和 c_1' 为待定系数，根据试验结果拟合确定。

采用式（4.5）对滑带土的黏聚力干湿循环劣化系数试验结果进行拟合，拟合的待定系数分别为 $\alpha = 0.176$、$\beta = 0.824$、$a = 1.196$、$b = 0.015$，相关性系数为 0.925，拟合曲线如图 4.11 所示；采用式（4.6）对滑带土的内摩擦角干湿循环劣化系数试验结果进行拟合，拟合的待定系数分别为 $\gamma = 0.780$、$c_1' = 0.558$，相关性系数为 0.914，拟合曲线如图 4.12 所示；采用式（4.5）对普通黏土的黏聚力干湿循环劣化系数试验结果进行拟合，拟合的待定系数分别为 $\alpha = 0.846$、$\beta = 0.154$、$a = 0.045$、$b = 1.219$，相关性系数为 0.966，拟合曲线如图 4.13 所示；采用式（4.6）对普通黏土的内摩擦角干湿循环劣化系数试验结果进行拟合，拟合的待定系数分别为 $\gamma = 0.732$、$c_1' = 0.248$，相关性系数为 0.942，拟合曲线如图 4.14 所示。

由上述分析可以发现式（4.5）、式（4.6）对滑带土和普通黏土的黏聚力干湿循环劣化系数与内摩擦角干湿循环劣化系数均具有较好的拟合度。为便于后续开展基于可靠度的时变稳定性研究，在此进一步分析滑带土和普通黏土的力学参数在干湿循环过程中的变异性。表 4.1 展示了不同干湿循环次数时，滑带土和普通黏土的黏聚力与内摩擦角的变异系数。从表 4.1 中给出的数据可以发现，随着干湿循环次数的增加，黏聚力和内摩擦角的变异系数也呈逐渐增加的趋势，主要有两方面的原因：①随着干湿循环次数的增加，黏聚力和内摩擦角的均值逐渐降低，而变异系数为标准差和均值的比值，因此，黏聚力和内摩擦角均值的降低在客观上导致了变异系数一定程度的增加；②随着干湿循环次数的增加，滑带土或普通黏土试样的力学性能逐渐发生劣化，而劣化过程具有随机性，因此变异系数随干湿循环次数的增加而增加。

采用多项式对表 4.1 中给出的滑带土和普通黏土的黏聚力与内摩擦角的变异系数进行拟合，滑带土黏聚力变异系数 Var_{c1} 的拟合函数如式（4.7）所示，相关性系数为 0.988。

$$\text{Var}_{c1} = -0.000\,25 \cdot n^2 + 0.018\,42 \cdot n + 0.085\,54 \qquad (4.7)$$

滑带土内摩擦角变异系数 $\text{Var}_{\varphi 1}$ 的拟合函数如式（4.8）所示，相关性系数为 0.868。

$$\text{Var}_{\varphi 1} = -0.001\,78 \cdot n^2 + 0.033\,09 \cdot n + 0.126\,83 \qquad (4.8)$$

普通黏土黏聚力变异系数 Var_{c2} 的拟合函数如式（4.9）所示，相关性系数为 0.964。

$$\text{Var}_{c2} = -0.001\,28 \cdot n^2 + 0.033\,09 \cdot n + 0.082\,36 \qquad (4.9)$$

普通黏土内摩擦角变异系数 $\text{Var}_{\varphi 2}$ 的拟合函数如式（4.10）所示，相关性系数为 0.925。

$$\text{Var}_{\varphi 2} = -0.001\,60 \cdot n^2 + 0.032\,86 \cdot n + 0.132\,01 \qquad (4.10)$$

2. 长期饱水劣化数学模型

根据表 4.2 给出的滑带土和普通黏土的长期饱水劣化试验结果，将滑带土和普通黏土的黏聚力与内摩擦角随浸泡饱水时间的劣化规律绘制成图，分别如图 4.15～图 4.18 所示。

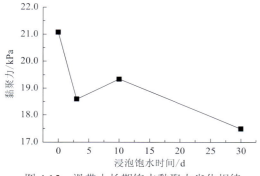

图 4.15 滑带土长期饱水黏聚力劣化规律

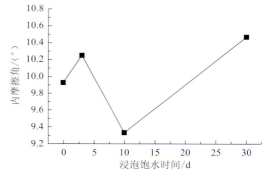

图 4.16 滑带土长期饱水内摩擦角劣化规律

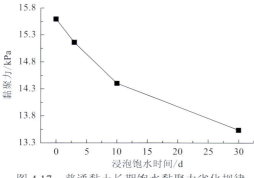

图 4.17 普通黏土长期饱水黏聚力劣化规律

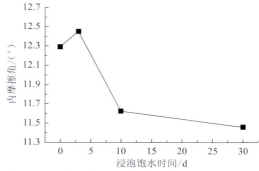

图 4.18 普通黏土长期饱水内摩擦角劣化规律

从图 4.15～图 4.18 所示的试验结果中较难看出滑带土和普通黏土力学参数随浸泡饱水时间的变化规律，原因主要有两点：①试样数量较少，每个时间点仅有 1 组试样，而岩土体的力学性质具有一定的离散性，试样越少，统计规律越差；②试验时间较短，本次长期饱水试验总计时长为 30 天，存在试验时间不足以反映浸泡饱水对强度参数影响的可能。

由于缺乏有效的试验数据，假定黏聚力 c 和内摩擦角 φ 随浸泡饱水时间的增加同步劣化。因此，只需定义一个长期饱水劣化系数 $\varpi(t)$ 即可定量描述岩土体抗剪强度随浸泡饱水时间的变化规律。周翠英等（2005）、郭富利等（2007）的试验研究表明岩土体的力学参数随浸泡饱水时间的增长逐渐降低并趋于定值，呈负指数函数衰减规律。因此，最终采用式（4.11）所示的负指数函数来定量刻画 $\varpi(t)$ 随浸泡饱水时间的变化规律。

$$\varpi(t) = \zeta + (1-\zeta)\mathrm{e}^{-dt} \tag{4.11}$$

式中：t 为浸泡饱水时间；ζ 为 t 趋于无限大时 $\varpi(t)$ 的残值；d 为待定系数，由试验结果拟合确定。

将式（4.5）所示的黏聚力干湿循环劣化系数 $\upsilon(n)$ 数学表达式、式（4.6）所示的内摩擦角干湿循环劣化系数 $\omega(n)$ 数学表达式和式（4.11）所示的长期饱水劣化系数 $\varpi(t)$ 数学表达式分别对应代入式（4.1）和式（4.4）中，即建立了土体动态水致劣化的数学模型。

4.3　滑带土渗流冲蚀劣化效应研究

本节将详细探讨滑带土在渗流冲蚀作用下的劣化效应，分析其对滑坡稳定性的潜在影响。通过精确制备的三轴试样和专门设计的渗透试验装置，模拟水库水位变化对滑带土产生的渗流作用，并运用三轴剪切试验来量化不同渗透条件下滑带土强度的劣化规律，并建立相应的劣化模型（安鹏举，2022）。

4.3.1　材料准备

三轴试样尺寸为 $\phi 39.1$ mm×80 mm，采用分层压实法制成。控制干密度为 1.91 g/cm^3，含水率为 10.8%。每层土样的称重误差不超过 0.1 g，最终试样的整体误差不超过 0.2 g。为保证层与层之间不出现显著的不连续面，每压制一层后，采用钢丝毛刷将滑带土表面打毛，然后再压制下一层土样。共制作了 8 组试样，每组包含 4 个试样，共计 32 个试样。将制好的试样采用保鲜膜进行包裹，并放入密封盒内，以防止试样水分的散失。

为模拟水库水位升降在滑带处产生的渗流作用，特制了一套渗透试验装置用于对滑带土三轴试样开展渗透试验，并使得三轴试样在经历渗流作用之后，可以在不被扰动的条件下开展三轴剪切试验。如图 4.19（a）所示，该渗透试验装置由两个半圆形亚克力管、两个压缩弹簧、两个透水石、上下顶帽、中空螺栓、乳胶膜和长螺栓组成。亚克力管用于约束滑带土的环向膨胀，压缩弹簧用于约束滑带土试样的纵向膨胀，同时提供法向荷载，中空螺栓可以调节弹簧的初始压缩状态，并提供进出水通道，上下顶帽和长螺栓保证装置的密封性能。具体操作方法为：首先利用洗耳球和承膜桶将滑带土试样装入加长型乳胶膜中，并将带乳胶膜的试样放入亚克力管中部，两个半圆形亚克力管将滑带土试样紧紧裹住；然后将透水石、压缩弹簧、上下顶帽和长螺栓安装到位；最后旋转调整中空螺栓的长度，使得压缩弹簧与滑带土试样正好接触。此外，为防止高水头压力下亚克力管发生环向扩张，采用金属喉箍对其施加环向约束。图 4.19（b）为该装置的实物图。

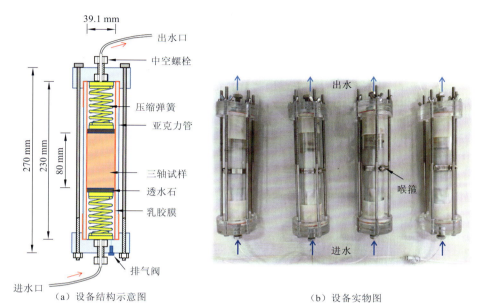

（a）设备结构示意图　　　　　　　　　　（b）设备实物图

图 4.19　渗透试验装置

　　为消除试样中的"瓶颈效应"对渗流结果的影响，在进行渗透试验之前首先对试样进行饱和处理，然后再将饱和后的试样装入渗透试验装置内开展渗透试验。饱和过程中，设定压力为 –100 kPa，连续抽真空 6 h，然后分阶段提高饱和缸内的水位，使试样由下向上逐渐饱和，最后浸泡试样 24 h。第 1 组为对照试验组，仅做饱和处理，不施加渗流作用；第 2～5 组渗透压力均设定为 100 kPa，渗透循环次数分别为 1 次、3 次、6 次、12 次；第 6～8 组渗透压力分别设定为 25 kPa、50 kPa 和 75 kPa，渗透循环次数均为 6 次，一个渗透循环包含有压渗流 24 h 和保持无压状态 24 h。

4.3.2　三轴试验结果与分析

1. 三轴试验方案

　　此处三轴试验采用中国地质大学（武汉）工程学院的 TYS-500 型三轴剪切试验仪（图 4.20）进行，考虑到滑带土的物质成分为粉质黏土，具有弱透水性，滑坡启动过程中滑带土无法及时排水，因此采用了固结不排水试验方案。为尽可能避免因设备性能差异而引入的试验误差，每组试样均在同一台剪切设备上开展试验，4 个试样的围压分别设定为 100 kPa、200 kPa、300 kPa 和 400 kPa，剪切速率为 0.8 mm/min。

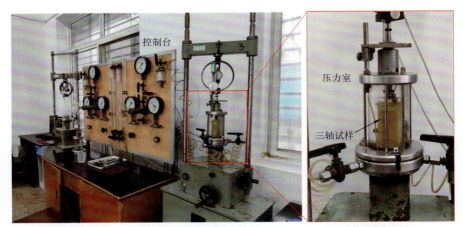

图 4.20　　TYS-500 型三轴剪切试验仪

　　试样固结后体积发生变化，需要进行修正。根据《土工试验方法标准》（GB/T 50123—2019）建议的方法，假设固结过程中试样的变形为等应变。那么，试样固结之后的高度和面积可通过式（4.12）和式（4.13）求得。

$$h_c = h_0 \times \left(1 - \frac{\Delta V}{V_0}\right)^{1/3} \tag{4.12}$$

$$A_c = A_0 \times \left(1 - \frac{\Delta V}{V_0}\right)^{2/3} \tag{4.13}$$

式中：h_0 为试样原始高度；A_0 为试样原始截面积；h_c 为固结后试样高度；A_c 为固结后试样截面积；V_0 为试样原始体积；ΔV 为体积变化（即量液管中排出的水的体积）。

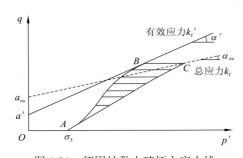

图 4.21　超固结黏土破坏主应力线

　　图4.21给出了超固结黏土总应力路径（AC）和有效应力路径（AB）及破坏主应力线，ABC 部分代表剪切过程中试样内的孔隙水压力，通过该图可知 $\varphi' > \varphi_{cu}$，$c' < c_{cu}$，φ' 为有效内摩擦角，c' 为有效黏聚力，φ_{cu} 为固结不排水状态下的内摩擦角，c_{cu} 为固结不排水状态下的黏聚力。图4.21中 q 为偏应力，p' 为平均应力，σ_3 为最小主应力，α' 为偏应力 q 与平均应力 p' 的有效比值，α_{cu} 为固结不排水状态下的偏应力 q 与平均应力 p' 的比值，a_{cu} 为固结不排水状态下的平均主应力大小，a' 为有效平均主应力大小。

2. 三轴剪切结果

　　如图 4.22 所示为试样经历不同渗透循环次数和渗透压力作用后的三轴固结不排水剪切偏应力-轴向应变曲线。所有偏应力-轴向应变曲线均表现出应变硬化的特征，未出现应力峰值。偏应力在轴向应变区间 0%～2.5%增长迅速，当轴向应变超过 5%后轴向应变与偏应力的增长表现出近似线性的关系，且围压越大，斜率越大。

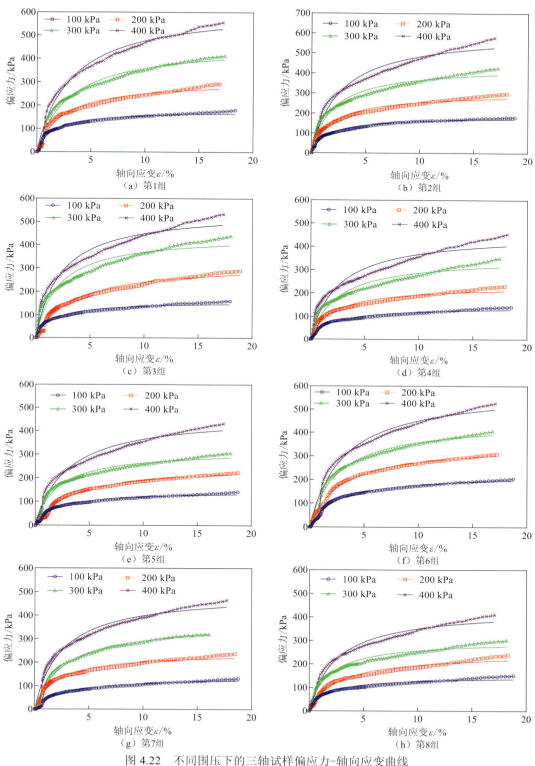

图 4.22　不同围压下的三轴试样偏应力-轴向应变曲线

　　取偏应力-轴向应变曲线中的峰值强度作为试样的破坏点，如果试样在剪切过程中没有出现应变软化现象，则对试样进行持续剪切，直到20%的应变量，最终将15%应变量对应的应变点作为试样的破坏点。本试验中可测得孔隙水压力，因此可确定试样破坏时的有效应力。根据有效应力原理，土的抗剪强度变化只取决于有效正应力 σ' 的变化。σ' 是作用在土骨架上的应力，有效内摩擦角 φ' 才是真正反映土的内摩擦角特征的指标。以有效正应力 σ' 为横坐标，以有效剪应力 τ' 为纵坐标，以 $(\sigma_{1f}-\sigma_{3f})/2$（$\sigma_{1f}$ 为三轴试验中的最大主应力，σ_{3f} 为三轴试验中的最小主应力）为半径绘制不同围压下的有效破坏应力圆，作4个圆的公切线（在没有严格公切线的情况下，寻找一条能够描述尽可能多的有效破坏应力圆共同特性的公切线），切线的倾角即有效内摩擦角 φ'，切线在纵坐标轴上的截距即有效黏聚力 c'。如图4.23所示为不同渗流作用下三轴试样的固结不排水有效抗剪强度破坏包线结果。

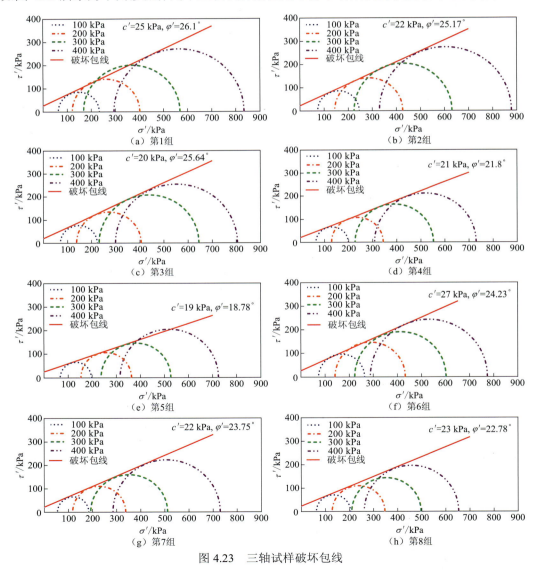

图4.23　三轴试样破坏包线

4.3.3 渗流作用下滑带土强度劣化规律与模型

1. 渗流作用下滑带土抗剪强度劣化规律

为研究对试样施加不同渗流作用时，试样抗剪强度的变化规律，根据莫尔-库仑强度准则，通过式（4.14）计算了各个试样在不同围压状态下破坏时的有效正应力 σ' 和有效剪应力 τ'。

$$\begin{cases} \sigma' = \dfrac{1}{2}(\sigma_1' + \sigma_3') + \dfrac{1}{2}(\sigma_1' - \sigma_3')\cos 2\alpha_1 \\[2mm] \tau' = \dfrac{1}{2}(\sigma_1' - \sigma_3')\sin 2\alpha_1 \\[2mm] \alpha_1 = 45° + \dfrac{1}{2}\varphi' \end{cases} \tag{4.14}$$

式中：σ_1' 为试样的大主应力；σ_3' 为试样的小主应力；α_1 为莫尔-库仑破坏面与最大主应力面之间的角度；φ' 为土体的有效内摩擦角。

图 4.24 为不同围压条件下，试样的有效剪应力 τ' 随渗透循环次数的变化曲线。可以看出，在四种围压下，试样的有效剪应力随渗透循环次数的增加均表现为逐渐降低，并逐渐收敛。当渗透循环次数较少（≤3 次）时，渗透对试样有效剪应力的影响较小，甚至在围压较大时，试样有效剪应力有增大的趋势。出现这种现象的原因可能与渗透过程中形成的试样轴向的静水压力有关，一方面渗流作用对试样施加了轴向压力使得试样密度增大，另一方面水的渗流使得试样内部结构产生劣化，从而降低了试样抗剪强度。在渗透循环次数较少时，渗流产生的静水压力与结构劣化效应相互抵消，而渗透循环次数增加后，渗流产生的结构劣化逐渐占据主导地位，使得试样的抗剪强度逐渐降低，并最终趋于收敛状态。总地来说，渗流作用会影响滑带土的抗剪强度，且随着围压的增大，影响程度在增加。

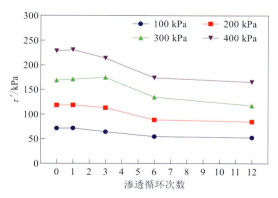

图 4.24　不同围压条件下渗透循环次数与有效剪应力的关系曲线

为进一步量化渗流作用引起的滑带土抗剪强度的变化规律，采用劣化系数 η 来表征经历不同渗流作用后滑带土抗剪强度的劣化程度。设定初始状态下滑带土的剪切强度为 A'，经过循环渗流作用后的剪切强度为 A_i，那么劣化系数可表示为两者的比值：

$$\eta = \frac{A_i}{A'} \tag{4.15}$$

使用式（4.15）的前提为：①各个试样的初始结构一致，具有相同的强度参数；②循环渗透对于试样结构具有劣化效果，使得试样的抗剪强度降低。通过式（4.15）计算得到不同渗流状态下试样的劣化系数，劣化系数大于1.00的取1.00，见表4.3。

表4.3 经历不同渗透循环次数后滑带土的剪切强度和劣化系数

参数	渗透循环次数	围压			
		100 kPa	200 kPa	300 kPa	400 kPa
剪切强度	0	72.12	118.79	169.70	229.10
	1	72.45	119.23	171.85	231.43
	3	64.88	113.54	175.25	214.40
	6	55.20	89.01	135.24	174.57
	12	52.84	85.50	117.94	165.94
劣化系数 η	0	1.00	1.00	1.00	1.00
	1	1.00	1.00	1.00	1.00
	3	0.90	0.96	1.00	0.94
	6	0.77	0.75	0.80	0.76
	12	0.73	0.72	0.69	0.72

注：剪切强度的单位为 kPa。

2. 渗流作用下滑带土强度参数劣化模型

将拟合得到的破坏包线换算为有效抗剪强度指标 c' 和 φ'，并列于表4.4中。图4.25展示了有效抗剪强度指标随渗透循环次数的变化趋势，并给出了拟合函数。随渗透循环次数的增加，有效黏聚力 c' 从初始状态的25 kPa下降到最终的19 kPa，整体变化趋势具有指数衰减特征，采用指数函数进行拟合，结果为 $c' = 5.12\mathrm{e}^{-0.9069T} + 19.89$（$T$ 为渗透循环次数），决定系数 $R^2 = 0.904$；而有效内摩擦角 φ' 的变化趋势呈线性，故线性拟合结果为 $\varphi' = -0.63T + 26.27$，$R^2 = 0.904$。由此可见，有效黏聚力相对于有效内摩擦角对于渗流作用具有更快的响应。

表4.4 经历不同渗流作用后滑带土的有效黏聚力 c' 和有效内摩擦角 φ'

组号	渗透压力/kPa	渗透循环次数	有效黏聚力 c'/kPa	有效内摩擦角 φ'/（°）
1	0	0	25	26.1
2	100	1	22	25.17
3	100	3	20	25.64
4	100	6	21	21.8

续表

组号	渗透压力/kPa	渗透循环次数	有效黏聚力 c'/kPa	有效内摩擦角 φ'/(°)
5	100	12	19	18.78
6	25	6	27	24.23
7	50	6	22	23.75
8	75	6	23	22.78

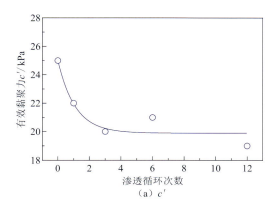 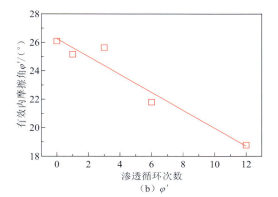

（a）c'　　　　　　　　　　　　　　　（b）φ'

图 4.25　滑带土有效抗剪强度指标随渗透循环次数的变化规律

在相同的渗透循环次数（6 次）、不同的渗透压力（25 kPa、50 kPa、75 kPa 和 100 kPa）下，滑带土的有效抗剪强度指标如图 4.26 所示。有效黏聚力 c' 和有效内摩擦角 φ' 均表现出随渗透压力 p 的增大线性降低的特征。线性拟合结果如下：有效黏聚力 c' 的变化函数为 $c'=-0.064p+26.4$；有效内摩擦角 φ' 的变化函数为 $\varphi'=-0.04p+25.74$。

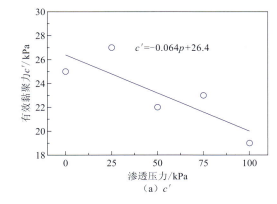 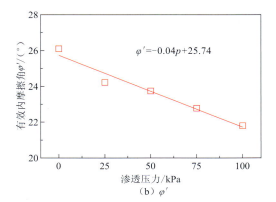

（a）c'　　　　　　　　　　　　　　　（b）φ'

图 4.26　滑带土有效抗剪强度指标随渗透压力的变化规律

为建立滑带土强度劣化系数随渗透压力和渗透循环次数变化的数学模型，将实际结果采用上述拟合函数进行修正，以获得各个渗透条件下理想的有效黏聚力和有效内摩擦角结果，并采用式（4.15）求得各个状态下的劣化系数 η，如表 4.5 所示。

表 4.5　修正后经历不同渗流作用后滑带土的有效黏聚力 c' 和有效内摩擦角 φ'

组号	水力梯度	渗透循环次数	有效黏聚力 c'/kPa	有效内摩擦角 φ'/(°)	有效内摩擦角劣化系数	有效黏聚力劣化系数
1	0	0	25.01	26.27	1.000	1.000
2	125	1	21.96	25.64	0.878	0.976
3	125	3	20.23	24.38	0.809	0.928
4	125	6	19.91	22.49	0.796	0.856
5	125	12	19.89	18.71	0.795	0.712
6	31.25	6	23.88	24.98	0.955	0.951
7	62.5	6	22.75	23.85	0.910	0.908
8	93.75	6	21.63	22.73	0.865	0.865

Miao 等（2020）根据土的分形结构特征推导出的强度参数劣化模型：

$$\eta(g,y) = (1 - k'y^f)e^{e'g} + k'y^f \tag{4.16}$$

式中：k'、e'、f 为未知参数；g 和 y 为自变量。

式（4.16）中自变量 g、y 分别为渗透循环次数 T 和水力梯度 i，因此将 g 用 T 来替代，将 y 用 i 来替代。研究结果表明，渗透循环次数对滑带土孔隙率的改变呈指数衰减形式，通过对不同渗流状态后试样的强度劣化系数进行拟合分析，获得相应的强度参数劣化模型（图 4.27）。

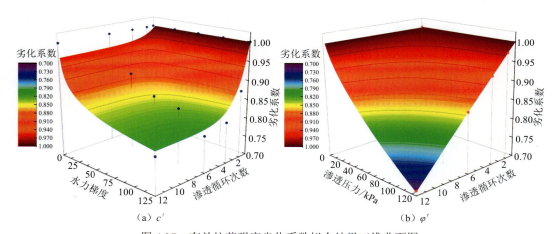

（a）c'　　　　　　　　　（b）φ'

图 4.27　有效抗剪强度劣化系数拟合结果三维曲面图

式（4.17）、式（4.18）分别为有效黏聚力和有效内摩擦角随渗透循环次数与水力梯度的劣化关系。

$$\eta_{c'}(T,i) = (1 - 1.005i^{-0.045})e^{-0.6T} + 1.005i^{-0.045} \tag{4.17}$$

$$\eta_{\varphi'}(T,i) = (1 - 0.473i^{0.512})e^{5.16\times10^{-3}T} + 0.473i^{0.512} \tag{4.18}$$

其中，$12 \geqslant T \geqslant 0$，$125 \geqslant i \geqslant 0$。

4.3.4　渗流作用下滑带土强度劣化机理分析

从微细观结构特征来看，黏土的宏观强度可以认为是不同矿物颗粒之间的摩擦和胶结作用的综合体现，而颗粒之间的摩擦和胶结作用与颗粒的大小、排列、孔隙液离子浓度、颗粒表面电位、颗粒比表面积等均存在密切关联。此处所采用的滑带土属于粉质黏土，矿物成分以黏土矿物、石英、长石及方解石为主，且黏土矿物质量分数约为 50%。一般认为当黏土矿物含量较多时，黏土矿物会对尺寸较大的颗粒（包括石英、长石、方解石等）形成包裹，使得这些粒状颗粒无法直接接触，从而由黏土矿物主导滑带土的强度。Mitchell 和 Soga（2005）提出，当黏土矿物超过土体总质量的 1/3 时，粒状颗粒呈分散不接触状态，从而使得黏土控制整个土体的强度特征。显然，滑带土的强度特征主要由黏土的性质所主导。黏土的强度特征可以采用吸附结合水对颗粒间摩擦和胶结作用的影响来解释。

黏土颗粒尺寸较小且多为片状，因此往往具有较大的比表面积。当黏土与水接触时，由于黏土颗粒与水分子之间存在不平衡的电荷分布，外加孔隙液中往往包含大量的离子，黏土颗粒与水分子之间会形成强烈的相互作用，这种作用力可能与重力水平相当。这种作用力包括黏土颗粒与水之间的静电引力、黏土颗粒与阳离子形成的微电场对极性水分子的吸引力、离子浓度差异形成的渗透力，以及极性水分子间的范德瓦尔斯力。总之，带负电的黏土颗粒会在其周围形成电场，而周围的极性水分子和阳离子会在电场力的作用下被吸附在黏土颗粒表面，距离黏土颗粒表面越近，吸附力越大。带负电的黏土颗粒和周围的水分子、阳离子等组成的扩散层被称为扩散双电层。

1）吸附结合水的性质

当孔隙液与黏土颗粒充分接触时，部分可溶性盐类被溶解，此时在颗粒表面附近的阳离子的浓度会增高并出现向外扩散的现象。而又由于颗粒表面本身带负电，在静电吸引作用下会有限制阳离子向外逸散的趋势，越靠近颗粒表面，阳离子浓度越高。为了便于理论分析，将阳离子的分布划分为了吸附层和扩散层。如图 4.28 所示为黏土颗粒表面吸附结合水的组构示意图。

水是极性分子，因而在电场力的影响下，靠近黏土颗粒表面的水分子会形成定向

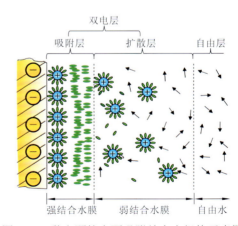

图 4.28　黏土颗粒表面吸附结合水组构示意图

排列结构。受静电引力的影响，吸附层内的水具有较大的黏滞阻力，几乎不可流动，称为强结合水膜；扩散层内的水则形成了弱结合水膜，由于其受到的静电引力较弱，黏滞阻力也较弱，流动性有所增加。一般认为，双电层的厚度即结合水膜的厚度，且双电层的厚度往往与黏土颗粒表面的电位高低有关。黏土颗粒表面电位越高，双电层厚度越大，结合水膜越厚。

根据古依-查普曼（Gouy-Chapman）理论，距离颗粒表面水平距离 x 处的电位 ψ 可采用式（4.19）、式（4.20）表达：

$$\psi = \psi_0 \exp(-Kx) \tag{4.19}$$

$$K^2 = \frac{8\pi h e^2 v^2}{\varepsilon_1 k T_1} (\text{cm}^{-2}) \tag{4.20}$$

因此，对于单一平面的双电层模型和相互作用的双电层模型，表面电位 ψ_0 与颗粒表面的电荷密度 σ 有以下关系。

单一平面的双电层模型（梁健伟，2010）：

$$\sigma = \left(\frac{2\varepsilon_1 h k T_1}{\pi}\right)^{1/2} \sinh\left(\frac{v e \psi_0}{k T_1}\right) \tag{4.21}$$

相互作用的双电层模型：

$$\sigma = \left(\frac{\varepsilon_1 h k T_1}{2\pi}\right)^{1/2} \left[2\cosh\left(\frac{v e \psi_0}{k T_1}\right) - 2\cosh\left(\frac{v e \psi_d}{k T_1}\right)\right]^{1/2} \tag{4.22}$$

式中：h 为孔隙液离子浓度；e 为电子电荷；v 为离子化合价；ε_1 为介电常数；k 为玻尔兹曼（Boltzmann）常数；T_1 为热力学温度；ψ_d 为相互作用的电层上的电位。其中，$\varepsilon_1 = 80$ F/m（水），$k = 1.38 \times 10^{-23}$ J/K，$e = 1.602 \times 10^{-19}$ C，$T_1 = 290$ K（17 ℃），$v = \pm 1$。

式（4.19）表明电位 ψ 随远离颗粒表面的距离呈指数形式下降，扩散电荷的中心与平面 $x = 1/K$ 相一致，因此可将 $1/K$ 定义为双电层的厚度。根据式（4.20）～式（4.22）可知，在颗粒表面电荷保持不变的情况下，孔隙液离子浓度 h 的增加将引起颗粒表面电位 ψ_0 的减小，从而导致双电层厚度 $1/K$ 的减小。

2）吸附结合水的作用

根据扩散双电层模型可知，在微电场的作用下颗粒表面会形成具有黏滞性的类似固体状的结合水膜。如图 4.29 所示，两个相邻的颗粒在发生相对运动时，结合水膜的厚度变化会引起颗粒之间摩擦和胶结作用的改变。当结合水膜厚度较大时，颗粒间直接接触点较少，但颗粒间通过结合水膜相连的区域会增大，表现为胶结作用使得黏聚力升高，而在剪切运动时结合水膜具有润滑摩擦作用，表现为内摩擦角降低；当结合水膜很薄时，颗粒间直接接触点增多，结合水形成的胶结作用减弱，颗粒之间出现直接接触摩擦，相对运动时需要克服较大的阻力，表现为内摩擦角增大而黏聚力降低。

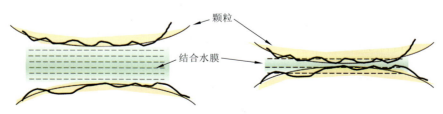

图 4.29　结合水膜厚度不同时颗粒间作用示意图

Mitchell 和 Soga（2005）提出的摩擦黏聚理论可较好地解释黏土颗粒之间的摩擦作用，该理论假定相邻两个颗粒由两个曲面来替代，颗粒之间通过曲面凸点形成接触，在法向应力作用下，两个颗粒的凸起部分通过叠覆形成接触面，接触之间的抗剪强度即颗粒之间的滑动阻力。图 4.30 为该理论模型图，接触之间的剪切强度 B 和摩擦系数 μ 可由式（4.23）和式（4.24）获得：

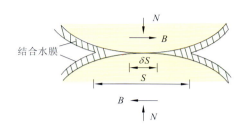

图 4.30　摩擦黏聚理论模型图

$$B = S[\delta\tau_m + (1-\delta)\tau_c] \tag{4.23}$$

$$\mu = \tan\varphi_u = B / N \tag{4.24}$$

式中：S 为接触面积；δ 为三维空间下颗粒之间的接触面积占比；τ_m 和 τ_c 分别为颗粒间接触强度和结合水膜强度；φ_u 为滑动内摩擦角；N 为垂直于接触面的压力。

该模型较好地解释了颗粒间的抗剪强度，包括颗粒之间的直接摩擦和由吸附水膜形成的黏聚力。但由于 δ 和 τ_c 不易获得，该模型难以被用于量化分析。

3）黏土颗粒间黏聚力的来源

黏土颗粒间的黏聚力包括真黏聚力和假黏聚力两种（陈松，2010）。真黏聚力与应力状态无关，主要包括三类：①化学胶结作用形成的颗粒间化学键；②颗粒间距离不大于 25 Å（1 Å＝0.1 nm）时，颗粒之间产生的静电引力和范德瓦尔斯力；③在吸附水的参与下颗粒间在固结后保持的吸附性。假黏聚力包括：①非饱和土中颗粒之间的凹液面形成的颗粒相互吸附作用；②颗粒之间紧密堆积形成的机械咬合力。因此，化学胶结、静电引力和结合水的吸附作用是影响黏土颗粒黏聚力的重要因素，而机械咬合力与毛细管应力则是非黏土矿物黏聚力的主要来源（周晖，2013）。显然，对于饱和黏性土而言，黏聚力主要为真黏聚力。

渗流作用下滑带土的孔隙结构会发生改变，细颗粒在水的驱动下聚集于大的孔隙处，阻塞了渗流通道，迫使孔隙液从更为细小的孔隙中流出。周期性的渗流作用会对滑带土内部结构产生持续损伤，在水的淋溶/溶蚀作用下，部分颗粒团聚体之间的胶结被破坏，形成分散的颗粒结构，表现为大孔隙占比减少而小孔隙占比增加，孔隙的有效连通性被进一步削弱。对于上覆荷载的呈片堆结构的滑带土层而言，渗流不会引起黏土颗粒较大的位置旋转，而是通过向颗粒之间持续渗透，破坏黏土颗粒片之间的化学胶结，引起片与片之间距离的增大（图 4.31）。这样，在滑带土受到剪切应力作用时，颗粒更容易产生位置上的调整，包括位移和旋转，摩阻力降低。黏土颗粒间充填的水在土体剪切过程中起到了显著的润滑作用，改变颗粒接触间的变形阻力，使黏土颗粒之间易于发生错动，引起宏观抗剪强度的降低。

此外，滑带土主要由粉粒和黏粒组成，有较强的吸附盐的能力，现场取水样测试发现裂隙水为重碳酸氢钙型。平板扩散双电层理论指出，结合水膜厚度与离子浓度的平方根成反比，因此随孔隙液离子浓度的降低，结合水膜的厚度增大。此处渗流液采用了去

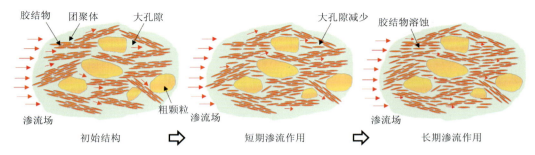

图 4.31 渗流作用下滑带土细观结构演变示意图

离子水，因此在长时间的渗流作用后会将黏土中沉积的可溶性盐类溶解带走，在饱和状态下自由水中的离子浓度降低，导致结合水膜增厚。黏土矿物主要由伊利石和蒙脱石组成，具有较大的表面电荷密度和比表面积，表面活性高，能形成较厚的具有黏滞性的结合水膜，产生较大的净吸附力，颗粒间的黏聚力较大。在一定的偏应力作用下颗粒之间的接触点较少而容易形成滑动，表现为内摩擦角降低。

4.4 本 章 小 结

本章开展了水致劣化效应和渗流冲蚀劣化效应的滑带土强度研究。分别采用直剪试验和三轴试验获取了不同水环境下的强度劣化规律，建立了相应的滑带土强度劣化数学模型，并基于滑带土强度的微观特征分析了渗流作用下的强度劣化机理，主要结论如下。

（1）开展滑带土的干湿循环劣化和长期饱水劣化试验，研究滑带土力学性质在库水波动及长期浸泡作用下的动态劣化规律并建立劣化模型。研究结果表明：在水致劣化效应作用下，其强度衰减规律可由黏聚力干湿循环劣化系数、内摩擦角干湿循环劣化系数和长期饱水劣化系数三个动态变量进行定量表达，参量随干湿循环次数呈负指数函数动态衰减。

（2）开展考虑渗流作用的三轴剪切试验，揭示了不同渗透循环次数和不同渗透压力下的滑带土强度劣化规律，建立了强度参数劣化模型。研究结果表明：渗流作用会影响滑带土的抗剪强度，且随着围压的增大，影响程度增加；有效黏聚力随渗透循环次数增加指数衰减，与渗透压力线性相关；有效内摩擦角与渗透循环次数和渗透压力均线性相关。

（3）从滑带土强度特征的微观角度来看，渗流作用会损伤滑带土的内部结构，破坏颗粒胶结。水在土体剪切过程中起到了润滑作用，土颗粒之间更易错动，从而降低摩阻力。同时，长时间的渗流作用会导致黏土颗粒的结合水膜增厚，产生较大的净吸附力，颗粒黏聚力增大，进而使得颗粒直接接触点变少，容易形成滑动摩擦，降低了土的宏观内摩擦角。在这些作用的综合影响下，渗流作用宏观上导致了滑带土抗剪强度的降低。

参 考 文 献

安鹏举, 2022. 动水作用下黄土坡滑坡滑带劣化过程及动态稳定性评价研究[D]. 武汉: 中国地质大学 (武汉).

曹玲, 罗先启, 2007. 三峡库区千将坪滑坡滑带土干-湿循环条件下强度特性试验研究[J]. 岩土力学, 28(S1): 93-97.

陈松, 2010. 软土强度和变形特性试验与宏细观机理分析[D]. 广州: 华南理工大学.

邓华锋, 李建林, 王孔伟, 等, 2012. 饱和-风干循环过程中砂岩次生孔隙率变化规律研究[J]. 岩土力学, 33(2): 483-488.

傅晏, 2010. 干湿循环水岩相互作用下岩石劣化机理研究[D]. 重庆: 重庆大学.

龚壁卫, 周小文, 周武华, 2006. 干-湿循环过程中吸力与强度关系研究[J]. 岩土工程学报, 28(2): 207-209.

郭富利, 张顶立, 苏洁, 等, 2007. 地下水和围压对软岩力学性质影响的试验研究[J]. 岩石力学与工程学报, 26(11): 2324-2332.

梁健伟, 2010. 软土变形和渗流特性的试验研究与微细观参数分析[D]. 广州: 华南理工大学.

刘新荣, 傅晏, 王永新, 等, 2008. (库)水-岩作用下砂岩抗剪强度劣化规律的试验研究[J]. 岩土工程学报, 30(9): 1298-1302.

倪卫达, 2014. 基于岩土体动态劣化的边坡时变稳定性研究[D]. 武汉: 中国地质大学(武汉).

倪卫达, 刘晓, 夏浩, 2013. 基于水致弱化效应的库岸边坡动态稳定研究[J]. 人民长江, 44(23): 55-59.

杨和平, 肖夺, 2005. 干湿循环效应对膨胀土抗剪强度的影响[J]. 长沙理工大学学报(自然科学版), 2(2): 1-5, 12.

姚华彦, 张振华, 朱朝辉, 等, 2010. 干湿交替对砂岩力学特性影响的试验研究[J]. 岩土力学, 31(12): 3704-3708, 3714.

周翠英, 邓毅梅, 谭祥韶, 等, 2005. 饱水软岩力学性质软化的试验研究与应用[J]. 岩石力学与工程学报, 24(1): 33-38.

周晖, 2013. 珠江三角洲软土显微结构与渗流固结机理研究[D]. 广州: 华南理工大学.

周世良, 刘小强, 尚明芳, 等, 2012. 基于水-岩相互作用的泥岩库岸时变稳定性分析[J]. 岩土力学, 33(7): 1933-1939.

MIAO F S, WU Y P, LI L W, et al., 2020. Weakening laws of slip zone soils during wetting-drying cycles based on fractal theory: A case study in the Three Gorges Reservoir (China)[J]. Acta geotechnica, 15: 1909-1923.

MITCHELL J K, SOGA K, 2005. Fundamentals of soil behavior[M]. 3rd ed. New York: John Wiley & Sons.

第5章 重大工程区典型滑坡演化过程

5.1 概　　述

我国建设了一批高坝大库，如乌东德水库、白鹤滩水库、溪洛渡水库、向家坝水库、三峡水库、葛洲坝水库等6座巨型水库组成的水库群，机组规模世界第一，在防洪、发电、航运、供水、生态等方面具有不可替代的重要地位。由于水利枢纽所在区域构造活动比较强烈且地质环境复杂，库区沿线岸坡地质灾害十分发育，规模庞大。同时，水库群所在地区工程活动频繁，工程与地质环境的互馈作用显著，水库蓄水将引起水位变幅带影响范围内岸坡水文地质条件的变化，诱发潜在地质灾害。

水库滑坡是水电工程库区最为典型的灾害之一。在三峡库区，大量堆积层滑坡持续变形。在西南水电工程库区，岸坡陡峻，发育有大量的弯曲倾倒型斜坡或滑坡，给坝址区的枢纽工程建设带来了挑战。

本章选取三峡库区堆积层滑坡和澜沧江苗尾库区弯曲倾倒型滑坡，开展物理模型试验，分别研究库水波动下滑坡的响应过程和考虑构造应力、河流分步下切及水库蓄水作用下深层倾倒体的变形失稳过程。

5.2　库水波动下堆积层滑坡演化过程

本节在介绍三峡库区地质灾害概况的基础上（Tang et al.，2019），以库区典型堆积层滑坡为原型，设计物理模型试验，开展库水波动作用下堆积层滑坡演化规律研究（安鹏举，2022）。

5.2.1　三峡库区与典型水库滑坡黄土坡滑坡概况

1. 三峡库区概况

三峡库区包括宜昌市区（以下简称"宜昌"）、秭归、兴山、巴东、巫山、巫溪、奉节、云阳、万州、开州、忠县、石柱、丰都、长寿、涪陵、武隆、渝北、巴南、重庆主城区、江津等（图5.1）。干流（长江）和支流的两岸总长度分别为660 km和1 840 km。

三峡库区的景观是由多期地质构造事件塑造而成的。晚侏罗世燕山运动形成了山地地形骨架，在新近纪喜马拉雅运动之后，在长期的侵蚀作用下逐渐形成了现今山脉和河谷地貌。从奉节到秭归以西的区域地势最高，形成了著名的三峡（瞿塘峡、巫峡、西陵峡），海拔从最高处向西和向东下降，分别形成丘陵景观和中山山脉，山脉走向受主要地质构造控制。

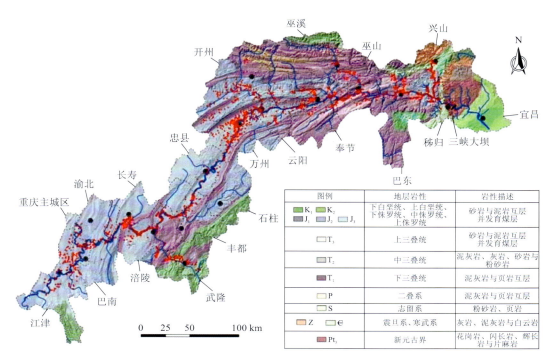

图 5.1　三峡库区的地质图

红点为滑坡和岩石崩塌的位置；蓄水区东起坝址，西至江津，主要包括滑坡易发的三叠系和侏罗系单元

　　除晚志留世、早泥盆世、晚石炭世地层缺失外，从前震旦纪到第四纪地质单元均有出露。红层在三峡库区广泛分布，约占三峡库区总长度的 72%。这里的红层是指红色的砂岩、泥岩及砂岩泥岩互层，红层沉积于侏罗纪和三叠纪。三峡库区以侏罗纪红层为主，主要出露在奉节西部和秭归东部（图 5.1）；三叠纪红层仅在巴东和秭归地区（巴东组）的部分地区出现。在奉节和秭归之间，除红层外，还存在其他沉积岩（灰岩、泥灰岩和白云岩）。这些坚硬的岩石形成了奉节-秭归地区陡峭的峡谷和山谷。变质岩和岩浆岩在库区少部分地区出露。

　　三峡库区地质构造发育，褶皱带反映了多构造事件。从三峡库区西部开始，褶皱带由南北向东西改变走向，并在东部与秭归向斜交会。奉节以东地区构造活动强烈，包括黄陵背斜、秭归向斜、官渡口向斜、仙女山断裂、九畹溪断裂等大型构造。

　　三峡库区位于中国中部，属于亚热带湿润气候，温暖，雨量充沛。季风导致一年中城市间的热量变化明显，而降雨主要集中在夏季。降雨量最大的地区是万州，年降雨量约为 1 930 mm。从万州向东或向西移动，降雨均呈减少趋势。降雨量最小的地区是秭归，年降雨量约为 996 mm。

　　自蓄水以来，三峡水库的水位经历了三个阶段（图 5.2）。第一个阶段是 2003 年 4 月～2006 年 9 月的试验性蓄水阶段，前两个月水位从 69 m 上升到 139 m，之后水位略有变化。第二阶段为 2006 年 9 月～2008 年 9 月，水位在 1 个月内从 139 m 上升到 156 m，随后每年在 145～156 m 变化。第三阶段开始于 2008 年，水库最高水位升至 172 m，2008～

2010 年水位在 145～172 m 波动。此后，水位每年在 145 m 和 175 m 高度之间波动。在波动过程中，水位经历了缓慢下降、快速下降、低水位、上升和高水位等一系列阶段。

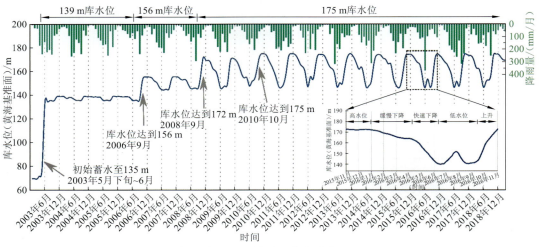

图 5.2　三峡库区蓄水阶段

滑坡、崩塌、泥石流、地裂缝和地面沉降是三峡库区的主要失稳现象。宜昌至江津三峡库区共存在地质灾害 4 429 起。其中，滑坡、崩塌 4 256 起，总体积约为 42.4 亿 m^3，其余包括泥石流 58 起、地裂缝 42 起、地面沉降 73 起。

地质灾害集中于长江干流及其部分支流，滑坡和崩塌在秭归和巴东尤为多发（图 5.3）。考虑支流，在香溪河、青干河、梅溪河和乌江流域地质灾害最为频繁，占长江流域各支流滑坡、崩塌总数的 44.3%，占地质灾害总量的 63.4%。

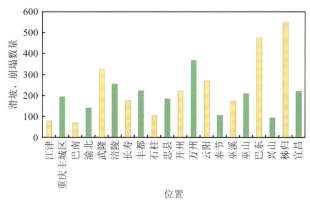

图 5.3　宜昌至江津滑坡、崩塌分布数量

岩性是控制三峡库区地质灾害分布的主要因素。三叠系巴东组和侏罗系的砂岩、泥岩及砂岩泥岩互层是最容易发生滑坡的地层，发育着大量的崩塌和滑坡灾害。在这些地层发育的崩塌和滑坡的体积分别占三峡库区崩塌和滑坡总体积的 87.3% 和 91.1%。

前寒武纪岩浆岩和变质岩未发生过大型崩塌或滑坡，在三峡大坝附近风化物质中仅发生过小规模的岸坡滑塌。此外，在三峡大坝所在的碳酸盐岩地区，崩塌和滑坡发育较少。

2. 典型水库滑坡黄土坡滑坡概况

黄土坡滑坡坐落在三峡库区长江右岸巴东县城之上。如图 5.4 所示，黄土坡滑坡包含临江 1 号滑坡、临江 2 号滑坡、变电站滑坡和园艺场滑坡四个主要滑坡及周缘零星小滑坡。滑坡区的总面积为 $1.35 \times 10^6 \text{ m}^2$，体积为 $6.934 \times 10^7 \text{ m}^3$。黄土坡滑坡详细介绍见 15.3 节。

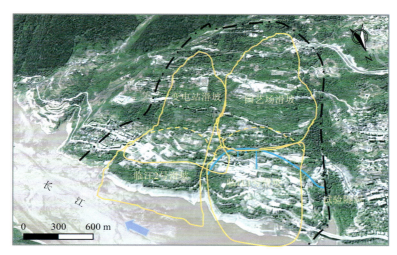

图 5.4　黄土坡滑坡组成

临江 1 号滑坡是四个主要滑坡中危险性最大、研究程度最深的滑坡。不仅开展了大量的坑探、钻探和监测工作，而且在滑坡体内部修建了试验隧洞，贯穿了整个临江 1 号滑坡，较为全面地揭露了滑坡的物质组成与空间结构特征（安鹏举 等，2022）。

从滑坡平面形态上来讲，滑坡体呈近长方形，顺滑坡运动方向最大长度约为 770 m，宽度为 $450 \sim 500$ m，面积约为 $3.25 \times 10^5 \text{ m}^2$。纵向上滑坡体呈现前缘薄、中后部厚的特征，平均厚度约为 69.4 m。

钻孔岩心显示，堆积层滑坡的物质成分主要为泥质灰岩的风化破碎堆积产物。岩性从上到下完整程度各不相同，在若干层位出现了显著的细粒破碎产物，表明滑体内部可能存在多个次级剪切破碎带。钻孔岩心的颜色在不同部位也表现出较大的差异，这说明在地质演化过程中，受到地下水溶蚀、水解及氧化等化学作用，滑体堆积物的性质也在发生着改变。试验隧洞揭露滑体为棕红色碎石土物质，碎石成分为强风化泥质灰岩，棱角—次棱角状，表面可见溶蚀结构和土状风化产物。滑体的土石比为 $1:4 \sim 3:7$。滑体内颗粒粒径多为 $5 \sim 20$ cm，有少量 $20 \sim 300$ cm 的大块石，偶见大于 500 cm 的巨型块石。部分块石表面可见摩擦作用形成的光滑泥质薄膜。滑坡底部滑床为中三叠统巴东组第三段（T_2b^3）褐黄色泥质灰岩、青褐色泥灰岩，层厚 $20 \sim 40$ cm，岩体完整性较好，岩层倾向为 $335° \sim 358°$，倾角为 $34° \sim 47°$（鲁莎，2017）。

5.2.2　滑坡模型与监测方案设计

1. 模型概化

以黄土坡滑坡临江 1 号滑坡为原型，概化滑坡物理力学模型。根据黄土坡滑坡临江 1 号滑坡前缘位移较大、后缘位移较小的特点可知，在库水作用下滑坡体有牵引破坏的

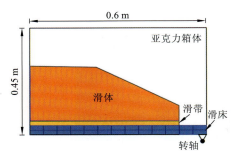

图 5.5　滑坡模型概化

特点。滑面形态对于滑坡的变形破坏模式和水动力响应规律均具有重要影响。为减少滑面形态造成的滑坡演化过程的复杂多变和不可控，选取直线形滑面进行研究。在地质环境条件概化上，参照三峡库区水位年调度规律，通过向滑坡体前缘抽蓄水来达到相似的水动力条件。概化后的滑坡模型如图 5.5 所示，滑带设置为具有一定厚度的软弱层，介于滑床与滑体之间；滑床采用砖砌结构来模拟基岩层中发育良好的

节理构造，使得基岩层具有较好的透水性；滑体部分减小了长宽比，以减弱尺度效应。

本试验中涉及的相似对象包括：滑床、滑带和滑体。滑床代表了一个相对稳定的地下单元，为上部滑体提供支撑，一般由基岩或性质较为稳定的土体所组成。因此，在模型试验中研究者通常采用水泥浇筑或砖块砌筑的方式来构建滑床，滑床表面往往通过砂浆或石膏来形成较为光滑和弱透水的表面。黄土坡滑坡的滑床为节理发育的泥灰岩，具有一定厚度的滑带直接覆盖在基岩上。因此，本次试验中采用了砖块砌筑的方式构建滑床，在砖块接缝处填塞细砂，模拟节理之间的地下水流动通道。滑带是决定滑坡稳定状态的关键因素，在充分参考了前人的研究经验后，由滑带土、玻璃珠和水按照 27.5∶62.5∶10 的比例配比而成。其中，滑带土来自黄土坡滑坡 5 号支洞，经烘干筛分而得（直径≤2 mm），玻璃珠直径为 0.8～1.0 mm。通过普通直剪试验测试了滑带土的饱和抗剪强度。

2. 试样框架与监测方案

本节中的物理模型试验装置主要包括倾斜台、模型箱和监测装置三部分。其中，倾斜台用于承托上部的模型箱并调整倾斜角度；模型箱用于承载滑坡模型并约束库水边界；监测装置用于监测滑坡在库水升降作用下的演化。

1）倾斜台

倾斜台主要由支架、倾斜板、步进推杆和控制器四部分组成，图 5.6 为倾斜台的结构示意图。为保证倾斜台能够为上部的模型箱提供稳定的支撑力，支架由钢架制作，倾斜板由木板制作，包括固定板和活动板两部分。

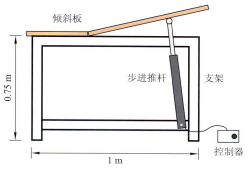

图 5.6　倾斜台结构示意图

2）模型箱

如图 5.7 所示，模型箱由内箱和外箱两部分组成。其中，内箱用于承托和约束滑体，外箱用于承载整个滑坡和库水。试验框架整体为透明亚克力材质，可以方便观测坡体内部结构变化和滑动过程。为了精细化研究滑带在库水作用下的强度劣化、滑体的渗流驱动及进而引发的滑坡失稳全过程，滑体物质被装填在内箱，该箱体略小于试验框架。为保证内箱与外箱之间的水循环不受影响，内箱的底板和前面板采用了镂空设计。此外，在镂空底板和前面板上敷设了一层孔径为 0.1 mm 的纱网以阻止细颗粒从小孔流失。外箱为有底无顶的结构，箱体前端侧壁开设有进水口和排水口，通过压力泵控制注水速率，通过阀门控制排水速度。

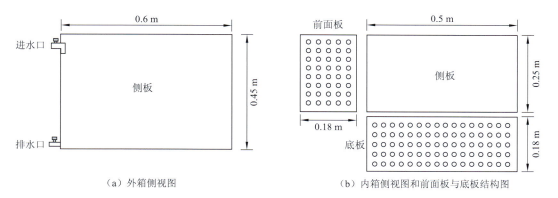

（a）外箱侧视图　　　　　　　　　（b）内箱侧视图和前面板与底板结构图

图 5.7　模型箱结构示意图

3）监测装置

模型试验中的监测项目包括滑体的位移监测、孔隙水压力监测、土压力监测和滑带内的剪切位移监测。监测装置包括孔隙水压力传感器、土压力传感器、激光位移传感器、分布式光纤传感器和照相机。各传感器在模型中的分布如图 5.8 所示，传感器在使用之前均进行了标定和校准。

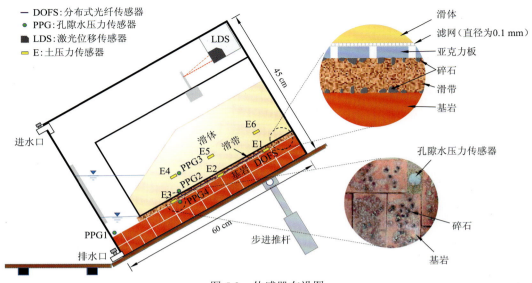

图 5.8　传感器布设图

4）试验条件

　　堆积层滑坡在库水周期性升降作用下的变形演化规律与滑坡堆积结构、滑面形态、岩土体强度特性、渗透系数、水位升降速率及淹没比等均有密切的关系。根据滑带的强度参数，设定滑坡模型的倾斜角度为 30°，满足滑坡在初始状态下处于欠稳定状态的要求。在保持水位升降速率、渗透系数和淹没比的基础上，探究库水渗流作用对堆积层滑坡变形行为的影响。如表 5.1 所示，滑体渗透性低，高低水位的保持时间均设置为 5 min。在正式开展试验之前，将库水位设置于最高水位，并保持该状态 1 h，使地下水对滑坡岩土体进行充分的浸润和软化。

表 5.1　物理模型试验条件设置

项目	滑体状态	滑体渗透性	倾斜角度 /(°)	进水速率 /(mL/s)	排水速率 /(mL/s)	高水位保持时间 /min	低水位保持时间 /min
取值	整体	低	30	14.7	20	5	5

5.2.3　试验结果与分析

1. 滑坡位移特征

　　由于滑体为一个整体结构，所以局部位移可以代表整体位移，通过激光位移传感器对位移进行了实时采集，获得了监测点的位移-时间曲线（图 5.9）。模型尺寸和监测设备的约束使得滑坡的限制位移为 70 mm，试验中最后一次位移监测发现滑坡呈加速破坏形式，总位移达 70 mm。为了更好地展现滑坡模型在小变形时的特征，图 5.9 中仅展示了总位移小于 6 mm 的位移-时间曲线。可以看出，在初次蓄水后，滑坡位移变化较快，之后便发展成为一种极其缓慢的蠕变状态。在第五次水位下降时，滑坡体经历了短暂的位移增大后便很快恢复至静止状态。在第六次水位上升至最高水位时，滑坡体重新开始运动并以匀速状态产生位移；当水位下降时位移变化再次放缓直至不再发生位移。在第七次水位上升时，滑坡再次启动并在高水位时发生加速变形直至完全破坏。

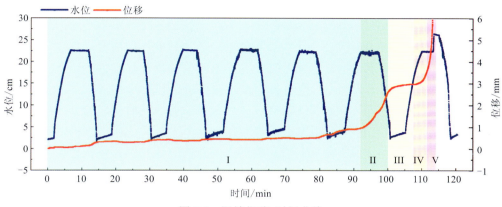

图 5.9　滑坡位移-时间曲线

2. 孔隙水压力变化特征

图 5.10 为滑坡体内的孔隙水压力随水位波动的变化曲线。孔隙水压力传感器 PPG2 和 PPG4 分别位于滑带顶部和底部。在水位上升阶段，两个传感器的数据变化均与水位具有良好的同步性，但相对来说，位于滑带底部的孔隙水压力传感器 PPG4 显然较位于滑带顶部的孔隙水压力传感器 PPG2 能更快地响应库水位的变化；水位下降阶段，滑体内的孔隙水压力变化显著滞后于库水的变化。停止排水后滑体内的水仍持续向外渗流，PPG2 和 PPG4 监测的孔隙水压力也表现为持续缓慢的下降。孔隙水压力传感器 PPG3 位于高水位上界面处，当水位上升到 PPG3 所在高程时，上部土体的吸水作用导致该处水

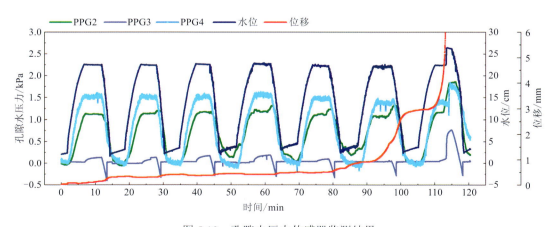

图 5.10　孔隙水压力传感器监测结果

位缓慢上升，最终略高于库水位约 1 cm；当水位下降时，PPG3 在短时间内呈现出负孔隙水压力的特征，这是由水位刚开始下降时在非饱和土与饱和土界面上形成了暂时的负压条件导致的。在滑坡破坏阶段，滑体冲入前缘的水库中，导致水位激增，此时所有孔隙水压力传感器均迅速响应。

3. 土压力变化特征

图 5.11 为土压力随时间的变化曲线。由于土压力传感器示值大小与其埋设状态和位置有较大的关系，所以出现了三个土压力传感器示值相差较大的情况。从前五次的库水升降来看，E2 和 E3 监测到的土压力的变化与库水的升降变化呈良好的负相关性。以第二次库水升降为例，A 区为库水位上升和高水位保持阶段，此时 E2 和 E3 监测到的土压力呈线性下降趋势；B 区为库水位下降和低水位保持阶段，此时土压力开始缓慢上升，最终保持不变。该结果清晰地表明库水位的上升对滑体产生了显著的浮托效应。E1 的监测结果显示土压力仅在水位下降期间有短暂的下降趋势，这是因为该传感器位于滑带的中后部，当水位下降时，滑体前缘受到向下的拖拽力，使得滑体形成了杠杆效应，导致滑体的中后部压力降低。

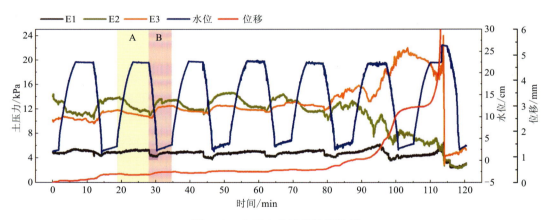

图 5.11　土压力传感器监测结果

经历了五次水位升降之后，滑体逐渐开始缓慢滑移，此时土压力传感器 E1 的监测值产生了陡降，而 E2 和 E3 的监测值分别向着减小和增大的方向变化。在滑坡发生完全破坏后，土压力传感器 E3 的监测值发生了断崖式的下降。土压力的变化先于滑坡出现显著的位移特征，因此可以作为滑坡启滑的判据指标。

4. 滑坡演化阶段划分

根据位移-时间曲线特征可将滑坡演化划分为五个阶段：初始变形阶段（I）、匀速变形阶段（II）、减速变形阶段（III）、加速变形阶段（IV）和整体破坏阶段（V）（图 5.9）。

初始变形阶段（I），0～92 min，从库水位开始波动引起滑坡缓慢变形开始，到滑坡第一次发生较大的位移结束。该阶段土压力的变化对库水升降具有规律性的响应。库水波动一方面增加了滑体的重度,另一方面引起了滑带内细颗粒物质的流失,降低了滑带的抗剪强度。

匀速变形阶段(Ⅱ),92~100 min,由于前期滑带强度的劣化,滑坡体目前处于临界稳定状态。在库水位上升到高水位时,水的浮托作用降低滑坡体的抗滑作用,进而促使滑坡产生缓慢的匀速变形。在滑带的剪切作用下,内部土压力变化明显。该结果表明,滑坡内部的土压力变化比滑坡位移变化更为敏感,可以作为滑坡预测预警指标。

减速变形阶段(Ⅲ),100~107 min,主要发生在低水位阶段。在滑坡减速变形阶段库水下降一方面会在滑坡体内形成向下的渗流场,产生渗透力,增大滑坡的下滑力,另一方面水位降低会增大滑体对滑带的有效正应力,增大滑坡阻滑力。由此可见,试验中库水产生的浮托力占据了主导地位,因此在低水位阶段,滑坡运动减速直至停止。

加速变形阶段(Ⅳ),107~112 min,发生在水位上升阶段。滑坡经历了前期的滑动和停止,滑带强度已经严重劣化。此时,库水上升改变滑体有效应力,迅速引起滑坡启动。

整体破坏阶段(Ⅴ),112~114 min,滑坡持续加速变形,直至失稳破坏。

5.3　河谷深切下反倾岩质滑坡演化过程

本节在总结澜沧江苗尾库区地质背景基础上,选取发育分布广泛的弯曲倾倒型滑坡为研究对象,开展底摩擦试验,研究河谷深切下反倾岩质滑坡演化过程(宁奕冰,2022)。

5.3.1　澜沧江苗尾库区地质背景

苗尾水库为澜沧江上游梯级水电开发项目中的最后一级水库,位于云南大理云龙苗尾境内。坝址区属中高山区深切河谷地貌(图 5.12),库区右岸位于红海梁子山脉(峰顶海拔在 3 000 m 以上)东坡,总体沿近南北向展布。地貌形态总体上表现为较单一的斜坡地形,岸坡高程 1 500 m 以下地形较陡,坡度在 50°~60°,局部形成陡崖;高程 1 500 m 以上地形较缓,坡度一般为 20°~40°。左岸自然坡度较陡,整体坡度为 45°~60°,局部形成陡崖。由于左右两岸的地形差异,研究区地形总体表现为不对称的 V 形谷地。

研究区岩性主要为中侏罗统花开左组(J_2h)浅变质薄层及板状碎屑岩系,其岩石包括板岩、千枚岩、变质石英砂岩及少量的白云岩等,在岩层及破碎带处可见石英脉侵入。除此以外,还揭露少量的上侏罗统坝注路组(J_3b)河流相碎屑岩系,主要为紫红色泥岩、粉砂质泥岩,间夹同色粉砂岩及细砂岩。

早更新世以来澜沧江中上游流域地壳抬升速率汇总于表 5.2。可以看到,更新世以来,区域地壳抬升经历了两个发展阶段:4~5 级夷平面形成及发展的早更新世至中更新

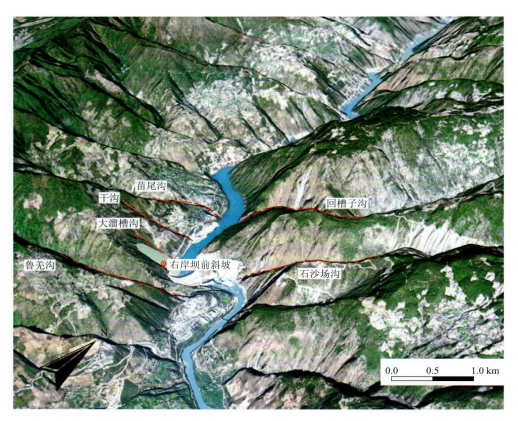

图 5.12　研究区地势地貌图

世早期，喜马拉雅运动导致地壳强烈抬升，速率高达 2.27～10.30 mm/a；自中更新世晚期以来，地壳总体上保持低速率间歇性抬升运动状态，抬升速率在 0.63～2.15 mm/a，近期稳定在 1.1 mm/a 左右（白彦波，2007）。

表 5.2　研究区地壳抬升速率

地质时代		时间/（10^4 a）		阶地（I～V 级）、夷平面（4～5 级）					抬升速率/（mm/a）
		形成年代	抬升时段	级别	高程/m	相对高程/m	抬升高度/m		
全新世 Q₄		1.1	1.1	I	1 317.5	12.5	12.5		1.14
晚更新世 Q₃		3.5～4.8	1.4～2.6	II	1 347.0	42.0	30.0		1.24～2.15
		10.4～11.6	5.8～6.9	III	1 390.4	85.5	43.4		0.63～0.76
中更新世 Q₂	晚期	20.0	5.0	IV	1 435.5	120.5	83.0		1.66
				V	1 473.0	168.0			
	早期	60.0	10.0	5	1 700.0～2 000.0	395.0～695.0	227.0～527.0		2.27～5.27
早更新世 Q₁		130.0～220.0	10.0	4	2 300.0～2 500.0	995.0～1 195.0	827.0～1 027.0		8.27～10.30

野外调查结果表明，坝址区河流两岸地貌表现出显著的非对称特征，阶地多发育于河流右岸，而左岸岸坡整体较陡，阶地发育不全。这说明在地壳抬升间歇期，河流表现出显著的向左岸侧向侵蚀的运动特征。

岩体的倾倒变形是坝址区分布最为广泛的不良地质现象，另外还包括岩体的崩塌、风化及卸荷现象。

（1）岩体的崩塌。坝址区岩体崩塌现象较为普遍，多发生于坝址区右岸，崩塌堆积体主要分布在陡立岸坡下部，沿坡脚山麓地带分布延展 700～800 m，堆积体顶部高程在 1 395～1 610 m。堆积体厚度变化较大，变化范围为 6.0～25.0 m。总体上表现为沿着河流方向厚度增大、分布高程增大。

（2）岩体的风化作用。坝址区岩体风化以表层均匀风化为主，在断层带及绿泥绢云千枚岩夹层较多的部位可见夹层风化现象。坝址区岩体的风化作用较为强烈，风化作用影响范围受岩性、构造活动和地形因素控制，不同河段处风化区深度差异较大。坝址区右岸强风化区水平深度在 14～16 m，左岸强风化区发育较深，水平深度在 3～70 m，两岸弱风化影响区的水平深度均在 100 m 以上。

（3）岩体的卸荷作用。岩体卸荷变形的发育特征与岸坡坡度、坡高、岩性、岩体结构及先期应力状态等因素有关。坝址区地处深切峡谷地段，岩体卸荷作用总体上较为强烈，两岸斜坡多形成较宽大的张拉破裂带。右岸强卸荷深度最大可达 87 m，左岸可达 104 m。相比于风化作用，卸荷作用对斜坡岩体的表生改造影响范围更大。

5.3.2　底摩擦试验原理与方案设计

底摩擦试验在自动化底摩擦试验仪（图 5.13）上开展。底摩擦试验利用模型底部均匀分布的摩擦力（面力）模拟模型所受到的重力（体力）。其基本原理如下（宁奕冰 等，2021）：将模型置于水平传送带上，使得剖面深度方向与传送带运动方向一致（图 5.14），模型下部受固定框架约束而与传送带之间产生相对运动，从而在模型底部产生均匀分布的摩擦力 F，其表达式为

$$F = \mu \gamma_m h \tag{5.1}$$

式中：γ_m 为模型材料的容重；h 为模型厚度；μ 为模型底面与传送带间的摩擦因数。根据圣维南原理，当模型足够薄时，可以认为模型底面所受到的摩擦力均匀作用在整个厚度上，相当于实际斜坡在自重作用下的状态。

本次试验以苗尾库区上缓下陡型岸坡为原型。模型坡高 55 cm，宽 75 cm，厚度为 1 cm，层面倾角为 75°，层面间距为 1.5 cm，横向节理倾角为 15°，节理间距在斜坡深部为 8 cm，在近坡表区域为 4 cm。河谷演化过程采用四级分步开挖实现，开挖厚度由区内多级河流阶地高程确定，各级开挖高度及其对应的河谷演化阶段如表 5.3 和图 5.15 所示。

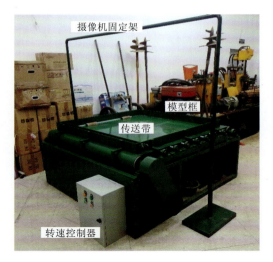

图 5.13　自动化底摩擦试验仪

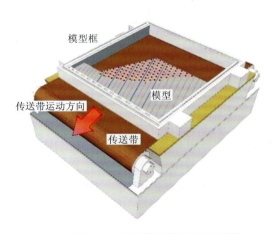

图 5.14　底摩擦试验原理示意图

表 **5.3**　分步开挖对应的河谷演化阶段

开挖级数	地质时代	河谷演化阶段
一级开挖	$Q_2^1 \sim Q_2^2$	5 级夷平面～IV 级阶地
二级开挖	$Q_2^2 \sim Q_3$	IV 级阶地～III 级阶地
三级开挖	Q_3	III 级阶地～II 级阶地
四级开挖	$Q_3 \sim Q_4$	II 级阶地～现代河床

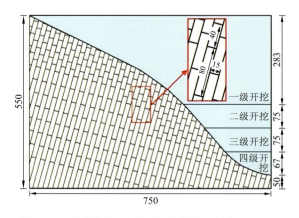

图 5.15　模型几何尺寸及结构特征（单位：mm）

　　模型试验的几何相似比 C_L 和容重相似比 C_γ 分别为 600 和 1，应力相似比 $C_\sigma = C_\gamma C_L =$ 600。模型相似材料配比方案采用铁精砂黏土配比方案（宁奕冰 等，2020），经过多次试配得到具体配比为石膏 2%，黏土 12%，铁粉 2.7%，重晶石粉 54.8%，石英砂 28.5%，原岩及配制的相似材料的物理力学参数见表 5.4。

表 5.4　新鲜板岩及相似材料物理力学参数

参数类型	密度/（kg/m³）	弹性模量/GPa	抗拉强度/MPa	黏聚力/MPa	内摩擦角/（°）
板岩参数	2 768	31.51	13.43	32.46	45.12
目标参数	2 768	0.05	0.02	0.05	45.12
相似材料参数	2 744	0.06	0.03	0.08	40.14

　　根据上述配比方案称取所需材料，将其混合并充分搅拌，再加入占物料总质量 13%的水进行充分搅拌。将混合料按照模型几何轮廓均匀摊铺在模型框内，并采用橡胶锤击实。岩层及横向节理采用刀刻的方法实现，斜坡表面和开挖区域采用保鲜膜进行分离铺设。模型铺设完成后在表面均匀插入大头针作为测量参考点，制备完成的模型如图 5.16 所示。

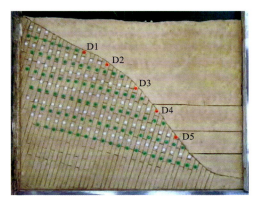

图 5.16　制备完成的模型

　　试验的基本步骤如下：模型制备完成后，开启传送带进行模型的预压缩；停止传送带，进行第一级开挖，开挖完成后再开启传送带；运行一定时间后停止传送带，进行第二级开挖，并重复上述操作。每级开挖后保证传送带运行时间相同，完成所有开挖步骤后一直运行传送带至模型产生最终失稳。由于底摩擦试验难以实现对水库蓄水工况的模拟，所以在四级开挖完成后采用持续运行传送带至斜坡最终产生整体失稳的方法近似模拟斜坡的变形失稳演化全过程。

5.3.3　模型试验结果分析

1. 变形失稳过程

　　河流下切至 IV 级阶地时，斜坡岩体向临空面一侧产生了轻微的回弹变形，斜坡近坡表局部横向节理形成卸荷拉裂隙，临空岩体产生轻微的层间剪切错动，此时斜坡尚未产生明显的倾倒变形[图 5.17（a）]。当下切至 III 级阶地后，临空岩层产生了明显的层间剪切错动，层内横向节理进一步拉开，斜坡中后部近坡表岩层开始出现明显的弯曲变形，而位于坡脚的短柱状岩层的变形程度较小[图 5.17（b）]。河谷演化至 II 级阶地后，斜坡中后部岩层的弯曲变形更加显著，变形深度逐渐增大，层内拉张作用也进一步加强，当超过岩块抗拉强度后，横向节理之间的完整岩柱开始张拉破坏，横向节理的连通率逐渐增大。新生拉裂隙多发育于近坡表的强烈倾倒区域和弯曲效应强烈的岩层弯折带处[图 5.17（c）]。当河流下切至现代河床后，斜坡完全形成，被拉裂隙和横向节理切割的短柱状岩块沿横向节理产生进一步倾覆，变形程度由深部向坡表逐渐加强，岩层倾角自深部未变形原岩区的 75° 向坡表强倾倒区的 46° 逐渐过渡，形成连续弯曲的变形特征[图 5.17（d）]。

当传送带运行至 16 min 4.8 s 时，坡脚短柱状岩体折断，折断面与横向节理搭接形成缓倾坡外的贯通张剪破裂面。此后坡脚短柱状岩体在后部岩体推动下沿该破裂面产生剪切滑移，进而牵引后部倾倒区岩体产生进一步变形。变形具体表现为深部岩柱的弯曲倾覆与浅部岩块沿横向节理的剪切滑移。由于斜坡中部岩体的进一步变形，在斜坡后缘形成下挫陡坎[图 5.17（e）]。坡脚岩体剪出后，斜坡中部岩体的变形进一步加剧，后缘下挫陡坎落差增大，深部岩层最大弯折带处张剪效应进一步增强。此时在斜坡前部由强倾倒岩块沿横向节理产生的倾覆与累进滑移形成的陡倾破坏面不断向深部岩层最大弯折带延伸，最终形成位于斜坡前部的贯通破坏面，而斜坡后部下挫陡坎处发育的陡倾破坏面也逐渐向深部岩层最大弯折带发育[图 5.17（f）]。运行至 16 min 28.8 s 时，斜坡前部倾倒岩体沿贯通剪切面剪出后产生倾覆失稳，后部岩体在前缘临空条件下进一步变形，坡前岩层最大弯折带处的张剪效应不断增强，坡后陡倾破坏面随岩块的累进滑移不断延伸，两者最终贯通，形成统一的剪切滑移面[图 5.17（g）]。运行至 16 min 45 s 时，在重力场的持续作用下，滑动区岩层沿贯通滑面产生切层张剪破坏，最终形成滑坡。滑体部分主要由弯折带以上的强倾倒岩体组成，滑坡后壁出露强倾倒变形岩体，与现场后缘陡坎处观察到的现象一致，至此斜坡完全破坏，演化过程停止[图 5.17（h）]。

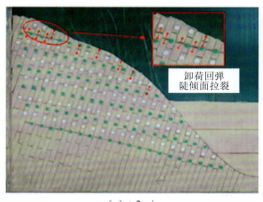

（a）t=2 min

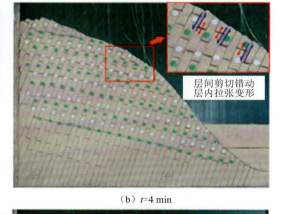

（b）t=4 min

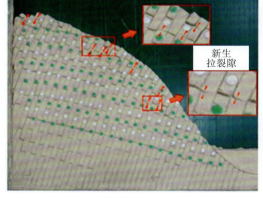

（c）t=6 min

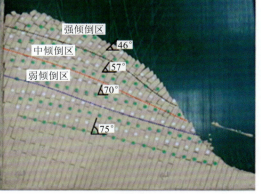

（d）t=10 min

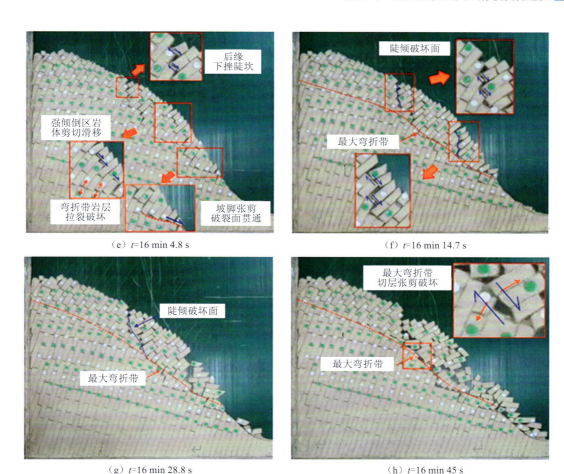

（e）*t*=16 min 4.8 s　　　　　　（f）*t*=16 min 14.7 s

（g）*t*=16 min 28.8 s　　　　　　（h）*t*=16 min 45 s

图 5.17　岸坡倾倒变形及破坏过程

t 为传送带累计运行时长

2. 位移场演化过程分析

采用数字图像相关法获得了斜坡在不同时刻的位移等值线图。其中，水平位移以向右为正，竖直位移以向下为正。由图 5.18 可知，当一级下切完成后，斜坡产生明显水平变形，变形主要集中在斜坡的中后部，变形量随深度的增加而减小，其中坡顶水平位移最大，达到 7.86 mm。此外，坡表变形量随高程的降低迅速减小，坡脚水平位移仅为 1～2 mm[图 5.18（a）]。二级下切完成后，变形区域进一步发展，此时最大变形区仍处于坡顶，最大水平位移增至 18.15 mm，位移增量较大[图 5.18（b）]。下切至 II 级阶地后，变形区域持续向深部和坡脚发展，斜坡整体水平位移明显增大，坡顶最大水平位移激增到 33.67 mm[图 5.18（c）]。当河流演化进入全新世后，岸坡逐渐变缓，河流纵向切割程度大大降低，坡顶最大水平位移增至 41.38 mm，变形量增速明显放缓[图 5.18（d）]。总体来看，在河谷演化阶段中后期，位于 10 mm 水平位移等值线以上的区域等值线分布

均匀且间距较小，总体平行于坡面，表现出岩层在垂直坡面方向上连续弯曲变形的特征
[图 5.18（c）和（d）]。

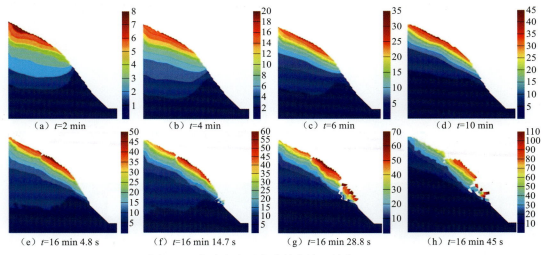

图 5.18　各阶段水平位移等值线（单位：mm）

随后传送带长时间运行，坡脚张剪破裂面贯通，坡脚短柱状岩体开始产生剪切滑移，水平位移由上一阶段的 7.13 mm 逐渐增大至 12.68 mm。斜坡最大变形位置开始由坡表后部转移至中部，最大水平位移达到 48.87 mm，坡后最大水平位移为 45.16 mm。由于中后部变形量的差异，在斜坡后缘形成下挫陡坎[图 5.18（e）]。9.9 s 后，坡脚岩体最大水平位移由 12.68 mm 激增到 30.17 mm，坡脚岩体剪出，斜坡中后部岩体水平位移进一步增大，坡中最大水平位移增至 57.54 mm，坡后最大水平位移为 51.23 mm。陡坎前后岩体变形量差异持续增大，表明陡坎落差进一步扩大。同时，陡坎下部位移等值线出现向下的弯折突变，说明后缘陡倾破坏面形成并开始向深部发育[图 5.18（f）]。14.1 s 后，斜坡下部岩体沿 10 mm 水平位移等值线及坡前陡倾破坏面组成的贯通剪切面产生整体滑移及倾覆失稳，最大水平位移激增到 60 mm 以上；斜坡中部 10 mm 水平位移等值线以上岩体的水平位移随即增大；坡顶最大水平位移增至 68.56 mm，与斜坡后部变形量的差异进一步增大[图 5.18（g）]。16.2 s 后，随着贯通滑面的形成，斜坡中部 20 mm 水平位移等值线以上岩体的水平位移激增，产生整体滑移失稳。坡顶最大水平位移达到 97.73 mm，坡表部分岩块滑落至坡脚或江内，水平位移超过 100 mm，斜坡产生整体失稳[图 5.18（h）]。总体来看，进入破坏阶段后，水平变形基本不再向深部发展，变形以斜坡前中部 10 mm 水平位移等值线上部变形岩体的剪切滑移运动为主，水平位移增速及增量较河谷演化阶段显著提高。

从图 5.19 可以看到，河谷演化早期竖直位移等值线主要垂直于坡面分布，说明此时倾倒变形对斜坡竖直位移的控制作用不强，斜坡以重力作用下的微小沉降变形为主[图 5.19（a）、（b）]。随着河流下切深度的增加和倾倒变形程度的加剧，竖直位移等值线逐步转为与坡面平行展布，变形区域自坡顶不断向坡脚发展。河流下切完成后，坡表

最大竖直位移达到 12.71 mm［图 5.19（c）、（d）］。后缘下挫陡坎形成后，竖直位移主要受斜坡中部的进一步倾覆变形和剪切滑移控制，等值线分布规律与水平位移类似，但同一时刻变形量明显小于水平位移，整体失稳后斜坡中部最大竖直位移达到 57.52 mm［图 5.19（e）～（h）］。

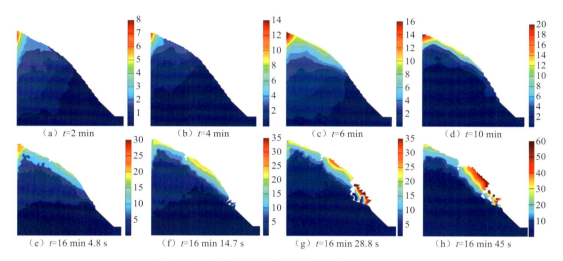

图 5.19　各阶段竖直位移等值线（单位：mm）

由上述分析可知，倾倒体的形成与失稳过程以水平变形为主。在河谷演化阶段，变形首先产生于坡顶，变形量伴随斜坡临空面的形成不断增大，变形区域自坡顶逐渐向坡脚及坡体深部延伸，表现为自坡后向坡前传递的推移式破坏模式。位移等值线基本平行于坡面分布，即垂直坡面方向由坡表向坡内变形量逐渐减小，表现出岩层倾倒变形的连续性。河流下切完成后，斜坡位移场在相当长的时间内基本保持稳定。随后斜坡坡脚位移明显增大，对应于坡脚岩体产生的剪切滑移，而最大位移区也由坡后向坡中转移，由于斜坡中后部变形量的差异，后缘形成下挫陡坎。此后斜坡变形基本不再向深部发展，转而以 10 mm 水平位移等值线以上区域的快速剪切滑移变形为主，总体表现为自坡脚向坡后的牵引式破坏模式，位移演化规律与变形失稳过程分析结果一致。

3. 速度矢量场演化过程分析

采用粒子图像测速法获取了斜坡在各个关键演化阶段的速度矢量场分布情况。河流下切至 IV 级阶地后，最大变形速度产生于斜坡上部，达到 9.65×10^{-5} m/s，表现出向临空面一侧较为强烈的回弹变形，且沿垂直坡面方向向坡内的变形速度迅速降低［图 5.20（a）］。伴随河流的持续下切和岸坡的加高变陡，临空面岩层最大变形速度先降至 7×10^{-5} m/s，随后增大到 1.057×10^{-4} m/s。最大变形速度区位于斜坡的中后部，速度等值线近似平行于坡面，表现出自坡表向坡内逐渐降低的特征。同时，变形区随侧向约束的解除向坡脚逐渐发展，表现出变形自上而下传递的特征，与斜坡位移场分析结果一致［图 5.20（b）、（c）］。当河流下切至现代河床后，变形速度明显降低。变形区域主要集中在斜坡中部近坡表位置，最大变形速度仅为 3.37×10^{-5} m/s，斜坡在 $10\sim16$ min 表现为低速蠕变运动特征，该阶段深层倾倒变形体已基本形成，斜坡总体保持稳定 [图 5.20（d）]。

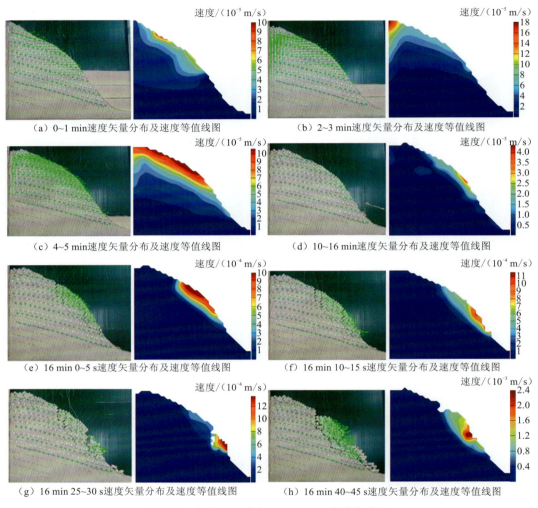

（a）0~1 min速度矢量分布及速度等值线图 　　（b）2~3 min速度矢量分布及速度等值线图

（c）4~5 min速度矢量分布及速度等值线图 　　（d）10~16 min速度矢量分布及速度等值线图

（e）16 min 0~5 s速度矢量分布及速度等值线图 　　（f）16 min 10~15 s速度矢量分布及速度等值线图

（g）16 min 25~30 s速度矢量分布及速度等值线图 　　（h）16 min 40~45 s速度矢量分布及速度等值线图

图 5.20　各阶段速度矢量分布及速度等值线图

当坡脚岩体在上覆岩体长期推动作用下逐渐形成贯通张剪破裂面，并产生切层剪切滑移时，坡脚变形速度由蠕变阶段的 5×10^{-6} m/s 激增到 1.8×10^{-4} m/s。坡脚剪出牵引后部岩体产生进一步变形，变形速度相比于河谷演化阶段明显增大。由于斜坡中部岩体与后缘岩体明显的变形速度差异，形成后缘下挫陡坎。最大变形速度区位于陡坎前部，达到 9.86×10^{-4} m/s[图 5.20（e）]。坡脚岩体剪出后，带动坡前强倾倒区岩块沿陡倾坡外的横向节理产生进一步倾覆与累进滑移，形成前缘贯通破坏面。此时最大变形速度位置转移至斜坡下部，达到 1.053×10^{-3} m/s，斜坡中部变形速度较低，基本处于 $4\times10^{-4}\sim6\times10^{-4}$ m/s 范围内，斜坡前部产生显著加速滑移[图 5.20（f）]。随后，斜坡前部不稳定岩体沿贯通剪切面剪出并产生倾覆破坏，最大变形速度达到 1.316×10^{-3} m/s，斜坡中部岩体在前缘临空条件下产生进一步变形，由于尚未形成统一剪切面，变形速度较低，最大变形速度为 4×10^{-4} m/s[图 5.20（g）]。随着斜坡内部统一剪切面的最终形成，斜坡中部潜在滑移区岩体产生整体加速滑移，最大变形速度达到 2.27×10^{-3} m/s，斜坡产生整体失稳[图 5.20（h）]。

4. 特征点位移追踪

为了直观反映斜坡变形失稳过程中不同位置的位移演化规律，在坡表不同高程处选取了 5 个特征点进行了位移全程追踪（图 5.21）。根据斜坡位移场演化过程分析结果可知，斜坡水平位移与竖直位移的演化规律大致相同，且以水平位移为主，故仅对特征点水平位移进行追踪。由于斜坡位移演化具有明显的阶段性，变形速度和变形量自蠕变阶段结束后均大幅度提高。因此，以蠕变阶段结束为界限将其分为倾倒变形阶段和加速失稳阶段，分别采用不同时间间隔追踪统计了各点的水平位移变化情况。追踪结果如图 5.21 所示，其中图 5.21（b）承接图 5.21（a）的时间以 s 为单位向后延续。

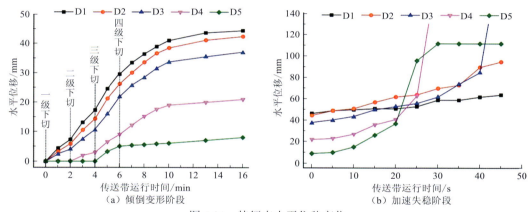

图 5.21　特征点水平位移变化

由图 5.21（a）可知，在倾倒变形阶段同一时刻，各点的水平位移随所在高程的降低而逐渐减小，说明在倾倒变形阶段，受河流逐级下切作用控制，斜坡变形表现为自上而下的推移模式。上部坡面形成后，岩层即向坡外产生倾倒变形，并将层间推力向下部岩层不断传递。下级临空面形成后，较低位置的岩层在上覆变形岩层推覆力及重力作用下开始产生倾倒变形。伴随河流的逐级下切，各点的水平位移持续增大，说明随着河流的持续下切与重力的长期作用，倾倒变形程度及规模不断增大。斜坡最终形成后，各点水平位移逐渐趋于稳定，这是由于倾倒变形过程中层间接触关系由边—面接触逐渐恢复为面—面接触，层间摩擦阻力逐渐恢复，体现了大规模倾倒变形的自稳特性（Ning et al.，2021；Smith，2015；Hungr et al.，2014；Wyllie and Mah，2004）。越过自稳阶段，产生进一步变形要求坡脚的岩块剪出以提供额外的变形空间（Smith，2015），结合图 5.20（d）可以看出，蠕变阶段的坡脚剪切面尚未贯通，坡脚短柱状岩体的完整性是保证倾倒体该阶段稳定的关键。

如图 5.20（e）、（f）所示，关键块体在经历了漫长的蠕变阶段后，倾倒变形产生的推覆力使得坡脚短柱状岩体所受弯折力矩不断增强，最终折断并与已有横向节理贯通形成前缘张剪破裂面并剪出，斜坡演化从稳定蠕变阶段进入加速失稳阶段。此后各点的位移以比河谷演化阶段更快的速度增长。可以看到，位于坡顶的 D1 点在破坏阶段始终保持低速蠕变状态，在 16 min 5 s 时被 D2 点超越，后缘下挫陡坎形成。坡脚剪切面形成后，位于斜坡下部的 D5 点（关键块体）的水平位移首先急剧增大，16 min 20 s 后超越 D4 点，表明此时坡脚岩体已脱离斜坡并完全剪出。D4 及 D3 点位移则分别在 16 min 25 s 和 16 min 35 s 超越上部追踪点，表现出了典型的牵引失稳的特征。

5.3.4 深层倾倒体变形失稳过程阶段划分

1. 阶段划分依据及划分结果

为准确获取模拟过程中层面及横向节理的破坏发展细节，定义了结构面的破坏指数以定量表征结构面的破坏情况，其具体定义如下：

$$D_s = l_s / l_{sum}, \quad D_t = l_t / l_{sum}, \quad D = (l_t + l_s) / l_{sum} \qquad (5.2)$$

式中：D_s、D_t 及 D 分别为结构面的剪切破坏指数、张拉破坏指数及总破坏指数；l_t、l_s 及 l_{sum} 分别为产生拉破坏的结构面总长、产生剪破坏的结构面总长及结构面的总长。结构面破坏指数介于 0 和 1 之间，其值越接近于 1，表明结构面的破坏程度越高。层面的张拉、剪切及总破坏指数分别定义为 D_{1t}、D_{1s} 和 D_1；横向节理的张拉、剪切及总破坏指数分别定义为 D_{2t}、D_{2s} 和 D_2。

为进一步分析深层倾倒体变形失稳过程，采用通用离散元程序对模型试验进行模拟，模拟过程中各结构面破坏指数的监测情况如图 5.22 所示。观察到在河流下切初期，结构面剪切破坏指数占据主导地位，此时岩体以层间剪切错动变形为主。受较大的层间摩擦阻力控制，岩体变形量及变形速度均处于较低水平。因此，可将 D_{1s} 大于 D_{1t} 的时期划分为变形启动阶段。D_{1t} 占领主导地位后迅速增大，表明层面一旦克服初始层间摩擦阻力，便会快速产生层间拉裂隙，为岩柱的弯曲倾覆变形提供空间。岩层变形所积累的弯曲效应不断增强，导致岩柱内的横向节理不断拉裂，使得 D_{2t} 表现出滞后于 D_{1t} 的缓慢增长趋势。该阶段岩体表现为加速变形的特征，因此将其定义为初始变形阶段。当 D_{2t} 的增长趋于稳定后，即可认为弯曲倾倒变形同样趋于稳定，并可将 D_{2t} 达到峰值的时刻定义为初始变形阶段的结束点。下一阶段主要体现了倾倒体的自稳特性，该阶段结构面各破坏指数及变形量均基本保持稳定，岩体变形速度较低，可定义为蠕变自稳阶段。倾倒体在受到库水长期作用后，打破其自身稳定状态，转而进入失稳阶段，具体表现为结构面各破坏指数的显著增大与振荡，以及变形速度和变形量的大幅增长。可以看到，蓄水初期，节点平均变形速度增长较缓，斜坡下部监测点的变形曲线首先出现上扬，但上部变形曲线总体仍保持平稳，此时可将该阶段定义为滑面形成阶段。一旦形成统一滑动面，斜坡各监测点的变形量及变形速度均将产生大幅增长，此时可将斜坡的演化阶段定义为破坏阶段。

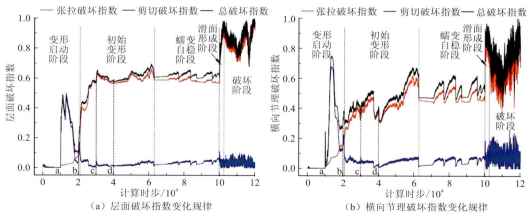

（a）层面破坏指数变化规律　　　　（b）横向节理破坏指数变化规律

图 5.22　结构面破坏指数变化规律

a、b、c 和 d 分别对应一～四级开挖阶段

Smith（2015）基于应变协调理论指出，倾倒体是否存在自稳现象可以根据变形岩层是否以倾倒铰链面为中轴对称分布（镜像状态）进行判断，变形岩层达到镜像状态的判据如下：

$$\omega_{\mathrm{d}} + \omega_{\mathrm{t}} = 180° \tag{5.3}$$

式中：ω_{d} 为未变形岩层与倾倒铰链面之间的夹角；ω_{t} 为强倾倒变形岩层与倾倒铰链面之间的钝角。其中，倾倒铰链面为变形岩层弯曲曲率最大处的连线，可将其视为岩层最大弯折带。如图 5.23 所示，物理模型及数值试验结果均表明处于蠕变自稳阶段的岩体，其 ω_{d} 与 ω_{t} 之和在 180° 左右。这说明岩体镜像状态自稳判据对深层倾倒体同样适用。

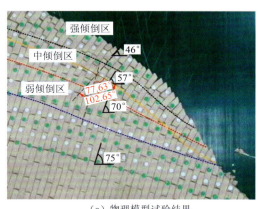
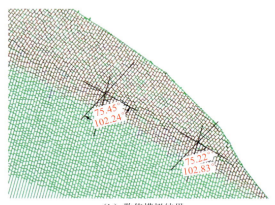

（a）物理模型试验结果　　　　　　（b）数值模拟结果

图 5.23　深层倾倒体镜像状态

2. 各阶段岩体运动特征

深层倾倒体的形成和发展是一个漫长的过程，滑坡是这类倾倒体发育到极致的产物，也是斜坡倾倒变形演化的最终阶段。基于所提出的阶段划分依据及模型试验结果，

结合野外调查研究，将各阶段岩体运动特征总结如下。

（1）变形启动阶段：自中更新世晚期以来，河谷演化进入峡谷期。伴随河流下切，岸坡临空面形成，侧向约束解除，原本处于高地应力环境下的岩体由于应力释放而产生强烈的卸荷回弹变形，克服了层间摩擦阻力，产生了层间剪切错动，从而触发了倾倒变形的发生。此外，卸荷效应还引发了层内张性破裂的产生，在坡表形成了一定深度的卸荷区，为后续倾倒变形的发展打下了基础[图5.24（a）]。

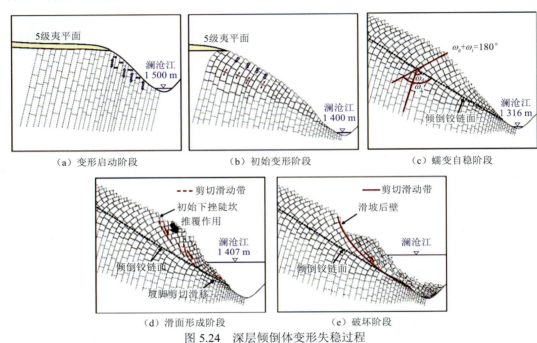

（a）变形启动阶段　　　　（b）初始变形阶段　　　　（c）蠕变自稳阶段

（d）滑面形成阶段　　　　　　（e）破坏阶段

图5.24　深层倾倒体变形失稳过程

（2）初始变形阶段：河谷演化进入晚更新世后，地壳抬升速度逐渐增大，河流纵向切割程度加深，岸坡逐渐加高变陡，临空条件不断被改善。加之地应力的进一步释放与重力场的长期作用，岩体向临空面一侧产生弯曲、倾覆及累进剪切滑移变形。当岩层弯曲变形逐渐累积产生的层内张拉应力超过横向节理或完整岩柱的抗拉强度时，层内开始沿已有横向节理产生张拉变形或形成新的张拉破裂，使得岩柱被进一步分割。由于变形过程中层间接触面积减小，层间摩擦阻力大大降低，变形速度明显增大，岩层变形深度及变形程度进一步加剧[图5.24（b）]。

（3）蠕变自稳阶段：河谷演化至全新世后，河流下切至现代河床。岩层的弯曲变形程度进一步增大，变形岩层逐渐呈现出以倾倒铰链面为中轴的对称分布特征（镜像状态）。岩层达到镜像状态后，层间接触开始恢复，层间摩擦阻力逐渐增大，且根据应变协调原理，越过岩体镜像状态的进一步变形将受到坡脚岩体的阻碍。基于上述因素，该阶段岩层倾倒变形速度大大降低，岸坡趋于自稳，总体表现为缓慢蠕变特征，至此斜坡倾倒变形阶段已基本结束[图5.24（c）]。

（4）滑面形成阶段：随着库水位的抬升，岸坡坡脚逐渐处于浸润线以下，岩体结构面抗剪强度降低。在上部岩层的持续推覆作用下，坡脚岩层最大弯折带的剪切效应不断增强，逐渐形成统一张剪破裂面并产生切层剪切滑移，为后部倾倒岩体提供了新的运动空间。斜坡后部强倾倒岩体随即沿横向节理及拉裂隙产生进一步倾覆与累进剪切滑移，在倾倒铰链面之上形成多条倾向坡外、切层发育的剪切滑动带。这些剪切滑动带随岩体变形程度的加剧而不断向坡后发育，并在坡表处形成明显的下挫陡坎。坡表下挫陡坎的出现表明斜坡倾倒变形阶段已基本结束，斜坡演化开始转向累进滑动失稳阶段。因此，其可作为野外判断倾倒体是否进入滑面形成阶段的重要标志。该阶段滑体尚未产生整体大范围滑移，仍保持较好的成层性，但滑动区岩体的完整性较差、节理裂隙发育。由于滑动区倾倒变形程度进一步增强，局部岩体沿陡倾坡外拉裂隙或横向节理产生崩塌与重力坠覆变形［图 5.24（d）］。

（5）破坏阶段：斜坡后缘剪切滑动面不断发育，最终与前缘张剪破裂面相连，形成统一滑动面。统一滑动面之上强倾倒变形岩体在暴雨、人工开挖、地震力及库水位升降等因素的推动下沿统一滑动面产生整体切层滑移，形成滑坡。滑体在滑动过程中逐渐解体并丧失其层理性，最终转化为坡前碎石土堆积体并对库区产生一定程度的涌浪危害［图 5.24(e)］。

5.4　本章小结

本章通过物理模型试验研究了库水波动作用下低渗透性堆积层滑坡的响应规律，采用底摩擦试验和离散元数值模拟分析了河谷下切过程中深层倾倒体变形与失稳过程，主要结论如下。

堆积层滑坡模型试验结果表明：对于库岸滑坡而言，滑坡最不稳定的两个阶段为高水位阶段和库水位下降阶段。滑坡整体启滑往往发生在高水位阶段，浮托减重作用会显著降低滑坡滑带抗滑力，从而引起滑坡整体启动；库水位下降阶段形成的动水压力效应，容易引起滑坡前缘垮塌，进而形成牵引式滑坡。

深层倾倒体的变形失稳过程模型试验表明：①研究区内深层倾倒体的变形失稳过程以斜坡稳定状态为界可分为早期倾倒变形阶段和后期加速失稳阶段；②倾倒体由于具有自稳定性，一般情况下均保持稳定，但在外界因素作用下可进一步产生滑动失稳，此时倾倒体演化进入后期加速失稳阶段；③综合斜坡变形失稳过程中的结构面破坏指数、特征点位移及斜坡模型平均变形速度，可将深层倾倒体变形失稳过程划分为五个阶段，即变形启动阶段、初始变形阶段、蠕变自稳阶段、滑面形成阶段和破坏阶段。

参 考 文 献

安鹏举，2022. 动水作用下黄土坡滑坡滑带劣化过程及动态稳定性评价研究[D]. 武汉：中国地质大学（武汉）.

安鹏举，鲁莎，唐辉明，等，2022. 渗透作用下滑带细观结构演变特性[J]. 地质科技通报，41(6): 169-179.

白彦波，2007. 澜沧江苗尾水电站坝肩倾倒变形岩体的质量分类评价及其工程效应分析[D]. 成都：成都理工大学.

鲁莎, 2017. 三峡库区黄土坡滑坡滑带特性及变形演化研究[D]. 武汉: 中国地质大学(武汉).

宁奕冰, 2022. 澜沧江中上游深层倾倒体变形失稳过程及稳定性评价研究[D]. 武汉: 中国地质大学(武汉).

宁奕冰, 唐辉明, 张勃成, 等, 2020. 基于正交设计的岩石相似材料配比研究及底摩擦物理模型试验应用[J]. 岩土力学, 41(6): 2009-2020.

宁奕冰, 唐辉明, 张勃成, 等, 2021. 澜沧江深层倾倒体演化过程及失稳机制研究[J]. 岩石力学与工程学报, 40(11): 2199-2213.

HUNGR O, LEROUEIL S, PICARELLI L, 2014. The Varnes classification of landslide types, an update[J]. Landslides, 11(2): 167-194.

NING Y B, TANG H M, ZHANG G C, et al., 2021. A complex rockslide developed from a deep-seated toppling failure in the upper Lancang River, southwest China[J]. Engineering geology, 293: 106329.

SMITH J V, 2015. Self-stabilization of toppling and hillside creep in layered rocks[J]. Engineering geology, 196: 139-149.

TANG H M, WASOWSKI J, JUANG C H, 2019. Geohazards in the Three Gorges Reservoir area, China: Lessons learned from decades of research[J]. Engineering geology, 261: 105267.

WYLLIE D C, MAH C, 2004. Rock slope engineering: Civil and mining[M]. 4th ed. Boca Raton: CRC Press.

第二篇

滑坡多场监测技术

滑坡多场监测技术是滑坡过程调控的关键手段。本篇系统阐述滑坡演化过程中的多场信息及滑坡"天空地深"综合多场监测，并针对滑坡演化研究中的关键技术难题，研发滑坡深部柔性大变形监测技术、水平横向管道轨迹技术与多场关联监测技术，服务滑坡全剖面立体与关联监测。

第 6 章　滑坡多场演化

6.1　概　　述

地质灾害，尤其是滑坡，作为自然与人为活动相互作用下的产物，其形成演化机制蕴含着地球系统中多要素、多层次的复杂交互作用。其科学认知和有效防控已成为地球科学与工程实践领域的重大课题。"滑坡多场演化"作为一个新兴的滑坡灾害研究主题，正逐渐成为解析滑坡成因、预测灾害趋势与优化防控策略的关键路径。

场的概念，发轫于物理学，却在地质灾害学界找到了新的生长土壤。它超越了传统点对点的直接作用模型，转而描绘了空间中物理量的连续分布和动态变化。在滑坡研究领域，这一概念的引入，意味着从孤立因素分析到系统性、动态性考量的转变，为理解滑坡灾害提供了更为广阔和深入的视角。滑坡多场分类体系的建立，是将滑坡置于地球系统科学的大框架下，分门别类地审视每个场对滑坡过程的贡献。从地质构造的稳定性，到水文条件的瞬息万变，从地形地貌的调控作用，到植被生态的缓冲效果，再到人类活动的复杂干预，每一个场都是滑坡形成与发展的关键拼图，为滑坡科学预测和风险评估提供了坚实基础。

鉴于此，本章以"滑坡多场演化"为核心议题，探讨场的概念起源、滑坡的多场分类，阐明在滑坡研究中采用多场演化视角的必要性和前沿性。

6.2　场的概念起源

场的概念起源深植于人类对自然界奥秘的长久探索之中，其发展脉络跨越了多个历史时期，融合了哲学思辨与科学实证的双重智慧。早在古希腊时期，哲学家就开始思考力的作用方式。亚里士多德提出了"自然位置"的概念，他认为物体有趋向于其自然位置的倾向，这种倾向可以视为对后来场概念的一种朴素表达。虽然亚里士多德的理论基于直观与经验，缺乏数学描述，但他的想法激发了后人对于力如何传播的思考。

进入中世纪及文艺复兴时期，学者继续沿用亚里士多德的自然哲学，但同时也开始尝试数学化自然现象。例如，开普勒和牛顿对天体运动的研究，特别是牛顿在 1687 年发表的《自然哲学的数学原理》中提出的万有引力定律，确立了超距作用力的概念，即两个物体之间可以不通过任何媒介而直接相互吸引。尽管牛顿本人对这种"瞬间作用于远距离"的现象感到不安，但他的理论在当时极为成功，确立了经典力学的基础，也为后来场的概念的提出提供了间接的启发。

物理学中的场最初是作为描述力如何跨越空间传递的媒介而提出的。这一概念的提出，标志着从牛顿的直接作用观念向连续介质观念的转变，为后续物理理论的发展奠定了基础。

物理学中场的概念最早可以追溯到库仑定律（1785 年），该定律定量描述了两个电荷之间的力与它们之间距离的平方成反比的关系。19 世纪，随着电学与磁学试验的丰富，物理学家开始注意到一些无法用超距作用解释的现象。法拉第通过大量的试验观察，尤其是在电磁感应方面的研究，提出了"力线"的概念。这是一种假想的线，用来描述力如何在空间中分布和传播。法拉第的力线虽然没有直接使用场的术语，但实际上已经非常接近现代场的概念。他设想了一种填充空间的介质（后来称为场），通过这种介质来传递力。基于法拉第的工作，麦克斯韦于 1864 年提出了著名的麦克斯韦方程组，这不仅是电磁理论的巅峰之作，也是场理论的一次重大飞跃。麦克斯韦方程组首次以数学形式统一描述了电场、磁场与电荷、电流之间的关系，并预言了电磁波的存在，为后来无线电通信、光学等领域的发展奠定了理论基础。爱因斯坦在 1915 年提出了广义相对论，将引力解释为时空的曲率，从而将场的概念推广到了引力领域。在这个理论框架下，物质和能量决定了时空几何，引力效应则被视为物质在弯曲时空中沿测地线运动的结果。这一革命性的理论不仅成功解释了水星近日点进动等天文现象，也为黑洞、引力波等概念的提出铺平了道路。

物理学中，场的概念经历了从直观感知到精确理论模型的演化过程。这一演变始于法拉第对电磁力线的直观描绘，通过麦克斯韦的数学化处理，转化为一组精炼的方程，最终在量子场论中达到理论表述的高峰。在这一过程中，场的概念被赋予了实体化的特征，成为理解宇宙基本相互作用不可或缺的组成部分。例如，在量子电动力学中，光子场的激发对应于光子粒子，表明场不仅是力的传播介质，还是物质的基本态。这一理论的成功在于其能够精确预测并解释一系列试验现象。

哲学对场的探讨则更为抽象且多元。从本体论角度看，场的提出挑战了物质与空无的传统二元划分，促使哲学家思考非实体的场如何构成现实世界的一部分，如斯宾诺莎（Spinoza）的实体一元论与怀特海（Whitehead）的过程哲学，均试图在更高层次上整合场的概念，以解释宇宙的统一性和动态变化。认识论方面，场的引入对理解知识的界限、因果关系的本质及意识与物质的互动提出了新的问题。例如，量子纠缠现象引发的"非局域性"讨论，促使哲学家反思传统的因果律是否可以足够描述超越时空的相互作用。此外，宇宙观方面，场的概念推动了对宇宙整体性、连续性与动态平衡的哲学思考，如谢林（Schelling）的自然哲学和怀特海的过程哲学，都在一定程度上吸收了场的思想，用以构建关于宇宙的综合性理论框架。

场的概念在物理学和哲学中的起源与发展，展现了两种不同但互补的探索路径。尽管物理学与哲学在场的概念上各有侧重，但两者之间的交流与碰撞也催生了深刻的思想进步。一方面，物理学的实证成果为哲学提供了新的素材，促使哲学家修订和完善对现实世界的理解。另一方面，哲学的批判性思考也为物理学提供了理论上的挑战与灵感。

孙显元（1985）提出"场是一种自然物质的基本形态"，他指出爱因斯坦的广义相对论证明物质、运动与时空是相统一的，而场属于空间的物理状态，因此场与物质的基本粒子一样，属于物质存在的一种形态。征汉文（1992）则提出"场的本质是空间"，他指出虽然场中的粒子具有质量与能量，但这些质量与能量都是粒子所具有的，场本身不具备物质的属性，也不是物质的一种存在形态。曾华霖（2011）认为物理场的实质是"空间中存在的物理作用"。例如，他建议将重力场定义为作用在地球表面或其附近一点处单位质量的重力，或者空间中存在的重力作用。

工程地质学作为一门应用科学，其发展过程中对场的认识与应用，可以追溯到 19世纪末~20 世纪初。随着大型基础设施建设的开展，工程地质学家开始系统地研究工程场地的地质特征。这一时期的地质学研究，特别是麦克斯韦在电磁场理论中的贡献，为将场概念引入工程地质学中提供了灵感。在工程地质学中，场的概念并不是直接源自物理学与哲学的场论，而是借鉴了它们中场的思想，并将其应用于地质环境与工程活动相互作用的复杂场景中。施斌（2013）将工程地质中的场定义为具有物理或化学作用的空间，是自然物质存在的一种基本形态，三者辩证统一，不可分割。工程地质学中的场更侧重于实际工程地质环境空间范围内的各种地质条件和特征，以及这些条件如何在空间上分布和相互影响，通过现场调查、勘探和测试来获取地质信息，以便评估和解决与工程地质相关的问题。

6.3 滑坡的多场分类

在工程地质学的广阔领域中，尤其是在滑坡防治领域，场的概念被赋予了一种独特的意义。它是对自然物质在特定空间内物理或化学作用状态的描述，也是地质环境的一种基本表现形式，尤其是在探讨与工程地质条件相互作用时，其作用不可小觑。在自然条件下，滑坡工程地质条件包含了岩土的力学性质、水文地质特性、地形地貌特征等，它们共同组成了滑坡中的应力场、水文地质场、地质结构场等多场，决定了滑坡体的稳定性和工程适宜性。人类工程活动介入，如挖掘、加载、填筑、库水位变动等，实质上是对滑坡工程地质条件的人为干预，导致原有平衡状态被打破，这些活动会显著改变原有的滑坡地质条件，甚至可能诱发滑坡。例如，开挖可能会暴露或创建新的临空面，引发滑坡应力场的重分布，从而导致滑坡整体稳定性大幅度降低；库水位的变动会改变滑坡内部渗流场，从而诱发水库滑坡。因此，滑坡中的场不仅是理解滑坡自然地质环境的基础，更是评估工程活动对滑坡的影响、预测滑坡风险的强有力工具。

结合滑坡工程地质条件，利用宏观定性与微观定量、直接与间接等分析方法，将滑坡中的多场分为基础场、作用场、耦合场三类（施斌，2013），通过不同维度和方法的综合分析，阐述其内涵及作用关系。

6.3.1 基础场

基础场是指构成滑坡体最根本的地质背景和物理属性，是滑坡地质体本身固有的自然状态，为滑坡灾害的发生提供了初始的物理环境和潜在基础。基础场作为场相互作用的基础和纽带，它既参与作用场的耦合，又作为一种耦合场，是多种地质数据的耦合体。

基础场主要可以分为地质结构场与岩土特征场等。

1）地质结构场

地质结构场包含地层分布、断层、褶皱、节理等构造及岩性组合等因素，这些地质结构决定了滑坡的潜在滑动面，是滑坡发生与发展的骨架。滑坡区域内的岩层分布、厚度、连续性、强度及不同岩层对水的渗透性有显著差异，它们会影响滑坡的稳定性和水文条件；断层、褶皱、节理等构造缺陷是地质体中的薄弱部位，它们的存在为滑动面的形成提供了通道，是滑坡的直接地质触发因素；滑坡区域内不同的岩土体种类、硬度、胶结程度等，直接决定着滑坡的力学性能，从而决定滑坡的整体稳定性。

2）岩土特征场

岩土特征场包括滑坡滑带、滑体中岩土体的物质构成、三相比例，以及岩土体本身的物理性质、力学性质和化学性质等，它们直接影响滑坡体的整体稳定性和对受力环境变化的响应。物理性质如密度、粒度、孔隙率、渗透性等影响斜坡的水分保持能力及力学响应机制；力学性质包括滑带土的抗压强度、抗剪强度、弹性模量等，是评估滑坡稳定性、计算滑坡应力分布的基础；化学性质指滑带、滑体中岩土体的化学成分，影响滑带、滑体中的岩土体与水的反应性。

6.3.2　作用场

作用场是指施加在基础场上的各种自然作用力和环境因素，它们直接或间接地影响基础场的状态，促使滑坡灾害的发生或发展。作用场作为影响滑坡基础场的一系列动态因素的集合，涵盖了自然与环境中的多种力量和变化，这些场主要包括应力场、渗流场、化学场、温度场、生物场等，它们与基础场相互作用，共同影响了滑坡的形成、发展与演变过程。

1）应力场

应力场主要涉及作用于滑坡体上的外力和内力的分布，包括重力、构造应力、外加荷载及由工程活动引起的附加应力等。这些应力可能导致潜在滑动面的形成，是驱动滑坡演变的直接力学因素。

2）渗流场

渗流场关注水分在滑坡区域中的运动，包括地表水的流动、地下水的渗透及毛细管水的移动。水分的迁移不仅直接影响斜坡的重量和孔隙水压力，还可能软化土体，降低其力学强度，是滑坡的重要触发和促进因素。

3）化学场

化学场涉及滑坡区域中化学成分的分布与变化，如酸碱度、离子浓度、氧化还原性等。这些化学过程可能改变土体的物理性质，如溶解矿物、促成岩土体结构变化、影响岩土体的稳定性和渗透性，是诱发滑坡的较为隐蔽的影响因素。

4）温度场

温度场主要包括滑坡区域中地球内部产生的地热能、外部的太阳能及人类工程活动如地下供热管道等产生的局部热能。受到温度变化的影响，滑坡体内部岩土体的风化速率、渗透系数、力学性质等可能会发生变化。

5）生物场

生物场指植被、动物活动对滑坡环境的改造，如植物根系加固土壤、改变水文特性，动物穴居活动可能扰动土壤结构。生物活动对斜坡的正面作用与负面作用并存，对滑坡稳定性有着复杂的影响，体现了自然生态与地质过程的相互作用。

这些不同的作用场相互交织，共同作用于基础场之上，通过复杂的多场耦合效应，影响滑坡的稳定性和滑坡的发生发展过程（图 6.1）。例如，应力场与渗流场的耦合可以增加滑坡体内部的水压力，破坏力学平衡；气候场的变化可能通过影响水文循环，进而与化学场、生物场互动，改变斜坡的物理化学性质。

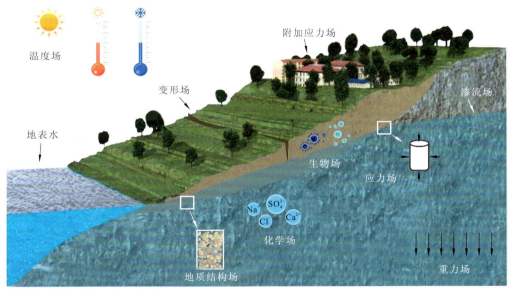

图 6.1　滑坡多场耦合效应示意图

6.3.3　耦合场

耦合场是两种及以上作用场和基础场之间相互耦合作用形成的标量场或矢量场，体现了多因素场间的互动和反馈机制。例如，滑坡工程地质中的位移场为基础场与作用场耦合的一个经典表现形式，所有耦合作用的结果都最终表现为滑坡的位移，位移场涵盖了滑坡体在时间序列上的位移变化，这其中包括但不限于缓慢的蠕变、急促的滑动、快速的坍塌等。这一过程受到许多作用场与基础场的耦合影响，如应力场、渗流场与气候场共同作用在岩土特征场时，大量降雨渗入滑坡岩土体增加了滑坡体内部的孔隙水压力，降低了有效应力，改变了滑坡内应力场的分布，从而诱发滑坡。

在滑坡多场耦合的复杂系统中，作用场之间的相互影响不仅仅局限于作用在基础场上，从而直接对滑坡稳定性造成影响，还体现在能够形成一系列的其他耦合场，这些耦合场同样会对滑坡的形成与演化过程造成影响（图 6.2）。

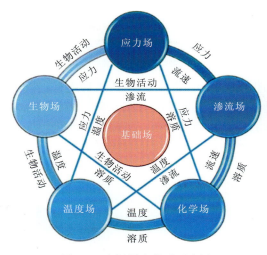

图 6.2　多场耦合关系示意图

6.4　"天空地深"综合多场监测

有效的多场监测手段是准确获取滑坡演化多场信息的关键。经过多年发展，在滑坡监测领域已逐步形成了"天空地深"立体多场监测体系（图 6.3）。综合运用多种技术和手段对滑坡进行全面监测，以达到监测网络的立体化和全面性。

"天"指的是卫星遥感监测，是一种利用卫星搭载的传感器从高空对地面进行观测的技术，包括光学遥感、合成孔径雷达（synthetic aperture radar，SAR）和干涉式合成孔径雷达（interferometric synthetic aperture radar，InSAR）等技术，可以从太空对地面进行大面积的监测，捕捉到滑坡的宏观变化和潜在的形变。其中，SAR 和 InSAR 技术在滑坡灾害监测中使用得越来越广泛：SAR 能够穿透云层和植被，全天候、全天时获取地表信息，特别适合山区或热带雨林地区的滑坡监测；InSAR 基于 SAR 影像的相位差计算地表的微小形变，精度可达厘米级甚至毫米级，非常适合监测缓慢移动的滑坡。

"空"指的是航空遥感监测，利用飞机或无人机携带的传感器，提供更高分辨率的影像和更快的响应速度。例如，无人机航拍可以快速部署，获得高分辨率的正射影像和

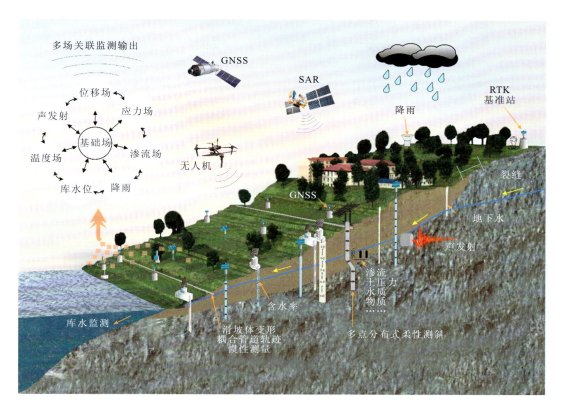

图 6.3　多场监测示意图

RTK 指实时动态测量技术

三维模型，适合在危险或难以到达的区域进行高频次监测，为滑坡研究提供即时更新的图像和视频资料，便于监测滑坡的形态和变化；激光雷达通过发射激光脉冲并接收反射信号，生成精确的数字高程模型，有助于识别潜在的滑坡区域和地形特征；利用多光谱或高光谱相机，可以获取地表物质的光谱信息，用于识别不同类型的岩性、土体湿度和植被状况。这些手段可以提供比卫星更高分辨率的图像，同时可以灵活部署，便于更为细致的观察。

　　"地"指的是地面监测，包括各种现场监测设备，直接在滑坡现场或周边布设，用于收集实时的监测数据。例如，全球导航卫星系统（global navigation satellite system，GNSS）监测地表位移，精度可达到毫米级；雨量计用于监测影响滑坡发展的重要因素"降雨"；坡面上的裂缝计可以记录裂缝的扩展。地面监测手段发展较为成熟，是目前滑坡预测预报的主要数据来源。

　　"深"指的是深部监测，通过在滑坡体内部布设传感器或仪器监测滑坡内部信息。滑坡常见深部监测手段有测斜仪、时域反射计（time-domain reflectometry，TDR）、土压力计、孔隙水压力计、地下水位计等。通过深部监测，可以捕捉到地表不能获取的滑坡演化特征量。例如，测斜仪布设于滑坡内，可以通过测量钻孔内部的倾斜度变化，监测滑坡不同深度的位移。深部监测是研究滑坡复杂演化过程不可或缺的手段。

滑坡"天空地深"立体多场监测体系通过综合利用卫星遥感、航空遥感、地面监测和深部监测等多种手段，可实现对滑坡的立体多层次全方位观测。"天空地深"立体多场监测体系不仅能提供大范围的地表变化信息，还能获取高精度深部观测数据，从而有效提升了滑坡预警的准确性和及时性。

6.5 本 章 小 结

滑坡作为地球科学与工程实践领域中的一个重要议题，其复杂性与危害性不容忽视。随着自然环境的动态变化与人类活动的日益频繁，滑坡灾害的预防与管理显得更为迫切。在此背景下，"滑坡多场演化"理念的提出，不仅是一个理论的创新，更是实践的突破，它将滑坡灾害的探究从孤立因素分析推进至系统性、动态性的多场互动分析，为预测和防控提供了新的视角与途径。本章厘清了"滑坡多场演化"的理论、分类及其在工程地质学的应用，以期构建一个全面且深入的滑坡灾害研究框架。

将滑坡灾害中的场通过宏观定性与微观定量、直接与间接等角度，分为基础场、作用场、耦合场三类。其中，基础场包括地质结构场、岩土特征场，是滑坡灾害发生的物质与物理基础；作用场则关注外力与环境因素对基础场的影响，包括应力场、渗流场、化学场、温度场、生物场等，它们与基础场相互作用，共同决定了滑坡的形成、发展与演变过程；耦合场如位移场、化学-水文耦合场等，展示了多因素场之间的复杂相互作用。

依据常规多场监测技术方法统计结果，以往发展出的监测手段能很好地满足基础场和作用场各个参数的监测需要，但在多场耦合和关联监测方面存在明显不足，制约了滑坡多场关联监测数据的有效获取。后续研究需要研发出适应滑坡深部大变形监测的仪器设备，补齐多场监测技术短板，构建滑坡多场关联监测技术体系，实现"天空地深"一体化关联监测。

综上，本章厘清了滑坡多场演化理论的系统性，从场的哲学和物理学的理论起源与发展到工程地质学的场概念的由来及定义，再到滑坡研究中多场的分类，为滑坡灾害的科学预测和防控提供了全面、深入的理论与实践工具。未来，进一步结合多场监测数据、数值模拟与人工智能等先进技术，将有望进一步提升滑坡灾害预测的精度与防控的效率。

参 考 文 献

施斌, 2013. 论工程地质中的场及其多场耦合[J]. 工程地质学报, 21(5): 673-680.

孙显元, 1985. 场是自然物质的一种基本形式[J]. 社会科学辑刊(5): 31-35.

曾华霖, 2011. 场的物理学定义的澄清[J]. 地学前缘, 18(1): 231-235.

征汉文, 1992. 关于场的本质问题[J]. 学海(1): 19-22, 69.

第 7 章　滑坡大变形监测技术

7.1　概　　述

当前在滑坡"天空地深"等各种监测技术方面取得了丰硕成果，但各类监测技术缺乏有机融合，未能形成可以多场关联监测的立体综合监测网络体系（唐辉明，2022）。同时，各类监测方法与滑坡物理力学过程存在脱节，滑坡演化与滑坡预测预报间的衔接存在准确性、关联性与时效性等不足。在重大滑坡预测预报、监测方面仍存在诸多技术难题亟待突破。为进一步发挥多场关联监测在滑坡预测预报中所起的关键支撑作用，需要构建滑坡预测预报立体综合多场时空关联监测技术体系。然而，在多场监测体系构建中存在严重的技术瓶颈问题，尤其是现有设备无法满足滑坡体大变形过程中的持续监测要求，亟须开展大变形监测关键技术研究，研制适用于滑坡深部大变形监测的设备和仪器，弥补多场监测技术短板。

以测量滑坡体深部（内部）大位移为目的，从惯性测量的基本原理着手分析，掘取惯性测量系统在滑坡测量应用环境中的有利条件，简化或改进测量系统结构；针对竖向、横向和空间任意方向位移分布测量的不同要求，分别对其进行原理引入和匹配；依据所引入和匹配的原理，从方案论证、硬软件实现、算法推导、数据处理等方面对水平位移垂向分布测量仪器（柔性测斜仪）和横向管道轨迹测量仪进行完整设计和样机研制，解决滑坡体大变形监测技术问题（张永权，2016）。

7.2　大变形监测关键技术原理

引入惯性测量技术，直接或间接获取滑坡体不同位置姿态或姿态变化的分布，实现滑坡体大变形监测。

7.2.1　惯性测量基本原理

惯性测量与惯性器件、惯性稳定、惯性导航、惯性制导统称为惯性技术，是惯性导航系统中不可或缺的信号获取环节。惯性测量可以独立于惯性导航系统而存在，形成姿态和位置测量的子功能系统，即惯性测量系统。惯性测量系统的基本原理是牛顿定理，它利用惯性器件（主要是加速度计和陀螺仪）来感应载体相对于惯性空间的线运动和角运动（通常为加速度和角速度），通过测量结果在时间轴上的积分计算，可以得到载体相对于惯性空间的线速度、姿态角、位置等信息。

惯性测量系统所测量的物理量为自身的惯性量，如加速度和角速度，这些物理量均为自身运动状态的属性变量。由此可知，在对自身惯性量的测量过程中不需要依赖于任何外部的声、光、电、磁等信息，也不需要对外辐射信号。因此，惯性测量系统是一种完全自主、极度封闭、过程实时并且适用于任何惯性空间的测量系统（于天琦，2022）。

结合滑坡深部测量环境，惯性测量具备的有利条件有：①不依赖于任何外部信息，也不向外部辐射能量，自主式测量，具有较好的隐蔽性且不受外界电磁干扰；②能提供位置、速度、航向和姿态角数据，所测量的信息连续性好而且噪声低，便于实现位移分布的测量；③单次测量中数据更新率高，短期精度和稳定性好。

同时，惯性测量在自身原理上也存在一些不足之处：①由于所测量的信息经过积分而产生，定位误差随时间延长而增大，长期精度差；②每次使用之前需要较长的初始对准时间；③所需感应器件成本昂贵；等等。不过，这些不足在滑坡深部位移分布测量中可以根据实际情况进行转化消除，其中预埋管道对滑坡体的变形耦合就是把时间上的微小位移量累积到空间上进行短时测量，从而避免了测量数据的长时积分。

惯性测量系统的结构主要有两大类：平台式惯性测量系统和捷联式惯性测量系统，分别如图 7.1 和图 7.2 所示。

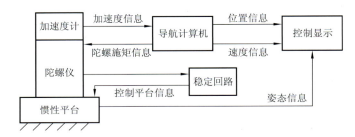

图 7.1　平台式惯性测量系统原理框图（刘建业 等，2010）

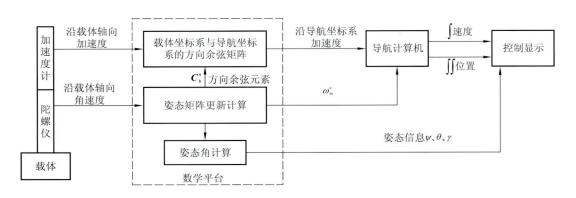

图 7.2　捷联式惯性测量系统原理框图

C_b^n 为第 n 点相对于基准坐标的旋转矩阵；ω_{in}^n 为第 n 点旋转角速度；ψ 为方位角；θ 为俯仰角；γ 为滚动角

7.2.2　惯性测量在滑坡深部位移分布测量中的引入

滑坡深部位移分布的测量条件都处于地下封闭环境中（滑坡体内部），很难通过外部的声、光、电、磁等手段实现测量。因此，具有封闭自主、广泛适应性特点的惯性测量系统就特别适合滑坡体中的深部位移分布测量。

1. 测量方法构建

提到滑坡体深部位移分布的惯性测量，给人的直观印象就是将滑坡体作为一个惯性运动载体，把惯性测量元件安置在滑坡体上用以感应滑坡体的加速度和角速度，然后求取滑坡体的运动状态。然而，结合滑坡体变形的时空特征和惯性测量原理进行分析，就会发现这样的测量手段是根本无法实现的。

以往的研究结果表明，根据滑坡体蠕变变形特征，滑坡可划分为稳定型滑坡、渐变型滑坡和突变型滑坡。稳定型滑坡在整个滑动过程中处于缓慢的滑动状态；渐变型滑坡的变形依次经历初始变形、等速变形及加速变形三个阶段；突变型滑坡则在短时间内突然形成较大的变形。滑坡位移监测过程主要集中在滑坡被发现到发生破坏的阶段，这一阶段滑坡体几乎都处于缓慢的蠕动状态，每年的位移量级一般为厘米，就算是突变型滑坡，其每年的位移量级大多也是米。因此，就临滑前的滑动速度来说，由年位移量换算成滑动速度约为 10^{-10} m/s，若经过微分求取加速度，则加速度 $\ll 10^{-10}$ m/s^2。如此微弱的加速度，目前世界上最先进的静电加速度计（精度为 $10^{-9}g \sim 10^{-8}g$，g 为重力加速度）都无法感应。

可见，无法实现滑坡体直接惯性测量的根本原因在于监测过程中的滑坡体相对于惯性测量系统来说是一个准静态的测量对象，其动载惯性量几乎被时间湮没了，这是由惯性测量原理长时积分缺陷导致的。因此，欲要通过惯性测量来实现滑坡体位移的测量，就必须避开滑坡体的动载惯性量，把时间上累积的量转换到空间，对位移量进行直接测量或转换成短时的惯性量进行测量。

现有的滑坡钻孔测斜方法就是其中一种有效的转换方式，如图 7.3 所示。测斜管竖向穿过滑坡体，底部嵌入稳定的滑床中。滑坡体产生位移后，测斜管穿插在滑坡体内的部分会随着滑坡体产生变形，嵌固在滑床中的部分则固定不动，为变形部分提供了基准位置，这样，测斜管就很好地把滑坡体滑动的加速度和速度在时间上的累积转换成了空间上的分布，只需要分时对测斜管进行短时的姿态测量，就可以得到某一段时间内测斜管的变形量，也就是滑坡体的位移量。

当需要测量滑坡体其他方向的位移分布时，采用与测斜管类似的原理，在拟测量位移分布的方向上布置测线，也就是预埋变形耦合管道，用以耦合垂直于测线上的滑坡位移，然后分时测量管道的轨迹，求取轨迹形状差就能得到垂直于测线方向的位移沿测线的分布情况，如图 7.4 所示。

不过，需要明确的一点是，不管测线方向如何布置，其所测量的结果都是垂直于测线的位移，如图 7.5 所示。如果位移在测线方向上存在分量，那么测线方向上的位移分量是无法通过此原理测量得到的。

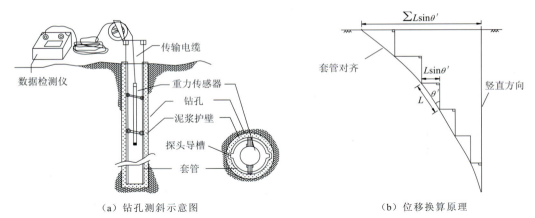

（a）钻孔测斜示意图　　　　　　　　　　　（b）位移换算原理

图 7.3　钻孔测斜示意图及位移换算原理

L 为数据采集间距；θ' 为测斜角；$L\sin\theta'$ 为单个采样单元对应的水平位移；$\sum L\sin\theta'$ 为所有采样单元累积水平位移

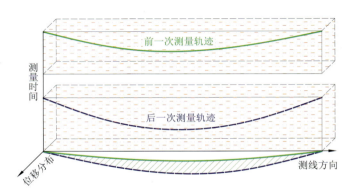

图 7.4　任意测线方向预埋管道轨迹标识的位移原理

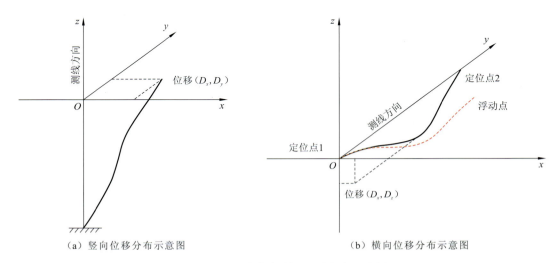

（a）竖向位移分布示意图　　　　　　　　　（b）横向位移分布示意图

图 7.5　沿测线走向所测位移方向示意图

D_x、D_y、D_z 分别为 x、y、z 轴上的位移

2. 测量原理匹配

用于滑坡位移测量的惯性测量系统的最终目标是要求解出预埋变形耦合管道的轨迹形状，单从功能上看，完整的惯性测量系统完全能够胜任甚至存在浪费。完整的惯性测量系统包含了三轴加速度和三轴角速度的测量，这在传统惯性测量系统中必不可少。不过对埋设在滑坡体中的管道来说，其在被测量的过程中可以与仪器发生物理接触，这使得在传统惯性测量中无法通过接触测量的某些物理量可以通过接触测量的手段予以简化。此外，在管道埋设时，有些量已经提前设计好且不随时间变化，在设计相应的测量系统时也是可以省略的。

1）线运动测量

不同于传统惯性测量系统，在对滑坡预埋管道进行测量时，测量仪器能够与管道发生直接的物理接触，通过接触测量可以大大简化测量系统，并得到比惯性测量更为直接、更为准确的测量结果。

事实上，预埋变形耦合管道已经在垂直于管道的两个轴线上限制了仪器的平动自由度，即仪器只能沿着管道的轴线平动，而不能在垂直于管道的方向上发生任何线性移动，因此线运动只需测量沿着管道轴线方向的单轴线速度或位置。

2）角运动测量

实际工程中，滑坡体的位移一般是指相对于大地坐标系的位移，因此测量任何滑坡滑动引起的姿态变化，都需要在大地坐标系中找到相对固定的参考量作为测量的基准。惯性测量中可选择的常见参考量有地磁场、重力场和载体的初始坐标。其中，地磁场强度较弱，易受到周围环境的影响，不是理想的参考量；重力场强度为重力加速度 g，g 几乎不受外界环境干扰，并且区域分布稳定，是姿态测量中较为理想的参考量；初始坐标是一个人为设定的零点坐标，一旦设定之后就固定不动，可以认为是理想的参考基准，不过这只适用于载体惯性量的测量。

假设空间中存在任意一个固定的参考向量 $\boldsymbol{b}=(e_x,\ e_y,\ e_z)^{\mathrm{T}}$，$e_x$、$e_y$、$e_z$ 不全为零。依据向量 $\boldsymbol{b}$ 建立与之坐标重合的笛卡儿参考坐标系 XYZ，当某一载体坐标系 xyz 在 XYZ 坐标系中按旋转矩阵 $\boldsymbol{C}$ 发生旋转时，存在于载体坐标系中的某一可测物理量 $\boldsymbol{D}$（初始状态下 $\boldsymbol{D}=\boldsymbol{b}$），在载体运动过程中可以表示为

$$\boldsymbol{D}=\boldsymbol{C}\begin{bmatrix}e_x\\e_y\\e_z\end{bmatrix}+\boldsymbol{a} \tag{7.1}$$

其中，$\boldsymbol{a}$ 为参考坐标系的平移量。如果参考坐标系不存在平移，那么 $\boldsymbol{a}$ 恒等于 $\boldsymbol{0}$，$\boldsymbol{D}$ 为绕零点纯转动的物理量。

由此可见，只要构造出一个固定的非零向量 $\boldsymbol{b}$ 并测量载体旋转后的物理量 $\boldsymbol{D}$，便可以求出旋转矩阵 $\boldsymbol{C}$，也就是载体的空间姿态。当然，旋转矩阵 $\boldsymbol{C}$ 的维数不是固定的，具体视可测和要测的物理量而定。

向量 $\boldsymbol{b}$ 的构造可以很灵活，只要 $\boldsymbol{b}$ 的其中一轴不为零，便可以求取绕另外两轴的旋转角。如此一来，只要保证 $\boldsymbol{b}$ 中的任意两轴不为零，就能满足空间姿态的测量要求。

$\boldsymbol{D}$ 是随着角度或角速度变化的物理量，是通过传感器感应并转化成的可以测量且方便测量的物理量，通常为角度传感器或陀螺仪的输出。

7.3 深部大位移柔性测斜技术

当滑坡体的深部位移以水平位移为主，主要考虑水平位移在竖直方向上的分布，而不需要考虑竖直方向的沉降和膨胀时，测斜管式的测量无疑是最为理想的测量方法。其测量的基本原理为分段感应测斜管的姿态角，根据每段测斜管的姿态和测点间距积分求取测斜管的轨迹形状，并假设测斜管的变形与滑坡体的变形协调一致，则测斜管的形状便反映出了滑坡体的变形情况。在传统测斜仪的基础上，把单点移动测量改变成多点固定同步测量，实现深部位移的实时监测；测斜仪采用柔性结构衔接和封装，能较好地顺应滑坡体变形和释放变形产生的应力，实现大变形条件下的持续监测。

7.3.1 滑坡测斜原理

1. 利用加速度计测量角度

如图 7.6 所示，以重力加速度 g 为基准，当加速度计的敏感轴与 g 的方向处于非垂直状态时，加速度计的敏感轴上会产生一个与倾斜角度 α 相关的重力分量，只要测量出这个重力分量便可以推算出倾斜角度 α。值得说明的是，基于此原理只能测量相对于铅垂线方向的倾斜而不能测量水平面内的转动量。

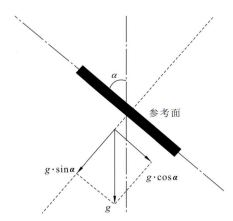

图 7.6 加速度计测量角度原理

定义初始状态下加速度计的 XYZ 坐标系的敏感轴分别与载体坐标系 x、y、z 轴重合，那么三轴加速度的测量值可以表示为

$$\boldsymbol{A} = \begin{bmatrix} A_x \\ A_y \\ A_z \end{bmatrix} = \boldsymbol{C} \begin{bmatrix} 0 \\ 0 \\ g \end{bmatrix} + \boldsymbol{a}' \qquad (7.2)$$

其中，A_x、A_y、A_z 分别为 x、y、z 轴上的加速度，$\boldsymbol{C}$ 为旋转矩阵，$(0, 0, g)^{\mathrm{T}}$ 中 0、0、g 为初始状态下三轴的重力加速度分量，$\boldsymbol{a}'$ 为视加速度。

当加速度计处于匀速运动或静止状态时，视加速度 $\boldsymbol{a}' \cong \boldsymbol{0}$。相对于重力加速度而言，滑坡的视加速度很小（$\boldsymbol{a}' \to \boldsymbol{0}$），因此滑坡监测中视加速度 $\boldsymbol{a}'$ 可以忽略不计。同时，可以肯定的是，滑坡滑动过程中土层不会发生倒转，所以 z 轴的加速度不用测量，则式（7.2）

只保留了如下参数：

$$\begin{bmatrix} A_x \\ A_y \end{bmatrix} = \begin{bmatrix} g \cdot \sin\alpha_x \\ g \cdot \sin\alpha_y \end{bmatrix}$$ （7.3）

即

$$\begin{cases} \alpha_x = \arcsin\left(\dfrac{A_x}{g}\right) \\[3mm] \alpha_y = \arcsin\left(\dfrac{A_y}{g}\right) \end{cases}$$ （7.4）

其中，α_x、α_y 分别为沿着 x 轴和 y 轴方向的倾斜角度，如图 7.7 所示。

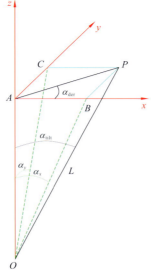

图 7.7　通过角度计算位移示意图

通过如图 7.7 所示的关系，综合倾角为

$$\alpha_{\text{tilt}} = \arccos\sqrt{1 - \sin^2\alpha_x - \sin^2\alpha_y}$$ （7.5）

以 x 轴正方向为 0° 方向，则倾向为

$$\alpha_{\text{der}} = \begin{cases} \arctan\left(\dfrac{A_y}{A_x}\right), & A_x > 0 \\[3mm] \arctan\left(\dfrac{A_y}{A_x}\right) + \pi, & A_x < 0, A_y > 0 \\[3mm] \arctan\left(\dfrac{A_y}{A_x}\right) - \pi, & A_x < 0, A_y < 0 \end{cases}$$ （7.6）

2. 加速度计串簇测量水平位移垂向分布

加速度计不能直接获取滑坡体的水平位移，而是通过测量载体的倾角和倾向，并假设

载体在某一有限高度范围 L 内的偏转角度近似于同一值，求取 L 沿倾向和倾角在水平面的投影，所得结果即滑坡体的水平位移，如图 7.7 所示。那么，L 内的水平位移为

$$
\begin{cases}
D_x = AB = L \cdot \sin\alpha_x \\
D_y = AC = L \cdot \sin\alpha_y \\
D = AP = L \cdot \sin\alpha_{\text{tilt}} = \sqrt{D_x^2 + D_y^2}
\end{cases}
\tag{7.7}
$$

其中，D_x、D_y 分别为沿 x 轴和 y 轴的位移，D 为沿着 α_{tilt} 方向的整体位移。

把滑坡体沿深度方向按间距 L 等分成 n 段，则所要测量的轴线可以近似看作由 n 个如图 7.7 所示的单元串联而成，如图 7.3（b）所示。显然，拆分的间距 L 越小，就越接近于真实的情况。假设 L 足够小，通过 n 个单元足以反映出滑坡体的局部变形，则第 k 个单元的位移可以表示为

$$
\begin{cases}
D_{x,k} = \displaystyle\sum_{i=1}^{k} L_i \cdot \sin\alpha_{x,i} \\
D_{y,k} = \displaystyle\sum_{i=1}^{k} L_i \cdot \sin\alpha_{y,i} \\
D_k = \sqrt{D_{x,k}^2 + D_{y,k}^2}
\end{cases}
\tag{7.8}
$$

其中，$k=1,2,\cdots,n$，$i=1,2,\cdots,k$，i 为第 k 个单元以下各个单元的编号，底部单元编号为 1，顺着轴线往上依次递增，$k=n$ 时的位移为地表位移。

由此可见，测量过程为多测点固定测量，测量装置不存在线运动，管道轴线上的位置直接通过预设的测量单元间距 L 来推算，不需要额外的测量。

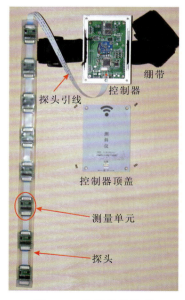

图 7.8　仪器整体构成

7.3.2　深部大位移柔性测斜仪设计

如图 7.8 所示，整个仪器包含探头、控制器和计算机端软件。探头由若干个重力加速度测量单元通过 485 总线连接成一个柔性的条带；控制器用来给探头供电、控制采样及与计算机端软件建立通信连接；计算机端软件的功能是对采集数据进行处理并绘制出抗滑桩的形状。

1. 重力加速度测量单元

测量单元中，利用加速度计 MMA8451Q 感应单元体的三轴重力加速度分量，通过单片机控制采样后经由 485 控制驱动器把数据传送到 485 总线上。

加速度计 MMA8451Q 的输出量为数字信号，可通过集成电路总线（inter-integrated circuit，IIC）接口直接编程控制加速度计采样。加速度计

MMA8451Q 的最高采样频率为 400 kHz，远远超出了滑坡测斜的采样频率，为了充分利用传感器的性能，在下位机端（单元体电路内）以最大采样频率进行采样后加权累加，能够大大提高传感器的稳定性和抗干扰能力，具体操作方法是

$$\text{data}_n = \text{data}_{n-1} \cdot p + \text{data}_{\text{acq}} \cdot (1-p) \tag{7.9}$$

式中：data_n 为第 n 次加权累加值；data_{acq} 为当前的实际采样值；p 为历史采样累加值的权重。历史采样累加值的权重越大，data_n 对突变信号的感应越迟钝，但从零点达到真实值所需的时间也越长。由于滑坡测斜是准静态的测量，不存在任何突变信号，所以 p 的建议值为 >0.95。经实际测试，当 p 取 0.99 时，单次测量达到平衡的时间约为 3 s，而 1 m 单元体的水平位移精度可以提高到 0.2 mm，这是完全满足测量要求的。

2. 探头组成及封装

如图 7.9 所示，探头由 N 个重力加速度测量单元组成，测量单元通过 485 总线串联成一个串簇。各个测量单元分配不同的地址，从最底端开始编号为 1，依次向上直到 N（$N<128$）。测量单元上下两端焊接有柔性印刷电路（flexible printed circuit，FPC）排线

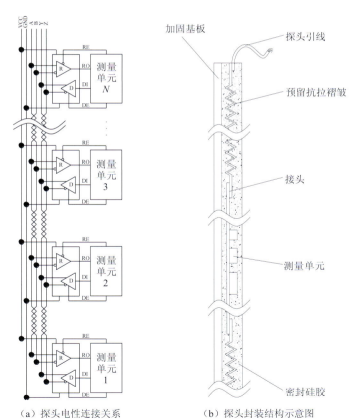

（a）探头电性连接关系　　　　（b）探头封装结构示意图

图 7.9　探头组成及封装

VCC 为电源正；GND 为电源地；A、B、Y、Z 为 485 总线；R、D 为收发器；
RE、DE 为收发使能接口；RO、DI 为数据接口

座，测量单元之间通过 FPC 排线连接，FPC 排线的柔软性保证了探头在测量过程中能够耦合较大的挠度变形。此外，在实际监测过程中，探头还可能会承受轴向的拉伸变形，因此在预知测量环境存在较大拉伸变形的情况下，可以把 FPC 排线压制出如图 7.9（b）所示的抗拉褶皱，这样探头在受到较大的拉伸变形时，依然能够保证总线不被拉断。

探头的长度和测点间距依据具体的测量场景而定。探头的长度即待测滑坡体的深度，需要保证测量单元 1 嵌入稳定地层保持不动。测点间距反映了滑坡体变形在垂向测线上的分辨率，由于岩土体变形的特性，局部不会存在较大的突变，而是具有一定的连续性，所以滑坡现场监测中测点间距 L 的取值一般为 500 mm；物理模型试验监测中需要反映更细微的变形分布，而且模型试验的尺寸也大大减小，因此测点间距建议取值为 50 mm。

探头的整体封装如图 7.9（b）所示。各个测量单元连接好后，整体嵌入 U 形硅胶套，调整好测点间距和安装位置，在硅胶套的开口面灌注硅胶进行填充，待硅胶凝结后形成如图 7.8 所示的柔性探头条带。硅胶密封使得探头具有很好的弹性，能够承受较大的变形，同时也对电路起到了防水保护的作用。不过，当探头长度较大时，为避免安装过程中探头因自重产生不均匀拉伸变形而影响测点间距，需要把探头贴靠在刚度大的金属基板上，以确保探头安装过程中不发生拉伸和扭转；在监测过程中，基板可以被拉断破坏而不影响探头继续工作。

3. 控制器和计算机端软件

控制器用于读取探头数据和连接计算机端软件。控制器电路为 485 总线主机，依次向各个测量单元发送地址，对应地址的测量单元做出响应，返回本测量单元的测量数据；控制器读取数据后，通过无线蓝牙模块连接到计算机端软件，并向软件发送各个测量单元的采样数据。整个控制器为一个可移动的手持终端，控制器只在读取探头数据时连接到探头上，这样多个探头就可以共用一个控制器。

计算机端软件界面如图 7.10 所示，软件接收来自控制器的数据，通过数据计算出探头各个点的位移量和位移方向。软件的左侧窗口以直角坐标形式显示出探头的形状曲线，其中横坐标为整体位移 D，纵坐标为深度；右侧窗口以极坐标形式显示出位移量和位移方向曲线。此外，软件还有报警和数据保存等辅助功能。

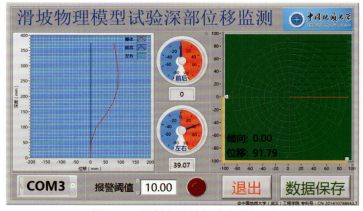

图 7.10　测斜仪计算机端软件界面

7.4　变形耦合管道轨迹惯性测量技术

当滑坡体在垂直方向的位移分量不可忽略时，通过竖向测斜管并不能耦合垂向位移分量，要想获取垂向位移分量，就必须改变变形耦合管道的埋设方向。若变形耦合管道横向穿过滑坡体，则管道的挠曲变形为垂直方向与主滑方向（水平）的和，因此采用横向埋设管道的方法就能够同时测量出滑坡体在主滑方向上的水平位移和垂向位移，即如图 7.11 所示的 x 和 z 方向的位移。不过，横向埋设管道也会引入新的问题，那就是管道无法反映出滑坡体的侧向位移，即图 7.11 所示的 y 方向位移不可测。

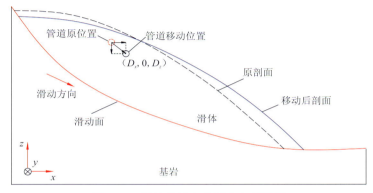

图 7.11　滑坡体横向位移分布示意图

不过，根据滑坡体位移特征，当滑坡体的主滑方向勘察准确时，可以认为滑坡体是不存在侧向（横向摆动）位移的，至少是足够小以至于可以忽略不计，因此定义 $D_y \cong 0$，其为已知常量，不用纳入测量范围。由此，最终的测量结果为 $\boldsymbol{D}(D_x, 0, D_z)$，这是一个沿横向管道分布的准空间位移量。

7.4.1　横向管道轨迹测量方案设计

假设管道的轨迹曲线为 $\boldsymbol{S} = (s_x, s_y, s_z)$，那么滑坡体的准空间位移为不同时间测量的管道轨迹差，即

$$\boldsymbol{D} = \boldsymbol{S}_k - \boldsymbol{S}_{\mathrm{b}} = (s_{x,k} - s_{x,\mathrm{b}},\, s_{y,k} - s_{y,\mathrm{b}},\, s_{z,k} - s_{z,\mathrm{b}}) \tag{7.10}$$

式中：$\boldsymbol{S}_k$ 为第 k 次测量的管道轨迹曲线；$\boldsymbol{S}_{\mathrm{b}}$ 为管道的基准轨迹曲线，一般为管道埋设时的初始轨迹。由图 7.11 中 $\boldsymbol{D}(D_x, 0, D_z)$ 可知，式（7.10）中的 $s_{y,k} \cong s_{y,\mathrm{b}}$，不过值得注意的是，$s_y$ 本身并不能等于 0，这可以解释为管道沿 y 方向不存在拉伸或压缩变形，但具有不为 0 的长度。s_y 指示了位移分布的位置，在求轨迹差时用作对准依据，所以是一个必不可少的物理量。因此，要通过横向管道获取滑坡体位移数据，需要求取的量为管道的完整轨迹曲线，即 $\boldsymbol{S} = (s_x, s_y, s_z)$。

根据惯性测量原理对测量系统进行简化，简化过程所遵循的原则是：①尽可能选择接触测量，接触测量相比于非接触测量具有更高的可靠性；②尽可能选择测量累积物理量，避免积分，积分过程会使误差累积放大，随着时间延长无限制地增长；③兼顾测量系统的精度、尺寸、成本等。

经过初步分析，管道三维轨迹求取所需测量的物理量至少包含 x 轴的线运动和三轴的角运动，可选择的测量物理量如表 7.1 所示。绕 x 轴和 y 轴的角运动可以以重力加速度 g 为参考直接获取角度，根据测量系统简化原则进一步选择的测量物理量为 x 轴线速度、绕 x 轴的角度（y 方向倾角）、绕 y 轴的角度（x 方向倾角）及绕 z 轴的角速度。在测量系统上建立载体坐标系，定义绕 x 轴的角度为俯仰角 θ，绕 y 轴的角度为滚动角 γ（纯滚动角），绕 z 轴的角度为方位角 ψ（绕 z 轴的角速度为方位角速度 ω_z）（王文东，2019）。

表 7.1　横向轨迹测量可选择的测量物理量

运动类型	方向	所测物理量	所需测量元件	限制条件
线运动	x 轴	加速度	加速度计	无
		线速度	编码器	必须为可接触测量
角运动	x 轴	角速度	陀螺仪	无
		角度	重力加速度计	不能为 90°
	y 轴	角速度	陀螺仪	无
		角度	重力加速度计	不能为 90°
	z 轴	角速度	陀螺仪	不能为 90°

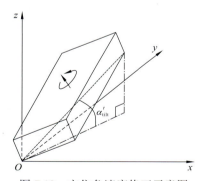

图 7.12　方位角速度修正示意图

理想条件下，只要知道 x 轴线速度 v_x、俯仰角 θ 和方位角速度 ω_z，就能够完全确定载体的位置和姿态，但是要获得这样的理想条件，z 轴陀螺仪必须安装在理想平台上，保证陀螺仪的敏感轴始终与水平面法线平行，这样的理想平台难以实现。实际设计中，允许陀螺仪的敏感轴偏离水平面法线方向，但必须通过滚动角和俯仰角来进行投影修正，如图 7.12 所示，这也是滚动角需要纳入测量范围的原因。

方位角速度修正的表达式为

$$\omega_z = \frac{\omega_{测}}{\cos \alpha'_{\text{tilt}}} = \frac{\omega_{测}}{\cos \theta \cdot \cos \gamma} = \frac{\omega_{测}}{\sqrt{1 - \sin^2 \theta - \sin^2 \gamma'}} \tag{7.11}$$

式中：$\omega_{测}$ 为测量角速度；α'_{tilt} 为陀螺仪重力平台相对于水平面的倾斜角度；γ' 为平台的滚偏角（区别于滚动角 γ），利用加速度计测量角度时的输出结果即滚偏角 γ'。

由式（7.11）可见，这样的测量组合有一定的限制条件，即测量系统的俯仰角 θ 和滚偏角 γ' 皆不能达到 90°，达到 90° 时会使 z 轴陀螺仪处于奇点位置，导致系统性错误。

除此之外，还应引起注意的是，当俯仰角或滚偏角接近于 90°而没有达到 90°时，系统虽然能够运行，但是传感器的灵敏度会随着角度的增加而减小。根据加速度计测量角度的原理，加速度计的输出为倾角的正弦，其一阶导数（也是加速度计作为角度传感器时的灵敏度）为倾角的余弦，假设传感器的输出灵敏度不能小于平衡位置的 30%，则通过 arccos0.3≈72.5°计算得出的结果是俯仰角和滚偏角都不应该超过 72.5°。

　　为了让测量系统满足上述限制条件，对俯仰角和滚偏角范围进行限制是必不可少的。首先来看俯仰角，俯仰角与管道的走向息息相关，其最大值为管道与水平面夹角的最大值，而管道在埋设时已经限制了它的走向为横向，俯仰角一般很小，就连滑坡产生较大变形后也几乎不会超过 72.5°。因此，俯仰角的范围是在测量方法提出时就已经约束好的，可以直接进行测量。其次是滚偏角，滚偏角是测量系统穿过管道时绕管道轴线转动引起的，若是管道没有限位槽来限制测量系统绕轴线的转动自由度，则测量系统在 360°范围的转动都是不可避免的。为了保持管道的通用性，不建议对管道进行特殊改造，而是把平台式惯性测量的原理引入滚动轴，利用平台的偏心自重形成"不倒翁"式的重力平台，如图 7.13 所示，这样测量系统的滚偏角 γ 就可以被限制在所需的范围内。

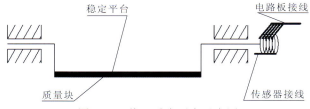

图 7.13　偏心重力平台示意图

　　综上所述，所设计的横向管道轨迹惯性测量系统的原理可用图 7.14 概括。测量系统为半平台半捷联式惯性测量系统，其 y 轴为平台式惯性测量系统，x 轴和 z 轴为捷联式惯性测量系统。相比于平台式惯性测量系统，该系统没有严苛的平台稳定性要求，可以通过捷联式的"数学平台"予以修正；相比于捷联式惯性测量系统，该系统通过自重平台避免了 z 轴陀螺仪的翻转，从而省略了捷联式惯性测量系统中三轴陀螺仪相继接力式的数学解算，也把陀螺仪的轴数最大限度地缩减到了一个轴。因此，该系统是机械结构介于平台式惯性测量系统和捷联式惯性测量系统，而传感器综合需求最低的简化最优系统。

7.4.2　机械结构设计

　　横向管道轨迹测量仪的机械结构如图 7.15 和图 7.16 所示，结构分为前拉环、前卡爪、电池舱、控制台、电路舱、传感器舱、后卡爪和后拉环八部分。

　　仪器的整体结构为内部分舱设计，外部用一个整体套筒密封，各舱体的径向尺寸为 $\phi50\ \text{mm}$。其中：①前后拉环用于系拉绳，前拉环系拉绳后拉动仪器在管道中行走，后拉环牵引备用绳，受力要求不大；②前后卡爪位于仪器两端，用于支撑管壁、扶正仪器，

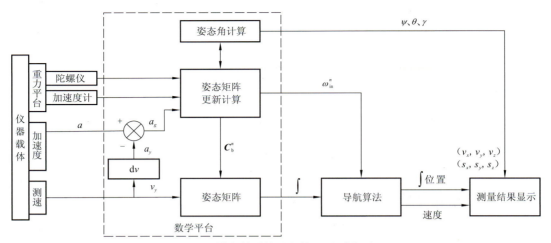

图 7.14 横向管道轨迹惯性测量系统原理

a 为测量加速度；a_y 为 y 轴加速度；a_g 为该测量系统重力加速度；v_y 为 y 轴速度；$\mathrm{d}v$ 为速度微分；C_b^n 为第 n 点相对于基准坐标的旋转矩阵；ω_{in}^n 为第 n 点旋转角速度；ψ 为方位角；θ 为俯仰角；γ 为滚动角；(v_x, v_y, v_z) 为载体速度；(s_x, s_y, s_z) 为轨迹曲线

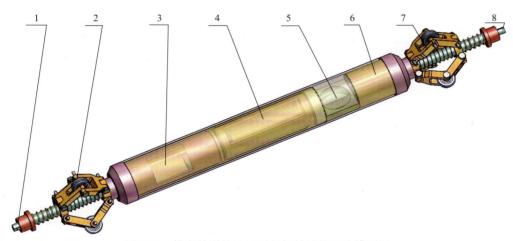

图 7.15 横向管道轨迹测量仪机械结构三维模型图

1 为后拉环；2 为后卡爪；3 为传感器舱；4 为电路舱；5 为控制台；6 为电池舱；7 为前卡爪；8 为前拉环

每端三爪均布，爪的一端与仪器机身铰链连接，另一端与曲柄滑块连接，滑块的前后用弹簧复位，要求卡爪径向的有效活动范围是 85～120 mm，前卡爪的其中两个爪设计出霍尔开关和磁钢的安装孔，用于计程；③电池舱用于装载电池，需留出引线孔，舱的长度尺寸为 60 mm，要求防水密封性好，能承受 0.5 MPa 水压，并且更换电池时拆装方便；④控制台上布置仪器开关、指示灯和数据线插头的安装孔，要求防水密封；⑤电路舱用于安装电路板，长度尺寸为 100 mm，前后留出穿线孔；⑥传感器舱舱体长度尺寸为 100 mm，用于安装陀螺仪和加速度计，安装台是一个偏心的自重稳定平台，要求稳定平台活动性好，不随仪器的滚动而翻转。

图 7.16　横向管道轨迹测量仪机械结构照片

7.4.3　测量电路设计

测量系统需要测量的物理量包含俯仰角 θ、滚偏角 γ'、方位角速度 ω_z 和线速度 v_x。其中，俯仰角 θ 和滚偏角 γ' 的测量元件为加速度计，方位角速度 ω_z 的测量元件为光纤陀螺仪，线速度 v_x 的测量元件为自制的滚轮霍尔编码器。

1. 传感器选择

1）加速度计选择

俯仰角 θ 和滚偏角 γ' 通过加速度计测量，其与水平位移垂向分布测量仪器的不同之处在于：水平位移垂向分布测量仪器的角度测量为静态测量，而横向管道轨迹测量仪中的角度测量为动态测量，不能使用静态测量中大量采样的方法来提高测量结果的精度。因此，俯仰角和滚偏角的测量对加速度计响应频率和测量精度的要求都较静态测量高。

俯仰角 θ 和滚偏角 γ' 的自然定义域为 $(-90°, 90°)$，对应的重力加速度分量的范围为 $(-g, g)$。不过，加速度计在测量过程中会受到加速度和振动的干扰，为了避免在干扰作用下加速度计出现满量程饱和，加速度计的实际敏感范围应当大于 $(-g, g)$，这里取 $(-2g, 2g)$。

综合考虑加速度计精度、响应频率和测量范围要求，选取的加速度计型号为 MS9002.D，如图 7.17（a）所示。MS9002.D 是一种高性能的微电子机械系统电容式加速度传感器，其以模型电压的形式输出，各项技术参数指标见表 7.2。

（a）MS9002.D　　　　　　　　　（b）VG095M

图 7.17　所选用的惯性器件实物照片

表 7.2　MS9002.D 技术参数指标表

指标	参数	单位
测量范围	±2	g
年偏置稳定性 @ 1000g	0.3（<1.5）	mg typ.（max.）
温漂系数	<0.1	mg/℃ typ.
比例因子敏感度	1 000±8	mV/g
年比例因子稳定性	300（<1 000）	10^{-6} typ.（max.）
比例因子温度系数	100	10^{-6}/℃ typ.
分辨率/阈值（@ 1Hz）	<0.1	mg max.
非线性	<0.8	% of FS max.
带宽	≥100	Hz
适用温度范围	−55～125	℃

注：typ.指典型值；max.指最大值；of FS 指满量程。

2）陀螺仪选择

陀螺仪精度对于最后管道轨迹测量结果的精度来说至关重要，理论上讲陀螺仪的精度越高越好，但同时也需要考虑陀螺仪本身的成本和安装尺寸。滑坡体横向跨度一般为几百米，横跨管道的单次测量的时间通常在 10 min 以内，仪器在管道中的最大方位角速度小于 30（°）/s。根据参数、成本及安装尺寸要求，选择光纤陀螺仪 VG095M，实物如图 7.17（b）所示。光纤陀螺仪 VG095M 是一款微型精密传感器，在原来型号 VG941-3AM 的基础上改进了比例因子和偏置稳定性，其本质上是一种利用光纤构成的环状干涉仪，属纯光学、静止型陀螺仪，通过萨尼亚克（Sagnac）效应来实现旋转角速度的检测，具有结构固定、功耗低、体积小、质量轻、寿命长等诸多优点。VG095M 的输出形式为模拟电压量，各项技术参数指标见表 7.3。

表 7.3　VG095M 技术参数指标表

指标	参数	单位	指标	参数	单位
测量范围	±300	（°）/s	工作温度	−30～70	℃
比例系数	12	mV/[（°）·s]	振动	6	g（RMS），20～2 000 Hz
带宽	0～450	Hz	冲击	90	g,1ms
随机游走	0.1	（°）/$h^{1/2}$	敏感轴	90±1	（°）
零偏稳定性	15	（°）/h	重量	80	g
比例系数稳定性	0.1	%	尺寸	25×35×60	mm
启动时间	0.1	s	功耗	1	W

注：RMS 指均方根。

3）滚轮霍尔编码器设计

滚轮霍尔编码器的原理如图 7.18 所示，在仪器扶正器的滚轮上均匀镶嵌偶数个磁钢，磁钢的极性为 S 极和 N 极交错布置，测量过程中滚轮在管壁上滚动行进，固定在扶正器支架上的霍尔开关接收到 S-N 交错极性的磁场变化，转换成高低电平的脉冲输出，形成一个数字式的编码器。

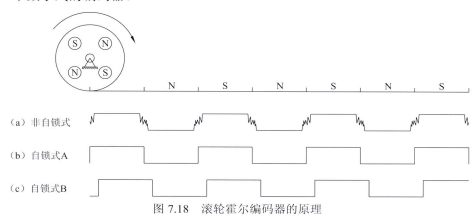

图 7.18　滚轮霍尔编码器的原理

滚轮霍尔编码器（图 7.18）所使用的霍尔开关为双极性的锁存开关（如 SS41F）。双极性锁存霍尔开关在磁场未发生倒转时，输出状态不会随着磁场的减弱或消失而发生变化，只有在磁场极性发生倒转的瞬间，输出状态才会从一种状态跳变到另一种状态，输出如图 7.18（b）所示的脉冲序列。若采用单极性非自锁霍尔开关，则无法消除如图 7.18（a）所示的边缘抖动。

此外，在管道轨迹测量过程中经常会因为操作不确定出现仪器后退的现象，这就要求滚轮霍尔编码器必须具备方向的识别功能。具体的操作方法是增加一个双极性锁存霍尔开关，两个霍尔开关在圆周上错开一定的距离（小于 50%磁钢间距）安装固定，这样就会输出 A、B 两相具有一定相位差的脉冲序列，通过检测脉冲的相位便可以知道滚轮的转动方向，如图 7.18（b）和（c）所示。

2. 测量电路

测量电路原理框图如图 7.19 所示。

测量电路包含电源管理电路、传感器接口电路、数据存储电路、通信接口电路等功能电路。测量电路以单片机为核心控制器，通过单片机程序控制各个功能电路有序工作。为了节省单片机资源，电路中的单片机只负责数据的采集、存储和通信，不对数据进行在线运算。

1）电源管理电路

测量电路内置锂电池充放电管理模块和电压管理模块，锂电池永久性安装在仪器内部，通过电压管理模块输出 3.3 V 和 5 V 电压为电路系统供电，通过充放电管理模块与外部控制板上的充电接口连接，实现充电管理。

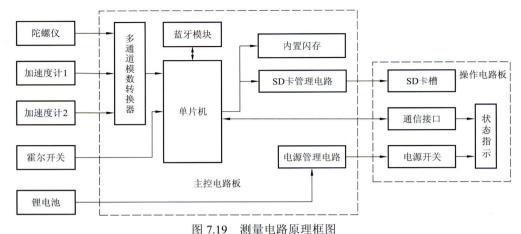

图 7.19　测量电路原理框图
SD 卡指安全数码卡

2）传感器接口电路

在安装结构上，陀螺仪和用于滚偏角测量的加速度计相对于测量电路存在转动，需要通过导电滑环与测量电路进行连接；在电性结构上，陀螺仪和加速度计均为模拟量输出，对其进行模数转换之后才能接入单片机，而滚轮霍尔编码器把滚轮的转动转换成了高低电平的变化，属于数字信号输出，可以直接接入单片机进行采样。

传感器接口电路中共有三路信号需要进行模数转换，设计输出精度为 16 bit，采样频率为 200 Hz，选取 ADS8365 芯片对信号进行转换。ADS8365 芯片包含 6 个 16 bit 模数转换通道，每个通道的转换速率最高可达到 250 KSPS（kilo samples per second，即千次采样每秒），6 个全差分输入通道分成三组，可实现 6 通道高速同步信号采集。全差分输入的采样保持放大器提供了卓越的共模抑制比，在 50 kHz 时为 80 dB，这在高噪声环境是非常重要的。ADS8365 芯片的输出模式也十分灵活，有指定地址输出模式、按周期输出模式和先入先出（first input first output，FIFO）输出模式可供选择。这里，把三路信号分别接入 ADS8365 芯片模数转换器中的前三个输入通道，选择 FIFO 输出模式，数据格式上采用 8 bit 并行接口，如图 7.20（a）所示。

考虑到管道轨迹测量过程中不会出现较大的方位角速度，根据经验假设最大方位角速度为 ±30（°）/s，仅为 VG095M 输出范围 ±300（°）/s 的十分之一，为了充分发挥陀螺仪的性能，将陀螺仪的输出信号放大 10 倍，以提高其灵敏度。基于运算放大器 AD623 的放大电路如图 7.20（b）所示，放大电路通过电阻 Rg 控制放大倍数，Rg 为精密电阻；放大器的参考电压引脚 REF 接入 2.5 V 的参考电压，把陀螺仪的输出范围从 −2.5～2.5 V 平移到 0～5 V，与 ADS8365 芯片的输入相匹配。

3）数据存储电路

数据存储分两种方式：一种是测量电路内置的闪存芯片，闪存芯片只在没有插入 SD 卡的情况下将数据存入其中；另一种是外接 SD 卡，SD 卡槽安装在对外接口控制板上，

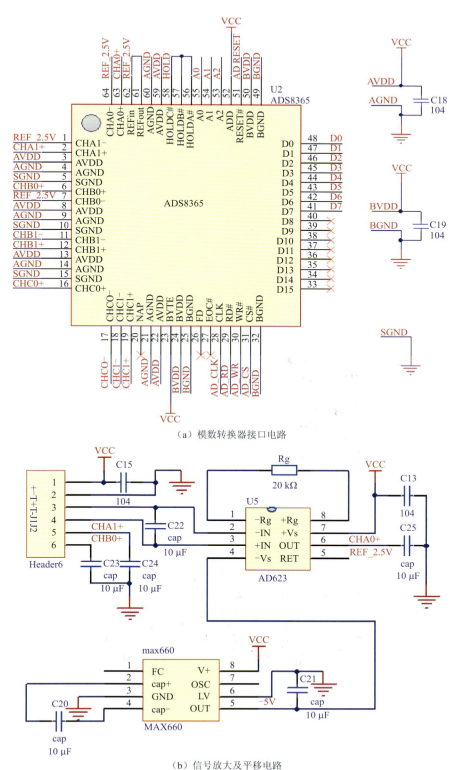

（a）模数转换器接口电路

（b）信号放大及平移电路

图 7.20 传感器接口电路

SD 卡可以插拔，方便数据的读出。SD 卡的读写，是一个十分烦琐的过程，会占用较多的时序资源，若利用单片机直接对 SD 卡进行操作，必然会导致单片机采样周期内运算量的溢出。为了减少单片机资源的使用量，在 SD 卡和单片机之间接入文件管理控制芯片 CH376，CH376 芯片在硬件上集成了文件系统的基本操作，如文件建立、文件打开、文件关闭、数据写入、数据读出等，只需要通过单片机的串行外设接口发送指令到 CH376 芯片，就可以实现与文件相关的大部分操作。

4）通信接口电路

通信接口分为有线接口和无线接口。有线接口为单片机的通用异步收发传输器端口，从单片机引脚直接引出到外接控制板上的通用串行总线插座（与充电插口共用），有线接口用于测量系统的在线升级和内置闪存芯片数据的导出；无线接口为串口-蓝牙模块，通过蓝牙与手持设备连接，通过手持设备控制测量系统的启动、停止、模式、复位等，同时把测量系统的状态反馈到手持终端便于观察。

5）测量系统整体电性结构

测量系统最终的电性结构如图 7.21 所示。仪器主电路板封装在仪器内部，主控电路板通过蓝牙与控制器 App 无线连接，通过外接控制板与计算机端软件有线连接。

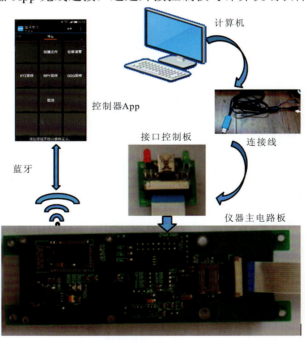

图 7.21 测量系统电性结构示意图

3. 单片机控制程序

单片机控制程序流程图如图 7.22 所示。程序的主要功能为采样周期控制、数据采样、数据存储、指令接收应答等。

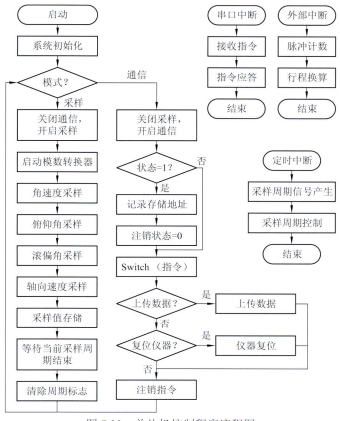

图 7.22　单片机控制程序流程图

7.4.4　滑坡变形耦合管道轨迹求取

在对管道轨迹进行计算之前，先建立两个坐标系：一个是参考坐标系 XYZ，XYZ 相对于大地坐标系固定，为满足右手定则的笛卡儿坐标系，其中 Z 轴垂直于水平面指向天，Y 轴与管道出入口连线方向重合；另一个是仪器坐标系 xyz，xyz 是随着仪器的运动而发生变化的笛卡儿坐标系，其中 z 轴与陀螺仪的敏感轴重合，x 轴、y 轴分别与测量滚偏角和俯仰角的加速度计的敏感轴重合，如图 7.23 所示。

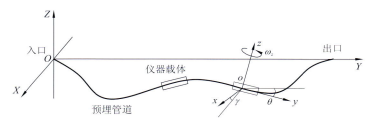

图 7.23　参考坐标系和仪器坐标系示意图

1. 仪器姿态角求取

俯仰角 θ 和滚动角 γ（滚偏角 γ'）的测量基准为重力加速度，方位角速度 ω_z 的测量基准为测量系统自身角运动惯性（定义初始角度为 ψ_0）。

俯仰角 θ 和滚动角 γ 的测量基准向量为 $\boldsymbol{b}=(0,0,-g)^{\mathrm{T}}$。当测量系统发生角度变化时，两个轴上测量得到的重力加速度分量可以认为是向量 $\boldsymbol{b}$ 从水平位置依次绕 y 轴和 x 轴转动 θ 角与 γ 角后产生的。用欧拉角旋转矩阵描述旋转过程为

$$
\begin{cases}
\boldsymbol{C}_O^1 = \begin{bmatrix} \cos\theta & 0 & \sin\theta \\ 0 & 1 & 0 \\ -\sin\theta & 0 & \cos\theta \end{bmatrix} \\[2em]
\boldsymbol{C}_1^m = \begin{bmatrix} 1 & 0 & 0 \\ 0 & \cos\gamma & \sin\gamma \\ 0 & -\sin\gamma & \cos\gamma \end{bmatrix} \\[2em]
\boldsymbol{C}_O^m = \boldsymbol{C}_1^m \cdot \boldsymbol{C}_O^1 = \begin{bmatrix} 1 & 0 & 0 \\ 0 & \cos\gamma & \sin\gamma \\ 0 & -\sin\gamma & \cos\gamma \end{bmatrix} \begin{bmatrix} \cos\theta & 0 & \sin\theta \\ 0 & 1 & 0 \\ -\sin\theta & 0 & \cos\theta \end{bmatrix} \\[2em]
\qquad = \begin{bmatrix} \cos\theta & 0 & \sin\theta \\ -\sin\theta\cdot\sin\gamma & \cos\gamma & \cos\theta\cdot\sin\gamma \\ -\sin\theta\cdot\cos\gamma & -\sin\gamma & \cos\theta\cdot\cos\gamma \end{bmatrix}
\end{cases}
\tag{7.12}
$$

式中：$\boldsymbol{C}_1^m$ 为绕 y 轴旋转 θ 角的旋转矩阵；$\boldsymbol{C}_O^1$ 为绕 x 轴旋转 γ 角的旋转矩阵；$\boldsymbol{C}_O^m$ 为先绕 y 轴旋转 θ 角后再绕 x 轴旋转 γ 角的综合旋转矩阵（参考坐标系→仪器坐标系）。那么重力加速度矢量在仪器坐标系两加速度计敏感轴上的分量为

$$
\boldsymbol{A} = \begin{bmatrix} A_x \\ A_y \\ A_z \end{bmatrix} = \boldsymbol{C}_O^m \begin{bmatrix} 0 \\ 0 \\ -g \end{bmatrix} = \begin{bmatrix} -g\cdot\sin\theta \\ -g\cdot\cos\theta\cdot\sin\gamma \\ -g\cdot\cos\theta\cdot\cos\gamma \end{bmatrix}
\tag{7.13}
$$

由此可得

$$
\begin{cases}
\theta = \arcsin\left(-\dfrac{A_x}{g}\right) \\[1.5em]
\gamma = \arcsin\left(-\dfrac{A_y}{g\cdot\cos\theta}\right) \\[1.5em]
\alpha'_{\text{tilt}} = \arccos\left(-\dfrac{A_z}{g}\right) = \arccos\left(\cos\theta\cdot\cos\gamma\right)
\end{cases}
\tag{7.14}
$$

式中：α'_{tilt} 为陀螺仪重力平台相对于水平面的倾斜角度。

同理，可得仪器坐标系中所测方位角速度 $\boldsymbol{\omega}_m$ 与参考坐标系中 Z 轴的方位角速度 ω_Z 的关系，为

$$\boldsymbol{\omega}_m = \begin{bmatrix} \omega_{m,x} \\ \omega_{m,y} \\ \omega_{m,z} \end{bmatrix} = \boldsymbol{C}_O^m \begin{bmatrix} 0 \\ 0 \\ \omega_Z \end{bmatrix} = \begin{bmatrix} \omega_Z \cdot \sin\theta \\ \omega_Z \cdot \cos\theta \cdot \sin\gamma \\ \omega_Z \cdot \cos\theta \cdot \cos\gamma \end{bmatrix} \tag{7.15}$$

其中，参考向量 $\boldsymbol{b}$ 取 $(0, 0, \omega_Z)^{\mathrm{T}}$，忽略了 x 轴和 y 轴转动角速度对 Z 轴角速度的影响。此外，虽然通过求解方程组可以获取 $\omega_{m,x}$ 和 $\omega_{m,y}$，但其结果表达式中包含了 θ 或 γ 的正弦乘积项。由于 θ 和 γ 的取值都在 0 附近，为 x 轴和 y 轴方位角速度（ω_x 和 ω_y）的奇点位置，所以这里的 $\omega_{m,x}$ 和 $\omega_{m,y}$ 是无效的。只有 $\omega_{m,z}$ 为有效值，表示为

$$\omega_{m,z} = \omega_Z \cdot \cos\theta \cdot \cos\gamma \quad \text{或} \quad \omega_Z = \frac{\omega_{m,z}}{\cos\theta \cdot \cos\gamma} \tag{7.16}$$

等效于

$$\omega_Z = \frac{\omega_{m,z}}{\cos\alpha_{\mathrm{tilt}}'} \tag{7.17}$$

对 ω_Z 进行积分计算，求取仪器在水平面投影的方位角 ψ：

$$\psi = \psi_0 + \int \omega_Z \cdot \mathrm{d}t \tag{7.18}$$

横向管道各个位置点的姿态通过俯仰角 θ 和方位角 ψ 可以完全确定，所以有关姿态角的计算到此完成。

2. 姿态角动态修正

从测量方案来看，仪器的测量过程是一个动态过程，在前述姿态角的求取过程中，忽略了动态过程对测量结果的影响，忽略的要素包含：①x 轴加速度 a_x 对俯仰角 θ 的影响；②x 轴和 y 轴方位角速度 ω_x 和 ω_y 对 ω_Z 的影响。

首先，探究加速度 a_x 对俯仰角 θ 的影响。仪器在测量过程中，存在 x 轴上的线运动，实际测量过程中无法保证其为匀速运动，因此 a_x 不为 0 且会叠加到测量俯仰角的加速度计的敏感轴上，其结果为

$$A_x = -g \cdot \sin\theta + a_x \tag{7.19}$$

其中，a_x 通过速度 v_x 求一阶导获得，即

$$a_x = \frac{\mathrm{d}v_x}{\mathrm{d}t} \tag{7.20}$$

所以，修正后的 θ 的计算公式为

$$\theta = \arcsin\left(-\frac{A_x - a_x}{g}\right) = \arcsin\left(-\frac{A_x - \dfrac{\mathrm{d}v_x}{\mathrm{d}t}}{g}\right) \tag{7.21}$$

其次，讨论 ω_x 和 ω_y 对 ω_Z 的影响。动态测量过程中，俯仰角 θ 和滚动角 γ 都是变化的，因此角速度 ω_x 和 ω_y 不为 0。因此，方位角速度的测量参考向量中应当包含另外两

轴，取为$(\omega_X, \omega_Y, \omega_Z)^{\mathrm{T}}$，则式（7.15）改写为

$$\boldsymbol{\omega}_m = \begin{bmatrix} \omega_{m,x} \\ \omega_{m,y} \\ \omega_{m,z} \end{bmatrix} = \boldsymbol{C}_O^m \begin{bmatrix} \omega_X \\ \omega_Y \\ \omega_Z \end{bmatrix} \tag{7.22}$$

为了方便计算，把式（7.22）改写成 $\boldsymbol{\omega}_m \rightarrow \boldsymbol{\omega}$ 的变换，即式（7.22）的逆向变换，具体如下：

$$\begin{aligned}
\boldsymbol{\omega} &= \begin{bmatrix} \omega_X \\ \omega_Y \\ \omega_Z \end{bmatrix} = \boldsymbol{C}_m^O \begin{bmatrix} \omega_{m,x} \\ \omega_{m,y} \\ \omega_{m,z} \end{bmatrix} = \begin{bmatrix} \cos\theta & 0 & -\sin\theta \\ 0 & 1 & 0 \\ \sin\theta & 0 & \cos\theta \end{bmatrix} \begin{bmatrix} 1 & 0 & 0 \\ 0 & \cos\gamma & -\sin\gamma \\ 0 & \sin\gamma & \cos\gamma \end{bmatrix} \begin{bmatrix} \omega_{m,x} \\ \omega_{m,y} \\ \omega_{m,z} \end{bmatrix} \\
&= \begin{bmatrix} \cos\theta & -\sin\theta\cdot\sin\gamma & -\sin\theta\cdot\cos\gamma \\ 0 & \cos\gamma & -\sin\gamma \\ \sin\theta & \cos\theta\cdot\sin\gamma & \cos\theta\cdot\cos\gamma \end{bmatrix} \begin{bmatrix} \omega_{m,x} \\ \omega_{m,y} \\ \omega_{m,z} \end{bmatrix} \\
&= \begin{bmatrix} \cos\theta\cdot\omega_{m,x} - \sin\theta\cdot\sin\gamma\cdot\omega_{m,y} - \sin\theta\cdot\cos\gamma\cdot\omega_{m,z} \\ \cos\gamma\cdot\omega_{m,y} - \sin\gamma\cdot\omega_{m,z} \\ \sin\theta\cdot\omega_{m,x} + \cos\theta\cdot\sin\gamma\cdot\omega_{m,y} + \cos\theta\cdot\cos\gamma\cdot\omega_{m,z} \end{bmatrix}
\end{aligned} \tag{7.23}$$

其中，$\boldsymbol{C}_m^O$ 为 $\boldsymbol{C}_O^m$ 的逆向旋转矩阵，$\omega_{m,x}$ 和 $\omega_{m,y}$ 分别为 γ 和 θ 的一阶导，即

$$\begin{cases} \omega_{m,x} = \dfrac{\mathrm{d}\gamma}{\mathrm{d}t} \\ \omega_{m,y} = \dfrac{\mathrm{d}\theta}{\mathrm{d}t} \end{cases} \tag{7.24}$$

那么，修正后的 ω_Z 的计算公式为

$$\begin{aligned}
\omega_Z &= \sin\theta\cdot\omega_{m,x} + \cos\theta\cdot\sin\gamma\cdot\omega_{m,y} + \cos\theta\cdot\cos\gamma\cdot\omega_{m,z} \\
&= \sin\theta\cdot\frac{\mathrm{d}\gamma}{\mathrm{d}t} + \cos\theta\cdot\sin\gamma\cdot\frac{\mathrm{d}\theta}{\mathrm{d}t} + \cos\theta\cdot\cos\gamma\cdot\omega_{m,z}
\end{aligned} \tag{7.25}$$

3. 管道轨迹曲线计算

测量仪器从硬件上保证了俯仰角 θ 的有效性，以水平位置为零点，其自然定义域为 $(-90°, 90°)$。不过按设计方案的要求，为了保证加速度计作为角度传感器时的灵敏度，θ 的定义域规定为 $(-72.5°, 72.5°)$。如果管道与水平面的夹角超出了这一范围，则不能用该测量仪器进行测量；方位角 ψ 以参考坐标系的 X 轴为零点，以逆时针方向为正，以顺时针方向为负。

把仪器坐标系 xyz 中 x 轴所测线速度 $v_{m,x}$ 按从 θ 到 ψ 的顺序逆向旋转到参考坐标系 XYZ，求取仪器在 X、Y、Z 轴上的速度分量，其变换过程为

$$\boldsymbol{C}_m^1 = \begin{bmatrix} \cos\theta & 0 & -\sin\theta \\ 0 & 1 & 0 \\ \sin\theta & 0 & \cos\theta \end{bmatrix}$$

$$\boldsymbol{C}_1^O = \begin{bmatrix} \cos\psi & -\sin\psi & 0 \\ \sin\psi & \cos\psi & 0 \\ 0 & 0 & 1 \end{bmatrix}$$

$$\boldsymbol{C}_m^O = \boldsymbol{C}_1^O \cdot \boldsymbol{C}_m^1 = \begin{bmatrix} \cos\psi & -\sin\psi & 0 \\ \sin\psi & \cos\psi & 0 \\ 0 & 0 & 1 \end{bmatrix} \begin{bmatrix} \cos\theta & 0 & -\sin\theta \\ 0 & 1 & 0 \\ \sin\theta & 0 & \cos\theta \end{bmatrix} \tag{7.26}$$

$$= \begin{bmatrix} \cos\psi \cdot \cos\theta & -\sin\psi & -\cos\psi \cdot \sin\theta \\ \sin\psi \cdot \cos\theta & \cos\psi & -\sin\psi \cdot \sin\theta \\ \sin\theta & 0 & \cos\theta \end{bmatrix}$$

$$\boldsymbol{v} = \begin{bmatrix} v_X \\ v_Y \\ v_Z \end{bmatrix} = \boldsymbol{C}_m^O \begin{bmatrix} v_{m,x} \\ 0 \\ 0 \end{bmatrix} = \begin{bmatrix} \cos\psi \cdot \cos\theta \\ \sin\psi \cdot \cos\theta \\ \sin\theta \end{bmatrix} \cdot v_{m,x} \tag{7.27}$$

式中：$\boldsymbol{C}_m^1$ 为绕 y 轴逆向旋转 θ 角的旋转矩阵；$\boldsymbol{C}_1^O$ 为绕 z 轴逆向旋转 ψ 角的旋转矩阵；$\boldsymbol{C}_m^O$ 为先绕 y 轴逆向旋转 θ 角后再绕 z 轴逆向旋转 ψ 角的综合旋转矩阵（仪器坐标系→参考坐标系）。

$\boldsymbol{v}$ 与 $v_{m,x}$ 的几何关系如图 7.24 所示。对 $\boldsymbol{v}$ 进行一次积分，便可得到测量仪器在参考坐标系 XYZ 中的行进轨迹，即管道的轨迹曲线 $\boldsymbol{S}$：

$$\boldsymbol{S} = \begin{bmatrix} s_X \\ s_Y \\ s_Z \end{bmatrix} = \begin{bmatrix} \int v_X \cdot \mathrm{d}t \\ \int v_Y \cdot \mathrm{d}t \\ \int v_Z \cdot \mathrm{d}t \end{bmatrix} \tag{7.28}$$

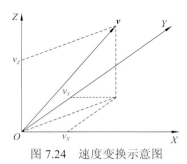

图 7.24　速度变换示意图

4. 管道轨迹计算步骤汇总

为了使计算过程更为清晰明了，式（7.29）对整个计算过程进行了汇总，包含了计算过程中的 10 个关键步骤。

$$
\begin{cases}
a_x = \dfrac{\mathrm{d}v_x}{\mathrm{d}t} \\[2mm]
\theta = \arcsin\left(-\dfrac{A_y - a_x}{g}\right) \\[2mm]
\gamma' = \arcsin\left(-\dfrac{A_x}{g}\right), \quad \gamma = \arcsin\left(-\dfrac{A_y}{g \cdot \cos\theta}\right) \\[2mm]
\alpha'_{\text{tilt}} = \arccos\sqrt{1 - \sin^2\theta - \sin^2\gamma'} = \arccos(\cos\theta \cdot \cos\gamma) \\[2mm]
\omega_{m,x} = \dfrac{\mathrm{d}\gamma}{\mathrm{d}t}, \quad \omega_{m,y} = \dfrac{\mathrm{d}\theta}{\mathrm{d}t} \\[2mm]
\omega_Z = \sin\theta \cdot \omega_{m,x} + \cos\theta \cdot \sin\gamma \cdot \omega_{m,y} + \cos\theta \cdot \cos\gamma \cdot \omega_{m,z} \\[2mm]
\psi = \psi_0 + \displaystyle\int \omega_Z \cdot \mathrm{d}t \\[2mm]
\boldsymbol{v} = \begin{bmatrix} \cos\psi \cdot \cos\theta \\ \sin\psi \cdot \cos\theta \\ \sin\theta \end{bmatrix} \cdot v_{m,x} \\[4mm]
\boldsymbol{S} = \displaystyle\int \boldsymbol{v} \cdot \mathrm{d}t \\[2mm]
\boldsymbol{D} = \boldsymbol{S}_k - \boldsymbol{S}_b
\end{cases}
\tag{7.29}
$$

7.4.5　横向管道轨迹测量验证

在湖北巴东黄土坡滑坡试验场开展验证测试，于试验场主隧洞 670～800 m 处布设变形耦合管道，利用全站仪对管道轨迹进行测量，如图 7.25 和图 7.26 所示。把全站仪

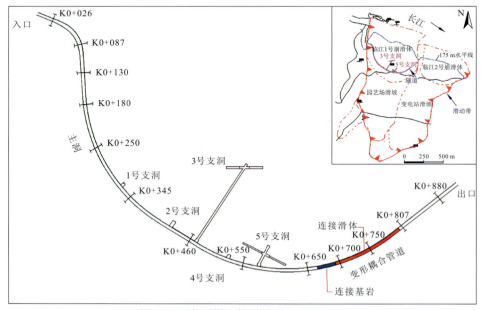

图 7.25　变形耦合管道铺设位置示意图

K0+026 等为里程编号

测量的轨迹曲线作为参照基准，与横向管道轨迹测量仪的测量结果进行对比，如图 7.27 所示。从对比结果可知，横向管道轨迹测量仪单次测量的随机误差较大（约 1.2‰），还不能满足滑坡位移的测量要求，但在同一测量周期里对管道进行多次测量后求取均值轨迹，轨迹的准确性会大幅增加。误差主要来源于仪器的系统误差，受限于传感器型号、硬件电路、机械结构、机械加工、信号处理方法等，要想从根本上减小这些误差，还需要对仪器进行包括软硬件在内的系统性升级。不过，在当前仪器条件下，采用多次测量后求取均值的办法，也基本能够满足滑坡位移的测量要求。

（a）全站仪测量对比基准值　　　　　（b）仪器现场验证测试

图 7.26　现场设备性能验证试验

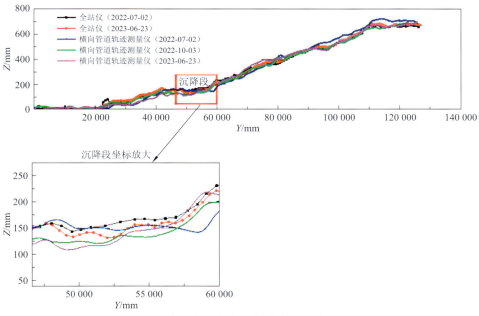

图 7.27　监测探头与全站仪垂向测量结果对比

7.5　本　章　小　结

本章以滑坡深部大位移分布的测量为最终目标，结合深部位移测量环境，分析和引入了惯性测量原理，并针对位移垂向和横向分布的测量要求研发了对应的测量仪器，具体内容如下。

（1）分析惯性测量原理。惯性测量系统的基本原理是利用惯性器件来感应载体相对于惯性空间的线运动和角运动，通过测量结果在时间轴上的积分计算，可以得到载体相对于惯性空间的线速度、姿态角、位置等信息；惯性测量系统的测量过程不依赖于任何外部的声、光、电、磁等信息，也不需要对外辐射信号，是一种完全自主、极度封闭、过程实时的测量系统，原理上非常适合用于地下空间姿态和位置信息的测量。

（2）将惯性测量原理引入滑坡深部位移测量中。相对于惯性测量系统的分辨率来说，滑坡滑动速度的量级非常小，因此惯性测量系统不能对滑坡体的运动进行直接测量，针对这个问题提出了相应的解决办法，即在滑坡体内埋设变形耦合管道，用来耦合滑坡体的变形，把滑坡体在时间上的累积位移量转换成沿管道分布的变形量，只需要分时对管道轨迹进行短时测量便可获取管道轨迹并推算出滑坡的位移量；针对传统惯性测量系统功能和结构上都存在冗余，不利于测量顺利进行的问题，结合测量环境特点，对惯性测量系统的功能结构进行了取舍和简化，把部分物理量（如沿管道的线速度和位置）的获取方式转换为接触测量。

（3）研制水平位移垂向分布测量仪器（柔性测斜仪）。以重力加速度为测量基准，利用将加速度计测量的重力分量换算成角度的原理，设计了两轴角度测量单元，把若干个测量单元串联后用硅胶进行灌注封装，形成一条柔性的测斜探头。同时，设计了与探头对接的控制器和配套的计算机端软件；在室内对所设计的样机进行校验，把柔性探头随机摆放在垂直固定的方格纸上，从方格纸上读取探头的形状、位置并和探头所测数据进行对比，对比结果显示，测量数据按角度插值具有最优的计算误差，400 mm 长探头顶端位移的均方差优于 1.17 mm。

（4）研制横向位移分布测量仪器（横向管道轨迹测量仪）。结合横向变形耦合管道轨迹测量要求，对测量仪器的方案进行了论证和设计。最终使用"单轴陀螺仪+两轴加速度计+外部滚轮霍尔编码器"的半平台半捷联式结构方案，对仪器进行了详细的设计，包括仪器的机械结构、硬件电路、控制程序及轨迹算法；仪器的验证测试在地面模拟管道中进行。对比仪器与全站仪的测量结果发现，仪器的误差偏大，单次测量无法满足滑坡位移的测量要求，但采用多次测量后求取均值的方法能够在一定程度上解决这一问题。

参 考 文 献

刘建业, 曾庆化, 赵伟, 等. 导航系统理论与应用[M]. 西安: 西北工业大学出版社, 2010.

唐辉明, 2022. 重大滑坡预测预报研究进展与展望[J]. 地质科技通报, 41(6): 1-13.

王文东, 2019. 基于 IMU 惯性导航的竣工管线轨迹探测系统的研发[D]. 上海: 上海工程技术大学.

于天琦, 2022. 高陡边坡滑坡状态感知装置研发[D]. 石家庄: 石家庄铁道大学.

张永权, 2016. 基于惯性测量的滑坡位移监测研究[D]. 武汉: 中国地质大学(武汉).

第8章 滑坡多场关联监测

8.1 概 述

滑坡物理力学过程多场关联监测是滑坡预测预报的关键支撑。滑坡孕育发展具有多场演化特性，不同的滑坡物理力学机制具有不同的多场演化特性与关键特征场。多场特征及其变化是滑坡演化状态与阶段判识的有效指标，滑坡多场特征参量关联监测是滑坡预测预报的重要驱动数据来源。

传统滑坡多场立体综合监测系统布设与监测内容未充分考虑滑坡物理力学机制，监测数据主要来源于不同类型仪器在不同时空上的机械组合，监测信息相对独立分散，无法获取具有时空强关联性的多场数据集，削弱了监测数据对滑坡变形破坏机制与结构演进的表征性，滑坡物理力学过程多场关联监测已然成为当前滑坡预测预报亟待突破的关键技术瓶颈（唐辉明，2022）。

鉴于此，基于滑坡物理力学过程多场特征参量感测技术和滑坡大变形监测技术，提出滑坡多场关联监测思想，构建全剖面多场关联监测体系，搭建多场关联监测物联网平台，为基于物理力学过程的滑坡精准预测预报提供现场监测关键技术支撑。

8.2 多场关联监测思想

滑坡地质灾害的形成和发展是地质体动态演化的结果，在时间和空间上均呈现出一定的演化规律，并伴有多场耦合、大变形等特征。多场特征参数的监测是研究滑坡多场演化与致灾机理的手段。

传统滑坡监测仪器（或方法）通过钻孔或开挖埋设不同种类传感器获取滑坡深部的多参数信息，各类各点信息监测相对独立分散，难以形成具有时空强关联性的场概念数据，难以维系滑坡大变形条件下的持续性监测，也难以反映滑坡深部的变形破坏机制与结构演进。其局限性成为滑坡多场演化与致灾机理研究的瓶颈。

为了在"滑坡多场演化与致灾机理"研究方面取得重大突破，必须克服现有滑坡监测方法与仪器的上述缺陷，研发具有多参数强关联性、时空连续性及大变形承受能力的监测方法、技术和设备，实现滑坡演化过程的针对性监测。为达成该目标亟须解决以下技术难点。

（1）演化过程特征参数感测获取。演化过程表征性参数有深部位移、滑带岩土体性质、坡体水文参数等，多类参数的获取都需要深入滑坡体内部进行感测，对感测技术有较高的要求。

（2）多场特征参数关联监测。滑坡演化过程相关参数具有时变性与空间分布差异性，多场参数之间相互关联，互相作用，因此多场特征信息的监测需要解决参数之间的关联性问题，具体体现在仪器的功能布局、硬件结构及现场布设方案三个方面。

（3）监测设备大变形承受性能。演化过程通常伴随有大变形特征，对埋设于滑坡深部的监测仪器会产生巨大的作用力，导致仪器的损毁；要实现滑坡演化过程时间和空间上的持续监测，监测设备应当具备等同变形量的承受性能。

基于上述问题及技术难点，立足于简洁、紧凑、经济、实用的原则，在充分吸收融合国内外先进滑坡监测仪器与监测系统成熟技术的基础上，结合滑坡地质过程与演化机理进行探索和创新性设计，提出适用于滑坡演化过程全剖面多场特征参数关联监测的设计思想。

多场关联监测的总体组成结构如图 8.1 所示，其功能布局为"竖向钻孔多参数监测+位移水平向分布监测"，通过竖向钻孔和水平向埋管布设形成覆盖全剖面的监测网，实现滑坡演化过程全剖面多场特征参数的关联监测，具体如下。

（1）监测内容：主要涵盖变形场、渗流场、应力场和温度场，同步监测滑坡防控治理所需的相关物理和力学特征参数变化。

（2）监测空间范围：一套"竖向钻孔多参数监测+位移水平向分布监测"即可覆盖一个完整剖面，两套以上"竖向钻孔多参数监测+位移水平向分布监测"便可覆盖三维空间全方向，同步对各类特征参数进行分布式监测，获得多个具有时空强关联性的特征参数场。

（3）监测设备布设：竖向钻孔多参数监测探头布设于常规地质钻孔，钻孔孔径为150 mm，只需对特殊位置（孔外探测单元位置）段的套管进行改装和定位，对钻孔本身结构和钻孔工艺均无特殊要求；位移水平向分布耦合管道适用的直径范围为 100～250 mm，通过开挖或水平定向钻进敷设于水平测线上，水平向探头穿梭于管道内。

多场关联监测设备的监测过程和功能如下。

（1）竖向钻孔多参数监测：在竖向钻孔中布设多参数监测探头，竖向钻孔多参数监测探头附带孔外探爪，仪器下放到钻孔之后打开探爪伸展到孔外，实现孔外参数如深部土压力、深部土体含水率、动水压力等的监测，并通过电磁线圈和无线模块实现电源与数据的无线耦合连接；竖向钻孔多参数监测探头的孔内监测内容为位移竖向分布（测斜原理）、地下水位、地下水流速流向等，传感器封装在各个测量单元，通过主线汇合孔内外监测数据传送到地面综合控制系统（徐昱，2023）。

（2）位移水平向分布监测：在滑坡剖面的水平测线上布设变形耦合管道，通过设备水平向探头分时测量管道的三维轨迹，由不同时间的管道轨迹形状差反映沿管道测线的位移分布；水平向探头为惯性测量系统，得益于变形耦合管道将滑坡位移在时间上的累积量转换为空间上的可观测量，探头只需分时对管道进行短时测量即可，有效避免了惯性测量长时积分的累积误差缺陷。

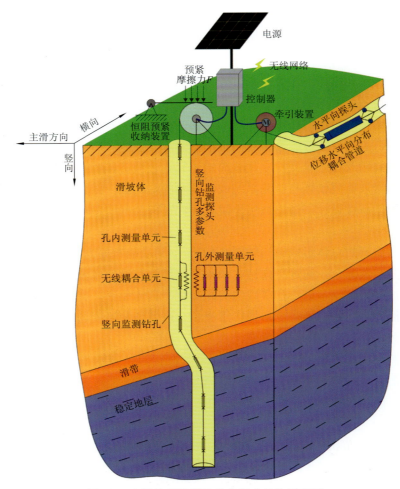

图 8.1 多场关联监测的总体组成结构示意图

8.3 全剖面多场关联监测体系

基于机电一体化技术、数据通信技术及网络技术等，融合集成天地空遥感地表变形监测技术、深部大变形长周期监测方法及其他辅助监测技术方法，搭建滑坡多场特征参量时空关联监测软硬件平台。结合关键监测指标与滑坡预测预报需求，通过关键监测指标优选和多源监测技术协同分析，建立适合于重大滑坡预测预报多场关联监测、天地空协同监测及群测群防等技术手段有机融合的立体综合多场时空关联监测技术体系（图 8.2、图 8.3）。

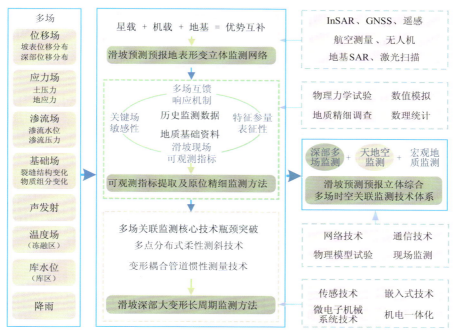

图 8.2 全剖面多场关联监测体系构建

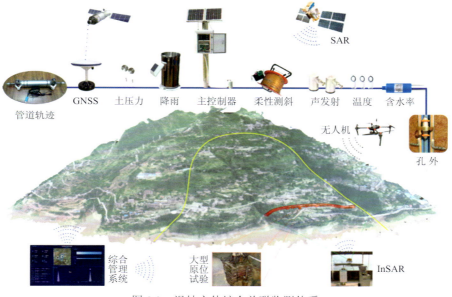

图 8.3 滑坡立体综合关联监测体系

8.3.1 多场关联监测设备架构

滑坡演化过程全剖面多场特征参数监测整装技术与设备是滑坡多场关联监测的核心

部件（图 8.4），主要实现滑坡深部多场特征信息监测的时空同步化与关联化、滑坡全剖面监测的网络化与集成化及大变形状况下多参数监测的持续化。其适用于滑坡演化过程多场信息特征参数获取、滑坡预测预报、滑坡工程治理等应用场景，可为揭示滑坡多场演化特征、划分与判识滑坡演化阶段、阐释滑坡致灾机理等科学目标的实现提供基础数据。

图 8.4　全剖面多场特征参数监测整装技术与设备

1 为太阳能电池；2 为控制器；3 为牵引装置；4 为恒阻预紧收纳装置；5 为远程控制发电机；6 为水平向探头；

7 为竖向钻孔多参数监测探头；8 为常规测量单元；9 为无线耦合单元；10 为孔外测量单元；11 为地下水测量单元；

12 为滑体；13 为滑带；14 为稳定地层

　　滑坡演化过程全剖面多场特征参数监测整装技术与设备实现的主要性能如下。

　　（1）监测内容包含多参数。具体监测参数有位移水平向分布、位移竖向分布、深部土压力、土体含水率、孔隙水压力、地下水位、地下水流速流向等。

　　（2）监测范围覆盖全剖面。基于变形自适应滑坡深部多场信息联合监测设备、滑坡变形耦合管道轨迹惯性测量设备，分别从竖向和水平向布设测线，形成覆盖全剖面的监测网。

（3）监测时间跨度贯穿滑坡演化多个阶段。研制设备综合考虑了现场布设耦合问题，现场布设的关键传感部件具备大变形补偿功能，可保证长时大变形监测。

8.3.2　滑坡监测站点集成控制器主机

针对不同滑坡野外监测环境，配备基于 C 语言、MicroPython 两种架构的滑坡监测站点集成控制器主机，以满足超低功耗、通用性、高性能应用需求。

（1）基于 STM32 单片机、C 语言驱动架构的低功耗版本站点控制器主机如图 8.5 所示，其内嵌配套的仿多任务控制系统程序。主控制器电路以 STM32F103ZE6 单片机为核心控制器件，外部硬件包括电源、数字电路输入输出扩展接口、传感器电源控制继电器、ZigBee 模块、数字传感器接口、调试串口、4G 通信模块、蓝牙模块等。控制程序通过定时器分配每个运行时段执行的任务，实现仿多任务执行，需扩展功能时只需将任务挂载至不同周期时段即可。基于 C 语言开发了多节点数据采集、通用分组无线服务技术（general packet radio service，GPRS）组网、消息队列遥测传输协议（message queuing telemetry transport，MQTT）通信等功能，实现了通用数字传感器、自研柔性测斜仪、管道轨迹仪等传感设备的集成控制和联网。

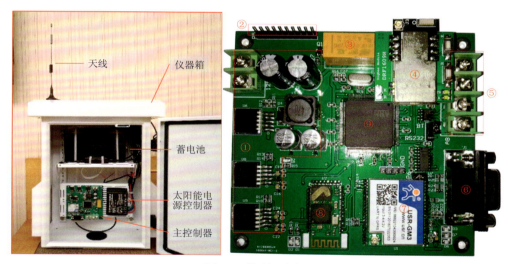

图 8.5　控制器主机

①为电源；②为数字电路输入输出扩展接口；③为传感器电源控制继电器；④为 ZigBee 模块；

⑤为数字传感器接口；⑥为调试串口；⑦为 4G 通信模块；⑧为蓝牙模块；⑨为主控芯片

（2）基于 MicroPython 架构的滑坡多场监测物联网主机如图 8.6 所示，其采用 MicroPython 开发底层驱动代码。编制 RS485 通信、控制器局域网（controller area network，CAN）通信、远距离无线电（long range radio，LoRa）通信、模数转换、数字输出（digital output，DO）、MQTT 通信、SD 卡存储等成套标准接口程序，实现标准接口传感器与外围设备的按需扩展、控制和联网。适配竖向钻孔多参数监测探头、管道轨迹仪、柔性测斜仪等自主研发的传感设备和模块，开发了雨量计、水位计、GNSS 模块、拉伸式位移计等常规传感器接入端口，实现了滑坡深部位移、地表位移、地下水位、降雨等多参量传感器同步自动化控制与采样。站点主机与监测系统平台 MQTT 通信连接，实现监测站点远程物联网接入。

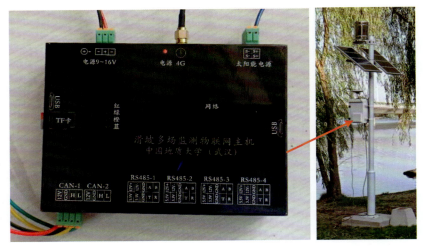

图 8.6　滑坡多场监测物联网主机

8.4　多场关联监测物联网平台

基于 MQTT 和 MongoDB 非关系型数据库，构建滑坡监测数据存储与分发系统。系统主要分为设备通信管理、数据存储和数据分发等模块。其中，设备通信管理主要负责与野外监测设备主机的实时通信和指令控制；数据存储主要负责设计并构建滑坡多源监测数据存储数据库，实现海量滑坡监测数据的存储与备份；数据分发主要负责监测数据的推送与共享。

8.4.1　监测系统物联网平台

1. MQTT

设备通信管理采用 MQTT 构建野外监测设备数据通信通道，实现监测数据实时上传、状态汇报和指令控制等功能。MQTT 是一种基于发布/订阅模式的"轻量级"通信协议，该协议构建于传输控制协议/网际协议（transmission control protocol/internet protocol，TCP/IP）上，由国际商业机器公司（IBM 公司）在 1999 年发布。MQTT 的最大优点在于，可以以极少的代码和有限的带宽，为连接远程设备提供实时可靠的消息服务。采用

Node.js 进行服务器端 MQTT Server 开发，利用公网 IP 提供服务；设备端采用 Linux 嵌入式方案，基于 Python 构建 MQTT 通信，实现与服务器端的设备通信。MQTT 采用发布/订阅模式进行通信，其核心是根据 MQTT 消息主题进行消息转发。根据滑坡监测仪器的通信特征，设计 MQTT 消息主题规范（表 8.1），方便滑坡监测仪器与服务器通信。设备认证采用 Token 令牌方式，用户名为站点 ID，密码为 Token，同一站点可生成多个 Token 用于设备认证。同时，为了规范 MQTT 消息订阅和发布范围，服务器端将会对 MQTT 消息订阅和发布进行认证，设备端仅允许根据表 8.1 中的主题规范进行消息发布和订阅，非法消息将被丢弃。

表 8.1　MQTT 消息主题规范

ID	主题	动作	功能	内容
1	server/data	订阅	服务器端时间，用于设备时间同步	2021-12-11 T23:09:02+08:00
2	server/timestamp	订阅	服务器端时间戳，用于设备时间同步	1639235342
3	site/${site_id}/device/${device_id}/state/{parameter}?type=xxx&date=xxx	发布	设备端上传设备状态，其中 parameter 为状态名，type 为数据类型，date 为采集时间。设备状态量一般用于设备状态监控，如信号强度、延迟和开机时间等，状态数据在 180 天后会自动删除	状态值
4	site/${site_id}/device/${device_id}/data/{parameter}?type=xxx&date=xxx	发布	设备端上传设备监测数据，其中 parameter 为状态名，type 为数据类型，date 为采集时间。监测数据会持久化存储，不会定期删除	监测数据值
5	site/${site_id}/device/${device_id}/request/{req_id}	发布/订阅	发送请求，可以是服务器端发送，也可以是设备端发送	json 字符串，包含指令和参数
6	site/${site_id}/device/${device_id}/response/{req_id}	发布/订阅	发送回复，根据请求 ID 发布对应消息的回复内容	json 字符串，包含回复内容
7	site/${site_id}/device/${device_id}/control	订阅	监测设备控制指令，监测设备可以根据指令执行相应的动作	

2. MongoDB 非关系型数据库

数据存储采用 MongoDB 非关系型数据库构建分布式存储方案，实现海量监测数据的分布式存储与备份。MongoDB 是由 C++语言编写的，是一个基于分布式文件存储的开源数据库系统。在高负载的情况下，添加更多的节点，可以保证服务器的性能。MongoDB 是一个面向文档存储的非关系型数据库，可方便地进行分布式存储，实现读写分离。将 Node.js 作为开发语言，使用 Mongoose 构建数据库 Schema，进行系统化数据管理。同时，采用 MongoDB 分片的集群模式构建分布式存储平台，由路由服务器、配置服务器和分片服务器共同构成 MongoDB 分布式存储服务。在 MongoDB 中，表被称为文档，总共有 7 个文档，分别负责该系统不同信息的存储，详情见表 8.2。

表 8.2　数据库文档列表

编号	文档名称	功能
1	sites	存储站点信息，包括名称、地理位置和用户信息等
2	users	存储用户信息，用于数据查询与分发
3	device_types	存储野外监测设备类型
4	devices	存储野外监测设备实例
5	device_data	存储设备上传的监测数据
6	device_logs	存储站点日志和设备日志
7	credits	存储 MQTT 认证 Token

其中，sites 文档用于记录野外滑坡站点的详细信息，包含名称、站点编号、所属行政区划、站点边界范围、全球定位系统（global positioning system，GPS）坐标和所包含用户情况等。大部分信息都是在新建站点时手工录入的，所包含用户情况用于站点数据查询和分发时的权限管理。

users 文档用于存储用户信息，方便数据查询与分发，主要包含用户名、密码、姓名、手机号、邮箱和是否为管理员等信息，用于用户认证和用户数据查询与分发权限管理。

device_types 文档用于存储野外监测设备类型信息，主要包含设备类型编号、设备类型名称、版本、图标、解析函数、包含数据字段、支持的动作和是否启用等参数。由于监测仪器主机一般为低功耗嵌入式平台，其运算能力有限，故本系统将复杂的监测数据解析工作放在云端进行，由解析函数执行。解析函数为 JavaScript 脚本，存储为文本形式。在数据上传方面，其可以根据数据字段和数据类型进行相应的自定义解析动作，极大地提高了主机端的开发效率。

devices 文档存储的是野外监测设备实例信息，包含设备编号、设备名称、设备类型编号、所属站点编号、设备位置、是否在线、上次上线时间、创建时间和更新时间等。

device_data 文档存储野外监测设备的监测数据，包含数据 ID、所属站点 ID、设备 ID、数据名称、数据值、创建时间和更新时间。其中，数据值可以为多种数据类型，包括 Integer（整型）、Double（浮点型）、Boolean（布尔型）、String（字符串）和 Object（结构体），可根据不同设备类型进行扩展。

device_logs 文档记录野外监测设备的日志信息，包含类型、等级、动作、站点 ID、设备 ID、详细日志情况、创建时间和更新时间等，主要用于设备日志记录，方便监测设备状态。

credits 文档存储站点和设备的认证凭证信息，属于核心数据，包含 ID、类型（站点 site 或用户 user）、鉴别键名、Token、过期时间、创建时间和更新时间。当类型为 site 时，权限标记 ikey 为站点 ID，Token 可用于 MQTT 服务鉴权；当类型为 user 时，权限标记 ikey 为用户名，Token 可用于用户访问鉴权。

3. RESTful 应用程序接口

数据分发采用 Node.js 构建 RESTful 应用程序接口（application program interface，API），以供第三方平台调用监测数据。供第三方调用监测数据的主要 API 见表 8.3。其主要提供站点列表、站点详情、设备列表、设备详情、设备监测数据、设备监测数据统计情况和设备监测日志等数据，提供超文本传输协议（hypertext transfer protocol，HTTP）API 给第三方调用。

表 8.3　服务器 HTTP API 列表

ID	统一资源定位符	类型	功能
1	/site	GET	获取站点列表
2	/site/{{site_id}}	GET	获取站点详情信息
3	/site/{{site_id}}/device	GET	获取设备列表
4	/site/{{site_id}}/device/{{device_id}}	GET	获取设备详情信息
5	/site/{{site_id}}/device/{{device_id}}/data?key=data	GET	获取设备监测数据
6	/site/0cY1UMfoWa/device/e5kmMgnHjH/data/rainfall?method=first	GET	获取设备监测数据统计情况
7	/site/{{site_id}}/device/{{device_id}}/log?level=error&limit=20&sort=-created_at	GET	获取设备日志
8	/ site/{{site_id}}/device_type	GET	获取系统支持的设备类型列表
9	/auth/login	POST	用户登录鉴权，换取 Token
10	/auth/logout	POST	用户退出登录

8.4.2　终端数据分析与预警系统

终端数据分析与预警系统基于 Web 实现，采用 Ant Design Pro V4.0 框架，开发了数据库服务器 API 对接、数据分析处理、预报信息预处理等功能。系统功能由 Web 左侧菜单分类管理，菜单项包括工作台、设备管理、凭证管理、用户管理、数据报表。结合系统菜单项，分类介绍系统功能如下。

1. 工作台

工作台菜单项包含站点概览和数据大屏 2 个子菜单项（图 8.7）。

站点概览页面［图 8.7（a）］的标题显示当前站点名称，即用户创建监测站点时自定义的与实际项目相关联的站点名（如建始县大包山滑坡、巴东县黄土坡滑坡等），标题处提供站点切换按钮，单击按钮跳转到选择站点界面［图 8.7（c）］。站点概览信息以标签形式紧随站点名称显示，包括今日数据、今日日志、在线设备、总设备数、总数据数、总日志数等。页面下方以地图形式显示监测站点具体位置和包含的区域。

数据大屏页面［图 8.7（b）］以全屏形式显示当前站点的关键信息，分成 5 个模块显示，包含概览信息、地图展示、同一站点不同设备排序、事件接收器和设备行为数据。

（a）站点概览页面

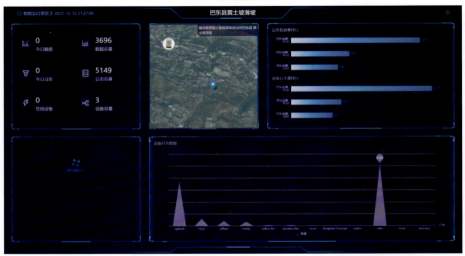

（b）数据大屏页面

（c）选择站点界面

图 8.7　工作台页面

2. 设备管理

设备管理菜单项包含设备列表和新增设备 2 个子菜单项（图 8.8）。

（a）设备列表页面

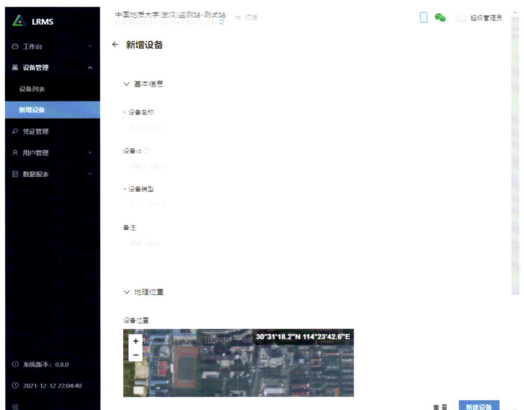

（b）新增设备页面

（c）设备详情页面

图 8.8　设备管理页面

　　设备列表页面[图 8.8（a）]上方提供搜索工具栏，搜索筛选条件包含设备名称、设备类型、版本号、设备编号、更新时间，用户可以根据提供的条目任意组合筛选条件，搜索显示欲查看的设备。页面下方为设备列表信息，当用户输入搜索条件后，列表仅展示满足搜索条件的设备，默认状态下则显示当前站点下所包含的所有设备，当同一站点下设备较多时列表将分页显示，用户可自主设定每页显示的设备数目。设备列表展示的设备信息包括设备名称、设备类型、版本号、设备编号、设备状态、更新时间、操作等。

　　单击要查看的设备名称，系统跳转到设备详情页面[图 8.8（c）]。设备详情页面的标题显示设备名称，标题下方以简表形式显示设备编号、站点 ID、类型、版本、添加时间、更新时间等详细信息。设备详情页面下方提供概览、数据、日志 3 个选项卡。概览选项卡下显示最新设备状态和最新更新数据；数据选项卡下以图表形式显示设备上传到服务器的所有数据，选项卡中提供的子选项卡可以切换同一设备下的不同传感器，提供的数据抽取工具用于抽取设定时间段和时间间隔的设备监测数据；日志选项卡下显示设备 30 天内发生的所有事件，如 MQTT 连接、MQTT 心跳、操作成功、上传数据等。

　　单击设备管理菜单下的新增设备子菜单或设备列表页面中的新增设备按钮，系统跳转到新增设备页面[图 8.8（b）]。在新增设备页面中，用户可添加符合 MQTT 的任何设备，需要用户填入设备名称、设备 ID、设备类型、备注等信息，并在地图上指定设备所在具体地理位置。其中，设备类型是系统超级管理员权限用户通过 JavaScript 代码定义的类型，内嵌了传感器原始数据解析和分析处理过程；设备 ID 是每台新增设备的独有标识，不可重名。

3. 凭证管理

　　凭证管理菜单项提供单页凭证管理页面（图 8.9），凭证管理页面用于设备凭证的增删查改。

图 8.9　凭证管理页面

页面顶部为凭证搜索工具，搜索条件包括 Token、过期时间和创建时间。页面下部为符合条件的凭证列表，罗列出站点 ID、Token、过期时间、备注、创建时间等详细信息，其中站点 ID 为当前站点的位移标识符，Token 为 MQTT 连接密钥（不可泄露私密字段），设备和服务器之间的连接将通过设备 ID 和 Token 进行确认，只有确认通过，服务器才会为设备建立动态连接并接受设备 MQTT 订阅和发布请求。通过页面可以为同一站点添加多个凭证，以满足一个站点多台设备分类和分用户管理的应用需求。

4. 用户管理

用户管理菜单项包含用户列表和邀请记录 2 个子菜单项（图 8.10）。

（a）用户列表页面

（b）邀请记录页面

图 8.10　用户管理页面

用户列表页面[图 8.10（a）]以详细的表格形式显示了拥有当前站点管理权限的所有用户，详细信息包括用户名、电子邮箱（EMail）、姓名、角色、手机号、加入时间等。用户在当前站点中的角色分为创建者、管理员和普通用户 3 类，创建者和管理员可以管理当前站点的所有设备与用户，对设备和用户进行增删查改等操作；普通用户仅可以对监测数据进行查看和下载操作。

邀请记录页面[图 8.10（b）]主要用于管理员向其他用户发出邀请和管理。当监测站点创建好后，创建者向项目组其他成员发送邀请，同时指定被邀请用户在当前监测站点中的角色，组建监测站点的维护、管理及应用团队。被邀请用户确认邀请信息后，当前站点信息将会自动添加到其账户下的选择站点界面。管理员可在邀请记录页面查看邀请用户的状态。

5. 数据报表

数据报表菜单项提供了历史数据操作页面（图 8.11），页面包含数据查询和数据下载两个选项卡。

数据查询页面[图 8.11（a）]提供了监测数据查询工具，工具中有设备、数据字段和起止时间下拉列表，单击下拉列表时系统自动索引到当前站点下可用设备、数据字段和时间段，用户确认后单击查询按钮，数据列表中将列出所有满足条件的监测数据。单击下载当前数据，则当前查询到的数据将规整成一个文档添加到数据下载页面下。

打开数据下载页面[图 8.11（b）]，页面展示了所有查询并添加下载的列表。列表记录了下载数据对应的设备 ID、数据字段、起止时间，同时记录了数据的操作人和操作时间。当数据的时间跨度较大时，服务器将耗费一定时间对数据进行归档，待状态栏显示为完成时，用户可单击下载按钮下载对应数据的 Excel 表格到终端设备。

（a）数据查询页面

（b）数据下载页面

图 8.11 历史数据操作页面

8.5 本 章 小 结

滑坡作为一种复杂的地质灾害，其孕育与发展受到多种因素影响，传统监测方法往往无法有效捕捉到多场数据之间的关联性和时空变化。为此，提出了基于物理力学过程的滑坡多场关联监测思想，构建了全剖面多场关联监测体系。

在技术实现上，滑坡多场关联监测系统通过竖向钻孔和水平埋管的组合布局，形成覆盖全剖面的监测网络。该系统不仅能够实时监测深部土压力、含水率、地下水位及流速等多种物理参数，还具备应对滑坡大变形的能力，确保设备在极端条件下的持续运行。

通过创新设计，监测设备能够在深部滑坡体内有效感测并传输数据，解决了传统监测方法的局限性。

监测数据的传输与处理采用了 MQTT，结合 MongoDB 非关系型数据库，实现了数据的实时存储与管理。系统能够通过 RESTful API 为第三方平台提供监测数据查询与分析服务，提升了数据利用效率。用户界面设计以 Ant Design Pro V4.0 框架为基础，提供了直观的操作体验，使得用户能够方便地管理站点、设备及监测数据。

参 考 文 献

唐辉明, 2022. 重大滑坡预测预报研究进展与展望[J]. 地质科技通报, 41(6): 1-13.

徐昱, 2023. 滑带多场参数原位监测体系构建及关键技术研究[D]. 武汉: 中国地质大学(武汉).

第三篇

滑坡预测预报

滑坡预测预报是滑坡过程调控的重要环节。本篇选择锁固解锁型和动水驱动型两类自然界广泛分布的滑坡，分析滑坡启滑物理力学机制，构建锁固解锁型和动水驱动型两类滑坡启滑的物理力学判据，搭建滑坡数值预报模式与实时预报平台框架，丰富滑坡预测预报理论。

第9章 滑坡启滑物理力学机制

9.1 概　　述

地质结构在很大程度上决定了重大滑坡的演化过程和物理力学机制，水力作用等驱动、诱发因素对演化过程和物理力学机制有显著影响。揭示结构主控与水力作用下的滑坡启滑机制，是解决重大滑坡预测预报理论难题的基础（崔鹏 等，2015；彭建兵 等，1996），也是实现重大滑坡物理预测预报的关键所在（唐辉明，2015；殷跃平和张永双，2013；张倬元和黄润秋，1988）。

锁固解锁型滑坡是指在潜在滑动面上存在承受应力集中的未贯通锁固结构，并在滑坡启滑过程中发挥关键抗滑作用的滑坡（黄润秋 等，2017；Tang et al.，2015a；秦四清 等，2010）。这类滑坡的形成受到地质结构的制约，当锁固段断裂时，蓄积的弹性应变能得以释放，为滑坡体提供巨大的动能，因此，这类滑坡往往启滑速度快、滑程远、破坏力极大。灾后现场调查证实，许多大型高速远程滑坡均属于锁固解锁型滑坡，其中 2017 年新磨滑坡便是典型代表（Wang et al.，2018；殷跃平 等，2017）。这类滑坡的失稳机理较为直观明确，可预测性强，当前围绕该类滑坡地质基础、力学基础、物理基础和物理依据的研究已有不少积累。

降雨和库水等形成的动水驱动效应是滑坡地质灾害的重要诱发因素，尤其是暴雨和周期性大变幅库水涨落条件下的动态渗透压、强度衰减和冲蚀作用等动水作用效应容易诱发滑坡地质灾害。由于机制复杂，动水驱动型滑坡的预测预报面临巨大挑战（许强 等，2018；Tang et al.，2015b；彭建兵，2006；郑颖人 等，2004）。目前在水作用下滑带矿物成分和结构变化方式、滑带力学参数劣化规律、动水与滑坡地质体耦合作用、动水作用下滑带结构多尺度劣化机理、库水和降雨作用下滑坡启滑机制与判据等方面均开展了大量研究，取得了前瞻性成果。

本章分别对以锁固解锁型滑坡与动水驱动型滑坡为代表的结构主控与水力作用下的两类滑坡进行研究，揭示重大滑坡的启滑物理力学机制。

9.2 锁固解锁型滑坡启滑物理力学机制

依据锁固解锁型滑坡的地质结构，锁固段可分为岩桥、支撑拱、平卧阻滑体三种类型。其中，岩桥型锁固段常见于岩质斜坡；而支撑拱型锁固段和平卧阻滑体型锁固段常见于堆积层斜坡。本节主要通过模型试验与理论分析阐述岩桥型锁固解锁型滑坡的启滑物理力学机制。秦四清教授团队在锁固解锁型滑坡启滑机制方面开展了系统性研究。

9.2.1 锁固解锁型滑坡模型试验

参照贵州关岭大寨滑坡、查纳滑坡等典型岩桥型锁固解锁型滑坡的地质结构发现，这种类型的滑坡地质结构为近水平岩层，具有上硬下软的特征，坡度较陡，后缘常为优势结构面较为发育的较坚硬岩土体，通常形成向下扩展的拉裂缝，前缘软岩(土)层发育有利于坡体沿接触界面向临空方向蠕滑，中部锁固段成为关键阻滑块体的一类斜坡，又称为"三段式"岩桥型锁固解锁型滑坡。基于"三段式"岩桥型锁固解锁型滑坡地质结构特征，同时结合模型试验条件，秦四清等采用物理模型试验开展了相关研究，物理模型尺寸如图9.1所示。

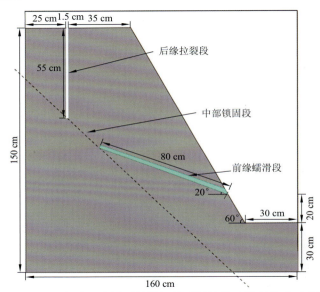

图 9.1 "三段式"岩桥型锁固解锁型滑坡物理模型尺寸示意图

试验采用的相似材料需满足锁固段脆性破裂和类岩材料遇水劣化的需求，同时符合相似理论。材料参数如表9.1所示。

表 9.1 物理模型材料力学及水理性参数

参数	材料配比				水理性参数			
	骨胶比	水膏比	重晶石粉质量分数/%	水敏材料质量分数/%	耐崩解系数	渗透系数/（cm/s）	天然含水率/%	饱和含水率/%
值	8:1	3:2	25	10	1.00	1.981×10^7	4.31	13.85

参数	力学参数							
	密度/（g/cm³）	抗压强度/MPa	抗拉强度/MPa	弹性模量/GPa	泊松比	黏聚力/MPa	内摩擦角/（°）	软化系数/%
值	2.137	15.442	1.818	0.12	3.95	0.158	4.772	50~60

大型物理模型的最大尺寸达 1.6 m×1.6 m×0.4 m。试验过程中通过夯击相似材料来进行模型填充，完成材料装填后静置 48 h 以保证模型成型，待成型后脱模。脱模后对模型表面进行抛光处理，并在室温下养护 30 天，以确保模型达到其长期强度。最后，采用防水材料对裂缝的两侧进行防水处理。模型制作流程如图 9.2 所示。

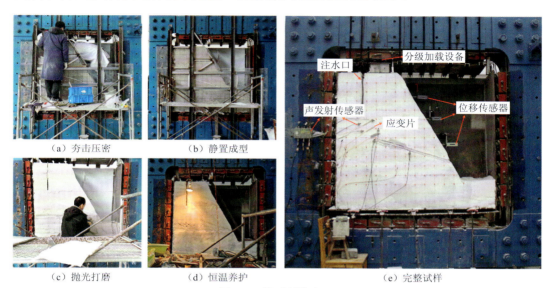

（a）夯击压密　　　（b）静置成型

（c）抛光打磨　　　（d）恒温养护　　　（e）完整试样

图 9.2　模型制作流程

试验过程中，采用高速摄像机与三维激光扫描仪实时监测坡体的变形破坏形态和运动特征，利用红外热成像仪对整个模型的热辐射时空分布情况进行细致观测。同时，在滑坡模型的坡顶、坡中部、坡脚、滑面（特别是锁固段）和预设裂缝等关键部位布设了位移传感器，记录坡体各部位位移的时间变化和空间差异分布特征。为了深入监测锁固段的应力变化，试验中还在模型内部预埋了三维压力传感器。同时，在锁固段安装了探针，通过多普勒激光测振仪追踪锁固段固有振动频率的变动，从而评估锁固段的损伤程度。此外，为了全面掌握模型在变形破坏过程中的动态行为，还在坡体上布置了声发射传感器，以监测声发射事件的时空分布情况（图 9.3）。

以往"三段式"岩桥型锁固解锁型滑坡的模型试验中，多采用千斤顶逐级加载的方式来促进滑坡破坏，然而这种方法并未充分考虑水分对岩石劣化作用的影响［图 9.4（a）］。尽管也有研究采用人工降雨等手段探究水对滑坡劣化损伤的影响，但这种方法更适用于土质或岩土混合型边坡。对于岩质边坡而言，人工降雨系统对锁固段的劣化过程过于缓慢，从而难以促进滑坡模型破坏的进程［图 9.4（b）］。

鉴于此，为缩短试验过程中水岩相互作用时间，采取了双管齐下的策略：一方面，研制了一种遇水极易劣化的岩石相似材料；另一方面，试验采用先加载后注水的模式来促进滑坡失稳。具体而言，首先通过数值模拟软件确定该类材料被加载至体积膨胀点

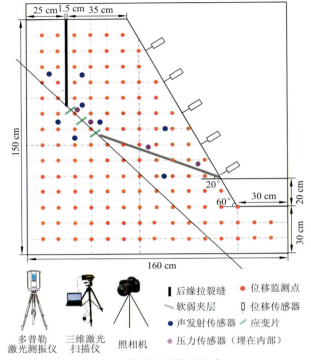

图 9.3　模型试验监测方案

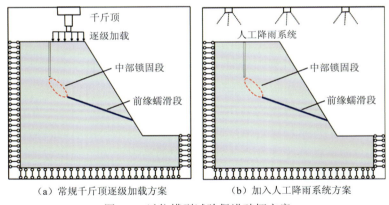

（a）常规千斤顶逐级加载方案　　　　　　（b）加入人工降雨系统方案

图 9.4　以往模型试验促进破坏方案

的应力值并将其作为参考值，然后基于参考值确定逐级加载方案，从而进行逐级加载（图 9.5①）。在整个加载过程中，密切关注监测设备所记录的数据的变化，尤其关注声发射数据及中部锁固段附近的应变数据。一旦出现破裂事件或应变数据显示出加速上升的趋势，立即停止加载并维持压力稳定，稳压一段时间后进行注水操作（图 9.5②）。

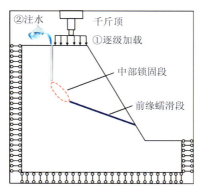

图 9.5　模型试验强度劣化方案

9.2.2　锁固解锁过程分析

图 9.6 揭示了斜坡锁固解锁破坏过程。在加载应力较小时，斜坡模型表面无裂纹产生，第 5 级加载时，软弱夹层顶端开始出现细微裂纹，此时，坡体仍处于稳定状态。第 6 级加载时，位移场数据出现显著的持续增长，随后才逐渐趋于稳定。与此同时，应变场、应力场及声发射场均表现出较之前更为显著的变化。基于此，将此次加载的应力定义为临界加载应力（图 9.7）。

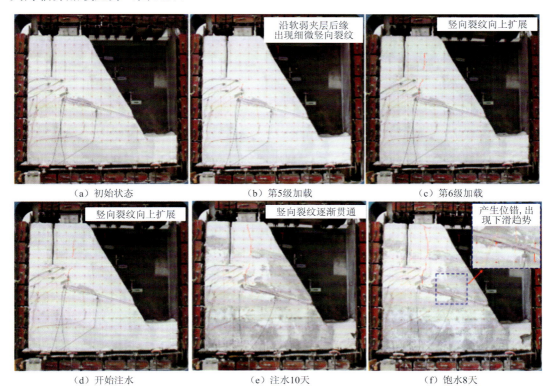

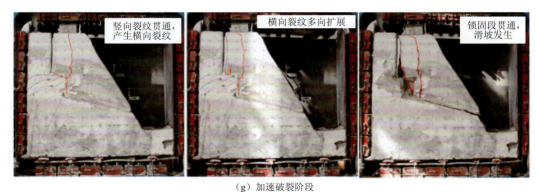

（g）加速破裂阶段

图 9.6　斜坡锁固解锁破坏过程模拟

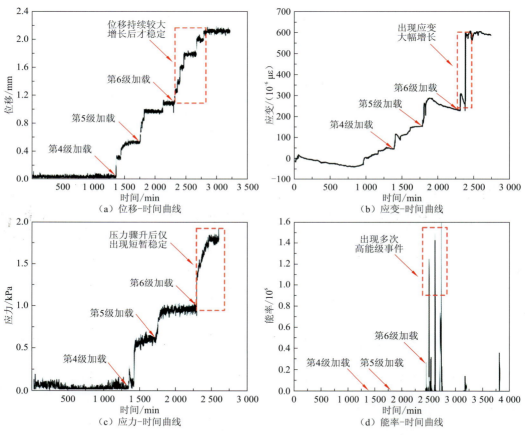

图 9.7　临界加载应力判断依据

　　加载完成后，随着时间的推移，坡体表面的竖向裂纹逐步扩展。这是因为锁固段顶部出现了巨大的应力集中，导致裂纹向上延伸，进而降低了中部锁固段的承载能力。然而，从位移数据来看，滑坡在这一阶段仍然保持相对稳定的状态。在应力稳定后，保持当前加载应力不变，通过内部注水技术向坡体注入清水。随着水的逐渐注入，锁固段岩体开始饱和，滑体沿软弱夹层方向出现明显的错动，锁固段逐渐失效。这一现象的发生，一方面是因为水的介入降低了滑面的摩擦力，并且随着坡体吸水，其质量增加，从而增大了下滑力；另一方面，水岩相互作用加速了锁固段材料强度的劣化，导致其抗滑力大幅度降低。经过连续 18 天的注水后，锁固段最终彻底断裂，完成解锁。在滑坡启动前夕，可以听到一声巨响，这是由锁固段完全断裂引发的应力骤降所产生的。

　　如图 9.8、图 9.9 所示，"三段式"岩桥型锁固解锁型滑坡模型从初始加载至完全失稳的位移演化全过程可被分为三个阶段，各阶段位移的演化规律描述如下。

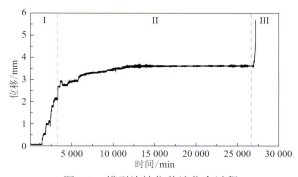

图 9.8　模型边坡位移演化全过程

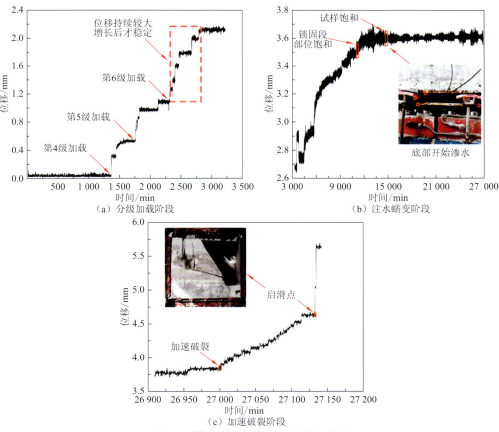

图 9.9　模型边坡各阶段位移演化过程

（1）分级加载阶段（Ⅰ）：该阶段位移-时间曲线呈明显的阶梯状，这是由分级加载方法导致的。尤其是在第 6 级加载之后，位移出现了显著的增长。结合坡体的宏观破裂特征，可以推断出第 6 级加载时的应力为临界加载应力。

（2）注水蠕变阶段（Ⅱ）：当上方的加载趋于稳定时，采用内部注水技术向坡体注入清水。随着试样含水率的增加，边坡位移起初缓慢上升，随后增速降至极低。这一现象的原因在于，注水初期，坡体中部的锁固段在接触水后强度急剧下降，导致其提供的抗滑力减小，进而引起坡体的错动。随着注水的持续进行，锁固段逐渐饱和，位移的增长速度也逐渐减缓。

（3）加速破裂阶段（Ⅲ）：在持续注水 18 天后，随着锁固段损伤的累积，斜坡到达了加速破裂的阶段。在此阶段，位移-时间曲线在保持一段时间的稳定之后，出现了一个显著的突增。在这个突增之后，边坡的位移增速明显加快，随后滑坡启滑。可以推测，该点为锁固段破裂过程中的体积膨胀点（即失稳前兆点）。因为当锁固段损伤至体积膨胀点时，通常会伴随应力下降的产生，而瞬间的应力下降会造成位移的突增。

锁固解锁型滑坡的滑动面由锁固段（高强介质）和软弱段（软弱介质）组成，两者分别呈现应变软化和应变硬化的力学特性。当锁固段受力达到峰值强度点并断裂时，剪应力下降，部分荷载转移到软弱段，使其应变硬化的软弱介质上的剪应力增加直至屈服。这种锁固段与软弱段之间的力学作用使抗滑力沿滑动面趋于均匀分布，称为匀阻化效应（图 9.10）。

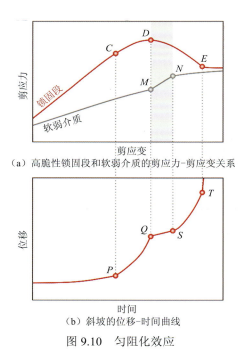

（a）高脆性锁固段和软弱介质的剪应力-剪应变关系

（b）斜坡的位移-时间曲线

图 9.10　匀阻化效应

灰色阴影表示匀阻化效应作用阶段。锁固段的体积膨胀点 C、峰值强度点 D 和残余强度点 E 分别对应位移加速起点 P、偏转点 Q 和失稳临界点 T；M、N 分别为软弱介质匀阻化效应的起点与终点；S 为加速拐点

　　匀阻化过程中，当软弱介质提供的抗滑力增量不能弥补高脆性锁固段的抗滑力减量时，表明沿着贯通滑动面的总抗滑力在减小。此类情况下的位移加速无法被抑制，斜坡的演化趋于不稳定。此时，峰值强度点可以被视为锁固段的解锁点。这种快速匀阻化的启滑机制称为快解锁启滑机制[图 9.11（a）]。

　　相反，若锁固段破裂后，软弱介质提供的抗滑力增量高于高脆性锁固段的抗滑力减量，可在一定程度上补偿锁固段断裂所损失的抗滑力，从而实现总抗滑力在增加和减小之间的平衡。此时，缓慢的匀阻化过程可以在较长时间内使斜坡位移加速暂停，直至锁固段的抗滑力减量无法被软弱介质的抗滑力增量所抵消，位移加速恢复。锁固段的总抗滑力在残余强度点达到最小，滑坡启滑。这种缓慢匀阻化的启滑机制称为慢解锁启滑机制[图 9.11（b）]。

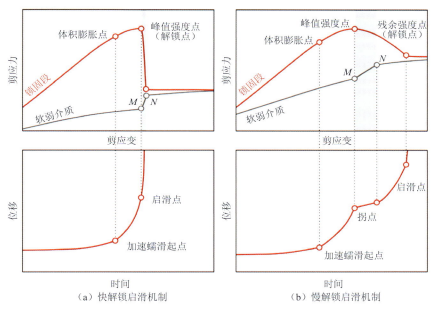

图 9.11　不同启滑机制的剪应力-剪应变关系和斜坡位移-时间曲线

　　由此，秦四清等（2010）针对在滑面上具有较高强度的应力集中部位的锁固解锁型滑坡进行了研究，锁固段地质体剪应力-剪应变曲线上的体积膨胀点、峰值强度点和残余强度点是其损伤演化过程中的三个关键特征点，标志着以锁固段为主导的滑坡向不稳定状态演变的不同阶段。其中，锁固段的残余强度点对应锁固解锁型滑坡的启滑点。

　　锁固解锁型滑坡的启滑机制可概括为"应力集中—锁固失效—解锁滑移"。锁固解锁型滑坡的滑动面由锁固段（高强介质）和软弱段（软弱介质）组成，两者分别呈现应变软化和应变硬化的力学特性。一般来说，前缘蠕滑、后缘拉裂，锁固段因其自身高强度承受应力集中，并提供关键承载作用。在降雨入渗、地下水变化等因素综合作用下锁固段力学参数降低，当锁固段受力达到峰值强度点时，锁固段断裂解锁，剪应力随之下降，滑坡启动滑移。

9.3 动水驱动型滑坡启滑物理力学机制

动水驱动型滑坡启滑的物理力学机制是复杂的，其复杂性体现在两个方面：一方面，降雨和库水作用会直接产生动态渗透力和浮托力等荷载效应；另一方面，动水作用可能引起地质体的几何扩容和颗粒冲蚀，导致滑坡地质体结构劣化，从而降低地质体强度。在动水荷载效应和地质体结构劣化效应的双重影响下，滑坡可能发生启动滑移。

动水驱动型滑坡启滑的物理力学机制可概括为"渗流驱动—强度劣化—启动滑移"。降雨入渗和库水位波动条件下，斜坡内地下渗流场动态变化，斜坡受到动态的静水压力和动水压力作用，其稳定性发生动态变化，为滑坡启滑提供前置条件。斜坡体内持续性的动态的静水压力和动水压力作用，滑面处岩土体容易受到水流的冲蚀和溶蚀，岩土体结构松散化，剪切作用下颗粒发生位移和旋转时阻力变小，从而引起岩土体强度参数的持续劣化，最终导致滑坡滑移失稳。本节分别从渗流驱动、强度劣化与启动滑移三个方面阐述动水驱动型滑坡启滑的物理力学机制。

9.3.1 渗流驱动

降雨入渗和库水位波动条件下，滑坡的渗流场会产生变化，改变斜坡内的水压力场及应力场，进而影响库岸滑坡的稳定性及其演化发展。渗流模型中，水压力的作用通常有两种表述方式：一种是采用孔隙水压力表述[图 9.12（a）]；另一种是采用渗透力（动水压力）和浮托力进行表述[图 9.12（b）]。李广信和吴剑敏（2003）、刘晓等（2009）以流体力学的基本理论为依据，证明了在渗流模型中两种水压力表述方式的等价性。为了更加清晰地分析库水位波动过程中水压力对滑坡稳定性的影响，将孔隙水压力的作用等效为渗透力和浮托力两种荷载效应。这两种荷载是滑坡变形、发展及启滑的重要动力来源（图 9.13）。

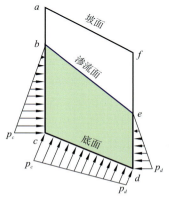
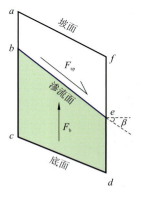

（a）基于孔隙水压力的表述　　　　（b）基于渗透力与浮托力的表述

图 9.12　基于两种水压力表述方式的条块受力分析

p_c、p_d 分别为 c 点和 d 点的孔隙水压力

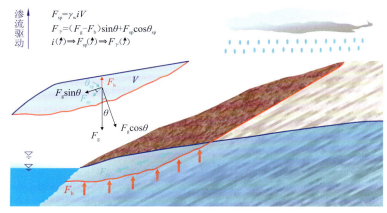

图 9.13　动水驱动型滑坡动水作用力学模型

i 为水力梯度；F_{sp} 为渗透力；F_g 为滑体重力；F_b 为浮托力；F_F 为下滑力；

θ 为滑体重力与滑动方向法线的夹角；θ_{sp} 为渗透力与滑动方向的夹角

渗透力是等效的体积力，来源于渗流场中六面体微元周围的孔隙水压力差，宏观上表现为渗流对土体骨架的拖拽作用，其作用方向与渗流方向一致。根据渗流理论，作用在土体条块上的渗透力 F_{sp} 和浮托力 F_b 可以分别表述为

$$F_{sp} = \gamma_w i V \qquad\qquad (9.1)$$

$$F_b = \gamma_w V \qquad\qquad (9.2)$$

式中：γ_w 为水的单位重度；i 为水力梯度，$i \approx \sin\beta$，β 为渗流面与水平线的夹角；V 为地下水所浸没的体积。

需要说明的是，当滑坡体内地下水位不断下降，滑体所受浮托力不断降低时，这种浮托减重现象对滑坡稳定的影响还需根据所处区域的具体情况进行分析，一般而言，浮托力降低发生在前缘不利于滑坡的稳定，而在滑坡中后部则有利于滑坡的整体稳定。当水流从坡内流向坡外时，渗透力方向与水流方向一致指向坡外，渗透力的存在不利于斜坡的稳定性；反之，当水流从河流或水库流向坡内时，渗透力指向坡体内，渗透力的存在有利于斜坡的稳定性（Zou et al.，2021）。

以三峡库区典型动水驱动型滑坡为例，分析水库调度过程中库水位变化如何驱动滑坡变形及演化。三峡库区库水位的周期性波动通常由水位上升阶段、高水位保持阶段、水位下降阶段和低水位保持阶段构成。

（1）水位上升阶段：该阶段库水向滑坡体内渗流，形成较大的动水压力，直接增大了滑坡前缘的阻滑力，使滑坡稳定性提高，对于渗透性较小的滑体，该作用尤其强烈；另外，库水的入渗使得滑坡前缘滑带处于饱和状态，降低了滑动面的有效应力和抗剪强度。因此，水位上升阶段，既存在对滑坡稳定有利的因素又存在对滑坡稳定不利的作用。决定滑坡能否启动的关键还在于浮托力效应和渗透力效应之间的大小关系。

（2）高水位保持阶段：库水到达高水位后，坡外向坡内的渗透力开始逐渐减弱，导致渗透力产生的阻滑力减小。此时，坡内地下水位的持续上升又增加了滑坡所受浮托力，

减小了滑坡抗滑段的抗滑力，相对于水位上升阶段，滑坡稳定性一般会略有下降。

（3）水位下降阶段：滑坡体内的地下水开始向坡外渗流，形成朝向坡外的拖曳力，在滑带附近就形成了垂直于滑带朝向坡外的流场，不利于滑坡稳定。水位的下降，也使得滑坡有效自重应力增大，在下滑段下滑力增加的同时，滑坡阻滑段的抗滑力也增大，水位下降对稳定性的影响在很大程度上取决于滑面的形态特征。通常，这一阶段，渗透力占主导作用，滑坡稳定性呈现下降趋势。

（4）低水位保持阶段：该阶段地下水向外渗流形成的拖曳力逐渐减小，因此动水对滑坡的稳定性有逐渐增强的影响趋势；同时，地下水位的持续降低，使得浮托力也持续减小，滑动面抗剪强度持续增强，同样有利于提高滑坡稳定性。因此，在低水位保持阶段，滑坡往往较为稳定。

除此之外，库水还会对滑坡前缘地质体产生浸泡软化和冲蚀作用（文宝萍 等，2008；曹玲和罗先启，2007）。在降雨与库水联合作用下，滑体和软弱带内部形成非稳定动态渗流。在动水压力、冲蚀等渗流驱动作用下，软弱带经受成分迁移与改变、微细观结构演变与宏观结构扩展，而结构劣化又进一步为渗流提供通道，进而影响滑坡地质体内部的渗流场。

9.3.2　强度劣化

渗流驱动作用下滑带强度劣化是动水驱动型滑坡启滑的内在机制。其中，渗流驱动作用下的滑带强度劣化（图 9.14）可分别从动水条件下水流对土体的冲蚀作用和干湿循环作用两方面阐述。

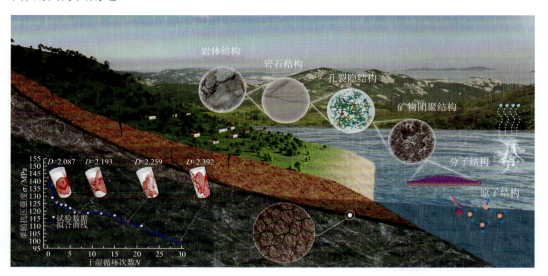

图 9.14　动水作用下滑（软弱）带多尺度结构演变与强度劣化机理

D 为裂缝几何分形维数

1. 冲蚀作用

渗流作用改变滑带土孔隙结构，使其在水流冲蚀和溶蚀作用下变得松散。剪切作用下，颗粒位移和旋转阻力减小，滑带强度下降。长期渗流损伤土结构，细颗粒聚集阻塞渗流通道，孔隙液从小孔隙流出。淋溶或溶蚀破坏颗粒团聚体胶结，形成分散颗粒结构，大孔隙减少，小孔隙增加，削弱孔隙连通性。剪切应力下，颗粒位置调整，摩阻力降低。渗流降低孔隙水离子浓度，黏土颗粒结合水膜变厚，减少颗粒接触点，形成滑动摩擦，降低内摩擦角。土体剪切中，水的润滑作用改变颗粒接触间的变形阻力，土颗粒易错动，宏观抗剪强度降低。

2. 干湿循环作用

干湿循环作用下，滑带土-水相互作用可以概括为胶结降解—孔隙扩大—组构变化三个阶段。具体表现为：在干湿循环初期，结晶膨胀和渗透膨胀引发的膨胀力增大，当膨胀力超过黏土间的胶结力时黏土胶结破坏，出现小孔隙。随着干湿循环的进行，矿物颗粒发生溶解并析出，暴露出更多的表面电荷，离子交换作用增强，孔隙进一步扩展。干湿循环后期，部分黏土矿物及脱落的矿物颗粒会发生凝絮或聚集，土体孔隙逐渐扩展或连通，滑带土组构完成转化。这三个阶段先后发生，在滑坡的不同部位对滑坡产生程度各异的影响，土体强度劣化，进而影响滑坡的力学状态。

总地来说，渗流驱动作用会导致滑带的强度劣化，进而影响滑坡的演化状态。滑带会经历成分迁移与改变、微细观结构演变与宏观结构扩张，滑带结构的劣化又为渗流提供了通道，动水与结构的耦合作用最终导致滑带强度持续劣化，促使滑坡启动（图 9.14）。

9.3.3　启动滑移

滑坡地质体内部的渗流场在降雨、库水位等作用下会发生显著变化。这些变化带来的动水荷载效应和强度劣化会进一步引发滑坡应力场的变化，而应力场的变化又会引起滑坡位移场的变化，后者反过来又会影响地质体的渗透性，进而影响渗流场，形成一个复杂的多物理场耦合过程。在这个耦合演变过程中，滑坡地质体结构逐渐劣化，强度参数持续劣化，最终导致滑坡启动滑移。图 9.15 展示了基于滑带分区力学特征的动水驱动型滑坡驱动-阻滑力学模型，用于阐述滑坡启动滑移过程。该模型假设滑坡沿滑带发生整体滑动，滑带被划分为不同的区域$(S_1, S_2, \cdots, S_n)$，每个区域具有不同的力学特性。

在降雨和库水位作用下，滑坡体内的渗流驱动作用增大了不利于滑坡稳定的剪应力，而在各种不利作用下滑带发生劣化，强度降低。一方面动水剪应力增加，另一方面残余强度劣化，两者共同作用下滑坡可分为阻滑区和驱动区，对滑坡稳定分别起阻滑作用和推动作用。

由此，定义滑坡启动力学特征值 R，其表达式为

$$R = \frac{W_{\mathrm{b}i}}{W_{\mathrm{m}i}} \qquad (9.3)$$

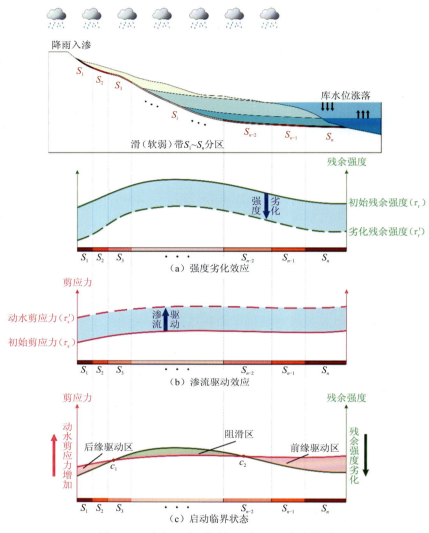

图 9.15　动水驱动型滑坡驱动-阻滑力学模型

c_1 为后缘驱动区和阻滑区转换临界点；c_2 为阻滑区和前缘驱动区转换临界点

$$\begin{cases} W_{bi} = \displaystyle\int_{c_1}^{c_2} \tau_{ri}\, \mathrm{d}s \\[2mm] W_{mi} = \displaystyle\int_1^{c_1} \tau_{si}\, \mathrm{d}s + \int_{c_2}^{n} \tau_{si}\, \mathrm{d}s \\[2mm] \tau_{si} = f(\Delta U_{bi}, \Delta I_{bsi}) \\[2mm] \tau_{ri} = f(\Delta U_{bi}, \Delta I_{msi}) \end{cases} \tag{9.4}$$

式中：W_{bi} 为分区 i 阻滑区等效剪应力功；W_{mi} 为分区 i 驱动区等效剪应力功；τ_{ri} 为分区 i 抗剪强度；τ_{si} 为分区 i 剪应力；ΔU_{bi} 为分区 i 阻滑区动水增量；ΔI_{bsi} 为分区 i 阻滑区滑（软弱）带强度劣化变量；ΔI_{msi} 为分区 i 驱动区滑带强度劣化变量。

根据上述模型计算得到的滑坡启动力学特征值，可以判定动水驱动型滑坡是否达到临界启滑状态。

考虑动态渗透压力、滑带强度劣化等动水效应，动水驱动型滑坡渗流场与强度是随时空动态变化的，主要取决于降雨强度、降雨历时、库水波动速率和时间等，其表达式如下：

$$\begin{cases} h(x,y,z) = f_1(P_1,T,a,t) \\ U(x,y,z) = f_2(P_1,T,a,t) \\ c(x,y,z) = f_3(P_1,T,a,t) \\ \varphi(x,y,z) = f_4(P_1,T,a,t) \end{cases} \tag{9.5}$$

式中：$h(x,y,z)$ 为空间点 (x,y,z) 处浸润面高度；$U(x,y,z)$ 为空间点 (x,y,z) 处渗透压力；$c(x,y,z)$ 为空间点 (x,y,z) 处黏聚力；$\varphi(x,y,z)$ 为空间点 (x,y,z) 处内摩擦角；P_1 为降雨强度；T 为降雨历时；a 为库水波动速率；t 为时间。因此，R 也是动态变化的。

综上，动水驱动型滑坡启滑的物理力学机制是一个涉及多个因素的相互作用的复杂过程，可通过渗流驱动、强度劣化和启动滑移三个方面的核心内容进行阐释。渗流驱动是滑坡启滑的关键触发因素，强度劣化是滑坡启滑的内在机制，而两者互馈作用产生的驱动-阻滑响应是滑坡启动滑移的关键环节。

9.4　滑坡启滑共性机制

不同类型的滑坡虽然在启滑机制上展现出差异性，但它们也存在共同之处。尽管每种滑坡类型都有其独特的孕灾环境条件，并因此表现出不同的启滑机制，但通过深入对比分析锁固解锁型滑坡、动水驱动型滑坡及静态液化型滑坡（庄建琦 等，2015）的启滑机制，可以揭示出不同类型滑坡启滑的共性机制。通过对比分析发现，滑坡启滑具有"动力触发—损伤演化—滑坡启滑"的共性机制（图 9.16）。

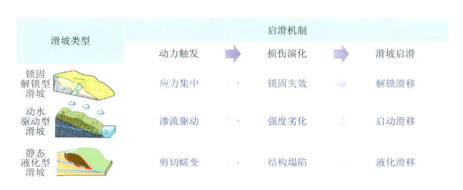

图 9.16　滑坡启滑共性机制

　　"动力触发"是滑坡启滑的驱动力。各类滑坡根据其特性，具备不同的驱动机制，促使滑坡演化发展至启滑。在锁固解锁型滑坡演化的后期阶段，锁固段由于其高强度承受应力集中，加速了锁固段的演化发展。在动水驱动型滑坡中，地下水的渗流是滑坡演化的主要动力。此外，静态液化型滑坡的研究表明，剪切蠕变是黄土内部结构塌陷及强度降低的重要原因。

　　"损伤演化"描述的是在内在动力因素作用下，滑坡关键结构发生突变的物理过程，是滑坡启动的物理基础。在驱动力作用下，滑坡内部结构的损伤是不可逆的。在锁固解锁型滑坡中，锁固段的失效是滑坡启动的关键标志。锁固段的演化及其失效规律，对于揭示锁固解锁型滑坡的启动机制至关重要。在地下水长期渗流的作用下，结构损伤和强度劣化是动水驱动型滑坡启动的直接原因。在静态液化型滑坡中，由于黄土的特殊结构，在静态微小剪切位移下，黄土可发生结构坍塌，滑坡启动滑移。

　　"滑坡启滑"是指关键结构功能失效后，滑坡表现出的与启动临界状态不同的运动学状态。锁固解锁型滑坡、动水驱动型滑坡和静态液化型滑坡分别对应解锁滑移、启动滑移和液化滑移。

　　滑坡启滑机制是滑坡演化动力学研究的关键环节，也是构建滑坡启滑判据的理论基础。揭示重大滑坡的物理力学机制，为构建滑坡启滑判据提供了理论基础。

9.5　本章小结

　　本章深入探讨了重大滑坡启滑的物理力学机制，特别是锁固解锁型滑坡和动水驱动型滑坡的启滑过程及其影响因素，主要研究结论如下。

　　（1）锁固解锁型滑坡和动水驱动型滑坡启滑的共性机制为"动力触发—损伤演化—滑坡启滑"。具体而言，锁固解锁型滑坡的启滑机制为"应力集中—锁固失效—解锁滑移"，动水驱动型滑坡的启滑机制为"渗流驱动—强度劣化—启动滑移"。

　　（2）锁固解锁型滑坡的启滑受到地质结构显著的控制作用，锁固段的破坏是滑坡启滑的关键，揭示了快速匀阻化效应和慢速匀阻化效应，即快解锁启滑机制和慢解锁启滑机制。

　　（3）降雨和库水作用会直接产生动态渗透力和浮托力等荷载效应；动水作用可引起地质体的几何扩容和颗粒冲蚀，导致滑坡地质体结构劣化，从而降低地质体强度。在动水荷载效应和地质结构劣化效应的双重影响下，动水驱动型滑坡产生启动滑移。

参 考 文 献

曹玲，罗先启，2007. 三峡库区千将坪滑坡滑带土干-湿循环条件下强度特性试验研究[J]. 岩土力学，28(S1): 93-97.

崔鹏，苏凤环，邹强，等，2015. 青藏高原山地灾害和气象灾害风险评估与减灾对策[J]. 科学通报，

60(32): 3067-3077.

黄润秋, 李渝生, 严明, 2017. 斜坡倾倒变形的工程地质分析[J]. 工程地质学报, 25(5): 1165-1181.

李广信, 吴剑敏, 2003. 关于地下结构浮力计算的若干问题[J]. 土工基础, 17(3): 39-41.

刘晓, 唐辉明, 刘瑜, 2009. 基于集对分析和模糊马尔可夫链的滑坡变形预测新方法研究[J]. 岩土力学, 30(11): 3399-3405.

彭建兵, 2006. 中国活动构造与环境灾害研究中的若干重大问题[J]. 工程地质学报, 14(1): 5-12.

彭建兵, 杜东菊, 毛彦龙, 等, 1996. 高速飞行弹射型滑坡: 黄河积石峡水电站库区 Ⅴ#滑坡成因[C]//中国地质学会工程地质专业委员会, 中国科学院地质研究所工程地质力学开放研究实验室. 第五届全国工程地质大会文集. 北京: 地震出版社: 137-144.

秦四清, 徐锡伟, 胡平, 等, 2010. 孕震断层的多锁固段脆性破裂机制与地震预测新方法的探索[J]. 地球物理学报, 53(4): 1001-1014.

唐辉明, 2015. 斜坡地质灾害预测与防治的工程地质研究[M]. 北京: 科学出版社.

文宝萍, 申健, 谭建民, 2008. 水在千将坪滑坡中的作用机理[J]. 水文地质工程地质, 35(3): 12-18.

许强, 郑光, 李为乐, 等, 2018. 2018年10月和11月金沙江白格两次滑坡-堰塞堵江事件分析研究[J]. 工程地质学报, 26(6): 1534-1551.

殷跃平, 张永双, 2013. 汶川地震工程地质与地质灾害[M]. 北京: 科学出版社.

殷跃平, 王文沛, 张楠, 等, 2017. 强震区高位滑坡远程灾害特征研究: 以四川茂县新磨滑坡为例[J]. 中国地质, 44(5): 827-841.

张倬元, 黄润秋, 1988. 岩体失稳前系统的线性和非线性状态及破坏时间预报的"黄金分割数"法[C]//中国地质学会工程地质专业委员会. 全国第三次工程地质大会论文选集（下卷）. 成都: 成都科技大学出版社: 1233-1241.

郑颖人, 时卫民, 孔位学, 2004. 库水位下降时渗透力及地下水浸润线的计算[J]. 岩石力学与工程学报, 23(18): 3203-3210.

庄建琦, 彭建兵, 李同录, 等, 2015. "9·17"灞桥灾难性黄土滑坡形成因素与运动模拟[J]. 工程地质学报, 23(4): 747-754.

TANG H M, ZOU Z X, XIONG C R, et al., 2015a. An evolution model of large consequent bedding rockslides, with particular reference to the Jiweishan rockslide in southwest China[J]. Engineering geology, 186: 17-27.

TANG H M, LI C D, HU X L, et al., 2015b. Deformation response of the Huangtupo landslide to rainfall and the changing levels of the Three Gorges Reservoir[J]. Bulletin of engineering geology and the environment, 74: 933-942.

WANG Y S, ZHAO B, LI J, 2018. Mechanism of the catastrophic June 2017 landslide at Xinmo Village, Songping River, Sichuan Province, China[J]. Landslides, 15(2): 333-345.

ZOU Z X, TANG H M, CRISS R E, et al., 2021. A model for interpreting the deformation mechanism of reservoir landslides in the Three Gorges Reservoir area, China[J]. Natural hazards and earth system sciences, 21(2): 517-532.

第10章 基于物理力学过程的滑坡启滑判据

10.1 概 述

启滑判据是滑坡预测预报理论的核心内容之一，也是开展滑坡预警预报的直接依据。当前多基于数理统计或专家经验，针对滑坡演化过程中的表征参量，如基于位移监测数据的变形速率、基于概念模型的安全系数（失效概率），以及关键诱发因素如临界降雨量等进行研究。基于滑坡启滑时的突变或临界特征，建立了一系列以绝对阈值或相对阈值为核心的阈值判据（Intrieri et al.，2019；Segalini et al.，2018；王念秦 等，2008）。这些阈值判据多关注于位移及其衍生参量等滑坡演化的外在表观参量，或者关注于控制滑坡演化的外动力因素（张抒 等，2022）。然而，对地质体结构内因关注不足，加之滑坡演化物理力学过程的复杂性，上述研究常与滑坡演化过程及物理力学机制脱节。

滑坡启滑判据的研究关键在于识别滑坡演化过程中临滑前关键物理量的协同突变行为，以及这些突变行为与滑坡演化物理力学过程之间的内在联系。本章分别针对锁固解锁型滑坡和动水驱动型滑坡，详细阐述启滑判据。

对于锁固解锁型滑坡，重点阐述了内在物理力学过程与斜坡变形破坏过程之间的联系。秦四清等（2010a，2010b，1993）、秦四清（2005）通过构建特征点（体积膨胀点、峰值强度点和残余强度点）与宏观表征参数（剪切位移）之间的量化关系，提出锁固解锁型滑坡的启滑判据。对于动水驱动型滑坡，以不同降雨条件为主要切入点，通过构建耦合时变水头作用的顺层岩质滑坡力学模型、计算顺层岩质滑坡启滑的降雨阈值，提出基于临界水头高度的顺层岩质滑坡启滑判据。

10.2 锁固解锁型滑坡启滑判据

锁固解锁型滑坡的演化及锁固段的变形破坏具有阶段性，通过研究两者不同阶段的演变特征，挖掘所存在的内在物理力学联系，为识别锁固解锁型滑坡启滑判据提供物理力学依据（薛雷 等，2018）。采用数值模拟、室内试验等手段，开展对锁固解锁型滑坡变形过程中关键特征点的研究，包括岩桥锁固段解锁的微震前兆模式及基于临界慢化的锁固段岩体断裂失稳前兆判识。秦四清等（2010a）在锁固解锁型滑坡启滑判据方面做了系统性研究。

10.2.1　锁固解锁型滑坡启滑物理力学判据

斜坡从开始变形至失稳滑动，一般需经历初始蠕滑、等速蠕滑与加速蠕滑 3 个阶段 [图 10.1（a）]，加速蠕滑是其失稳前的显著特征。对于锁固解锁型滑坡，认为其进入加速蠕滑阶段的本质是在坡体自重、降雨、地震等因素作用下，锁固段损伤演化到了一定程度。大量研究表明，锁固段在上覆坡体压剪作用下的变形破坏过程具有阶段性，通常可划分为如图 10.1（b）所示的 5 个阶段，即裂纹闭合阶段 I、弹性变形阶段 II、稳定破裂阶段 III、非稳定破裂阶段 IV 和峰后阶段 V。体积膨胀点、峰值强度点、残余强度点为该过程的三个特征点。

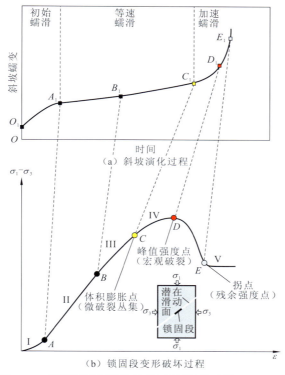

图 10.1　锁固解锁型滑坡演化过程[据薛雷等（2018）]

ε 为剪切应变；σ_1 为第一主应力（最大主应力）；σ_3 为第三主应力（最小主应力）

体积膨胀点为稳定破裂阶段与非稳定破裂阶段的分界点。当外部荷载加载至该特征点时，岩样破坏行为发生显著变化，其本质是在长期环境因素作用下锁固段损伤演化至体积膨胀点。此时，其内部裂纹开启了向宏观破裂演化的自发扩展模式，导致由锁固段提供的抗滑力快速衰减。相应地，斜坡下滑力占据主导地位，斜坡由此呈现出加速蠕滑特征。换言之，锁固段变形破坏过程中体积膨胀点 C 与锁固解锁型滑坡加速蠕滑阶段起点 C_1 之间存在内在本质联系（图 10.1）。

峰值强度点为非稳定破裂阶段与峰后阶段的分界点。当锁固段损伤演化至该特征点时，其发生宏观破裂，表明此时斜坡潜在滑动面已贯通。残余强度点可视为应力-应变曲线峰后阶段的拐点，其物理意义明确，即当锁固段损伤演化至该特征点时，宏观破裂面两侧原本相互咬合的状态被突破，斜坡滑面的抗剪强度降至残余强度，可视为最低值。研究认为，锁固段峰值强度点和残余强度点可视为锁固解锁型滑坡演化进程中的两个特征灾变点，其分别对应着突发型滑坡与渐变型滑坡的发生。

对于在滑面上具有较高强度的应力集中部位的锁固解锁型滑坡，锁固段地质体应力-应变曲线上的体积膨胀点、峰值强度点和残余强度点是其损伤演化过程中的三个关键特征点，标志着以锁固段为主导的滑坡向不稳定状态演变的不同阶段。若能建立这些关键特征点之间的力学关系，就可以根据关键特征点的位移值预测滑坡的启滑过程。采用一维重正化群模型与基于韦布尔（Weibull）分布的损伤-本构模型进行研究，根据秦四清教授团队多年的研究成果（Xue et al.，2015；秦四清 等，2011，2010b），用经典的韦布尔分布表示锁固段在剪切状态下的破坏概率 p：

$$p = 1 - e^{-\left(\frac{\varepsilon}{\varepsilon_0}\right)^m} \tag{10.1}$$

式中：ε 为锁固段沿滑面的剪切应变；ε_0 为平均剪切应变的测度；m 为韦布尔分布的形状参数，可表征材料微元强度初始分布的非均匀程度。

基于式（10.1），具有应变软化性质的锁固段在剪切状态下的损伤-本构模型为

$$\tau = G_s \varepsilon e^{-\left(\frac{\varepsilon}{\varepsilon_0}\right)^m} \tag{10.2}$$

式中：τ 为剪应力；G_s 为初始剪切模量。

基于式（10.2），分别求关于 ε 的一阶和二阶导数，利用两者在峰值强度点和残余强度点处分别为零的条件，可得

$$\varepsilon_f / \varepsilon_0 = (1 / m)^{1/m} \tag{10.3}$$

$$\varepsilon_t / \varepsilon_0 = [(m+1) / m]^{1/m} \tag{10.4}$$

式中：ε_f 和 ε_t 分别为锁固段在峰值强度点和残余强度点处沿滑面的剪切应变。

锁固段的破裂行为在体积膨胀点发生了质变，由稳定破裂阶段发展为非稳定破裂阶段，故体积膨胀点可视为重正化群理论中的不稳定不动点 p_c（图 10.2）。基于锁固段破裂一维重正化群模型，该点的临界破坏概率为

$$p = 1 - 2^{\frac{1}{1-2^m}} \tag{10.5}$$

将式（10.5）代入式（10.1）得

$$\varepsilon_c / \varepsilon_0 = [\ln 2 / (2^m - 1)]^{1/m} \tag{10.6}$$

式中：ε_c 为锁固段在体积膨胀点处沿滑面的剪切应变。

分别求式（10.3）与式（10.6）、式（10.4）与式（10.6）及式（10.4）与式（10.3）的比值，并用锁固段在体积膨胀点、峰值强度点与残余强度点处的剪切位移 u_c、u_f 与 u_t 分别替换相应的剪切应变 ε_c、ε_f 与 ε_t。将锁固段地质体在峰值强度点的剪切位移 u_f 与其在体积膨胀点的剪切位移 u_c 的比值视作滑坡脆性破坏的主控指标，将锁固段地质体在残余强度点的剪切位移 u_t 与 u_c 的比值作为滑坡蠕变破坏的主控指标。

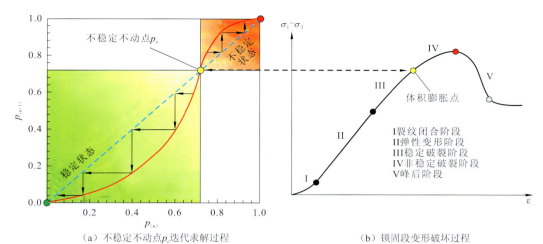

（a）不稳定不动点 p_c 迭代求解过程　　　　　　　（b）锁固段变形破坏过程

图 10.2　锁固段体积膨胀点的物理意义[据薛雷等（2018）]

$p_{(n)}$ 为第 n 级块体临界破坏概率

剪切位移比仅依赖于韦布尔分布的形状参数 m，公式如下：

$$u_f / u_c = [(2^m - 1) / (m \ln 2)]^{1/m} \tag{10.7}$$

$$u_t / u_c = [(1 + m)(2^m - 1) / (m \ln 2)]^{1/m} \tag{10.8}$$

$$u_t / u_f = (1 + m)^{1/m} \tag{10.9}$$

由式（10.7）～式（10.9）可知，剪切位移只与参数 m 相关。m 表征了考虑地质体材料异质性、围压、加载速率和含水量等不同条件时的应力-应变曲线的形状。因此，m 可以全面反映各种内部和外部因素对锁固段损伤行为的影响。由于高异质性且慢速加载的锁固段的 m 较低，对于单锁固段斜坡一般取 m 为 1.0～4.0。剪切位移比对 m 的变化并不敏感，故可用其在该范围内的平均值近似表示，则式（10.7）～式（10.9）可简化为

$$u_f = 1.48 u_c \tag{10.10}$$

$$u_t = 2.49 u_c \tag{10.11}$$

$$u_t = 1.68 u_f \tag{10.12}$$

当斜坡存在多锁固段时，薛雷等（2018）进一步推导出了多锁固段逐次贯通破坏的临界位移准则和最后一个锁固段损伤演化至残余强度点处的临界位移准则：

$$u_f(k) = 1.48^k u_c \tag{10.13}$$

$$u_{t\text{-last}} = 2.49 u_{c\text{-last}} \tag{10.14}$$

$$u_{t\text{-last}} = 1.68 u_{f-\text{last}} \tag{10.15}$$

式中：u_c 和 $u_t(k)$ 分别为第 1 个锁固段体积膨胀点和第 k 个锁固段峰值强度点处沿滑面的剪切位移；$u_{c\text{-last}}$、$u_{f\text{-last}}$ 和 $u_{t\text{-last}}$ 分别为最后一个锁固段在体积膨胀点、峰值强度点和残余强度点处沿滑面的剪切位移。

式（10.13）～式（10.15）可用于推测滑坡发生时的剪切位移，模型中的常数 1.48、2.49、1.68 可以较好地避免准确测定深部岩石物理力学参数的困难，可作为锁固解锁型滑坡启滑的物理力学判据。

10.2.2　岩桥锁固段解锁的微震前兆模式

岩桥锁固段的微震前兆模式对于识别锁固解锁与预测滑坡启滑至关重要。室内试验结果表明，受压剪作用的岩桥在损伤至体积膨胀点和峰值强度点时，声发射事件数量剧增。然而，由于试样的非均质性和裂纹的多次丛集性扩展效应，单纯依据声发射事件数量的剧增来判识破裂特征点存在不确定性。因此，必须同时考虑不同特征点处破裂事件的强度（能级）差异。

采用 RFPA^{2D} 和 PFC^{3D} 对室内岩桥直剪试验进行数值模拟，结果表明，从体积膨胀点演化至峰值强度点的过程中声发射事件呈现特殊的模式（图 10.3）。具体而言，在岩桥体积膨胀点和峰值强度点处分别发生一次高能级声发射事件，即标志性事件，可指示这两个破裂特征点，而两者之间的声发射事件能级则普遍较低。此外，缓慢的加载速率有利于这一模式的形成，为岩桥锁固段解锁与滑坡启滑提供了一个可判识的前兆。

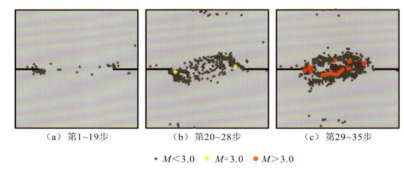

　（a）第1~19步　　　　　（b）第20~28步　　　　　（c）第29~35步

• $M<3.0$　　◆ $M=3.0$　　● $M>3.0$

图 10.3　不同能级水平的声发射事件时空分布［据陈竑然等（2018）］

M 为能级水平

体积膨胀点和峰值强度点处的标志性事件能级随着岩桥尺寸、法向应力和平均细观单元强度的增大而升高（图 10.4）。这是因为增加的法向应力和平均细观单元强度提升了锁固段的承载力，使其能够累积更多的应变能，从而在破裂时产生更高能级的声发射事件。尽管如此，两个破裂特征点处的标志性事件的能级差始终保持相对恒定（0.5~0.7，见图 10.4）。这表明体积膨胀点和峰值强度点之间存在内在力学联系，两点对应的标志性事件的能量水平不存在巨大差距，指示锁固段体积膨胀点的破裂事件不是低能级的小事件。小事件在岩石起裂后就持续发生，只是岩石破裂过程中的随机事件。此外，这种能级差的恒定特征有助于人们根据体积膨胀点处的标志性事件能级预判岩桥锁固段解锁的破裂事件规模，进而预估锁固解锁型滑坡的危害程度。

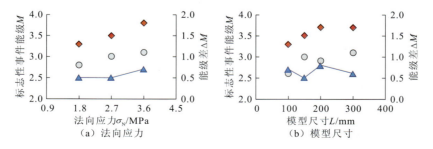

（a）法向应力　　　　　　　　　　（b）模型尺寸

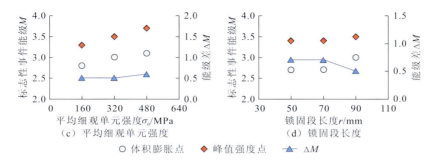

图 10.4　体积膨胀点与峰值强度点处的标志性事件能级与两者差值ΔM 随法向应力、
模型尺寸、平均细观单元强度和锁固段长度的变化[据陈竑然等（2018）]

10.2.3　基于临界慢化的锁固段岩体断裂失稳前兆判识

根据临界慢化理论计算得到花岗岩、页岩、红砂岩和类岩材料的声发射特征参数（如累计声发射计数、声发射能率、上升时间与声发射信号的幅值之比 RA、主频占比和超过门槛值的声发射振铃计数与撞击的持续时间之比 RA/AF）的方差，如图 10.5 所示。图 10.5中灰色条带表示岩石演化过程中的非稳定破裂阶段。上述测试试样的方差曲线呈现出诸多共性特征。测试试样损伤演化至 IV 阶段前，岩石系统相态尚未发生改变，不同类型岩石声发射特征参数的方差曲线在该阶段相对稳定。当测试试样损伤演化至 IV 阶段时，声发射特征参数的方差均呈现出不同程度的陡增，出现显著的临界慢化现象。需要指出的是，上述声发射特征参数的临界慢化特征出现的时刻对应于裂纹损伤应力点。因此，该前兆特征模式具有明确的物理内涵，标志着大量剪切裂纹的萌生、扩展及非稳定破裂的开始。

然而，在不同类型的岩石中，声发射特征参数临界慢化特征的显著程度是存在差异的。对于页岩[图 10.5（b）]，几乎所有的声发射特征参数均在 IV 阶段表现为显著的临界慢化特征，但是前兆点明显滞后于应力-应变曲线所确定的损伤应力阈值点；对于花岗岩[图 10.5（a）]和红砂岩[图 10.5（c）]，累计声发射计数、RA 和 RA/AF 在加速破坏阶段均呈现出显著的突增，而声发射能率和主频占比在相变发生前局部存在方差曲线的突变，容易让人们错误判识岩石材料的断裂前兆，这与晶间滑移位错及微孔洞的塌陷密切相关；对于类岩材料[图 10.5（d）]，除声发射能率、RA 以外的其他声发射特征参数的临界慢化特征并不显著，尤其是累计声发射计数和主频占比在相态转变前出现了反复大幅度起伏变化，这是因为类岩材料内部密实度差、微孔隙结构密集发育且胶结能力弱。虽然不同类型岩石材料在微观结构上的差异性会导致临界慢化特征显著程度的不同，但是对于天然岩石材料，累计声发射计数、声发射能率、RA、主频占比和 RA/AF 在方差上的突增均可作为岩石断裂的前兆特征。

根据临界慢化理论计算得到花岗岩、页岩、红砂岩和类岩材料的声发射特征参数的自相关系数，如图 10.6 所示。从整体上来看，相对于方差曲线的规律性变化，不同类型岩石材料的声发射特征参数的自相关系数曲线随着加载的进行呈现波动的杂乱无序变

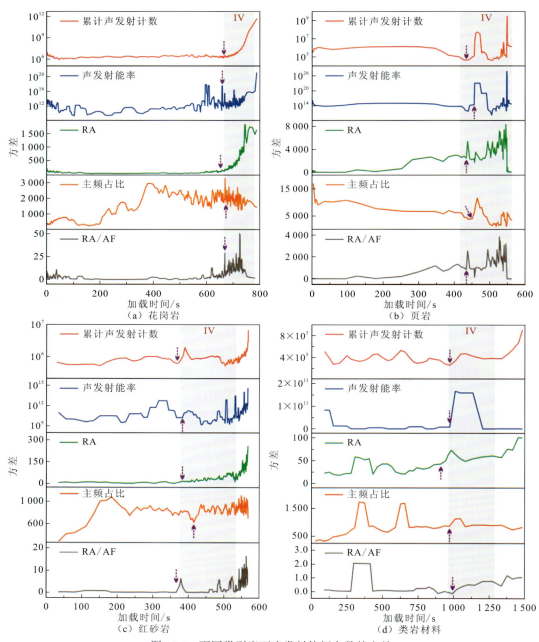

图 10.5　不同类型岩石声发射特征参数的方差

化。在岩石相态发生改变前产生了较多的伪信号，其前兆信号难以准确识别。此外，不同类型岩石材料的自相关系数存在明显的差异。对于页岩[图 10.6（b）]，当测试试样损伤演化至 IV 阶段时，所有的声发射特征参数均出现陡增，其临界慢化特征显著。虽然在前兆点之前的时间区间内页岩的自相关系数曲线并不平稳，但是其较小的波动频率

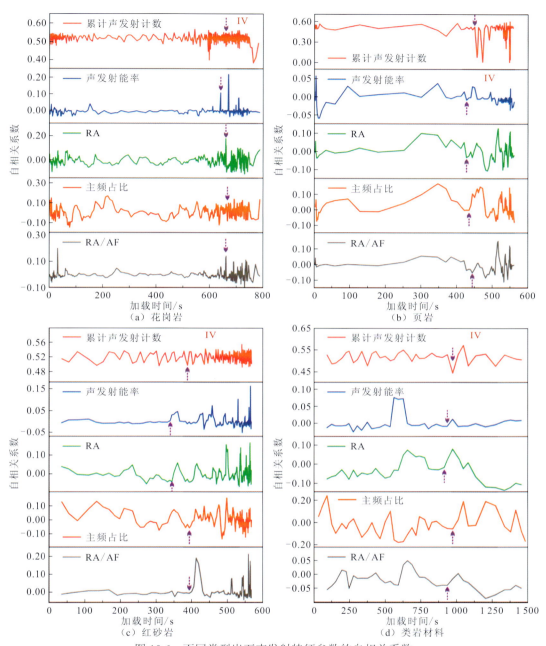

图 10.6　不同类型岩石声发射特征参数的自相关系数

并不影响前兆信号的识别。对于花岗岩[图 10.6（a）]和红砂岩[图 10.6（c）]，采用声发射能率、RA 及 RA/AF 所表征的临界慢化特征具有较高的可识别性，而累计声发射计数和主频占比在没有其他变量的参照下，很难根据突增现象判识材料的失稳前兆点。类岩材料自相关系数曲线[图 10.6（d）]的波动幅度和频率是所有测试试样中最高的，也是基于临界慢化特征识别失稳前兆点最为困难的一组。上述岩石材料自相关系数的差异性推测与岩石组分和微观结构的非均匀程度有关。页岩发育 60° 的层理面，表现为结构上的强非均匀性。花岗岩和红砂岩均为完整测试试样，结构上的非均匀性较低。采用的类岩材料强度低、脆性低，整个加载过程中剪切型裂纹占比低，所以临界慢化的特征最不显著。因此，高脆性、高强度和强非均匀性的岩石材料呈现出更为显著的临界慢化特征和易于判识的断裂前兆特征。

综合而言，声发射特征参数的方差在表征临界慢化特征方面明显优于自相关系数。声发射能率、RA 及 RA/AF 在表征不同岩石类型中声发射临界慢化特征的稳定性方面明显优于累计声发射计数和主频占比。因此，从提高前兆信号可判识性和准确性的角度，建议将声发射能率、RA 及 RA/AF 的方差和自相关系数分别作为破裂启滑前兆的第一判据和第二判据。

10.3　动水驱动型滑坡启滑判据

降雨使滑坡内产生水头压力差，是驱动滑坡启动滑移的关键因素。本节针对具有软弱夹层的顺层岩质滑坡，考虑不同的降雨模式，构建基于耦合时变水头的顺层岩质滑坡的力学模型，提出基于临界水头高度的顺层岩质滑坡启滑判据。

10.3.1　耦合时变水头作用下顺层岩质滑坡力学模型

基于典型顺层岩质滑坡——大包山滑坡的工程地质模型［图 10.7（a）］，建立其概化模型［图 10.7（b）］。同时，考虑到岩体的最小水力传导率，将滑坡简化为被底部软弱夹层和后缘张拉裂隙切割的模型。如图 10.7（c）、（d）所示，模拟了在均匀和单峰降雨条件下，二维饱和软弱夹层中的入渗过程。

（a）大包山滑坡

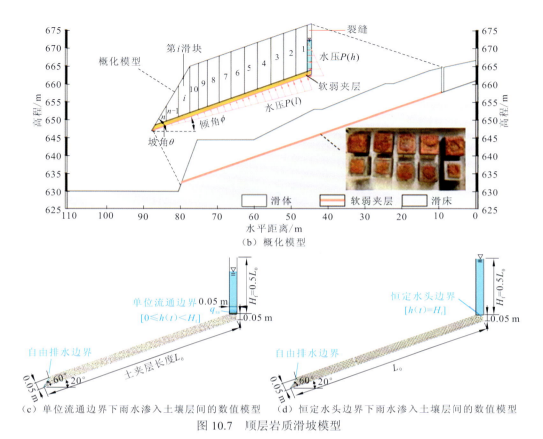

（b）概化模型

（c）单位流通边界下雨水渗入土壤层间的数值模型　　（d）恒定水头边界下雨水渗入土壤层间的数值模型

图 10.7　顺层岩质滑坡模型

$P(h)$ 为裂缝中任意位置 h 对应的水压；$P(l)$ 为软弱夹层中任意位置 l 对应的水压；t 为时间

下面推导考虑不同入渗情况降雨期间任意时刻 t_i 的时变水头。当时变雨强 $q(t)>q_1$（裂隙中无水填充时的临界雨强）时，饱和入渗过程受重力梯度和水压水头梯度驱动 [图 10.8（b）]。根据达西定律和质量守恒定律，有

$$q(t)A_i\partial t = K_s\left[\frac{L_0\sin\phi + h(t)}{L_0}\right]A_s\partial t + A_f\partial h(t) \qquad (10.16)$$

式中：$q(t)$ 为时变雨强；A_i 为裂缝截面积；A_s 为土夹层截面积；A_f 为裂缝面积；K_s 为土层间饱和渗透系数；ϕ 为土夹层倾角；$h(t)$ 为时变水头。

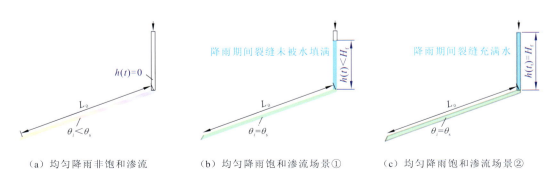

（a）均匀降雨非饱和渗流　　　（b）均匀降雨饱和渗流场景①　　　（c）均匀降雨饱和渗流场景②

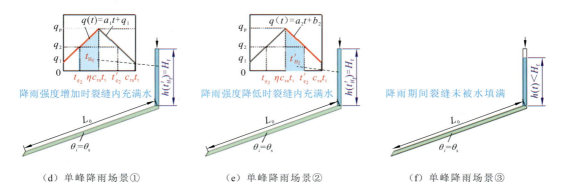

（d）单峰降雨场景①　　　　　（e）单峰降雨场景②　　　　　（f）单峰降雨场景③

图 10.8　不同降雨模式下入渗场景示意图

q_p 为峰值雨强；t'_{H_f} 为雨强减小过程中水头达到裂隙高度 H_f 的时间；θ_i 为土夹层任意位置的含水率；θ_s 为饱和含水率

对其进行求解，可得

$$h(t) = c \cdot e^{\lambda(t_i - t)} + e^{\lambda(t_i - t)} \int_{t_i}^{t} \{[q(t) - K_s \sin\phi] \cdot e^{\lambda(t_i - t)}\} \, dt \qquad (10.17)$$

式中：c 为系数；$\lambda = K_s / L_0$，L_0 为土夹层长度；t_i 为降雨期间的任意时刻。

假设初始水头为 0，则式（10.17）可简化为

$$h(t) = (1 - e^{-\lambda t})\left(\frac{q_{ra}}{K_s} - \sin\phi\right) L_0 \qquad (10.18)$$

式中：q_{ra} 为降雨强度。

考虑均匀降雨时，若 $q_1 \leqslant q_{ra} \leqslant q_2$，$q_1$ 为裂隙中无水填充时的临界雨强，q_2 为裂隙中充满水时的临界雨强，降雨期间裂隙无法被水填满，此时，$q(t) = q_{ra}$，则有

$$h(t) = e^{-\lambda t} \int_{0}^{t} \{[q(t) - K_s \sin\phi] \cdot e^{\lambda t}\} \, dt \qquad (10.19)$$

对式（10.19）等号两端同时求导，可以得到水头上升速率：

$$\frac{\partial}{\partial t} h(t) = e^{-\lambda t}(q_{ra} - q_1) > 0 \qquad (10.20)$$

因此，水头 $h(t)$ 与降雨强度 q_{ra} 正相关。对应于无限降雨持续时间的最大水头 h_{max} 为

$$h_{max} = \lim_{t \to \infty} h(t) = \left(\frac{q_{ra}}{K_s} - \sin\phi\right) L_0 \qquad (10.21)$$

当 $q_{ra} > q_2$ 时，在持续降雨条件下，裂隙会被水填满［图 10.8（c）］。水头 $h(t)$ 的函数表达式与式（10.18）相同，当变化的水头达到裂隙高度 H_f 时，可以建立以下方程：

$$h(t_t) = H_f = (1 - e^{-\lambda t_t})\left(\frac{q_{ra}}{K_s} - \sin\phi\right) L_0 \qquad (10.22)$$

式中：t_t 为裂缝被雨水填满所对应的总降雨时间，有

$$t_t = -\frac{L_0}{K_s} \ln\left[1 - \frac{H_f}{(q_{ra}/K_s - \sin\phi) L_0}\right] \qquad (10.23)$$

当考虑单峰降雨时，裂隙高度 H_f、雨量系数 η 和降雨强度 q_{ra} 综合决定了三种入渗场景。

场景①：随着降雨强度的增加，裂隙被水填满［图 10.8（d）］，则有

$$h(t) = \begin{cases} \dfrac{a_1}{\lambda^2}(\mathrm{e}^{-\lambda t} + \lambda t - 1), & 0 \leqslant t < t_{H_\mathrm{f}} \\[2mm] H_\mathrm{f}, & t_{H_\mathrm{f}} \leqslant t < t'_{q_2} \\[2mm] \mathrm{e}^{\lambda}(t_{q_2} - t)\left(H_\mathrm{f} - \dfrac{a_2 t_{q_2}}{\lambda} + \dfrac{a_2}{\lambda^2} - \dfrac{b_2 - q_1}{\lambda} \right) + \left(\dfrac{a_2 t}{\lambda} - \dfrac{a_2}{\lambda^2} + \dfrac{b_2 - q_1}{\lambda} \right), & t'_{q_2} \leqslant t \leqslant c_\mathrm{ra} t_\mathrm{t} \end{cases} \quad （10.24）$$

场景②：在降雨强度增加期间，裂隙不会充满水，在降雨强度减小期间，裂隙会被雨水填满，如图 10.8（e）所示。因此，有

$$h(t) = \begin{cases} \dfrac{a_1}{\lambda^2}(\mathrm{e}^{-\lambda t} + \lambda t - 1), & 0 \leqslant t < \eta c_\mathrm{ra} t_\mathrm{t} \\[2mm] \dfrac{1}{\lambda}\left(a_1 \eta c_\mathrm{ra} t_\mathrm{t} - \dfrac{a_1}{\lambda} + q_1 - a_2 \eta c_\mathrm{ra} t_\mathrm{t} + \dfrac{a_2}{\lambda} - b_2 \right)\mathrm{e}^{\lambda(\eta c_\mathrm{ra} t_\mathrm{t} - t)} & \\[2mm] \quad + \dfrac{a_1}{\lambda^2}\mathrm{e}^{-\lambda t} + \dfrac{1}{\lambda}\left(a_2 t - \dfrac{a_2}{\lambda} + b_2 - q_1 \right), & \eta c_\mathrm{ra} t_\mathrm{t} \leqslant t < t'_{H_\mathrm{f}} \\[2mm] H_\mathrm{f}, & t'_{H_\mathrm{f}} \leqslant t < t'_{q_2} \\[2mm] \mathrm{e}^{\lambda(t'_{q_2} - t)}\left(H_\mathrm{f} - \dfrac{a_2 t'_{q_2}}{\lambda} + \dfrac{a_2}{\lambda^2} - \dfrac{b_2 - q_1}{\lambda} \right) + \left(\dfrac{a_2 t}{\lambda} - \dfrac{a_2}{\lambda^2} + \dfrac{b_2 - q_1}{\lambda} \right), & t'_{q_2} \leqslant t \leqslant c_\mathrm{ra} t_\mathrm{t} \end{cases} \quad （10.25）$$

场景③：降雨期间裂隙无法被雨水填满，即 $h(t) < H_\mathrm{f}$，如图 10.8（f）所示，有

$$h(t) = \begin{cases} \dfrac{a_1}{\lambda^2}(\mathrm{e}^{-\lambda t} + \lambda t - 1), & 0 \leqslant t < \eta c_\mathrm{ra} t_\mathrm{t} \\[2mm] \dfrac{\mathrm{e}^{\lambda(\eta c_\mathrm{ra} t_\mathrm{t} - t)}}{\lambda}\left(a_1 \eta c_\mathrm{ra} t_\mathrm{t} - \dfrac{a_1}{\lambda} + q_1 - a_2 \eta c_\mathrm{ra} t_\mathrm{t} + \dfrac{a_2}{\lambda} - b_2 \right) & \\[2mm] \quad + \dfrac{a_1}{\lambda^2}\mathrm{e}^{-\lambda t} + \dfrac{1}{\lambda}\left(a_2 t - \dfrac{a_2}{\lambda} + b_2 - q_1 \right), & \eta c_\mathrm{ra} t_\mathrm{t} \leqslant t \leqslant c_\mathrm{ra} t_\mathrm{t} \end{cases} \quad （10.26）$$

式中：a_1、a_2、b_2 为常数；t_{q_2} 为雨强在上升期间达到 q_2 时对应的时间；t'_{q_2} 为雨强在下降期间达到 q_2 时对应的时间；c_ra 为降雨集中系数，$c_\mathrm{ra} = t'_\mathrm{t} / t_\mathrm{t}$，$t'_\mathrm{t}$ 为单峰降雨条件下的总降雨时间；t_{H_f} 为雨强增大过程中水头达到裂隙高度 H_f 的时间。

由此，可以得到沿软弱夹层的总水压力，从而计算动态稳定性系数：

$$F_\mathrm{s} = \frac{\sum R_i}{\sum S_i} = \frac{R_\mathrm{sum}}{S_\mathrm{sum}} = \frac{c' L_0 + [W_g - 0.5\gamma_\mathrm{w} h(t) L_0 - 0.5\sin\phi\gamma_\mathrm{w} h^2(t)]\tan\varphi'}{W_g \sin\theta + 0.5\cos\theta\gamma_\mathrm{w} h(t) L_0} \quad （10.27）$$

式中：R_i 为抗滑力；S_i 为下滑力；R_sum 为总抗滑力；S_sum 为总下滑力；c' 为有效黏聚力；φ' 为有效内摩擦角；W_g 为滑体重力；γ_w 为水的重度。

根据该动态稳定性评价模型可以计算出不同类型降雨入渗条件下边坡整个降雨过程的动态稳定性系数。

分别对 R_sum 和 S_sum 关于 $h(t)$ 求导，可得到以下方程：

$$\begin{cases} \dfrac{\partial R_\mathrm{sum}}{\partial h(t)} = -[\sin\phi\gamma_\mathrm{w} h(t) + 0.5\gamma_\mathrm{w} L_0]\tan\varphi' < 0 \\[3mm] \dfrac{\partial S_\mathrm{sum}}{\partial h(t)} = 0.5\cos\phi\gamma_\mathrm{w} L_0 > 0 \end{cases} \quad （10.28）$$

稳定性系数 F_s 与水头 $h(t)$ 负相关。因此，在不同降雨条件下，对应于最大水头的最小稳定性系数 F_{min} 可以通过表 10.1 所示的方式获得。

表 10.1　不同降雨条件下边坡最小稳定性系数

降雨类型	场景	F_{min}
均匀降雨	场景①	$F_s(h_{max}) = \dfrac{c'L_0 + (W_g - 0.5\gamma_w h_{max}L_0 - 0.5\sin\phi\gamma_w h_{max}^2)\tan\varphi'}{W_g\sin\theta + 0.5\cos\theta\gamma_w h_{max}L_0}$
	场景②	$F_s(H_f) = \dfrac{c'L_0 + (W_g - 0.5\gamma_w H_f L_0 - 0.5\sin\phi\gamma_w H_f^2)\tan\varphi'}{W_g\sin\theta + 0.5\cos\theta\gamma_w H_f L_0}$
单峰降雨	场景①	$F_s(H_f) = \dfrac{c'L_0 + (W_g - 0.5\gamma_w H_f L_0 - 0.5\sin\phi\gamma_w H_f^2)\tan\varphi'}{W_g\sin\theta + 0.5\cos\theta\gamma_w H_f L_0}$
	场景②	$F_s(H_f) = \dfrac{c'L_0 + (W_g - 0.5\gamma_w H_f L_0 - 0.5\sin\phi\gamma_w H_f^2)\tan\varphi'}{W_g\sin\theta + 0.5\cos\theta\gamma_w H_f L_0}$
	场景③	$F_s[h(t')] = \dfrac{c'L_0 + [W_g - 0.5\gamma_w h(t')L_0 - 0.5\sin\phi\gamma_w h^2(t')]\tan\varphi'}{W_g\sin\theta + 0.5\cos\theta\gamma_w h(t')L_0}$

注：t' 为场景③裂缝中的水头达到最大值对应的时间。

10.3.2　顺层岩质滑坡启滑的降雨阈值

基于极限平衡状态，计算出斜坡失稳所对应的水头高度 h_{cr}。再根据达西定律、质量守恒定律，计算出不同类型降雨作用下达到该临界水头所需的降雨时间 t_{cr}，进而计算出滑坡启滑所需的临界降雨量阈值，从而基于物理力学机制实现对含软弱夹层和竖向张裂缝的顺层岩质滑坡的预测。

在均匀降雨条件下，对应滑坡启滑的关键降雨量 Q_{cr} 可以表示如下：

$$Q_{cr} = q_{ra}t_{cr} = \begin{cases} \dfrac{q_{ra}}{\lambda}\ln\left(\dfrac{q_{ra} - \sin\phi\lambda L_0}{q_{ra} - \sin\phi\lambda L_0 - \lambda h_{cr}}\right), & h_{cr} < H_f \\ \dfrac{q_{ra}}{\lambda}\ln\left(\dfrac{q_{ra} - \sin\phi\lambda L_0}{q_{ra} - \sin\phi\lambda L_0 - \lambda H_f}\right), & h_{cr} = H_f \end{cases} \quad （10.29）$$

在单峰降雨条件下，对应滑坡启滑的关键降雨量 Q'_{cr} 可以表示如下：

$$Q'_{cr} = \begin{cases} \dfrac{1}{2}t_{cr}(q_{cr} + q_1), & 0 \leqslant t_{cr} < \eta c_{ra}t_t \\ q_{ra}t_t - \dfrac{1}{2}(c_{ra}t_{H_f} - t_{cr})(q_{cr} + q_1), & \eta c_{ra}t_t \leqslant t_{cr} \leqslant c_{ra}t_t \end{cases} \quad （10.30）$$

式中：q_{cr} 为临界降雨时间 t_{cr} 对应的降雨强度。

由此，分别建立均匀降雨和单峰降雨的启滑判据（R_{cr} 和 R'_{cr}），可以用于均匀降雨和单峰降雨下含软弱夹层和竖向张裂缝的顺层岩质滑坡的预测：

$$R_{cr} = \frac{Q_{cr}}{Q_t} = \begin{cases} \dfrac{1}{\lambda t_t} \ln\left(\dfrac{q_{ra} - \sin\phi\lambda L_0}{q_{ra} - \sin\phi\lambda L_0 - \lambda h_{cr}} \right), & h_{cr} < H_f \\[3mm] \dfrac{1}{\lambda t_t} \ln\left(\dfrac{q_{ra} - \sin\phi\lambda L_0}{q_{ra} - \sin\phi\lambda L_0 - \lambda H_f} \right), & h_{cr} = H_f \end{cases} \quad (10.31)$$

$$R'_{cr} = \frac{Q'_{cr}}{Q_t} = \begin{cases} \dfrac{0.5 t_{cr}(q_{cr} + q_1)}{q_{ra} t_t}, & 0 \leqslant t_{cr} < \eta c_{ra} t_t \\[3mm] \dfrac{q_{ra} t_t - 0.5(c_{ra} t_{H_f} - t_{cr})(q_{cr} + q_1)}{q_{ra} t_t}, & \eta c_{ra} t_t \leqslant t_{cr} \leqslant c_{ra} t_t \end{cases} \quad (10.32)$$

式中：Q_t 为参考条件（$q_{ra} = K_s = 1.0 \times 10^{-4}$ m/s，$H_f = 5$ m）下裂缝充满水时段对应的累计降雨量。

在均匀降雨条件下，图 10.9（a）展示了变量 R_{cr} 随不同降雨强度 q_{ra} 和临界水头 h_{cr} 的等高线图。可以看出，滑坡启滑对应的 R_{cr} 与降雨强度 q_{ra} 密切相关。图 10.9（a）中的五个代表性剖面表明，当降雨强度 q_{ra} 超过 q_{cr} 时，滑坡开始启滑，并且随着降雨强度的增加，R_{cr} 会减小。如图 10.9（b）所示，黑色虚线下方的区域表明，与滑坡启滑对应的 R_{cr} 小于参考条件下的 R_{cr}（即 $q_{ra} = K_s = 1.0 \times 10^{-4}$ m/s，$H_f = 5$ m）；否则，它大于参考条件下的 R_{cr}。

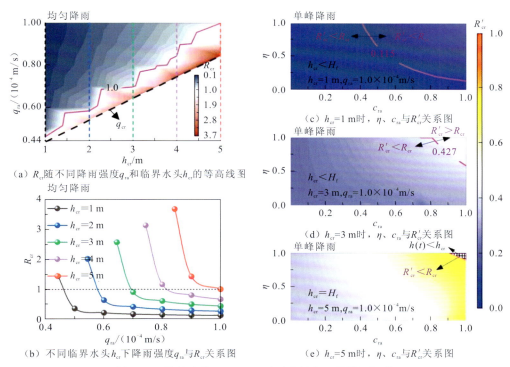

（a）R_{cr} 随不同降雨强度 q_{ra} 和临界水头 h_{cr} 的等高线图

（b）不同临界水头 h_{cr} 下降雨强度 q_{ra} 与 R_{cr} 关系图

（c）$h_{cr} = 1$ m 时，η、c_{ra} 与 R'_{cr} 关系图

（d）$h_{cr} = 3$ m 时，η、c_{ra} 与 R'_{cr} 关系图

（e）$h_{cr} = 5$ m 时，η、c_{ra} 与 R'_{cr} 关系图

图 10.9　临界失稳（$F_s = 1$）时对应的归一化降雨阈值

在单峰降雨条件下［图 10.9（c）～（e）］，雨量系数对滑坡启滑对应的降雨阈值有显著影响。值得注意的是，系数 c_{ra} 和 n 越大，滑坡达到极限平衡状态所需的降雨阈值越

大。后峰雨型对应的滑坡临界平衡状态的降雨阈值最高，其次是中峰雨型，前峰雨型的降雨阈值最低。另一个显著特征是，在品红色线左侧的区域 $R_{cr} > R'_{cr}$，而在品红色线右侧的区域 $R'_{cr} > R_{cr}$[图 10.9（c）、（d）]。此外，由于 $h(t) < h_{cr}$，滑坡无法在图 10.9（e）中右上角的阴影区域达到极限平衡状态。

以湖北大包山滑坡为例对判据进行了案例验证，验证结果较好（图 10.10）。该滑坡为动水驱动型顺层岩质滑坡，滑坡破坏发生时有连续 4 天的递减型降雨（日降雨量为 5～45 mm）。

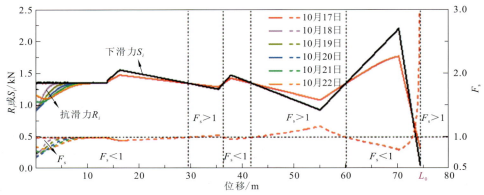

图 10.10　大包山滑坡下滑力（S_i）、抗滑力（R_i）和稳定性系数（F_s）曲线

10.4　滑坡启滑通用判据

10.2 节、10.3 节分别建立了锁固解锁型滑坡与动水驱动型滑坡启滑判据。为建立更具普适性的滑坡启滑通用判据，进一步梳理滑坡启滑判据的指标体系，并基于滑坡演化的物理力学机制，提出构建滑坡启滑通用判据的思路。

滑坡演化是在内外多因素作用下的复杂物理力学过程。影响滑坡演化的内在因素参量包括滑坡结构、强度、渗透特性等；外在因素参量包括降雨、库水位和地下水位等。在这些因素的共同作用下，滑坡通过滑移与变形的方式实现内部应力的均衡调整。演化过程中同时伴随着裂缝的发展及能量的转换与释放。因此，滑坡的位移、能量的释放及裂缝的发展均可视为滑坡演化过程中的关键表征参数。具体来说，滑坡的位移能够反映滑坡体在各类应力环境下所呈现的运动状态，是滑坡状况的直接体现。能量的释放揭示了滑坡体内应力的调整与重新分布，构成滑坡演化过程中的主要动力来源。裂缝的发展则指示了滑坡体内部的破坏与变形情况，是判断滑坡演化阶段的重要依据。通过对滑坡的位移、应力、能量及裂缝等表征参数进行监测与分析，可以更加深入地揭示滑坡演化过程。因此，滑坡演化过程指标体系的构建可从影响滑坡演化的内在因素参量、外在因素参量及滑坡的表征参数入手，考虑指标之间的相互关联关系，形成完整的指标体系，如图 10.11 所示。

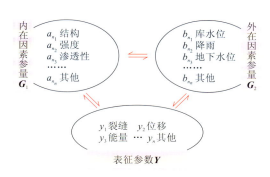

图 10.11　滑坡演化过程指标体系

　　滑坡演化方程是描述滑坡发展过程的关键数学工具。作为一种复杂的地质现象，滑坡的孕育与演化受到众多内在及外在因素的共同作用。通过构建演化方程，可以用数学函数来表述这些因素及其相互作用。基于滑坡演化过程指标体系，探讨影响滑坡演化的内在因素参量（G_1）、外在因素参量（G_2）与表征参数（Y）之间的相互关系，并建立滑坡演化过程的本构方程。依据滑坡的演化特性，将其过程划分为多个阶段，各阶段的转折点标志着滑坡运动状态的改变。通过分析各阶段转折点的特征，构建基于转折点特征的指标体系中各参数的关系式，以实现对滑坡演化阶段的判识。值得注意的是，滑坡由加速变形阶段向破坏阶段转变的转折点，即启滑运动点，其相应的关系式构成了滑坡启滑通用判据（图 10.12），所确定的表征参数则为滑坡启滑的阈值。

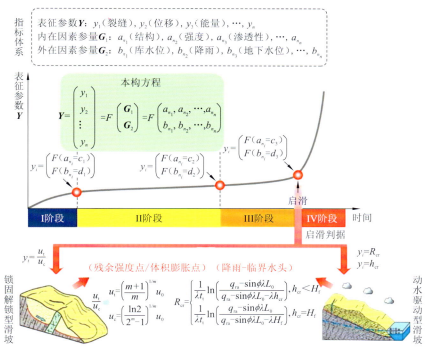

图 10.12　基于物理力学过程的滑坡启滑判据构建

u_0 为平均应变的测度；c_1、d_1、c_2、d_2、c_3、d_3 为特征点数值

针对不同类型滑坡，通过选取其中的主要指标参量，简化通用判据，可以得到不同类型滑坡的启滑判据。例如，针对锁固解锁型滑坡，可以以残余强度点与体积膨胀点位移特征比为启滑判据；针对静态液化型滑坡，可以选择强度与地下水头建立启滑判据；针对动水驱动型滑坡，可以选择降雨与强度构建启滑判据。启滑判据的构建为进一步开展滑坡数值预报奠定了理论基础。

10.5 本章小结

通过建立锁固解锁型滑坡与其内在物理力学过程的联系、构建基于耦合时变水头的顺层岩质滑坡的力学模型，分别提出了锁固解锁型滑坡和动水驱动型滑坡基于物理力学过程的启滑判据。

针对锁固解锁型滑坡，建立了锁固段变形破坏过程中的三个关键特征点（体积膨胀点、峰值强度点和残余强度点）之间的力学关系。并基于此提出了多锁固段逐次贯通破坏的临界位移准则和最后一个锁固段损伤演化至残余强度点处的临界位移准则，可作为锁固解锁型滑坡启滑的物理力学判据。研究了岩桥锁固段解锁的微震前兆模式，根据体积膨胀点处的标志性事件能级可预判岩桥锁固段解锁的破裂事件规模，并预估锁固解锁型滑坡的危害程度。标志性事件为岩桥锁固段解锁与滑坡启滑提供了一个可判识的前兆。在基于临界慢化的锁固段岩体断裂失稳前兆判识研究方面，通过对比岩石试样不同声发射特征参数的方差和自相关系数所表征的临界慢化特征发现，将声发射能率、RA 及 RA/AF 的方差和自相关系数分别作为破裂启滑前兆的第一判据和第二判据更优。

针对动水驱动型滑坡，考虑不同的降雨模式，构建了基于耦合时变水头的顺层岩质滑坡的力学模型，并提出了基于临界水头高度的顺层岩质滑坡启滑判据。基于物理力学过程，提出了均匀降雨和单峰降雨条件下滑坡的最小稳定性系数，并将此作为滑坡启滑的物理力学判据。最后基于极限平衡状态及理论公式，计算了顺层岩质滑坡启滑的降雨阈值，并将此作为滑坡的启滑判据。

最后，阐述了滑坡演化过程指标体系参量、滑坡演化方程、滑坡演化阶段转换特征点、启滑通用判据及不同类型滑坡启滑判据之间的关系，提出了基于物理力学过程的滑坡启滑判据构建途径。

参 考 文 献

陈竑然, 薛雷, 秦四清, 2018. 锁固段体积膨胀点的声发射事件能级特征[J]. 华北水利水电大学学报(自然科学版), 39(6): 19-24.

秦四清, 2005. 斜坡失稳过程的非线性演化机制与物理预报[J]. 岩土工程学报, 27(11): 1241-1248.

秦四清, 王媛媛, 马平, 2010a. 崩滑灾害临界位移演化的指数律[J]. 岩石力学与工程学报, 29(5): 873-880.

秦四清, 徐锡伟, 胡平, 等, 2010b. 孕震断层的多锁固段脆性破裂机制与地震预测新方法的探索[J]. 地球物理学报, 53(4): 1001-1014.

秦四清, 徐锡伟, 胡平, 等, 2011. 孕震断层的多锁固段脆性破裂机制与地震预测新方法的探索[C]//中国科学院地质与地球物理研究所. 中国科学院地质与地球物理研究所第十届(2010 年度)学术年会论文集(下). 北京: 北京市地震局: 14.

秦四清, 张倬元, 王士天, 1993. 顺层斜坡失稳的突变理论分析[J]. 中国地质灾害与防治学报, 4(1): 40-47.

王念秦, 王永锋, 罗东海, 等, 2008. 中国滑坡预测预报研究综述[J]. 地质论评, 54(3): 355-361.

薛雷, 秦四清, 泮晓华, 等, 2018. 锁固型斜坡失稳机理及其物理预测模型[J]. 工程地质学报, 26(1): 179-192.

张抒, 唐辉明, 龚文平, 等, 2022. 基于物理力学机制的滑坡数值预报模式: 综述、挑战与机遇[J]. 地质科技通报, 41(6): 14-27.

INTRIERI E, CARLÀ T, GIGLI G, 2019. Forecasting the time of failure of landslides at slope-scale: A literature review[J]. Earth-science reviews, 193: 333-349.

SEGALINI A, VALLETTA A, CARRI A, 2018. Landslide time-of-failure forecast and alert threshold assessment: A generalized criterion[J]. Engineering geology, 245: 72-80.

XUE L, QI M, QIN S Q, et al., 2015. A potential strain indicator for brittle failure prediction of low-porosity rock: Part II-theoretical studies based on renormalization group theory[J]. Rock mechanics and rock engineering, 48: 1773-1785.

第 11 章　数值预报模式与平台

11.1　概　　述

准确开展滑坡预测预报要建立在对滑坡演化过程中的物理力学行为深入理解的基础之上。滑坡孕育发展是斜坡地质体受内外动力因素耦合作用的结果，是一个多物理过程耦合的复杂过程。因此，建立滑坡全过程的物理力学模型对于预测预报至关重要。

滑坡地质体的流变特性和结构损伤涉及内部应力与强度的时变特性，这些特性是深入研究滑坡物理力学行为的重要基础。室内试验和原位试验为理解滑带土流变行为提供了重要手段，而基于这些试验数据发展的流变模型有助于深入理解滑带土演化的物理力学机制。滑坡地质模型的空间随机分布特性和外动力因素的时空不确定性，给滑坡预测预报带来了挑战。为了提高滑坡预测预报的有效性，必须综合考虑滑坡地质体的结构特性、物理力学性质和多场监测数据。近年来，滑坡现场监测技术的发展为滑坡演化过程的刻画与预测提供了丰富的实时多源监测数据。同时，不确定性反演方法在滑坡稳定性评价等领域也取得了显著进展，为处理滑坡地质模型与外动力因素的不确定性提供了新的途径。

鉴于此，滑坡预测预报研究需要从滑坡地质体介质特性与流变力学行为出发，建立全过程物理力学模型，并与实时多场监测数据紧密结合。通过借鉴气象预报和泥石流地质灾害预报的成功经验，发展滑坡数值预报模式，实现滑坡物理力学过程的实时动态更新，并构建滑坡实时预报平台，以情景再现和预测滑坡演化全过程，从而提高滑坡预测预报的准确性和效率。

11.2　滑坡数值预报模式

11.2.1　滑坡数值预报模式整体框架

针对典型滑坡案例系统收集区域地质资料与滑坡主控因素，建立基础地质资料与外动力因素数据库，运用数理统计等方法建立地质模型与外动力因素先验概率模型，并确定统计参数。查明地层类型层序结构特点与空间随机分布规律，厘清各地层岩土参数自身变异性与空间相关性。耦合地层类型与岩土参数空间随机分布模型建立地质模型不确定性表征方法。结合滑坡主控因素现场监测数据，基于贝叶斯理论等更新外动力因素时间概率模型，并确定重大外动力事件历史重现期。运用子集模拟与重要性抽样等方法进行地质模型与外动力因素不确定性模拟，开展基于全过程物理力学模型的滑坡演化与稳定性的不确定性分析。将滑坡多场时空关联监测数据与多源监测数据融合，研究基于物理力学过程的滑坡演化概率预测与多源监测数据自恰规则。基于贝叶斯网络与实时多源监测数据，运用马尔可夫链蒙特卡罗方法动态更新滑坡地质要素、初始边界条件及外动力因素等。基于更新后的地质要素、初始边界条件及外动力因素等开展滑坡演化与启滑概率预测，从而构建集地质模型与外动力因素不确定性表征、滑坡启滑概率预测模型、滑坡物理力学过程实时动态更新于一体的滑坡数值预报模式（图 11.1）。

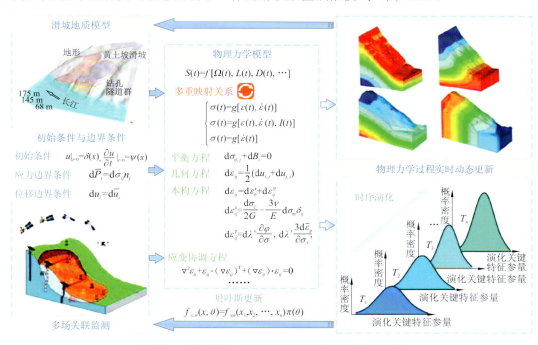

图 11.1　基于演化全过程模型的滑坡数值预报模式

滑坡广义演化方程中 $S(t)$ 为时间 t 对应的滑坡演化关键特征量，$\Omega(t)$ 为时间 t 对应的地质模型，$L(t)$ 为时间 t 对应的外动力因素，$D(t)$ 为时间 t 对应的初始边界条件；可考虑强度弱化与阶段特性的滑坡地质体本构方程中 $\sigma(t)$ 为时间 t 对应的地质体应力，$\varepsilon(t)$ 为时间 t 对应的地质体应变，$\dot{\varepsilon}(t)$ 为时间 t 对应的地质体应变率，$I(t)$ 为时间 t 对应的地质体结构损伤能量；初始条件与边界条件中 u 为位移，$\delta(x)$ 与 $\psi(x)$ 分别为位移初始值与速率初始值，$\overline{P}_i$ 为表面的外力分量，σ_{ij} 为应力张量分量，n_j 为表面法线方向，u_i 为某个位置的滑坡位移，$\overline{u}_i$ 为某个位置的位移特定值；平衡方程中 $\sigma_{ij,j}$ 与 B_i 分别为应力张量的散度与体力分量；几何方程中，ε_{ij} 为应变张量分量，$u_{i,j}$ 与 $u_{j,i}$ 为相对位移张量分量；本构方程中 $\mathrm{d}\varepsilon_{ij}$ 为总应变增量，$\mathrm{d}\varepsilon_{ij}^e$ 与 $\mathrm{d}\varepsilon_{ij}^p$ 为弹性应变增量与塑性应变增量，E 为弹性模量，G 为剪切弹性模量，ν 为泊松比，σ_m 为应力张量的球张量，δ_{ij} 为换标符号，λ' 为塑性乘子，φ 为塑性势函数，$\overline{\varepsilon}_p$ 为等效塑性应变张量，σ_s 为材料的屈服应力；应变协调方程中，∇^2 为拉普拉斯算子，应用于应变张量的每个分量，$\nabla\varepsilon_{ij}$ 为应变张量的梯度，$(\nabla\varepsilon_{ij})^T$ 为应变张量梯度的转置；贝叶斯更新中 $f_{x,\theta}(x,\theta)$ 为依赖于参数 θ 的概率密度函数，$f_{x|\theta}$ 表示在参数 θ 给定某个值时 x 的条件分布，$\pi(\theta)$ 为参数 θ 的先验概率；$T_1\sim T_n$ 为滑坡演化的不同时刻

11.2.2　滑坡演化力学模型与演化过程刻画

引入滑带土强度时效弱化方程，充分考虑滑坡变形过程中坡体形态边界条件变化与外动力条件，建立滑坡演化力学模型以表征滑坡的瞬态变形运动特征，实现滑坡演化过

程的高效率数值求解与刻画。针对动水驱动型滑坡和锁固解锁型滑坡，动态刻画滑坡演化过程中多指标参量的变化规律。

  基于滑体运动连续可变假定，建立了滑坡演化动力平衡方程来表征滑坡瞬态变形演化特征。依据观测得到的地质要素与边界条件，基于布西内斯克（Boussinesq）方程求解了地下水位浸润线，通过数值分析方法按时步迭代求得滑坡演化动力平衡方程，获得了滑动速率输出。具体研究思路与求解流程见图11.2。滑坡演化动力平衡方程主要通过滑块间的条间力水平分量与变形能计算滑块宽度改变量，考虑了滑坡变形过程中的坡体形态变化。引入与演化阶段相适应的考虑含水状态劣化、蠕变劣化及疲劳劣化等多重劣化效应的滑带土强度时效弱化方程，来刻画滑坡不同演化阶段的物理力学行为。

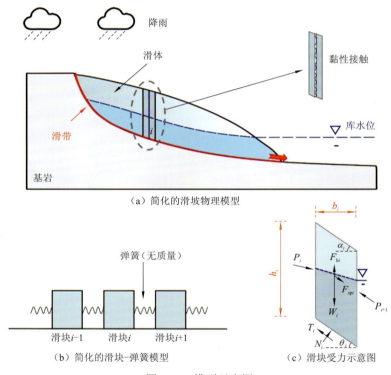

图 11.2 模型示意图

W_i 为滑块 i 的自重；T_i 为滑块 i 的下滑力；N_i 为滑床对滑块 i 的法向支持力；P_i 与 P_{i+1} 为条间力；F_{bi} 为浮托力；F_{spi} 为渗透力；α_i 为滑坡 i 坡面倾角；θ_i 为滑块 i 的底面倾角；b_i 为滑块 i 的宽度；h_i 为滑坡 i 的高度

  整个滑坡可以看作以滑移面为分界的 2 个子系统，即滑移面上的滑动体和滑移面下的不动体。这 2 个子系统之间的接触关系为滑动接触。采用等距条分法将滑动体分成一系列的滑块，滑块之间的接触关系为黏性接触。为简化模型，这 2 种接触关系均为面—面接触，见图11.2。

1）基本假定

  （1）滑体运动是一种连续可变的块体运动，这一点与连续可变块体理论相同。"连续"是指在运动过程中各滑块间基本不存在宏观分离现象，而处于连续接触状态；"可变"是指在运动过程中各滑块在宽度及高度上具有可变的特征，即可通过宽度的缩短实现高度的伸长，也可通过高度的缩短实现宽度的伸长。

（2）滑体的运动过程是一个变形能积累和释放的过程。在运动过程中各滑块之间由于存在条间力而变形，从而产生变形能；反过来，变形能的改变会引起条间力的变化，使得各滑块的加速度发生改变。

（3）忽略部分滑块膨胀回弹引起的逆向运动。

（4）由于剪切带较薄，忽略该部分的变形能，仅计算由条间力改变引起的变形能。

（5）滑块之间的条间力由滑块的宽度改变量产生，在弹性范围内，两者呈线性关系。

（6）滑体内地下水位上升高度与降雨强度成正比，且坡体一维向上排水。

（7）在整个滑坡运动过程中，条间力的合力始终与上一个滑块底部的滑面相平行，作用在滑块高度的 1/2 处，并认为水平条间力沿滑块高度均匀分布。

（8）滑块之间假设用无重量的弹簧连接。

2）浸润线生成

假设由降雨引起的地下水位上升高度 ΔZ 与降雨强度成正比：

$$\Delta Z = \frac{Q_{\text{rain}}}{1000\eta'} \tag{11.1}$$

式中：Q_{rain} 为降雨强度；η' 为常数，对于多孔隙介质假设 η' 为 0.15。

降雨对滑坡的力学作用主要表现为降雨入渗坡体产生的渗透力。Hutchinson（1986）和 Pastor 等（2002）认为当坡体上部可自由排水且下部含承压水时，可假设坡体一维向上排水。基于此，将该力简化描述为一维向上排水固结所产生的超孔隙水压力 P_{r}。地下水位上升 ΔZ 产生初始超孔隙水压力 P_{r0}：

$$P_{\text{r0}} = \gamma_{\text{w}}\Delta V_{\text{w}} = \gamma_{\text{w}}b\Delta Z \tag{11.2}$$

式中：γ_{w} 为水的重度；ΔV_{w} 为地下水位上升的体积增量；b 为滑块宽度。超孔隙水压力随着时间的增长慢慢消散，任意时刻的超孔隙水压力 P_{r} 为

$$P_{\text{r}} = P_{\text{r0}}\text{e}^{\frac{-t}{t_{\text{v}}}} \tag{11.3}$$

$$t_{\text{v}} = \frac{4H^2}{C_{\text{v}}\pi^2} \tag{11.4}$$

$$C_{\text{v}} = \frac{E_{\text{s}}K}{\gamma_{\text{w}}} \tag{11.5}$$

式中：t 为时间；t_{v} 为时间系数；H 为土层厚度；C_{v} 为固结系数；E_{s} 为压缩模量；K 为渗透系数。

考虑到滑坡体存在地表裂隙和较大的排水通道，因此采用 Tang 等（2022）提出的浸润线拟合模型：

$$H(x,t) = \begin{cases} H(x,0) - \dfrac{Q_{rain}}{\mu}t - \left[f(t) - \dfrac{Q_{rain}}{\mu}t \right](-0.015\,63\lambda^5 + 0.202\,8\lambda^4 - 0.938\,7\lambda^3 \\ \qquad + 2.075\lambda^2 - 2.268\lambda + 1),\quad 0 < \lambda < 2 \\ 0,\qquad\qquad\qquad\qquad\qquad\qquad\qquad \lambda \geqslant 2 \end{cases} \tag{11.6}$$

其中，

$$\lambda = \frac{x}{2\sqrt{Kh_m t'/\mu}} \tag{11.7}$$

式中：x 为计算点与原点的水平距离；Q_{rain} 为降雨强度；t' 为持续时间；$H(x,t)$ 为 t 时刻与原点的水平距离为 x 的浸润线高度；μ 为给水度；$f(t)$ 为 t 时刻库水位波动幅度；K 为渗透系数；h_m 为含水层平均厚度。

3）滑块受力分析

将滑体按一定宽度 b_i 分为 n 块，每个滑块的高为 h_i，其中 t 时刻第 i 个滑块的受力情况如 11.2（c）所示。

由平衡条件可得

$$\sum F_{\theta x} = 0, \qquad \sum F_{\theta y} = 0 \tag{11.8}$$

$$\sum F_{\theta x} = F_{spi} + P_i \cos(\theta_{i-1} - \theta_i) - P_{i+1} + (W_i - F_{bi})\sin\theta_i - T_i = 0 \tag{11.9}$$

$$\sum F_{\theta y} = N_i - P_i \sin(\theta_{i-1} - \theta_i) - (W_i - F_{bi})\cos\theta_i = 0 \tag{11.10}$$

$$R_i = \left(N_i \tan\varphi_i + \frac{c_i b_i}{\cos\theta_i} \right)\frac{1}{F_s} \tag{11.11}$$

式中：W_i 为滑块自重；θ_i 为滑块底面倾角；φ_i 为滑块内摩擦角；c_i 为滑块黏聚力；b_i 为滑块宽度；T_i 为滑块下滑力；R_i 为滑块抗滑力；N_i 为滑床对滑块 i 的法向支持力；P_i 为条间力；F_{bi} 为浮托力；F_{spi} 为渗透力；F_s 为稳定性系数。

浮托力是指当岩土体中的孔隙被地下水充满时，水对颗粒骨架产生的一种正压力。对于所分析的滑块而言，其所受浮托力可采用式（11.12）表示：

$$F_{bi} = \gamma_w V \tag{11.12}$$

式中：V 为滑块饱和区面积；γ_w 为水的重度。

渗透力是指地下水在岩土体孔隙流动时遇到的阻力，其作用方向与渗流方向一致，因此其对作用的土体颗粒具有拖拽和推动运动的趋势。滑块所受的渗透力 F_{spi} 可用式（11.13）表示：

$$F_{spi} = \gamma_w I V \tag{11.13}$$

式中：I 为水力梯度，由于 γ_w 在小区域地质环境中为常数，所以滑块所受渗透力大小取决于水力梯度大小。

由于滑坡稳定性是滑坡沿滑面的抗滑力与下滑力之比，于是有

$$F_s = \frac{\sum\left(N_i \tan\varphi_i + \dfrac{c_i b_i}{\cos\theta_i} \right)\dfrac{1}{F_s}}{\sum T_i} \tag{11.14}$$

对式（11.14）进行迭代即可求取滑坡稳定性系数。

4）滑坡条间力计算

假设条间只考虑条间力水平作用，且该力由第 i 个滑块的宽度改变量 Δs_i 产生，由胡克定律可知，在弹性范围内，两者呈线性关系。因此，可以得到第 i 个滑块的水平条间力改变量 ΔH_i 为

$$\Delta H_i = k_i \Delta s_i \tag{11.15}$$

式中：k_i 为滑块的等效弹簧系数。

由于在 1）基本假定已经假定滑块的变形能即弹簧的变形能，首先求滑块的变形能。当滑块的宽度较小时，将其视为一个宽度为 $b_{i,0}$、高度为 $h_{i,0}$ 的矩形。由于条间力作用于高度的中间，则可认为它沿高度均匀分布，那么水平向应力为

$$\delta = \frac{\Delta H_i}{h_{i,0}} \tag{11.16}$$

滑块的变形能为

$$e_h = \frac{\delta^2}{2E_{i,0}} b_{i,0} h_{i,0} = \frac{\Delta H_i^2 b_{i,0}}{2E_{i,0} h_{i,0}} \tag{11.17}$$

滑块的宽度改变量为

$$\Delta s_i = \frac{\delta}{E_{i,0}} b_{i,0} = \frac{\Delta H_i b_{i,0}}{E_{i,0} h_{i,0}} \tag{11.18}$$

式中：$E_{i,0}$ 为岩土体的弹性模量。当等效弹簧具有 Δs_i 的长度改变时，根据胡克定律，可知所积存的变形能为

$$e_t = \frac{1}{2} k_i \Delta s_i^2 = \frac{k_i (\Delta H_i b_{i,0})^2}{2(E_{i,0} h_{i,0})^2} \tag{11.19}$$

令 $e_h = e_t$，可得等效弹簧的弹簧系数为

$$k_i = E_{i,0} \frac{h_{i,0}}{b_{i,0}} \tag{11.20}$$

当滑体有运动趋势时，第 i 个滑块已存在水平条间力初始值 $H_{i,0}$：

$$H_{i,0} = P_{i,0} \cos\theta_{i-1} \tag{11.21}$$

其中，第 i 个滑块的条间力合力初始值 $P_{i,0}$ 可由式（11.21）计算得到，从而 t 时刻滑块之间的水平条间力为

$$H_{i,t} = H_{i,0} + \Delta H_i = H_{i,0} + k_i \Delta s_i \tag{11.22}$$

根据力的几何关系，条间力合力与上一滑块的滑面方向一致，因此，t 时刻第 i 个滑块的条间力合力 $P_{i,t}$ 为

$$P_{i,t} = \frac{H_{i,t}}{\cos\theta_{i-1}} \tag{11.23}$$

5）滑块动力平衡分析

根据牛顿运动定律可以得到第 i 个滑块的动力平衡方程：

$$F_t - F_{r,t} = F_{i,t} + F_{v,t} \tag{11.24}$$

其中，F_t 为滑块 t 时刻的下滑力，$F_{r,t}$ 为滑块 t 时刻的抗滑力，$F_{i,t}$ 为滑块 t 时刻的惯性力，$F_{v,t}$ 为滑块 t 时刻的黏滞力，计算公式为

$$F_t = F_{spi,t} + P_{i,t}\cos(\theta_{i-1} - \theta_i) - P_{i+1,t} + (W_{i,t} - F_{bi,t})\sin\theta_i \tag{11.25}$$

$$F_{r,t} = \left\{ [P_{i,t}\sin(\theta_{i-1} - \theta_i) + (W_{i,t} - F_{bi,t})\cos\theta_i]\tan\varphi_i + \frac{c_i b_{i,t}}{\cos\theta_i} \right\}\frac{1}{F_s} \tag{11.26}$$

$$F_{i,t} = m_{i,t}a_{i,t} \tag{11.27}$$

$$F_{v,t} = \frac{\eta b_{i,t}}{d\cos\theta_i}v_{i,t} \tag{11.28}$$

式中：$m_{i,t}$ 为第 i 个滑块 t 时刻的质量；$a_{i,t}$ 为第 i 个滑块 t 时刻的加速度；$v_{i,t}$ 为第 i 个滑块 t 时刻的速度；$b_{i,t}$ 为第 i 个滑块 t 时刻的宽度；$W_{i,t}$ 为第 i 个滑块 t 时刻的重力；$P_{i,t}$ 为第 i 个滑块 t 时刻的条间力；$F_{spi,t}$ 为第 i 个滑块 t 时刻的渗透力；$F_{bi,t}$ 为第 i 个滑块 t 时刻的浮托力；d 为剪切区厚度；η 为剪切区的黏滞系数，按式（11.29）（Sun，1999）进行取值。

$$\eta = \frac{\tau}{\dot{\gamma}} \tag{11.29}$$

式中：τ 为剪应力；$\dot{\gamma}$ 为剪切速率。

根据动力平衡方程，可以得到第 i 个滑块 t 时刻的加速度。假设时间步长 Δt 很小，那么可以认为 $t \sim (t+\Delta t)$ 时段内加速度不变，即滑块速度与加速度为一次函数关系，那么 $t+\Delta t$ 时刻的速度为

$$v_{i,t+\Delta t} = v_{i,t} + a_{i,t}\Delta t \tag{11.30}$$

$t+\Delta t$ 时刻的滑块右边界位置为

$$x_{i,t+\Delta t} = x_{i,t} + 0.5(v_{i,t} + v_{i,t+\Delta t})\Delta t\cos\theta_i \tag{11.31}$$

$t+\Delta t$ 时刻的滑块宽度为

$$b_{i,t+\Delta t} = x_{i,t+\Delta t} - x_{i,t} \tag{11.32}$$

$t+\Delta t$ 时刻的滑块宽度改变量为

$$\Delta s_i = b_{i,t+\Delta t} - b_{i,t} \tag{11.33}$$

$t+\Delta t$ 时刻的滑块高度为

$$h_{i,t+\Delta t} = C\frac{V_{i,0}}{b_{i,t+\Delta t}} \tag{11.34}$$

式中：$V_{i,0}$ 为第 i 个滑块初始时的体积；C 为体积变化系数，目前暂不考虑此项修正，即取 $C=1$。

通过式（11.31）~式（11.34）可以求得 $t+\Delta t$ 时刻的各状态量，然后代入式（11.30），可以算出 $t+\Delta t$ 时刻的加速度，依次按时步进行迭代计算滑坡稳定性，当收敛时，滑坡进入下一个时间单元，计算流程如图 11.3 所示。

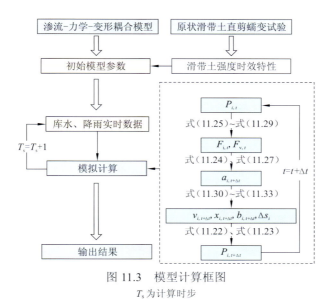

图 11.3　模型计算框图

T_s 为计算时步

11.2.3　滑坡场地不确定性地质建模与动态更新技术

1. 滑坡场地三维地层空间分布不确定性建模方法

地层模型是滑坡场地风险定量评估的基本输入，针对现有地层不确定性建模方法对于复杂场地建模能力不足的问题，构建了新的地层不确定性建模方法（Gong et al., 2020），并拓展到了三维地层建模。该方法基于条件随机场理论对初始地层结构进行采样，使用自相关函数表征不同地层单元之间的空间相关性[图 11.4 (a)]：

$$\rho_{3\text{-}D}(i, j) = \exp\left(-\frac{d_{P1}^2}{I_{P1}^2} - \frac{d_{P2}^2}{I_{P2}^2} - \frac{d_V^2}{I_V^2} \right) \tag{11.35}$$

式中：$\rho_{3\text{-}D}(i, j)$ 为地层单元 i $(i=1,2,\cdots,n_e)$ 与地层单元 j $(j=1,2,\cdots,n_e)$ 之间地层类型的空间相关性，n_e 为工程场地离散得到的地层单元（即网格）数量；I_{P1}、I_{P2} 与 I_V 分别为地层类型在 x、y 与 z 方向上的波动范围；d_{P1} 与 d_{P2} 为地层单元 i 与 j 之间平行于地层产状的中心距，且 d_{P1} 与 d_{P2} 相互垂直；d_V 为地层单元 i 与 j 之间垂直于地层产状的中心距。根据构建的地层类型空间相关性结构，某地层单元 i 为给定地层类型 k 的概率 $P_k(i)$ 为

$$P_k(i) = \frac{\rho_k(i)}{\rho(i)} = \frac{\sum\limits_{l=1}^{n_B}[\rho_k(i,l) \cdot \text{Index}(l,k)]}{\sum\limits_{h=1}^{m}\left\{ \sum\limits_{l=1}^{n_B}[\rho_h(i,l) \cdot \text{Index}(l,h)] \right\}} \tag{11.36}$$

式中：$\rho_k(i)$ 为地层单元 i $(i=1,2,\cdots,n_e)$ 与所有具有地层类型 k $(k=1,2,\cdots,m)$ 的钻孔单元间的累积空间相关性，m 为工程场地中揭示的地层类型数量；$\rho(i)$ 为所有地层类型累积的 $\rho_k(i)$；n_B 为钻孔单元的数量；$\text{Index}(l,k)$ 为钻孔单元 l 的指示函数，当钻孔单元 l 的地层类型为 k 时，$\text{Index}(l,k)=1$，反之，则为 0，同理，$\text{Index}(l,h)$ 表示钻孔单元 l 相对于地层类

型 h 的指示函数；$\rho_k(i,l)$ 为给定地层类型 k 时，非钻孔单元 i 与钻孔单元 l 之间的空间相关性；$\rho_h(i,l)$ 为给定地层类型 h 时，非钻孔单元 i 与钻孔单元 l 之间的空间相关性。

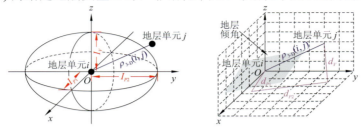

（a）基于高斯型自相关函数的空间相关性结构示意图

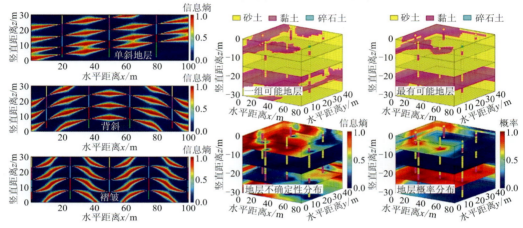

（b）二维和三维地层不确定性建模结果

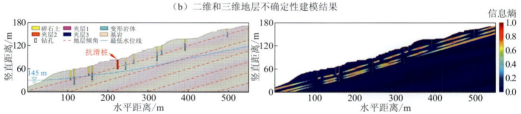

（c）马家沟滑坡钻孔资料与地层不确定性空间分布

图 11.4　场地地层不确定性建模

基于条件随机场理论抽样生成的初始地层组合，使用马尔可夫链蒙特卡罗方法更新地层空间分布可得到工程场地最终地层组合。马尔可夫链蒙特卡罗方法主要基于最低后验能量原理对初始地层组合进行更新。对于初始地层组合 $\boldsymbol{\omega}^0$，其后验能量记为 $U(\boldsymbol{\omega}',\boldsymbol{\omega}^0)$，地层单元 i 地层类型的后验条件概率记为 $P(\omega_i'\,|\,\boldsymbol{\omega}_{N_i}',\boldsymbol{\omega}^0)$：

$$U(\boldsymbol{\omega}',\boldsymbol{\omega}^0)=\alpha\sum_{i\in\boldsymbol{E}}V_i(\omega_i'\,|\,\boldsymbol{\omega}^0)+\sum_{i\in\boldsymbol{E}}\sum_{j:j\in\boldsymbol{N}_i}V_c(\omega_i',\omega_j') \tag{11.37}$$

$$P(\omega_i'\,|\,\boldsymbol{\omega}_{N_i}',\boldsymbol{\omega}^0)=\frac{1}{Z_i}\exp\left\{\left[\alpha V_i(\omega_i'\,|\,\boldsymbol{\omega}^0)+\sum_{j:j\in\boldsymbol{N}_i}V_c(\omega_i',\omega_j')\right]\Big/T_{\mathrm{emp}}\right\} \tag{11.38}$$

$$V_i(\omega_i'\,|\,\boldsymbol{\omega}^0)=\begin{cases}-1, & \omega_i'=\omega_i^0\\ 0, & \omega_i'\neq\omega_i^0\end{cases} \tag{11.39}$$

$$V_c(\omega_i', \omega_j') = \begin{cases} -\rho_{3\text{-D}}(i,j), & \omega_i' = \omega_j' \\ 0, & \omega_i' \neq \omega_j' \end{cases} \tag{11.40}$$

式中：$V_i(\omega_i'|\boldsymbol{\omega}^0)$ 为似然函数，取决于当前地层组合 $\boldsymbol{\omega}'$ 和初始地层组合 $\boldsymbol{\omega}^0$ 每个地层单元分配的地层类型编号，ω_i' 为当前地层组合分配给地层单元 i 的地层类型编号；$V_c(\omega_i', \omega_j')$ 为集合 c 中单元对 (ω_i', ω_j') 的先验势能函数，其中 c 表示一对相邻的地层单元；$\boldsymbol{\omega}_{N_i}'$ 为当前地层组合中分配给邻域系统 N_i 的地层类型编号的集合；Z_i 为一个归一化常量，以保证 ω_i' 累积概率的统一性，即局部分配函数；α 为光滑因子；T_{emp} 为温度常量；$\boldsymbol{E}$ 为场地内所有地层单元组成的集合；i 和 j 为地层单元的编号。参数 α 和 T_{emp} 的取值可参照 Wang 等（2016）。

提出的地层不确定性建模方法可以有效模拟含复杂地层倾角的工程场地类型，如褶皱等，模拟结果与现场钻孔资料及预设地层倾角等信息较为吻合[图 11.4（b）]。基于提出的建模方法构建了三峡库区马家沟滑坡的地层不确定性模型[图 11.4（c）]，建模结果可以较好地反映地层倾角对地层空间分布的约束作用。

2. 地层和参数空间分布不确定性耦合建模与空间相关性标定

鉴于同一场地地层与参数形成于相同的沉积历史、构造运动和人类活动，地层与参数的空间分布应具有一定的关联性。针对现有地层和参数不确定性耦合建模的空白，在提出的地层不确定性建模方法的基础上，进一步耦合考虑地层类型与岩土参数空间随机分布特性的关联性，提出了地层和参数空间分布不确定性耦合建模方法（Gong et al.，2021）。提出的耦合建模方法采用最大似然原理标定工程场地地层类型和岩土参数空间分布的相关性。

$$\begin{cases} \text{寻找：} \boldsymbol{\theta}^{\text{T}} = \{\phi, I_{Pi}, I_{Vi}\} \\ \text{约束条件：} \boldsymbol{D}^{\text{T}} = \{D_1, D_2, \cdots, D_{n_d}\} \\ L(\boldsymbol{D}|\boldsymbol{\theta}) = \dfrac{1}{(2\pi)^{n_d/2}|\boldsymbol{C}_D|^{1/2}} \exp\left[-\dfrac{1}{2}(\boldsymbol{D}-\bar{\boldsymbol{D}})^{\text{T}} \boldsymbol{C}_D^{-1}(\boldsymbol{D}-\bar{\boldsymbol{D}})\right] \\ \text{优化目标：} 最大化 L(\boldsymbol{D}|\boldsymbol{\theta}) \end{cases} \tag{11.41}$$

式中：$\boldsymbol{\theta}$ 为待标定的地层类型（或岩土参数）空间相关性结构，其中 ϕ 为自相关函数的类型，如高斯型自相关函数、指数型自相关函数和二阶自回归型自相关函数，I_{Pi} 和 $I_{Vi}(i=1,2)$ 分别为平行和垂直于地层产状的波动范围（I_{P1} 和 I_{V1} 是地层类型的波动范围，I_{P2} 和 I_{V2} 是岩土参数的波动范围）；$\boldsymbol{D}$ 为在钻孔位置观测到的地层类型（或岩土参数），元素 D_j 是在第 j $(j=1,2,\cdots,n_d)$ 处观测到的地层类型（或岩土参数），其中 n_d 为观测值的数量；$L(\boldsymbol{D}|\boldsymbol{\theta})$ 为给定空间相关性结构 $\boldsymbol{\theta}$ 下观测到 $\boldsymbol{D}$ 的似然值；$\bar{\boldsymbol{D}}$ 为观测值 $\boldsymbol{D}$ 的均值；$\boldsymbol{C}_D$ 为观测值 $\boldsymbol{D}$ 之间的协方差矩阵。

提出的地层和参数空间分布不确定性耦合建模流程如下：基于条件随机场理论生成工程场地地层组合，根据得到的地层空间分布更新岩土参数空间相关性结构，基于更新后的岩土参数空间相关性结构采用条件随机场理论模拟参数空间分布。工程案例分析结果表明，提出的耦合建模方法可有效模拟场地地层和参数空间分布不确定性的耦合

（图 11.5）。相对于单独的地层或参数不确定性建模方法，提出的耦合建模方法能够有效表征地层和参数空间分布的关联性。

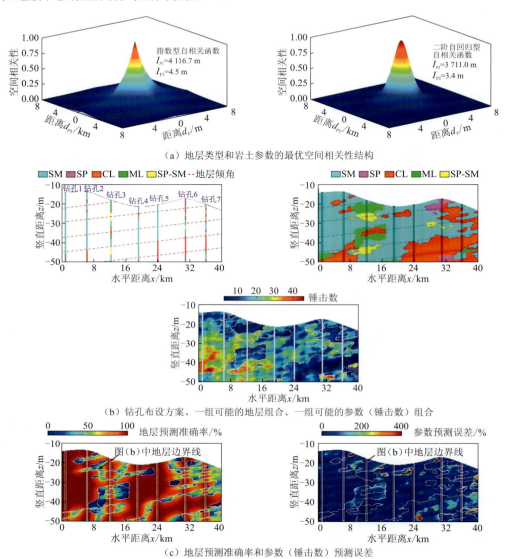

（a）地层类型和岩土参数的最优空间相关性结构

（b）钻孔布设方案、一组可能的地层组合、一组可能的参数（锤击数）组合

（c）地层预测准确率和参数（锤击数）预测误差

图 11.5　地层和参数空间分布不确定性耦合建模结果

SM 为粉土质砂；SP 为颗粒分布均匀的砂土；CL 为高液限黏土；ML 为低液限黏土；SP-SM 为含有一定比例粉土的砂土

3. 基于实时监测数据的贝叶斯动态更新与预测方法

滑坡预测的行为响应和可靠性受到各种地质与岩土不确定性（如地层不确定性和岩土特性空间变异性）的影响。融合现场实时监测数据的概率反分析方法可有效校准和表征岩土体不确定性，进而提高滑坡模型的预测可靠性与稳定性。基于贝叶斯理论的概率反分析框架，可以有效量化岩土环境中的各种不确定性，并实时融合场地多源监测数据和工程先验知识。鉴于此，基于贝叶斯理论提出了滑坡实时更新动态预测框架和哈密顿

蒙特卡罗（Hamiltonian Monte Carlo，HMC）抽样算法（Li et al.，2021），服务滑坡物理力学过程关键参数实时反演与行为响应动态更新。提出的实时更新动态预测框架包括以下几个明显的特征。

贝叶斯更新混合了多种观测数据，多源监测数据可集成到似然函数公式中。令 $\boldsymbol{y}_{sd} = [y_{s1}, y_{s2}, \cdots, y_{sd}]$ 表示在第 s 个阶段（$s>1$）的观测向量，其中 d 表示观测数据的种类数；假设多源观测数据在统计上独立且同分布；$\boldsymbol{\Theta}$ 表示一个由不确定性输入参数 ψ 和模型偏差 m_b 组成的向量，表示为 $\boldsymbol{\Theta} = [\psi, m_b]$。不确定性变量 $\boldsymbol{\Theta}$ 在已知观测向量 $\boldsymbol{y}_{sd}$ 情况下的条件概率密度函数 $L(\boldsymbol{\Theta}|\boldsymbol{y}_{sd})$ 可表示为

$$L(\boldsymbol{\Theta}\,|\,\boldsymbol{y}_{sd}) = \prod_{q=1}^{d} \frac{1}{\sqrt{2\pi}\sigma_{\varepsilon q}} \exp\left\{-\frac{1}{2}\left[\frac{y_{sq} - h_{sq}(\boldsymbol{\Theta}, \boldsymbol{r}) - \mu_{\varepsilon q}}{\sigma_{\varepsilon q}}\right]^2\right\} = \prod_{q=1}^{d} \phi[y_{sq} - h_{sq}(\boldsymbol{\Theta}, \boldsymbol{r})] \quad (11.42)$$

式中：$\boldsymbol{r}$ 为确定性参数向量；$h_{sq}(\boldsymbol{\Theta}, \boldsymbol{r})$ 为第 s 个阶段第 q 种类型的滑坡性能预测物理模型；$\mu_{\varepsilon q}$ 和 $\sigma_{\varepsilon q}$ 分别为第 q 种类型的观测误差 ε_q 的均值和标准差；$\phi[\cdot]$ 为标准正态变量的概率密度函数。

提出的实时更新动态预测框架采用序贯贝叶斯更新方式，动态更新岩土参数与模型偏差概率密度函数，基于更新的后验分布预测后续阶段的工程行为响应。第 s 阶段（$s>1$）获得的不确定性变量 $\boldsymbol{\Theta}$ 的后验概率密度 $f(\boldsymbol{\Theta}|\boldsymbol{y}_{sd})$ 可表示为

$$f(\boldsymbol{\Theta}\,|\,\boldsymbol{y}_{sd}) = \frac{f(\boldsymbol{\Theta}_{s-1})L(\boldsymbol{\Theta}\,|\,\boldsymbol{y}_{sd})}{\int_{-\infty}^{+\infty} f(\boldsymbol{\Theta}_{s-1})L(\boldsymbol{\Theta}\,|\,\boldsymbol{y}_{sd})\mathrm{d}\boldsymbol{\Theta}} = z'f(\boldsymbol{\Theta}_{s-1})\prod_{q=1}^{d} \phi[y_{sq} - h_{sq}(\boldsymbol{\Theta}, \boldsymbol{r})] \quad (11.43)$$

式中：z' 为使后验概率密度函数 $f(\boldsymbol{\Theta}|\boldsymbol{y}_{sd})$ 有效的归一化常数；$f(\boldsymbol{\Theta}_{s-1})$ 为在第 s 次贝叶斯更新阶段不确定性变量 $\boldsymbol{\Theta}$ 的先验概率密度函数，由第 $s-1$ 次贝叶斯更新阶段的后验概率密度函数 $f(\boldsymbol{\Theta}|\boldsymbol{y}_{s-1d})$ 获取；$f(\boldsymbol{\Theta}|\boldsymbol{y}_{sd})$ 为在第 s 次贝叶斯更新阶段不确定性变量 $\boldsymbol{\Theta}$ 的后验概率密度函数。

为克服传统马尔可夫链蒙特卡罗方法模拟时选择建议分布比例因子的困难，提出的实时更新动态预测框架采用 HMC 抽样算法，在不确定性变量 $\boldsymbol{\Theta}$ 的抽样空间中引入辅助向量 $\boldsymbol{\varphi}$，辅助获取不确定性变量 $\boldsymbol{\Theta}$ 的后验分布。通常假设辅助向量 $\boldsymbol{\varphi}$ 服从均值为 $\boldsymbol{0}$ 且协方差设置为对角质量矩阵 $\boldsymbol{M}$ 的多元正态分布。

实时更新动态预测框架可基于场地监测数据，实时更新岩土参数和模型，动态预测后续阶段的工程行为响应（图 11.6），同时可用于更新滑坡地质要素、初始边界条件及外动力因素等。基于更新后的地质要素、初始边界条件及外动力因素等可开展滑坡演化与启滑概率预测，可为创建滑坡数值预报模式提供有力支撑。

基于贝叶斯理论的滑坡物理力学行为预测关键参数更新结果依赖于更新策略。不同的滑坡多场监测数据可构成不同的更新策略，进而影响滑坡物理力学过程动态预测。基于多目标优化原理提出了一种基于多源监测数据确定最优更新策略的概率反分析方法（图 11.7），该方法可服务于滑坡物理力学过程关键参数实时反演与动态更新。基于多源监测数据的多目标概率反分析方法具有以下三个优势：①可融合滑坡多源监测数据，假设多源监测数据的观测误差独立分布，多源监测数据联合似然函数可根据条件概率理论推导得

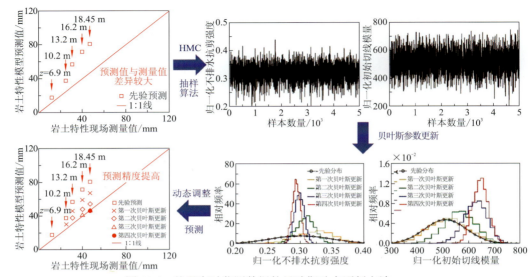

图 11.6　基于实时监测数据的贝叶斯动态更新方法

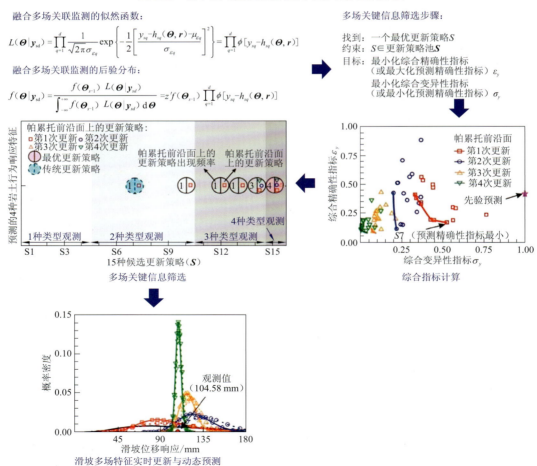

图 11.7　基于多源监测数据确定最优更新策略的概率反分析方法

到；②滑坡行为动态更新与预测采用序贯更新方式，实现岩土参数与模型偏差概率密度函数的动态更新，基于更新得到的后验概率分布预测后续阶段的滑坡行为；③多目标概率反分析方法重点关注预测精确性（预测值与观测值间的差异）和预测变异性（预测标准差）两个目标，最优更新策略可通过求解多目标优化数学问题确定。基于多源监测数据的多目标概率反分析方法的实施流程如图 11.8 所示。

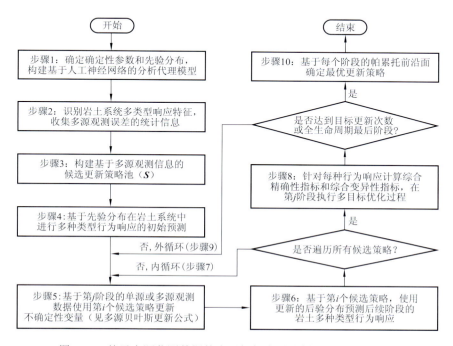

图 11.8　基于多源监测数据的多目标概率反分析方法实施流程图

11.3　滑坡数值预报平台

滑坡数值预报平台由滑坡本底感知系统、监测数据实时采集传输系统、实时数据预处理与挖掘系统、数值预报模式系统、预测预报系统与信息分发系统组成（图 11.9）。滑坡本底感知系统包含地质灾害区域本底数据系统与多场关联监测系统。地质灾害区域本底数据系统涵盖孕灾背景、基础地质、工程地质、水文地质、遥感地质等一系列本底地质数据。在滑坡物理力学过程多场关联监测的基础上，基于物联网等信息传输技术构建多场关联监测系统，以实时获取滑坡多源监测数据。监测数据实时采集传输系统对滑坡演化空间数据集与时序数据集进行采控管理，在云端和用户端实现滑坡多源监测数据的同步展示。实时数据预处理与挖掘系统采用多元数据融合与挖掘技术在云端进行实时数据清洗、抽取、融合与挖掘，开展以数据驱动为主的滑坡预测工作。以滑坡地质要素、初始边界条件与多场监测数据为输入，基于滑坡关键地质体演化本构模型开展滑坡演化过程评价与预测，基于贝叶斯理论和不确定性理论等实现滑坡物理力学过程动态更新与实时预测。预测预报系统根据预设启滑判据与阈值体系对滑坡行为特征进行预测预报，并将得到的滑坡演化和启滑概率预测信息传输到信息分发系统进行备份存储与动态展示，向用户端进行分发与预警。

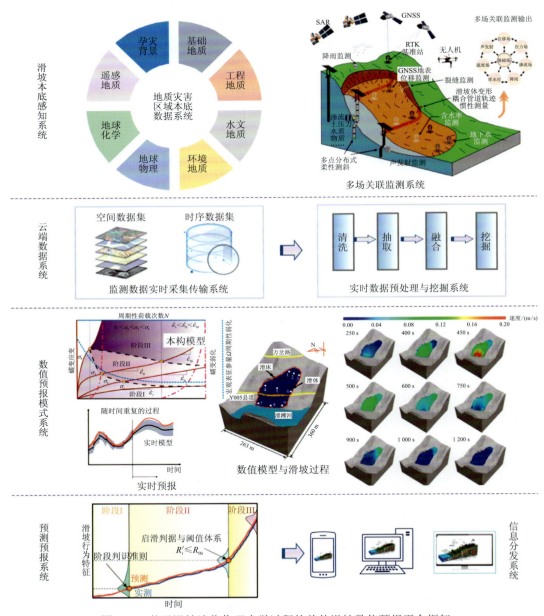

图 11.9　基于滑坡演化物理力学过程的单体滑坡数值预报平台框架

$\sigma_1 \sim \sigma_4$ 分别为不同应力水平；$\dot{\varepsilon}_{\mathrm{I}}$、$\dot{\varepsilon}_{\mathrm{II}}$、$\dot{\varepsilon}_{\mathrm{III}}$ 分别为 I、II、III 阶段应变率；R_i^t 为第 i 个演化特征参量；$R_{\mathrm{th}i}$ 为第 i 个演化特征参量的阈值

以黄土坡滑坡为示范,基于物联网等信息传输技术构建滑坡多场关联监测数据实时传输系统,基于 MQTT 和 MongoDB 非关系型数据库,开发 Web 前端站点管理、数据传输、解析、展示等功能,建立三峡库区黄土坡滑坡监测数据存储与分发系统[图 11.10(b)、(c)],实现监测数据实时传输功能,服务于构建物理力学机制与数据协同驱动的滑坡数值预报平台。同时,在黄土坡滑坡立体工程地质调查的基础上,建立黄土坡滑坡地质、滑坡体、隧洞及地形地貌等三维模型,形成一套能够应用到 Web 的三维渲染引擎的单体滑坡场景模型[图 11.10(d)],可服务于滑坡演化过程和预测情景模拟与动态显示。

（a）数值预报平台三峡库区水库滑坡分布

（b）黄土坡滑坡观测数据实时显示界面

（c）黄土坡滑坡监测点布置与实时数据查询系统

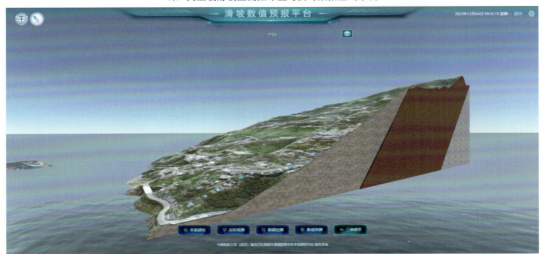

（d）黄土坡滑坡三维地质模型

图 11.10　滑坡数值预报平台

11.4　本 章 小 结

　　本章全面探讨了滑坡预测预报的数值模式与平台建设。首先，滑坡数值预报模式的构建包括地质资料收集、数理统计方法应用、地质模型与外动力因素的不确定性表征，以及基于全过程物理力学模型的滑坡演化与稳定性的不确定性分析。此外，开展滑坡关键地质体强度时效方程和滑坡演化动力学模型推导、建立滑坡场地不确定性地质模型及基于实时监测数据的动态更新方法等研究，用于精细刻画滑坡演化过程。在滑坡场地不确定性地质建模方面，结合三维地质模型不确定性表征方法，使用自相关函数来描述地层和参数的空间相关性，并基于贝叶斯理论进行动态更新。同时，提出一种多目标概率反分析方法，用于确定最优的贝叶斯更新策略，以提高岩土预测的可靠性。

最后，介绍现有的滑坡数值预报平台。该平台集成滑坡本底感知系统、监测数据实时采集传输系统、实时数据预处理与挖掘系统、数值预报模式系统、预测预报系统和信息分发系统。平台建设立足于全国范围，重点面向三峡库区动水驱动型滑坡，实现监测数据的实时传输与三维地质模型的直观显示，为滑坡演化过程评价与预测提供了有力支撑。

参 考 文 献

GONG W P, ZHAO C, JUANG C H, et al., 2020. Stratigraphic uncertainty modelling with random field approach[J]. Computers and geotechnics, 125: 103681.

GONG W P, ZHAO C, JUANG C H, et al., 2021. Coupled characterization of stratigraphic and geo-properties uncertainties: A conditional random field approach[J]. Engineering geology, 294: 106348.

HUTCHINSON J N, 1986. A sliding-consolidation model for flow slides[J]. Canadian geotechnical journal, 23(2): 115-126.

LI Z B, GONG W P, LI T Z, et al., 2021. Probabilistic back analysis for improved reliability of geotechnical predictions considering parameters uncertainty, model bias, and observation error[J]. Tunnelling and underground space technology, 115: 104051.

PASTOR M, QUECEDO M, FERNÁNDEZ MERODO J A, et al., 2002. Modelling tailings dams and mine waste dumps failures[J]. Geotechnique, 52(8): 579-591.

SUN J, 1999. Rheological behavior of geomaterials and its engineering applications[M]. Beijing: China Architecture and Building Press.

TANG M G, WU C, WU H L, et al., 2022. Dynamic response and phreatic line calculation model of groundwater in a reservoir landslide: Exemplified by the Shiliushubao landslide[J]. Hydrogeology & engineering geology, 49(2): 115-125.

WANG X R, LI Z, WANG H, et al., 2016. Probabilistic analysis of shield-driven tunnel in multiple strata considering stratigraphic uncertainty[J]. Structural safety, 62: 88-100.

▶ 第四篇
滑坡防治关键技术

滑坡防治关键技术是滑坡过程调控的重要内容。本篇基于演化过程思想，研究滑坡与防治结构（抗滑桩、锚索、锚拉桩）的协同演化规律和相互作用机理，开展滑坡–防治结构体系多参量时效稳定性评价，提出抗滑桩、锚索、锚拉桩设计中桩位、锚固方向角、锚固长度等关键参量的优化设计方法。

第 12 章　滑坡–防治结构体系协同演化规律

12.1　概　　述

　　防治结构通过增强滑坡体的抗剪强度、调整应力分布等方式来提升滑坡体的稳定性，认识滑坡–防治结构体系协同演化规律与作用机制是科学开展滑坡防治的理论基础。目前，已经对桩、锚杆（索）、土钉等防治结构在滑坡防治中的演化规律及作用机制有了较为深入的研究，尤其是在滑坡–抗滑桩体系多场演化特征方面取得了丰富研究成果。

　　滑坡–抗滑桩体系多场演化特征较滑坡演化复杂。Hu 等（2017）建立了马家沟滑坡–抗滑桩体系原位多场监测试验平台，分析了降雨与库水作用下滑坡多场动态响应特征。在桩土相互作用研究方面，国内外学者基于一系列研究发现土拱效应明显受桩体结构参数、土体性质等影响（Mujah et al.，2016；Kahyaoğlu et al.，2012）。学者从细微观机理方面分析了土拱形成过程，揭示了土拱结构随桩土变形的演化规律（Tien and Paikowsky，200l）。Norris（1986）、Ashour 和 Ardalan（2012）总结了群桩条件下土体绕流破坏现象，建立楔形模型，引入塑性变形理论，推导了桩体变形公式，揭示了桩与桩周土体的相互作用机理（Ito and Matsui，1975）。体系演化阶段划分的研究主要有结合多场监测信息与体系宏观变形特征提出的滑坡–抗滑桩体系演化阶段划分综合方法（Hu et al.，2019；雍睿，2014）。在抗滑桩失效机制研究方面，学者基于现场监测分析发现多层或深层滑带的存在是抗滑桩加固失效的重要原因（Sun et al.，2019；杨全兵，2014）。植入防治结构后，改变了滑坡受力状态及滑坡与抗滑结构间的作用，使得滑坡演化过程变得更为复杂；滑坡与防治结构演化，既相互制约，又相互促进，因此需要将两者视为一个体系开展研究。

　　为探究滑坡–防治结构体系协同演化规律，特别关注滑坡与抗滑桩、锚固体系之间的相互作用机理，演化阶段划分，失稳模式，以及滑坡–桩锚体系在动荷载作用下的响应特征。通过系统研究，旨在填补现有研究的空白，为滑坡防治工程提供更可靠的理论指导和技术支持。

12.2　滑坡–抗滑桩体系协同演化规律

　　本节主要探究滑坡–抗滑桩体系在库水位波动条件下的演化过程。基于滑坡的宏观变形，从时间的角度划分滑坡的演化阶段，并总结了滑坡–抗滑桩体系的失稳模式。

12.2.1　基于宏观变形破坏特征的滑坡-抗滑桩体系演化过程

为探究滑坡-防治结构体系协同演化规律，以三峡库区典型滑坡——马家沟滑坡为原型，开展静水条件和动水条件下的大型物理模型试验（He et al.，2020）。两次试验中的滑坡桩模型构建一致，均包括 6 根抗滑桩、滑体、滑带和滑床（图 12.1）。滑坡桩模型长 2.36 m，宽 1 m。滑带和滑体的平均厚度分别为 40 mm 和 0.32 m。6 根抗滑桩（长 0.57 m）的横截面尺寸为 50 mm×75 mm。桩的水平间距为 0.15 m（中心至中心），并穿过土体插入基岩 0.2 m，距离框架后缘 0.8 m。

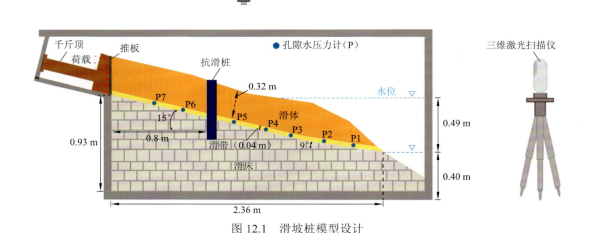

图 12.1　滑坡桩模型设计

马家沟滑坡的抗滑桩采用弹性模量为 3 GPa 的混凝土制成。滑体由标准砂（28.5%）、黏土（62.5%）、水（8%）和膨润土（1%）组成。用混合玻璃珠（1~1.2 mm 直径，60%）、黏土（32%）和水（8%）制备载玻片区。模型施工所用黏土取自马家沟滑坡。

在物理模型试验中考虑两个水库条件，即静水条件和动水条件，详细研究了静水压力和动水压力对滑坡-抗滑桩体系的影响。通过孔隙水压力、地表变形和目测照片对比分析滑坡桩模型在两种条件下的变形特征和破坏机理。这两种条件之间的差异主要反映在荷载和水力条件上（图 12.2）。模型设计为稳定坡体；为了实现临界状态，在后缘连续施加驱动力。在静水条件（PM1）下，每 1 h 施加一个驱动力增量（0.5 kN），模拟降雨、荷载或岩土体劣化引起的滑坡推力增加。在动水条件（PM2）下，根据 PM1 的试验过程，在 1 kN 荷载区间增加 5 个水位波动，同时维持驱动力不变。应力和水力边界条件均逐步实现。每增加一次驱动力（0.5 kN）需要维持 1 h，包括两个子步骤（加载，然后保持荷载不变）；每次水位波动需要 2h，并涉及四个子步骤（降水、最低水位、蓄水及最高水位），每个子步骤持续 0.5 h（Hu et al.，2021）。

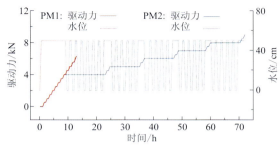

图 12.2　PM1 和 PM2 的试验过程

　　根据模型中心剖面线上监测点的点云数据，可绘制不同时刻模型表面的横向剖面图。滑坡桩模型的变形过程和破坏模式可根据绘制的横向剖面图进行分析（图 12.3）。在整个试验过程中，模型沿着滑动面 I 移动。尽管荷载从 0 增加到 3 000 N，但在模型后缘仅发生轻微的下坡位移（约 15 mm）。当荷载上升到 4 000 N 时，下坡位移增加到约 45 mm。在 0～4 000 N 范围内，推板连续受压，土体未出现隆起。当荷载为 5 000 N 时，桩后出现轻微的土壤隆起，下坡位移增加到约 80 mm。在 5 500 N 的荷载下，两条裂缝最初出现在模型后部，桩后土体隆起的垂直位移增加到大约 80 mm。此外，桩体向前倾斜，桩头出现下坡变形。当荷载上升到 6 278 N 时，在上述裂缝下方又出现两条裂缝，四条裂缝向前延伸并会聚，形成滑动面 II 和 III。这两个滑动面使土体在桩上滑动引起桩间挤压，导致土体严重隆起（约 110 mm）。最后，荷载突然减小，并发生大位移，这表明该结构发生了失效。

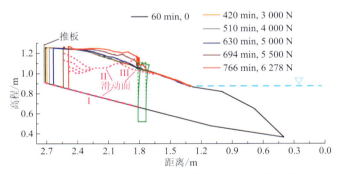

图 12.3　静水条件下滑坡桩模型的变形演化过程

　　库水位循环波动条件下的滑坡桩模型试验表明，滑坡−抗滑桩体系的位移曲线随荷载变化呈阶梯状，随着演化进程宏观变形呈现出不同的特征，图 12.4 为试验过程中孔隙水压力和监测点位移的变化情况。孔隙水压力的变化与水位变化相似，只是稍有滞后。在 0～4 009 N 的荷载下，滑坡面出现轻微变形[图 12.5（a）]，在此期间发生的累计位移仅约 4 mm（图 12.4）。随着荷载的增加，监测点的位移增加，这与静水条件下的位移变化相似。在 7 次水位波动之后，滑坡坡脚处发生局部侵蚀[图 12.5（b）]。在荷载增加至 6 063 N 期间，滑坡桩后出现裂缝并扩展，随后发生土体隆起[图 12.5（c）]。在接下来的 10 个水位波动周期中，土壤侵蚀面积向上扩展[图 12.5（d）]。

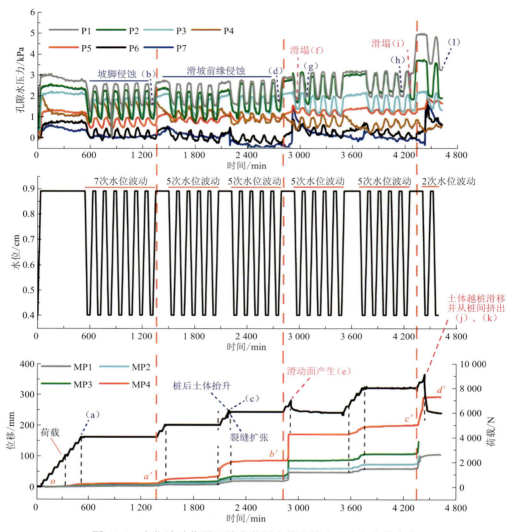

图 12.4　水位波动作用下地表监测点的孔隙水压力和位移变化

（a）～（l）对应如图 12.5 所示的重要事件；oa'、$a'b'$、$b'c'$、$c'd'$对应初始阶段、
均匀阶段、加速阶段和破坏阶段；MP1～MP4 为监测点

　　当荷载增加至 7 000 N 时，滑坡体内部的裂缝出现并会聚，初步形成三个滑动面 ［图 12.5（e）］，与静水条件下的试验现象相似（图 12.3），MP4 的累计位移在 7 000 N 时增加到 170 mm，比 6 000 N 时增加 90 mm。在 6 000～7 000 N 范围内坡体发生明显变形，桩前土体下移，导致水位波动区及滑坡前缘土体的稳定性下降。由于明显变形，荷载甚至回落至 6 000 N。之后，第 18 次水位下降使得水位波动区发生土壤塌陷［图 12.5（f）］。第 18 次水位下降后，可以清楚地观察到土体滑塌［图 12.5（f）］。至第 26 次水位下降，前缘侵蚀变形略有扩大，无大规模塌陷［图 12.5（h）］。在第 27 次水位波动期间，拉裂缝（大约 750 mm）逐渐出现在滑坡前缘，滑坡体被拉伸裂缝部分切开，导致土体再次滑塌［图 12.5（i）］。

（a）4 009 N, 540 min

（b）4 015 N, 1 292 min
（第7次水位下降后）

（c）6 063 N, 2 205 min
鼓胀裂缝

（d）6 053 N, 2 744 min
（第17次水位下降后）

（e）7 000 N, 2 910 min
滑动面　5 cm　5.5 cm

（f）6 182 N, 2 970 min
（第18次水位下降后）
拉裂缝
土体滑塌与向外渗流

（g）6 110 N, 3 090 min
（第19次水位下降后）

（h）7 979 N, 4 163 min
（第26次水位下降后）

（i）8 034 N, 4 284 min
（第27次水位下降后）
拉裂缝
土体滑塌与向外渗流

（j）8 988 N, 4 450 min

（k）8 988 N, 4 450 min
II III IV I 滑动面　6.5 cm　7.5 cm

（l）9 049 N, 4 614 min
（第29次水位下降后）

图 12.5　水位波动作用下试验期间宏观变形的目视观察

在荷载从 6 000 N 增加到 8 000 N 期间，模型轻微变形，MP4 的位移仅增加 25 mm。然而，当荷载从 8 000 N 增加到 9 000 N 时，桩后的滑坡体严重隆起，并显示出沿滑动面 II 和 III 的越桩滑动趋势［图 12.5（j）、（k）］。在此期间，MP4 的位移增加了 90 mm。此外，桩后土体沿滑动面 IV 在桩间挤压［图 12.5（k）］。滑坡面彻底形成、大位移和荷载骤降表明滑坡−抗滑桩体系失效。接下来的两次水位波动（第 28 次和第 29 次水位下降）进一步导致前部侵蚀和变形扩展［图 12.5（l）］。

　　同时，滑坡各部位变形不同。桩后滑体严重隆起，抗滑桩会阻碍滑体推力向前传递，隆起程度表明抗滑桩起到了阻滑作用效果；滑坡前缘垮塌，长期水位波动条件下，坡脚水-土作用区域先后发生多次垮塌，而静止水位下只出现了轻微破坏（图12.6）。在试验过程中，土和桩的侧向变形不断增大。最终，土体沿桩身和从桩间开口处移出，桩失去加固作用，滑坡-抗滑桩体系失效。这些结果表明，PM1和PM2中相同的桩参数、结构和土体条件导致桩前、桩后（未浸没区域）的滑体发生相似的渐进变形。

图12.6　不同库水条件下滑坡-抗滑桩体系破坏特征

14#、23#为监测点位置

　　从时间演化的角度来看，滑坡演化过程通常可分为四个阶段，即初始阶段、均匀阶段、加速阶段和破坏阶段。两种条件下的演化过程也可划分为上述四个阶段，对应图12.4和图12.7中的 oa'（oa）、$a'b'$（ab）、$b'c'$（bc）和 $c'd'$（cd）。两种条件下桩周（特别是桩后）变形相似。在两次试验的加速阶段（bc 和 $b'c'$），桩后土体明显隆起，土体隆起区内的滑动面逐渐形成。之后滑坡体发生越桩滑移，并沿形成的滑动面在桩与桩之间向下挤压，最终导致滑坡−抗滑桩体系破坏。但是，两种滑坡桩模型的前部变形明显不同。在整个试验过程中，模型前区在静止水位条件下仅表现出中度侵蚀，而在水位波动条件下，加速阶段（$b'c'$）开始出现土体滑塌。两个显著的土体滑塌主要是由水库水位下降后从坡内到坡外的外向动水压力引起的[图 12.5（f）、（i）]。除外向动水压力外，土体滑塌的另一个潜在原因是加速阶段桩后变形加剧，引起桩前土体的进一步移动，使桩前土体的稳定性降低。

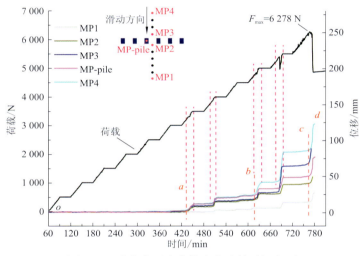

图 12.7　地表监测点荷载和位移的时间序列

oa、*ab*、*bc* 和 *cd* 对应于初始阶段、均匀阶段、加速阶段和破坏阶段；MP-pile 指监测桩；F_{max} 为最大荷载

　　结果表明，由于桩身布置相同，桩周土体变形和破坏情况基本一致。但在水位波动作用下，滑坡前缘发生渐进后退变形和两次土体滑塌，而不是在静水位作用下发生轻微变形和浅层侵蚀。水库水位下降引起的外向动水压力是滑坡前缘土体滑塌的主要原因。桩周土体变形逐渐加剧，间接降低了滑坡前缘土体的稳定性，是滑坡崩塌的次要原因。

12.2.2　滑坡−抗滑桩体系失稳模式

　　基于无水和有水（静止水位和波动水位）条件下滑坡物理模型试验结果，概化了滑坡失稳模式（图 12.8 和图 12.9）。当滑坡前缘无水力边界影响时，无论是牵引式滑坡[图 12.8（a）]还是推移式滑坡[图 12.8（b）]，其变形失稳范围都较小；在推移式滑坡的坡脚施加静止水力边界[图 12.9（a）]后，滑面由于水的润滑软化作用在推力影响下贯通至坡脚，引起更为严重的整体失稳；在推移式滑坡的坡脚施加波动的水力边界[图 12.9（b）]后，滑坡从后缘和坡脚两个方向同时发展，最终引起滑面整体贯通。但由于水位波动，坡脚土体稳定性降低，该工况下能够承受的推力明显小于静水位下滑坡后缘所施加的推力。

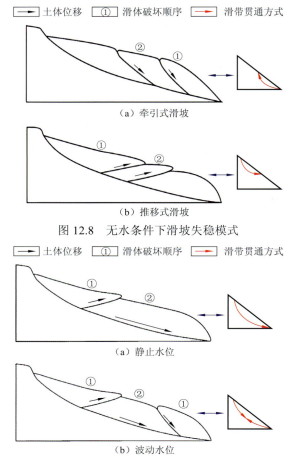

图 12.8　无水条件下滑坡失稳模式

图 12.9　静止水位和波动水位下滑坡失稳模式

　　长期水位波动导致了持续的加卸荷循环，削弱了边坡稳定性，表现为前缘浸水段的渐进后退式破坏和体系的阶段性整体变形。同时，有效的抗滑桩布设能改变水库滑坡的发展进程，阻止滑面的整体贯通，除了局部失稳之外，能有效避免大规模滑坡的发生（图 12.10）。

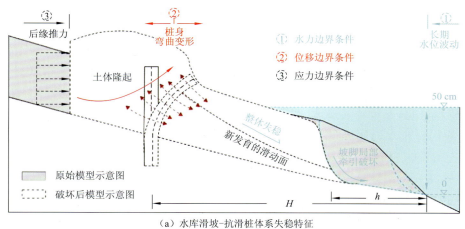

（a）水库滑坡-抗滑桩体系失稳特征

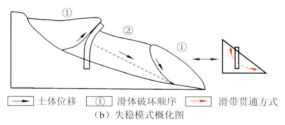

图例:
—→ 土体位移　① 滑体破坏顺序　⇢ 滑带贯通方式

（b）失稳模式概化图

图 12.10　水库滑坡−抗滑桩体系失稳模式

H 为坡脚到抗滑桩的水平距离；h 为坡脚到前缘局部失稳边界的水平距离

12.3　滑坡−锚固体系协同演化规律

滑坡是处在不断演化过程中的地质体，滑坡−锚固体系的锚固机理和演化规律是进行基于演化过程的锚固设计、评价、优化的理论基础。本节以黄登水电站右岸缆机边坡为工程背景，通过模型试验的方法探讨卸荷作用下反倾岩质边坡−锚固体系的应力演化特征。

边坡现场照片如图 12.11（a）所示。根据工程地质条件，将边坡简化为如图 12.11（b）所示的工程地质模型。边坡由倾倒蠕变岩体、倾倒松弛岩体、薄层状泥质板岩和块状火山角砾岩组成。

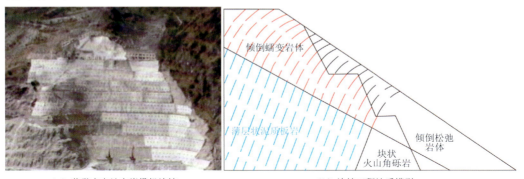

（a）黄登水电站右岸缆机边坡　　　　　　（b）边坡工程地质模型

图 12.11　边坡及其概化模型

相似模型是将物理原型的各个单值参数按照一定比例缩小，与物理原型有相似现象的物理模型。相似比例常数 C 是指原型参数和模型参数的比值。本次地质原型模拟试验，主要满足几何相似、重度相似、应力相似。试验中设计的相似比例常数取值如表 12.1 所示。

表 12.1　相似比例常数取值

相似比例常数	长度相似比例常数 C_L	重度相似比例常数 C_γ	主应力相似比例常数 C_σ	剪应力相似比例常数 C_τ
值	200	1.5	300	300

选取的边坡原型长 300 m，高 170 m，岩体物理力学性质参数取相应参数平均值，需要控制的原型参数和模型参数如表 12.2 所示。

表 12.2 边坡原型参数和模型参数

	岩体	长度 L/m	高度 H'/m	宽度 W/m	重度 γ/(kN/m³)	黏聚力 c/kPa	内摩擦系数 tanφ
物理原型	倾倒蠕变岩体				22.00	100.00	0.6
	薄层状泥质板岩	300.00	170.00	—	25.00	700.00	0.8
	块状火山角砾岩				27.00	1100.00	1.1
物理模型	倾倒蠕变岩体				14.67	0.33	0.6
	薄层状泥质板岩	1.50	0.85	1.00	16.67	2.33	0.8
	块状火山角砾岩				18.00	3.67	1.1

试验中搭建宽度为 1 m 的物理模型。开挖前后的模型搭建效果如图 12.12 所示。根据简化后的工程地质模型，设计边坡通过 6 根锚杆进行加固。每级开挖面在坡面中点布置一排锚杆，锚杆水平间距为 33.3 cm，同一水平面共计布置 2 根锚杆。锚杆锚固位置如图 12.12 所示。单根锚杆设计初始锚固力为 50 N。锚杆与水平面的夹角为 30°。设计时尽可能保证锚杆在稳定岩体中的锚固长度，从上至下每级锚杆的锚固长度分别为 40 cm、30 cm、15 cm。

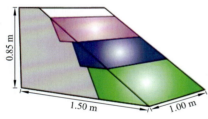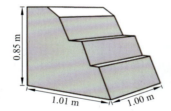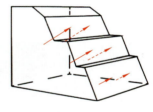

图 12.12 物理模型尺寸

模型中采用的锚杆如图 12.13 所示。锚杆主要由四部分组成，即锚杆外壳、承压板、紧固器和钢丝。锚杆主体由锚杆外壳和钢丝组成。锚杆外壳采用外径为 8 mm、内径为 6 mm 的 PVC 管。PVC 管由于其良好的弯曲特性，可以模拟锚杆在受到径向剪切力时的特点。锚杆在受到轴向拉力作用时的性能，则通过穿过 PVC 管内部的 0.5 mm 半径的钢丝进行还原。钢丝一端绑缚在 PVC 管末端，使用混凝土进行加固，另一端穿过承压板，绑缚在紧固器上，也使用混凝土进行加固。这样当边坡变形产生应力时，就可以通过承压板和紧固器将力传递到钢丝上，以模拟锚杆的受力情况。紧固器为与锚杆外壳尺寸相同的 PVC 管。在其上切割有用来绑缚钢丝的凹槽，以便于锚杆加固。锚杆材料力学参数如表 12.3 所示。

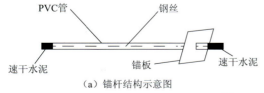

（a）锚杆结构示意图 （b）锚杆实物图

图 12.13 锚杆模型

表 12.3　锚杆材料力学参数

材料	尺寸/mm	弹性模量/GPa	抗拉强度/MPa
钢丝	$\phi 1$	200	210
PVC 管	外径 8，内径 6	3.5	53

试验装置采用尺寸为 2 m×1 m×1 m 的模型箱，模型箱骨架由 3 mm×3 mm 的矩形钢构成。为便于观察，模型箱两侧采用 16 mm 厚的亚克力板进行封闭。模型箱后侧均匀布置 6 个行程为 10 cm 的千斤顶，用来对边坡施加推力，加速边坡的破坏。采集系统包括传感器和数据采集器。试验系统模型如图 12.14 所示。

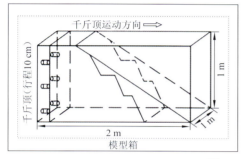

图 12.14　试验系统模型

在模型铺设过程中，埋置了测量水平与竖直方向应力的应力计，以获得演化过程中模型内部应力场的变化过程。在每一级坡面中点下 3 cm 平行于坡面埋置土压力计，测定垂直于各个坡面的土压力。另外，在锚杆锚板下侧布置了应力计，用来测量锚固力，最终搭建好的模型如图 12.15 所示。

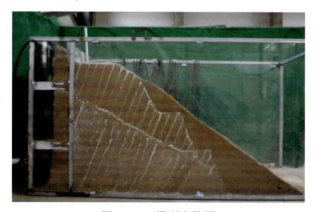

图 12.15　模型实物图

模型试验过程如下：设计边坡通过三级开挖卸荷来模拟实际工程中边坡的开挖过程，并在开挖结束后立即进行锚杆安装。每级开挖间隔约 30 min，以充分监测模型的演化情况。在三级边坡都开挖结束之后，分六级施加 0.72 kPa 的荷载，模拟开挖完成后，在锚杆加固的条件下边坡的演化过程。滑坡-锚固体系的演化过程如下。

1）水平和竖向应力分布演化特征

图 12.16 显示了卸荷过程中应力分布的特征。开挖后最大水平应力分布在模型底部中点处，约为 15 kPa。水平应力向四周逐渐减小，在模型中下部形成了近三角形形状的高应力分布带。模型中初始竖向应力呈现由上至下逐渐减小的特征。这是因为上覆厚度和边界条件不同，在模型各个位置造成了不同的应力积聚。第三级边坡处也呈现出高应力的状态，这是因为此处强度更大，有一定的初始应力积累。

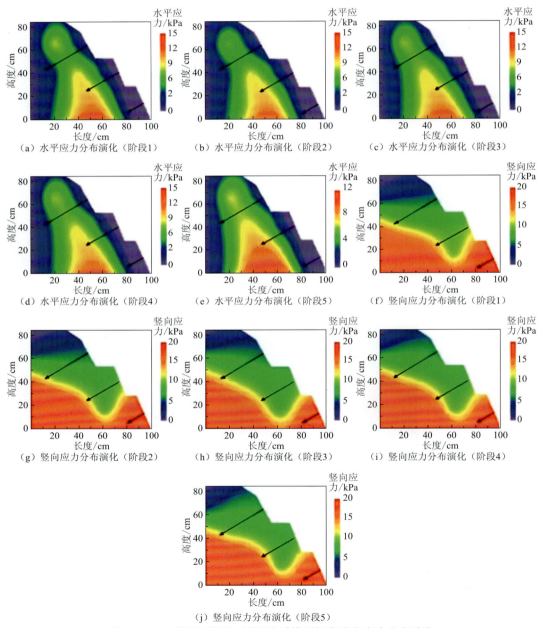

图 12.16 反倾岩质边坡-锚固体系模型卸荷阶段应力分布演化

水平应力集中区域随着开挖的进行逐渐向模型底部移动。开挖岩体作为模型的一部分，对模型有着重要的变形约束作用。岩体被开挖后，处于同一水平面的岩体产生卸荷后，应力值降低。因此，出现随着持续开挖高应力区域逐渐向下移动的现象。竖向应力由于方向与卸荷作用的方向垂直，所以受到的影响很小，应力分布特征基本没有改变。同时，在第一级边坡锚杆的两侧形成了一定的高压缩应变区。锚杆由于自身的力学性能，在受力变形时会对局部边坡的应力分布特征造成影响，阻碍了边坡的进一步变形，起到了加固的作用。

由此可见，卸荷作用主要对水平应力的分布特征有明显的影响。开挖后，卸荷岩体对边坡约束作用的消除，影响了边坡应力集中区域的分布。每级边坡的卸荷使得当级边坡内部的水平应力降低，而其他级边坡内部的应力则基本不受影响，导致了应力集中区域的向下转移。

2）锚固力变化特征

卸荷过程中，各级边坡的锚固力演化如图 12.17 所示。第一级边坡开挖锚固后，边坡有向临空面变形的趋势，安装锚杆后锚固力稳定增加。第二级边坡开挖时，第一级边坡向临空面运动，锚杆的锚固力突增。但第三级边坡开挖时，第一级和第二级边坡锚杆的锚固力下降，这可能是由于边坡坡脚约束消失。第三级边坡向临空面变形而第一级和第二级边坡背向临空面运动，造成了锚固力降低。整体来看，锚固力呈上升趋势，其中第一级和第三级边坡的锚固力增加幅度较大，第二级边坡的锚固力增幅较小。

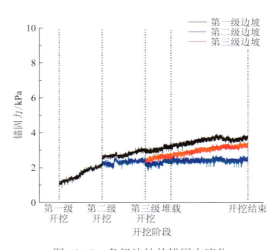

图 12.17　各级边坡的锚固力演化

基于上述分析可以发现，卸荷作用下的岩体应力演化过程可以划分为应力松弛阶段、应力积累阶段和破坏阶段三个阶段。应力松弛阶段边坡应力以缓慢的速率下降，表明岩体性质不断劣化；应力积累阶段单点应力逐渐上升，当应力超过该点的强度极限时，便会发生破坏，进入破坏阶段。

在反倾岩质边坡−锚固体系中，锚杆的加固作用主要是通过轴向加固和径向加固实现的。轴向加固包括预应力的主动加固作用和锚杆轴向受拉后的被动加固作用；径向加固包括对应力传递的阻碍作用和对滑坡-锚固体系沿径向变形的约束作用。锚杆对滑坡-锚固体系应力和应变的分布特征造成了影响，由于径向加固作用，在锚杆上侧形成了应力升高区、高压缩应变区，在锚杆下侧形成了应力降低区、低压缩应变或拉应变区。此外，锚杆也对滑坡-锚固体系的破坏方式造成了影响，使得变形的整体性增强，破坏时的裂隙减少，体现了锚杆对边坡完整性的增强作用。反倾岩质边坡-锚固体系中的应力演化特征与无锚反倾岩质边坡相似，但由于受到了锚杆的锚固作用，其应力演化进程相对缓慢。当沿锚杆应力上升时，其周围岩土体的强度也呈现上升状态，而当沿锚杆应力下降时，其周围的岩土体也已经破坏，显示了两者的协同演化作用。

12.4　滑坡-桩锚体系协同演化规律

滑坡-桩锚体系在滑坡防治工程中占有重要地位，除有效改善抗滑桩受力状况外，它对大荷载、地震荷载等作用下的滑坡预防具有显著作用。同济大学黄雨教授团队在滑坡-桩锚体系协同演化规律方面开展了系统性研究，深入分析了滑坡-桩锚体系在不同演化阶段的响应特征，以及在动荷载作用下，特别是地震影响下滑坡-桩锚体系的动态响应特性。

12.4.1　不同演化阶段滑坡-桩锚体系响应特征

1. 试验系统总体设计

锚索抗滑桩加固滑坡物理模型试验的总体设计如图 12.18（a）所示，系统主要包括三个部分：锚索抗滑桩加固滑坡模型、推力加载系统和数据采集系统。其中，锚索抗滑桩加固滑坡模型根据秭归盆地的地层分布及岩土体特征进行确定，试验采用的框架尺寸为 160 cm×80 cm×50 cm；三峡库区秭归盆地侏罗系中软硬相间地层主要由砂岩与泥岩组成，因此将滑床设置为四层，从上往下依次为硬岩、软岩、硬岩和软岩，岩层厚度均为 7 cm，倾角为 10°；抗滑桩截面尺寸为 5 cm×7.5 cm，桩长为 66 cm，受荷段长 45 cm，嵌固段长 21 cm，桩间距为 16 cm；锚索直径为 6 mm，锚索排数和锚固角度可根据不同工况进行设置。自主研发的推力加载系统采用横向加载的方式进行加载，这种方式从滑体后部施加推力，推力方向与滑体的移动方向一致，使抗滑桩承受横向荷载，这符合实际工程中抗滑桩的受力特点。在进行物理模型试验时，通过控制器控制千斤顶进行匀速加载，直至千斤顶的轴承全部被推出，螺旋千斤顶的轴承长 18 cm，试验过程中，通过数据采集仪 dataTaker 同步读取压力传感器数据以获取推力值。试验过程中推力加载系统和数据采集系统均采用自动化的方式工作[图 12.18（b）]。

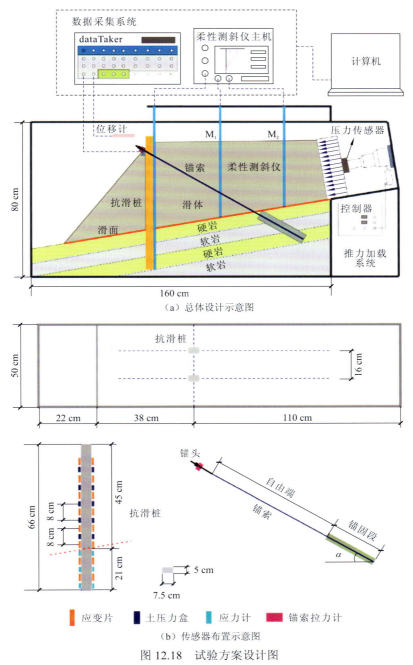

（a）总体设计示意图

（b）传感器布置示意图

图 12.18　试验方案设计图

M_1、M_2 为柔性测斜仪的位置；α 为锚固角度

根据试验的目的和场地条件，确定物理原型与物理模型的长度相似比例常数 $C_L =$ 100，通过量纲分析法确定了关键参数的相似比例常数，包括密度、弹性模量、黏聚力、内摩擦角和锚索抗拉强度。试验材料包括滑体材料、基岩（包括软岩和硬岩）材料、滑面材料、抗滑桩材料和锚索材料。滑体材料由标准砂和红黏土组成，标准砂和红黏土的

配合比为 1∶1，含水率为 6.15%。试验中制作的硬岩材料和软岩材料分别为秭归盆地中砂岩和泥岩的相似材料，均由水泥、砂、石膏粉和水组成，但配合比不同，硬岩材料与软岩材料的配合比分别为 1∶3∶1∶1.18 和 1∶9.21∶1∶1.77。滑面材料为厚 0.8 mm 的塑料薄膜。抗滑桩材料为聚氨酯，具有较好的弹性性能。锚索材料为聚氨酯实心条。材料的力学参数如表 12.4 所示。

表 12.4 材料力学参数表

材料名称	密度/（g/cm³）	弹性模量/GPa	黏聚力/kPa	内摩擦角/（°）	抗拉强度/MPa
滑体材料	1.97	0.018	26.08	11.65	—
软岩材料	2.16	0.15	39.1	16.3	—
硬岩材料	2.21	0.45	110.5	30.0	—
抗滑桩材料	1.16	0.3	—	—	—
锚索材料	1.16	0.3	—	—	10.6

2. 滑坡-桩锚体系的演化特征

基于室内物理模型试验，开展了锚索抗滑桩加固滑坡的试验，揭示了滑坡-锚索抗滑桩的协同演化过程。根据加载力的整体增长率和桩顶位移，结合静置期间加载力下降的百分比，将演化阶段分为蠕变变形阶段、协调变形阶段、不协调变形阶段和破坏阶段（图 12.19）。

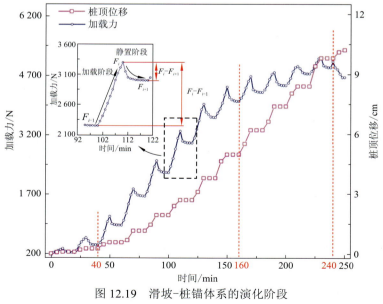

图 12.19 滑坡-桩锚体系的演化阶段

F_i 为第 i 时刻加载力

（1）蠕变变形阶段，加载力和桩顶位移增速较小，加载力增加较小，桩顶位移增加较小，滑体内部的土体逐渐被压实，引起蠕变变形，大部分加载力被土体吸收。此阶段中，桩锚推力分担比迅速上升后又出现小幅回调，滑坡推力首先传递至抗滑桩，然后由抗滑桩引起锚索拉力的增加。

（2）协调变形阶段，滑体逐渐向坡前移动，加载力和桩顶位移的增速均较大，在加载期间加载力急剧增加，在静置期间加载力下降的百分比平均仅为 15.2%。此阶段中，桩锚推力分担比增速较大，最大桩锚推力分担比为 12.221，锚索拉力增速较快，但大部分推力被抗滑桩分担（图 12.20）。

（3）不协调变形阶段，滑体内逐渐形成实际的剪切面，推力的方向逐渐向坡顶转移，加载力增加较小，增速降低，静置期间加载力下降的百分比为44.2%，然而，桩顶位移的增速进一步加大，该阶段中滑坡与锚索抗滑桩的变形是不协调的。锚索拉力增速放缓，桩锚推力分担比逐渐趋于平稳。

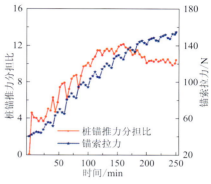

图 12.20　桩锚推力分担比

（4）破坏阶段，滑体沿剪切面向上剪出，滑坡系统失效。

在滑坡–锚索抗滑桩的协同演化过程中，随着推力的不断增大，抗滑桩上半段和下半段的应变呈现出了不同的变化趋势，特别地，桩后侧出现了应变增加、减小再增加的情况，桩前则相反（图 12.21）。与桩身变形相似，桩身弯矩和剪力的增加速率在不同阶段也不尽相同（图 12.22），在蠕变变形阶段和协调变形阶段，桩身剪力和弯矩近似为匀速增加的趋势，当滑坡推力达到一定值后，进入不协调变形阶段，桩身弯矩和剪力都急剧增加，尤其是在滑面附近，增幅较大。

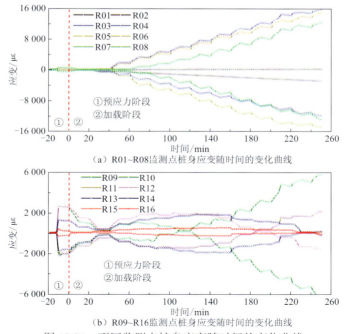

（a）R01~R08监测点桩身应变随时间的变化曲线

（b）R09~R16监测点桩身应变随时间的变化曲线

图 12.21　不同监测点桩身应变随时间的变化曲线

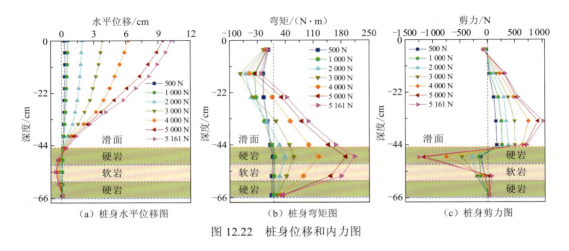

图 12.22　桩身位移和内力图

（a）桩身水平位移图　　　（b）桩身弯矩图　　　（c）桩身剪力图

综上，滑坡-桩锚体系演化阶段分为蠕变变形阶段、协调变形阶段、不协调变形阶段和破坏阶段。各阶段的桩锚推力分担比和桩身应变也各有不同。桩锚推力分担比呈现出了先增加后减小，最后趋于平稳的变化趋势。桩身上半段和下半段的应变呈现出了不同的变化趋势，桩后侧出现了应变增加、减小再增加的情况，桩前则相反。在蠕变变形阶段和协调变形阶段，桩身剪力和弯矩近似为匀速增加的趋势，当滑坡推力达到一定值后，进入不协调变形阶段，桩身弯矩和剪力都急剧增加，尤其是在滑面附近，增幅较大。

12.4.2　动荷载作用下滑坡-桩锚体系响应特征

1. 滑坡-桩锚体系动力离心模型试验设计

黄雨等应用 TLJ-150 复合型土工离心机进行了动荷载作用下滑坡-桩锚体系响应的模型试验［图 12.23（a）］，静力试验的最大离心加速度为 $200\,g$（g 为重力加速度），动力试验的最大离心加速度为 $50\,g$。为减小刚性边壁对地震波的反射，本试验所用模型箱采用叠环式层状剪切箱［图 12.23（b）］。该剪切箱由多层矩形框架组成，每环均可自由运动。将滑坡及植入其中的桩锚结构视为整体，以动力离心模型试验为核心手段，从演化这一基本地质特性出发，使用弹性硅胶模型克服地震导致的重复制样的缺陷，保证能够进行重复试验［图 12.23（c）］。通过动力离心模型试验模拟滑坡-桩锚体系真实应力

（a）离心机　　　　　（b）叠环式层状剪切箱　　　　　（c）弹性硅胶模型

图 12.23　动力离心模型试验

场下的受力情况，并得到滑坡-桩锚体系在地震作用下的动力响应。同时，通过施加多级地震动得到滑坡-桩锚体系在地震作用下的失效模式。综合桩锚结构在地震作用下的动力响应及失效模式，提出桩锚结构支护边坡的设计建议。

2. 滑坡-桩锚体系震前静力阶段分析

记录 $0\sim50\,g$ 离心机加载过程中，坡顶竖直沉降（D1）、桩顶水平位移（D2）、坡面水平位移（D3）及桩身水平位移（D4）的变化趋势，如图 12.24 所示。其中，坡顶竖直沉降 D1 持续增大，其竖直位移最大值为 24 mm，而桩顶水平位移 D2 变化较小，坡面水平位移 D3 几乎为零，这是由于滑坡-桩锚体系以 D3 为基点发生了旋转，滑动面处滑坡体推动桩锚结构整体向临空面方向倾斜，位移模式为旋转-剪切型。

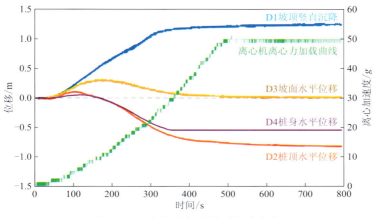

图 12.24 加载过程中体系位移变化

静力试验所得桩身受力分布图如图 12.25 所示。由于锚索拉力的作用，靠近桩顶部位的弯矩方向与桩身下部弯矩方向相反，且越靠近锚索安装处，弯矩受锚索拉力的影响越大。同时，剪力最大值出现在抗滑桩与边坡的表面接触附近。对荷载分布图求积分，发现单根桩身所受到的滑坡推力为 1 290.4 kN，锚索的拉力为 185 kN，所以桩锚的荷载分担比近似为 7∶1。根据荷载集度分布图，绘制锚索抗滑桩荷载分布图[图 12.25（d）]。可以看出，桩身从上到下起主导作用的荷载分别是锚索拉力、滑坡推力及地基抗力。

3. 滑坡-桩锚体系动力响应分析

1）频谱特性

本次试验选取的地震波输入为实测卧龙汶川地震波，截取前 40 s。如图 12.26（a）所示，对比三个测点的加速度反应谱可以看出边坡的放大效应：坡面 A2 测点和桩顶 A4 测点较坡脚 A3 测点的加速度反应谱整体向右偏移且峰值增大，显示了滑坡体的长周期放大效应。如图 12.26（b）所示，相比于坡脚 A3 测点，坡面 A2 测点对 $0.5\sim3.2$ Hz 频段的地震波进行了幅值放大，对 $5\sim6$ Hz 频段的地震波进行了滤波。

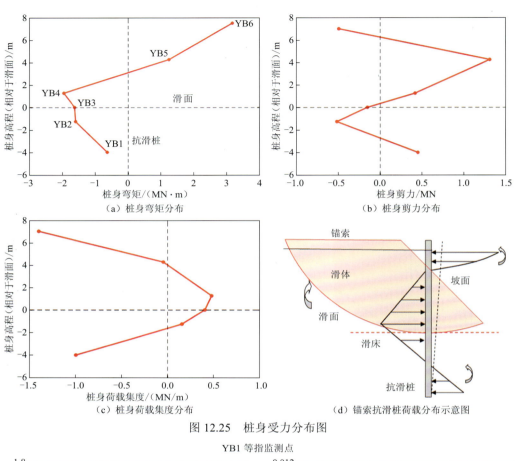

（a）桩身弯矩分布

（b）桩身剪力分布

（c）桩身荷载集度分布

（d）锚索抗滑桩荷载分布示意图

图 12.25　桩身受力分布图

YB1 等指监测点

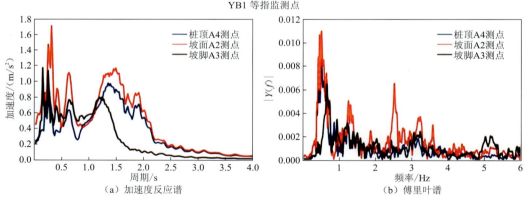

（a）加速度反应谱

（b）傅里叶谱

图 12.26　加速度反应谱及傅里叶谱

$|Y(f)|$ 为傅里叶变换的幅度值，它描述了信号在不同频率上的幅度或能量分布

2）锚索拉力动力响应

如图 12.27 所示，锚索拉力在震中增加，震后锚索拉力趋于稳定。

3）抗滑桩动力响应分析

地震中及地震结束时的抗滑桩弯矩、剪力分布图如图 12.28 所示。测得各工况下桩

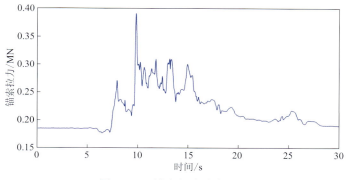

图 12.27 锚索拉力动力响应

锚的荷载分担比为 10.44∶1（地震中）、8.19∶1（地震结束时）。抗滑桩是地震作用下的主要受力构件，锚索在地震状态下必须依靠抗滑桩才能发挥作用；锚索阻止桩向外侧倾斜，充分发挥桩端锚固段的侧向阻力以抵抗滑坡推力，提高单桩承载能力。

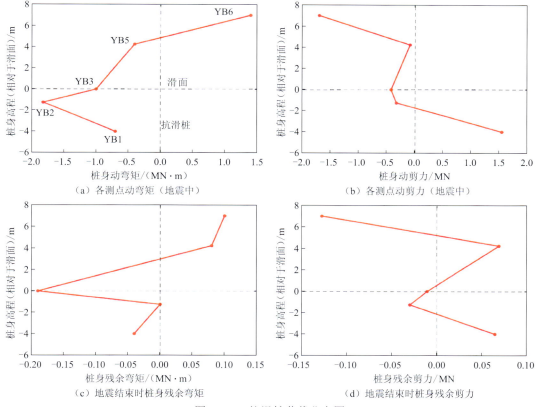

图 12.28 抗滑桩荷载分布图

4）施加多级地震动之后的滑坡−桩锚体系失效模式分析

分级多次输入汶川地震波，得到多级地震动下的锚索拉力、桩身最大动弯矩及滑坡位移的变化规律（图 12.29）。

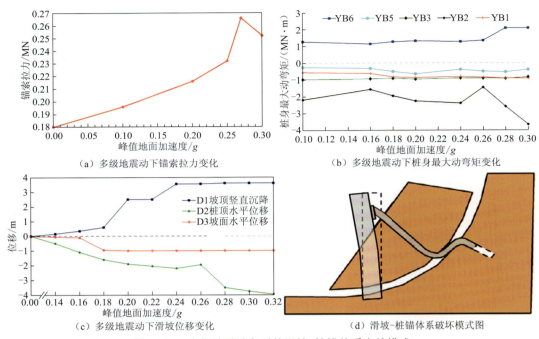

（a）多级地震动下锚索拉力变化

（b）多级地震动下桩身最大动弯矩变化

（c）多级地震动下滑坡位移变化

（d）滑坡-桩锚体系破坏模式图

图 12.29　多级地震动之后的滑坡-桩锚体系失效模式

锚索的破坏模式为锚固力不足导致锚索松弛。设计时增加锚索截面积、锚固长度，以及提高钢筋与锚砂浆之间的黏结强度，均可提高锚固强度。抗滑桩的破坏模式为由于滑坡推力激增，抗滑桩的抗弯刚度不足，桩产生塑性弯折破坏。设计时应优先加密锚索安装位置和滑动面附近的箍筋，以防止由桩身刚度不足引起的塑性弯曲破坏。地震作用下圆弧形滑坡-桩锚体系的位移模式为旋转-倾斜型。预应力锚索可以有效抑制滑坡体位移。

12.5　本　章　小　结

本章系统地探讨了滑坡-防治结构体系的协同演化规律，涵盖了滑坡与抗滑桩、锚固体系之间的相互作用机理，演化阶段划分，失稳模式，以及滑坡-桩锚体系在动荷载作用下的响应特征。

（1）针对滑坡与抗滑桩的相互作用，通过分析位移等值线变化、土压力分布等对失稳模式进行了详细分析。推移式滑坡的坡脚受到静止压力时，滑面由于水的润滑软化作用在推力影响下贯通至坡脚，引起更为严重的整体失稳；推移式滑坡的坡脚受到动水压力时，滑坡变形从后缘和坡脚两个方向同时发展，最终引起滑面整体贯通。

（2）针对滑坡-锚固体系的协同演化规律，通过模型试验的方法对卸荷作用下反倾岩质边坡-锚固体系的应力演化特征进行了研究。在受到卸荷作用后，水平应力分布特征受到的影响明显，随着开挖的进行，模型内部的高应力集中区域不断向底部转移，竖向应力分布特征受到的影响则不显著。卸荷后，水平和竖向应力都会发生突变，升高或降低取决于其所在位置的演化情况。应力变化率在受到卸荷作用后也发生了突变，并随着演化逐渐波动，最终趋近于零，达到稳定。坡面应力则会发生陡降，且降幅以当级开挖坡面最为显著。锚固力也会产生一定的突变，并在演化中整体呈增加状态。锚固力的增长与边坡向临空面的变形密切相关。

（3）对不同演化阶段滑坡-桩锚体系的响应特征进行了系统研究，通过物理模型试验和动力离心模型试验，深入分析了地震作用下滑坡-桩锚体系的动力响应，包括频谱特性、锚索拉力动力响应、抗滑桩动力响应，以及多级地震动后的失效模式等。理论分析、模型试验和数值模拟为滑坡防治结构的设计及稳定性评价提供了重要的理论与试验支持。

参 考 文 献

杨全兵, 2014. 深层滑坡体特长抗滑桩加固机理分析[D]. 兰州: 兰州交通大学.

雍睿, 2014. 三峡库区侏罗系地层推移式滑坡-抗滑桩相互作用研究[D]. 武汉: 中国地质大学(武汉).

ASHOUR M, ARDALAN H, 2012. Analysis of pile stabilized slopes based on soil-pile interaction[J]. Computers and geotechnics, 39: 85-97.

HE C C, HU X L, LIU D Z, et al., 2020. Model tests of the evolutionary process and failure mechanism of a pile-reinforced landslide under two different reservoir conditions[J]. Engineering geology, 277: 105811.

HU X L, LIU D Z, NIU L F, et al., 2021. Development of soil-pile interactions and failure mechanisms in a pile-reinforced landslide[J]. Engineering geology, 294: 106389.

HU X L, TAN F L, TANG H M, et al., 2017. In-situ monitoring platform and preliminary analysis of monitoring data of Majiagou landslide with stabilizing piles[J]. Engineering geology, 228: 323-336.

HU X L, ZHOU C, XU C, et al., 2019. Model tests of the response of landslide stabilizing piles to piles with different stiffness[J]. Landslides, 16(11): 2187-2200.

ITO T, MATSUI T, 1975. Methods to estimate lateral force acting on stabilizing piles[J]. Soils and foundations, 15(4): 43-59.

KAHYAOĞLU M R, ÖNAL O, IMANÇLI G, et al., 2012. Soil arching and load transfer mechanism for slope stabilized with piles[J]. Journal of civil engineering and management, 18(5): 701-708.

MUJAH D, HAZARIKA H, WATANABE N, et al., 2016. Soil arching effect in sand reinforced with micropiles under lateral load[J]. Soil mechanics and foundation engineering, 53(3): 152-157.

NORRIS G, 1986. Theoretically based BEF laterally loaded pile analysis[C]//Proceedings of the 3rd International Conference on Numerical Methods in Offshore Piling. Nantes: Institut Français du pétrole: 361-386.

SUN H Y, WU X, WANG D F, et al., 2019. Analysis of deformation mechanism of landslide in complex geological conditions[J]. Bulletin of engineering geology and the environment, 78(6): 4311-4323.

TIEN H J, PAIKOWSKY S G, 2001. The arching mechanism on the micro level utilizing photo elastic particles[C]//Fourth International Conference on Analysis of Discontinuous Deformation. Glasgow: s.n.: 317-337.

第13章 滑坡-防治结构体系多参量时效稳定性评价

13.1 概　述

　　滑坡植入抗滑桩结构形成的滑坡-抗滑桩体系在内外因素作用下具有独特的演化规律，特别是滑坡体与抗滑桩结构在库水位和降雨作用下产生显著的相互作用。同时，不同类型的滑坡-抗滑桩体系，因抗滑桩承载特征不同，在水库运行条件下的演化规律出现明显差异。以上现象直接影响滑坡-抗滑桩体系的稳定性，对滑坡治理设计理论方法提出了新的要求。当前的滑坡稳定性评价未考虑滑坡渐进演化过程，更未考虑滑坡-抗滑桩体系的协同变形与破坏特征，滑坡-抗滑桩体系稳定性评价和设计方法等方面的研究还不够系统，不能满足滑坡地质灾害防控工作的需要。亟须在研究滑坡类型和动力学机制的基础上，系统开展不同类型滑坡-抗滑桩体系的动态稳定性评价方法研究。

　　滑坡治理中锚索锚杆仍然是主要防治措施之一，现有锚索锚杆的设计理论还存在很多不足之处。滑坡发生的地质和地形条件常常复杂多变，导致研究面临多样性和不确定性，滑坡稳定性受多参量的复杂耦合影响，如地质、地形、水文、气候等因素的相互作用。滑坡稳定性评价和锚固结构设计中未考虑滑坡演变过程，更未考虑滑坡-锚固体系在动态变化下多参量的耦合效应，具有很大的局限性，这将会影响锚索锚杆设计的可靠性和准确性。因此，需在研究滑坡-锚固体系主控参量演化规律和提取关键因子的基础上，开展滑坡-锚固体系动态稳定性评价的研究。

　　滑坡的演化过程涉及多个阶段，每个阶段的演化主要受到不同主控因素的影响。滑坡在内外动力因素作用下呈现出不同的变形演化模式，每一种模式都具有其对应的工程地质条件和特定的变形破坏演变过程。深入分析主控参量的演化规律对滑坡演化特征的影响，对滑坡稳定性控制和提高防治效果具有重要的现实意义。

　　本章在分析滑坡-防治结构体系多参量演化的基础上，提出滑坡-防治结构体系多参量时效稳定性评价方法。首先开展不同主控因素作用下滑坡-防治结构体系的变形规律研究，提出影响滑坡-防治结构体系多参量时效稳定性评价的关键因子；构建滑坡-防治结构体系多参量时效稳定性评价模型与稳定性判据，提出滑坡-防治结构体系多参量时效稳定性评价方法。

13.2　滑坡–抗滑桩体系多参量时效稳定性评价

通过灰色关联度定量分析滑坡的变形响应，以朱家店滑坡为例，确定不同演化阶段滑坡的主控因素；建立滑坡-抗滑桩体系稳定性计算模型，并提出滑坡-抗滑桩体系在渐进演化过程中的动态稳定性计算方法；根据牵引式滑坡、推移式滑坡、复合式滑坡三种滑坡类型提出滑坡-抗滑桩体系的多参量时效稳定性评价方法。

13.2.1　滑坡-抗滑桩体系主控参量演化分析

1. 滑坡变形响应的定量分析方法

关联分析方法作为一种补充方法，在各个领域广泛用于描述两个事物之间的关系等级，因此，关联分析方法可以作为解释滑坡不同变形阶段主控因素的决策工具。灰色关联分析是邓聚龙（1982）提出的灰色系统理论的重要内容，该方法可用于解决多因素、多变量之间存在复杂相关性的问题，通过灰色关联分析，可以得到用灰色关联度来评价的不同测量数据之间的相关性。利用灰色关联模型定量分析了滑坡不同位置变形与影响因素之间的关系，变形响应灰色关联模型定量分析方法与实施步骤如下（Tan et al.，2018）。

（1）确定模型计算的关联数列。分析确定参考数列 X_0 为滑坡位移速率，分别定义比较数列 X_1、X_2、X_3、X_4 为月降雨强度、库水位月下降速率、库水位月上升速率、降雨强度和库水波动速率耦合因子，组成的关联数列为 $\boldsymbol{X}=[X_0,X_1,X_2,X_3,X_4]$。关联数列中的每个元素可表示为式（13.1）所示的矩阵：

$$\boldsymbol{A}=\begin{bmatrix}\boldsymbol{A}_1\\\boldsymbol{A}_2\\\vdots\\\boldsymbol{A}_{m'}\end{bmatrix}=\begin{bmatrix}a_{11}&a_{12}&\cdots&a_{1n'}\\a_{21}&a_{22}&\cdots&a_{2n'}\\\vdots&\vdots&&\vdots\\a_{m'1}&a_{m'2}&\cdots&a_{m'n'}\end{bmatrix} \tag{13.1}$$

（2）数列的量纲一化处理。对关联数列 $\boldsymbol{X}$ 进行均值化转化，使其极性一致、量纲为一。运用均值化公式［式（13.2）］对数据做极值和均值化处理：

$$X_i(k)'=X_i(k)\bigg/\left[\frac{1}{n'}\sum_{k=0}^{n'}X_i(k)\right] \tag{13.2}$$

其中，$i=0,1,\cdots,m'$，$k=0,1,\cdots,n'$，n' 为数据点的数量，m' 为影响因素的数量。

（3）计算关联系数。参考数列 X_0（滑坡位移速率）有 4 个相关比较数列 X_1、X_2、X_3、X_4，在不同时刻的关联系数可由式（13.3）计算得到：

$$\xi[X_0(k)',X_i(k)']=\frac{\min\limits_i\min\limits_k|X_i(k)'-X_0(k)'|+\rho\max\limits_i\max\limits_k|X_i(k)'-X_0(k)'|}{|X_i(k)'-X_0(k)'|+\rho\max\limits_i\max\limits_k|X_i(k)'-X_0(k)'|} \tag{13.3}$$

式中：ρ 为分辨系数，一般取 0.5。

（4）关联度确定。为了对数列与参考数列的关联程度进行整体性比较，有必要将各个时刻的关联系数用单一数值来表达，关联度 $r(X_0, X_i)$ 的计算公式为

$$r(X_0, X_i) = \frac{1}{n'} \sum_{k=1}^{n'} \xi[X_0(k)', X_i(k)'] \tag{13.4}$$

（5）关联度排序。关联度是一种对主序列和子序列之间相关性的数值表示，两个序列的相关程度越高，关联度就越接近于 1.0，当 X_0 与影响因素 X_i 的关联度 $r(X_0, X_i) > r(X_0, X_j)$（$X_0$ 与影响因素 X_j 的关联度），则定义为 $\{X_i\} > \{X_j\}$。

2. 不同演化阶段滑坡主控因素确定

以朱家店滑坡为典型研究案例，采用灰色关联模型对滑坡不同演化阶段的主控因素进行了分析，具体分析流程见图 13.1。

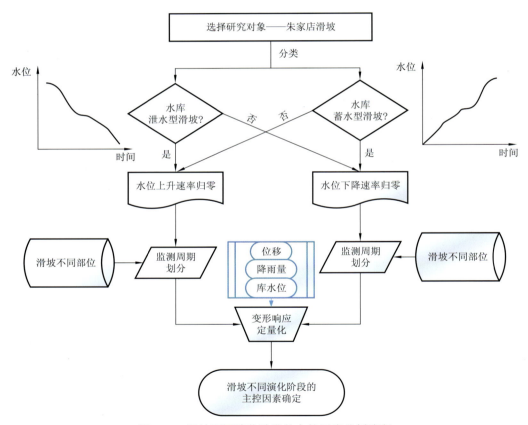

图 13.1 滑坡不同演化阶段的主控因素分析流程

库水位上升和下降对水库滑坡变形存在不同影响，部分滑坡在库水位上升阶段触发并加速变形，而另一部分滑坡受库水位下降影响明显并加速变形，即水库蓄水（上升）型滑坡和水库泄水（下降）型滑坡。选择朱家店滑坡 2007 年 6 月~2015 年 6 月三个监

测点 GP1、GP2、GP3 的位移监测数据开展分析，对朱家店滑坡库水位波动期间的监测资料进行分析（图 13.2），确定了该滑坡为水库泄水（下降）型滑坡。

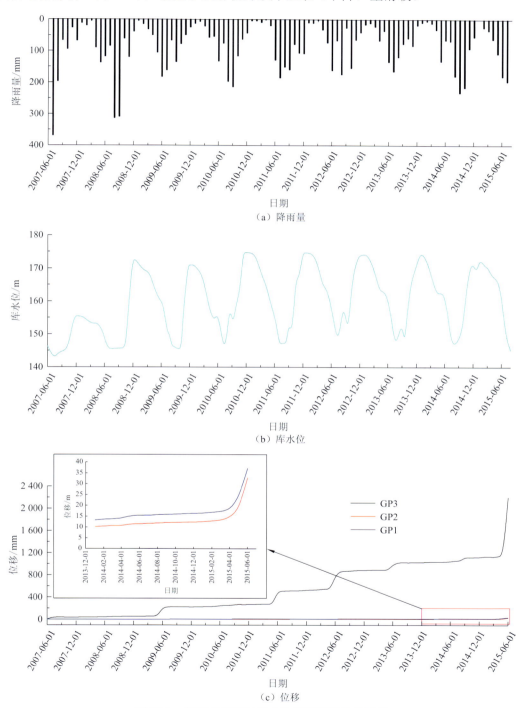

图 13.2　监测点位移与库水位和降雨量的关系图

在 2007 年 6 月～2015 年 6 月，获取了 8 年的滑坡地表位移监测数据。为了更好地反映库水位波动和降雨引起的动态循环荷载对滑坡变形的影响，将朱家店滑坡在 2007 年 6 月～2015 年 6 月的观测数据划分为 8 个周期（从当年 6 月到次年 6 月）。周期划分如图 13.3 所示。

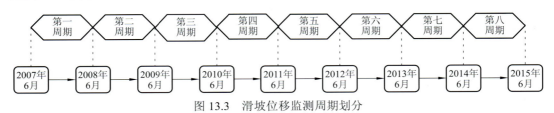

图 13.3　滑坡位移监测周期划分

图 13.4 展示了滑坡不同位置位移速率与水文变量之间的关系。在降雨和库水位波动影响下，滑坡不同部位呈现出不同的变形特征。通过灰色关联模型分析获取滑坡不同部位变形与库水位和降雨的定量关系（图 13.5）。在前部[图 13.4（a）、图 13.5（a）]，初期变形与库水位下降存在较强的相关性；随着变形的发展，滑坡前部初期变形导致了裂缝的产生，为地表水入渗坡体提供了通道；前部变形逐渐由主要受库水位作用影响转化为主要受库水位和降雨联合作用影响。在中部[图 13.4（b）、图 13.5（b）]，前期主要受降雨作用影响，当滑坡前部发生较大变形时，对应库水位下降时期，滑坡中部关键阻滑段逐渐失效，逐渐由主要受降雨作用影响转化为主要受库水位和降雨联合作用影响。在后部[图 13.4（c）、图 13.5（c）]，前期主要受降雨作用影响，随着演化的发展，滑坡变形影响至后缘，由主要受降雨作用影响逐渐转化为主要受库水位和降雨联合作用影响。

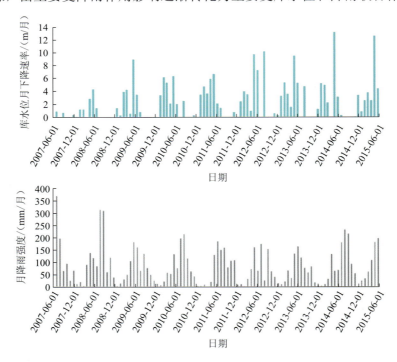

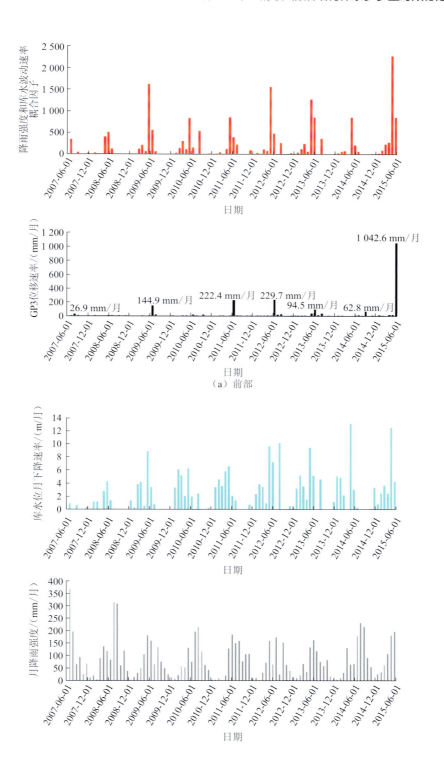

（a）前部

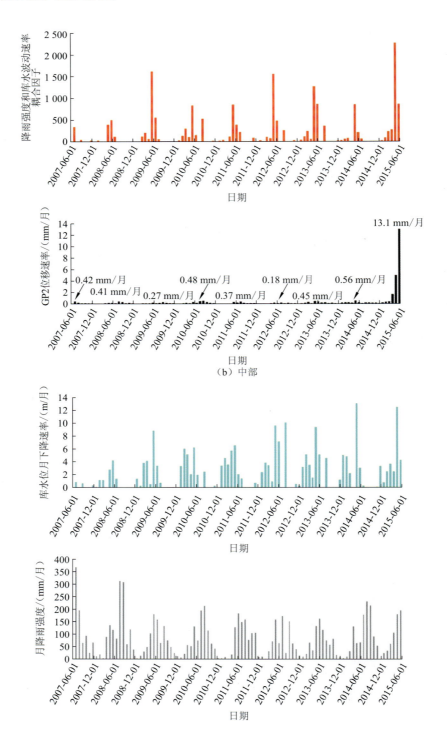

（b）中部

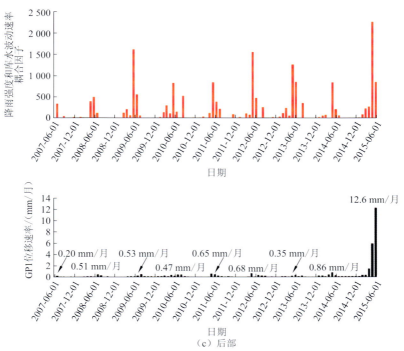

图 13.4　库水位月下降速率、月降雨强度、降雨强度和库水波动速率耦合因子、
位移速率与时间的关系图

可见，滑坡各部位变形的主控因素随滑坡演化而发生变化（图 13.6）。滑坡前部早期变形与库水位波动有显著的相关性，库水位波动是变形主控因素；在变形后期，降雨和库水位波动的耦合作用是滑坡变形的主控因素。滑坡中部早期变形主要受降雨影响，后期变形逐渐转为受降雨和库水位波动共同影响。滑坡后部早期变形的主控因素为降雨，降雨和库水位波动是后期滑坡变形的主控因素。滑坡各部位在早期变形阶段的主控因素不完全相同，随着滑坡演化发展，各部位的变形及稳定性均转为受降雨和库水位波动耦合作用影响。

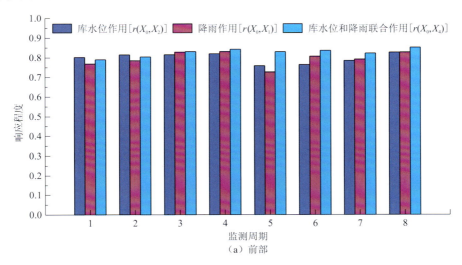

（a）前部

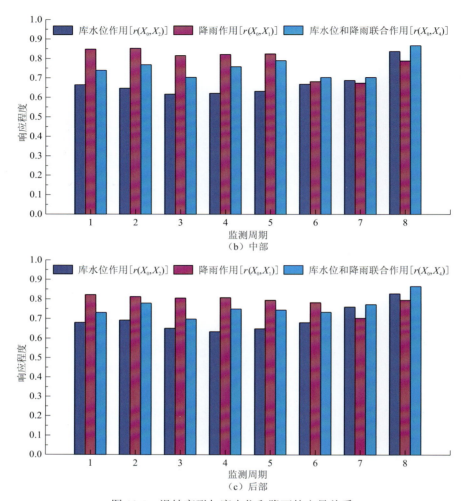

图 13.5　滑坡变形与库水位和降雨的定量关系

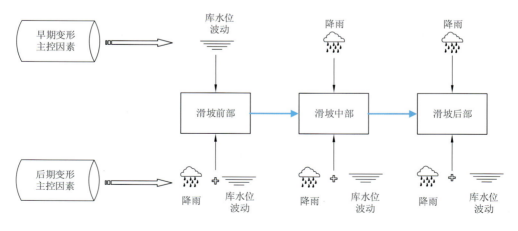

图 13.6　滑坡不同位置不同演化阶段的主控因素

13.2.2　滑坡–抗滑桩体系多参量时效稳定性评价方法

　　滑坡–抗滑桩体系在渐进演化过程中的稳定性是一个动态变化的过程。对于滑坡–抗滑桩体系而言，物理力学强度参数包括两个部分，即抗滑桩和滑坡；为了能够实现滑坡–抗滑桩体系的动态稳定性评价，需把滑坡–抗滑桩体系看成一个整体，依据不同类型的体系演化特征建立滑坡–抗滑桩体系稳定性计算模型，如图 13.7 所示。根据等效原理，将在抗滑桩布设高程位置处横剖面上的桩土视为复合体，抗滑桩提供的抗力相当于复合体抗剪强度参数提供的综合阻力，而复合体重度和抗剪强度参数的表达式为

$$\overline{\gamma} = \sqrt{a} \cdot \gamma_{\mathrm{p}} + (1 - \sqrt{a})\gamma_{\mathrm{s}} \tag{13.5}$$

$$\overline{c} = a \cdot c_{\mathrm{p}} + (1 - a)c_{\mathrm{s}} \tag{13.6}$$

$$\tan \overline{\varphi} = a \cdot \tan \varphi_{\mathrm{p}} + (1 - a) \tan \varphi_{\mathrm{s}} \tag{13.7}$$

$$a = \left(\frac{b}{l}\right)^2 \tag{13.8}$$

式中：$\overline{\gamma}$ 为复合体重度；γ_{p} 为抗滑桩重度；γ_{s} 为滑坡岩土体重度；$\overline{c}$ 为复合体黏聚力；c_{p} 为抗滑桩黏聚力；c_{s} 为滑坡体黏聚力；a 为抗滑桩影响系数；$\overline{\varphi}$ 为复合体内摩擦角；φ_{p} 为桩体内摩擦角；φ_{s} 为滑坡体内摩擦角；b 为桩的直径；l 为相邻两桩之间的距离。

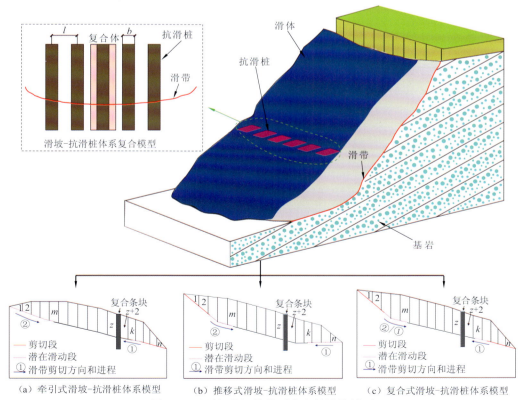

（a）牵引式滑坡–抗滑桩体系模型　　（b）推移式滑坡–抗滑桩体系模型　　（c）复合式滑坡–抗滑桩体系模型

图 13.7　滑坡–抗滑桩体系稳定性计算模型

由三种类型滑坡-抗滑桩体系演化过程的宏观特征可知（谭福林，2018），滑坡的变形破坏也是由局部破坏逐渐扩展贯通的渐进式过程。在该过程中由于抗滑桩的植入，滑坡的演化进程受到影响而发生改变，滑坡-抗滑桩体系的稳定性系数随着应力状态的调整而不断变化。在滑坡渐进破坏过程中，其稳定性系数计算需结合滑带所处的状态，选择不同的抗剪强度参数进行。结合潜在滑动面渐进破坏特性和滑坡-抗滑桩体系演化过程，在滑坡动态稳定性评价方法基础上，提出渐进演化过程中滑坡-抗滑桩体系稳定性计算方法。

滑坡-抗滑桩体系演化过程的动态稳定性计算假设如下：滑坡-抗滑桩体系主剖面总条块数为 n，桩后条块数为 z，则桩前条块数为 $n-z-1$，在滑坡演化过程的某一时刻进行条分，桩后第 m 条块为临界状态条块，桩前第 k 条块为临界状态条块，如图 13.7 所示。下面基于滑坡渐进破坏过程力学特征与变形特征，在滑坡动态稳定性评价模型的基础上（图 13.7），进行滑坡-抗滑桩体系不同演化状态下的稳定性计算（谭福林 等，2016）。

1）牵引式滑坡-抗滑桩体系稳定性计算

结合滑带应变软化特性和体系渐进演化特征，基于不平衡推力法建立前缘启动的滑坡-抗滑桩体系动态稳定性计算公式（表 13.1）。加桩前，滑坡前缘先启动，在这个阶段，滑坡的临界状态条块在设桩位置前部（第 k 条块）。因此，第 k 条块的前部条块取残余强度参数，其后部条块取峰值强度参数。加桩后，由于抗滑桩的加固作用影响了滑坡的演化进程，桩前临界状态条块逐渐向后移动；而对于桩后滑坡体，其临界状态条块（第 m 条块）由后向前移动，直至抗滑桩布设位置。在这个稳定性计算过程中，第 m 条块和第 k 条块之间的条块取峰值强度参数，其他条块取残余强度参数，抗滑桩位置处取复合强度参数。

表 13.1　牵引式滑坡-抗滑桩体系动态稳定性计算公式

所处状态	动态稳定性计算公式	备注
加桩前	$$F_{sq} = \dfrac{\sum\limits_{i=1}^{k}\left(N_i\prod\limits_{j=i}^{k}\lambda_j\right) + \sum\limits_{i=k+1}^{n-k-1}\left(N_i\prod\limits_{j=i}^{n-k-1}\lambda_j\right) + N_n}{\sum\limits_{i=1}^{k}\left(T_i\prod\limits_{j=i}^{k}\lambda_j\right) + \sum\limits_{i=k+1}^{n-k-1}\left(T_i\prod\limits_{j=i}^{n-k-1}\lambda_j\right) + T_n}$$	$\lambda_j = \cos(\alpha_i - \alpha_{i+1})\tan\phi_i$ $\prod\limits_{j=i}^{k}\lambda_j = \lambda_i\lambda_{i+1}\cdots\lambda_k$ $\prod\limits_{j=i}^{n-k-1}\lambda_j = \lambda_i\lambda_{i+1}\cdots\lambda_{n-k-1}$
加桩后	$$F_{sqtx} = \dfrac{\sum\limits_{i=1}^{m}\left(N_i\prod\limits_{j=i}^{m}\lambda_j\right) + \sum\limits_{i=m+1}^{z-1}\left(N_i\prod\limits_{j=i}^{z-1}\lambda_j\right) + N_{复合体} + \sum\limits_{i=z+2}^{k-z-2}\left(N_i\prod\limits_{j=i}^{k-z-2}\lambda_j\right) + \sum\limits_{i=k+1}^{n-k-1}\left(N_i\prod\limits_{j=i}^{n-k-1}\lambda_j\right) + N_n}{\sum\limits_{i=1}^{m}\left(T_i\prod\limits_{j=i}^{m}\lambda_j\right) + \sum\limits_{i=m+1}^{z-1}\left(T_i\prod\limits_{j=i}^{z-1}\lambda_j\right) + T_{复合体} + \sum\limits_{i=z+2}^{k-z-2}\left(T_i\prod\limits_{j=i}^{k-z-2}\lambda_j\right) + \sum\limits_{i=k+1}^{n-k-1}\left(T_i\prod\limits_{j=i}^{n-k-1}\lambda_j\right) + T_n}$$	$\lambda_j = \cos(\alpha_i - \alpha_{i+1})$ $\quad - \sin(\alpha_i - \alpha_{i+1})\tan\phi_i$ $\prod\limits_{j=i}^{m}\lambda_j = \lambda_i\lambda_{i+1}\cdots\lambda_m$ $\prod\limits_{j=i}^{z-1}\lambda_j = \lambda_i\lambda_{i+1}\cdots\lambda_{z-1}$ $\prod\limits_{j=i}^{k-z-2}\lambda_j = \lambda_i\lambda_{i+1}\cdots\lambda_{k-z-2}$ $\prod\limits_{j=i}^{n-k-1}\lambda_j = \lambda_i\lambda_{i+1}\cdots\lambda_{n-k-1}$

注：T_i 为作用于第 i 条块上的下滑力，kN；N_i 为作用于第 i 条块上的抗滑力，kN；ϕ_i 为第 i 条块滑带土的内摩擦角，（°）；α_i 为第 i 条块滑面倾角，（°）；λ_j 为条块间传递系数；F_{sq}、F_{sqtx} 分别为牵引式滑坡-抗滑桩体系加桩前、后的稳定性系数；$N_{复合体}$ 为复合体的抗滑力；$T_{复合体}$ 为复合体的下滑力。

2）推移式滑坡−抗滑桩体系稳定性计算

结合滑带应变软化特性和体系渐进演化特征，得到推移式滑坡−抗滑桩体系动态稳定性计算公式（表 13.2）。加桩前，滑坡后缘先启动，在这个阶段滑坡变形主要集中在后缘，滑坡的临界状态条块在设桩位置后部（第 m 条块），在计算过程中第 m 条块的前部条块取峰值强度参数，其后部条块取残余强度参数。加桩后，由于抗滑桩的加固作用，桩后滑坡体处于暂时稳定状态，在外界因素作用下桩前滑坡体出现变形滑移，则桩前滑坡体临界状态条块（第 k 条块）逐渐向后移动直至抗滑桩位置；随后，抗滑桩出现失稳并失去了加固效果，使得滑坡恢复了之前的演化进程，桩后的临界状态条块（第 m 条块）逐渐向前移动。在这个稳定性计算过程中，第 m 条块和第 k 条块之间的条块取峰值强度参数，其他条块取残余强度参数，抗滑桩位置处取复合强度参数。

表 13.2　推移式滑坡−抗滑桩体系动态稳定性计算公式

所处状态	动态稳定性计算公式	备注
加桩前	$$F_{\text{sh}} = \dfrac{\sum\limits_{i=1}^{m}\left(N_i\prod\limits_{j=i}^{m}\lambda_j\right) + \sum\limits_{i=m+1}^{n-m-1}\left(N_i\prod\limits_{j=i}^{n-m-1}\lambda_j\right) + N_n}{\sum\limits_{i=1}^{m}\left(T_i\prod\limits_{j=i}^{m}\lambda_j\right) + \sum\limits_{i=m+1}^{n-m-1}\left(T_i\prod\limits_{j=i}^{n-m-1}\lambda_j\right) + T_n}$$	$\lambda_j = \cos(\alpha_i - \alpha_{i+1})$ $\quad - \sin(\alpha_i - \alpha_{i+1})\tan\phi_i$ $\prod\limits_{j=i}^{m}\lambda_j = \lambda_i\lambda_{i+1}\cdots\lambda_m$ $\prod\limits_{j=i}^{n-m-1}\lambda_j = \lambda_i\lambda_{i+1}\cdots\lambda_{n-m-1}$
加桩后	$$F_{\text{shtx}} = \dfrac{\sum\limits_{i=1}^{m}\left(N_i\prod\limits_{j=i}^{m}\lambda_j\right) + \sum\limits_{i=m+1}^{z-m-1}\left(N_i\prod\limits_{j=i}^{z-m-1}\lambda_j\right) + N_{\text{复合体}} + \sum\limits_{i=z+2}^{k-z-2}\left(N_i\prod\limits_{j=i}^{k-z-2}\lambda_j\right) + \sum\limits_{i=k+1}^{n-k-1}\left(N_i\prod\limits_{j=i}^{n-k-1}\lambda_j\right) + N_n}{\sum\limits_{i=1}^{m}\left(T_i\prod\limits_{j=i}^{m}\lambda_j\right) + \sum\limits_{i=m+1}^{z-m-1}\left(T_i\prod\limits_{j=i}^{z-m-1}\lambda_j\right) + T_{\text{复合体}} + \sum\limits_{i=z+2}^{k-z-2}\left(T_i\prod\limits_{j=i}^{k-z-2}\lambda_j\right) + \sum\limits_{i=k+1}^{n-k-1}\left(T_i\prod\limits_{j=i}^{n-k-1}\lambda_j\right) + T_n}$$	$\lambda_j = \cos(\alpha_i - \alpha_{i+1})$ $\quad - \sin(\alpha_i - \alpha_{i+1})\tan\phi_i$ $\prod\limits_{j=i}^{m}\lambda_j = \lambda_i\lambda_{i+1}\cdots\lambda_m$ $\prod\limits_{j=i}^{z-m-1}\lambda_j = \lambda_i\lambda_{i+1}\cdots\lambda_{z-m-1}$ $\prod\limits_{j=i}^{k-z-2}\lambda_j = \lambda_i\lambda_{i+1}\cdots\lambda_{k-z-2}$ $\prod\limits_{j=i}^{n-k-1}\lambda_j = \lambda_i\lambda_{i+1}\cdots\lambda_{n-k-1}$

注：T_i 为作用于第 i 条块上的下滑力，kN；N_i 为作用于第 i 条块上的抗滑力，kN；ϕ_i 为第 i 条块滑带土的内摩擦角，（°）；α_i 为第 i 条块滑面倾角，（°）；λ_j 为条块间传递系数；F_{sh}、F_{shtx} 分别为推移式滑坡−抗滑桩体系加桩前、后的稳定性系数。

3）复合式滑坡−抗滑桩体系稳定性计算

结合滑带应变软化特性和体系渐进演化特征，得到复合式滑坡−抗滑桩体系动态稳定性计算公式（表 13.3）。加桩前，滑坡前后缘都发生了变形，在这个阶段滑坡在二维剖面上存在两个临界状态条块，即在设桩位置前部的第 k 条块和在设桩位置后部的第 m 条块。在计算过程中第 m 条块和第 k 条块之间的条块取峰值强度参数，其他条块取残余强度参数。加桩后，抗滑桩的加固作用影响了桩后滑坡的演化进程，使之处于暂时稳定状态；但是桩前滑坡体通过抗滑桩工程并不能提高稳定性，桩前临界状态条块继续向后移动，即桩前滑坡体临界状态条块（第 k 条块）逐渐向后移动直至抗滑桩位置；随后，抗滑桩出现失稳并失去了加固效果，使得桩后滑坡体恢复了之前的演化进程，桩后的临界状态条块（第 m 条块）逐渐向前移动。在这个稳定性计算过程中，第 m 条块和第 k 条块之间的条块取峰值强度参数，其他条块取残余强度参数，抗滑桩位置处取复合强度参数。

表 13.3 复合式滑坡−抗滑桩体系动态稳定性计算公式

所处状态	动态稳定性计算公式	备注
加桩前	$$F_{\text{sf}}=\frac{\sum\limits_{i=1}^{m}\left(N_i\prod\limits_{j=i}^{m}\lambda_j\right)+\sum\limits_{i=m+1}^{k-m-1}\left(N_i\prod\limits_{j=i}^{k-m-1}\lambda_j\right)+\sum\limits_{i=k+1}^{n-k-1}\left(N_i\prod\limits_{j=i}^{n-k-1}\lambda_j\right)+N_n}{\sum\limits_{i=1}^{m}\left(T_i\prod\limits_{j=i}^{m}\lambda_j\right)+\sum\limits_{i=m+1}^{k-m-1}\left(T_i\prod\limits_{j=i}^{k-m-1}\lambda_j\right)+\sum\limits_{i=k+1}^{n-k-1}\left(T_i\prod\limits_{j=i}^{n-k-1}\lambda_j\right)+T_n}$$	$\lambda_j=\cos(\alpha_i-\alpha_{i+1})$ $\quad-\sin(\alpha_i-\alpha_{i+1})\tan\phi_i$ $\prod\limits_{j=i}^{m}\lambda_j=\lambda_i\lambda_{i+1}\cdots\lambda_m$ $\prod\limits_{j=i}^{k-m-1}\lambda_j=\lambda_i\lambda_{i+1}\cdots\lambda_{k-m-1}$ $\prod\limits_{j=i}^{n-k-1}\lambda_j=\lambda_i\lambda_{i+1}\cdots\lambda_{n-k-1}$
加桩后	$$F_{\text{sftx}}=\frac{\sum\limits_{i=1}^{m}\left(N_i\prod\limits_{j=i}^{m}\lambda_j\right)+\sum\limits_{i=m+1}^{z-m-1}\left(N_i\prod\limits_{j=i}^{z-m-1}\lambda_j\right)+N_{\text{复合体}}+\sum\limits_{i=z+2}^{k-z-2}\left(N_i\prod\limits_{j=i}^{k-z-2}\lambda_j\right)+\sum\limits_{i=k+1}^{n-k-1}\left(N_i\prod\limits_{j=i}^{n-k-1}\lambda_j\right)+N_n}{\sum\limits_{i=1}^{m}\left(T_i\prod\limits_{j=i}^{m}\lambda_j\right)+\sum\limits_{i=m+1}^{z-m-1}\left(T_i\prod\limits_{j=i}^{z-m-1}\lambda_j\right)+T_{\text{复合体}}+\sum\limits_{i=z+2}^{k-z-2}\left(T_i\prod\limits_{j=i}^{k-z-2}\lambda_j\right)+\sum\limits_{i=k+1}^{n-k-1}\left(T_i\prod\limits_{j=i}^{n-k-1}\lambda_j\right)+T_n}$$	$\lambda_j=\cos(\alpha_i-\alpha_{i+1})$ $\quad-\sin(\alpha_i-\alpha_{i+1})\tan\phi_i$ $\prod\limits_{j=i}^{m}\lambda_j=\lambda_i\lambda_{i+1}\cdots\lambda_m$ $\prod\limits_{j=i}^{z-m-1}\lambda_j=\lambda_i\lambda_{i+1}\cdots\lambda_{z-m-1}$ $\prod\limits_{j=i}^{k-z-2}\lambda_j=\lambda_i\lambda_{i+1}\cdots\lambda_{k-z-2}$ $\prod\limits_{j=i}^{n-k-1}\lambda_j=\lambda_i\lambda_{i+1}\cdots\lambda_{n-k-1}$

注：T_i 为作用于第 i 条块上的下滑力，kN；N_i 为作用于第 i 条块上的抗滑力，kN；ϕ_i 为第 i 条块滑带土的内摩擦角，（°）；α_i 为第 i 条块滑面倾角，（°）；λ_j 为条块间传递系数；F_{sf}、F_{sftx} 分别为复合式滑坡−抗滑桩体系加桩前、后的稳定性系数。

13.3 滑坡−锚固体系多参量时效稳定性评价

在滑坡−锚固体系协同演化规律研究的基础上，研究多因素（降雨、库水位波动等）综合作用下滑坡岩土力学参数、锚固力、滑坡体变形等主控参量的演化规律，提出影响滑坡−锚固体系多参量时效稳定性评价的关键因子；建立滑坡−锚固体系多参量时效稳定性评价模型与锚杆荷载等参数的稳定性判据，提出与演化阶段相适应的滑坡−锚固体系多参量时效稳定性评价方法。

13.3.1 基于分形理论的滑坡−锚固体系主控参量演化规律

基于滑坡−锚固体系现场多参量监测曲线，采用分形理论描述各参量的演化规律，定量评价监测参量的自相似性。采用计盒法或覆盒子法来计算监测曲线的分形维数 D，从分形角度定量描述主控参量的演化规律。

以滑坡–锚固体系主控参量监测曲线为例，假设盒子为正方形，以边长为 δ 的盒子覆盖剖面线（图 13.8），全部覆盖所需要的盒子数为 $N(\delta)$，若剖面具有分形特征，则它们之间存在的关系如式（13.9）所示：

$$N(\delta) \sim \delta^{-D} \tag{13.9}$$

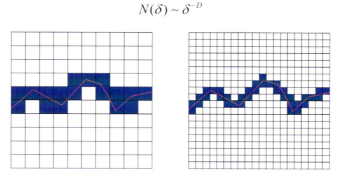

图 13.8 正方形覆盒子法示意图

分形维数 D 可以通过计算 $N(\delta)$ 与 δ 的双对数坐标图中拟合直线的斜率来获得，如式（13.10）所示：

$$D = \lim_{\delta \to 0} \frac{\lg N(\delta)}{-\lg \delta} \tag{13.10}$$

以澜沧江黄登水电站坝前倾倒松弛岩体为典型工程案例，倾倒松弛岩体分布于黄登水电站坝址上游约 1 km 处，靠近库岸右岸。为了查明倾倒松弛岩体的成因机理、稳定状况及其对工程的影响，开展了多场信息监测，并采用锚固技术进行了工程治理。监测点主要设置在倾倒松弛岩体中上部，如图 13.9 所示。其中，QDT1-M-04 处采用多点位移计监测 3 m、8 m、16 m、28 m 和 50 m 五个埋深处的变形信息；QDT1-RA-04 为锚杆应力监测点，采用应力计监测锚杆不同埋深位置（3 m、8 m、16 m、22 m 和 28 m）的应力数据；QDT1-GTP-06 和 QDT1-GTP-07 均为采用 GNSS 技术的地表位移监测点，能够获取 x、y、z 方向和水平方向四个方向的位移，其中水平方向为 x 与 y 方向的合位移；QDT1-P-03 为渗透压力监测点，主要监测地下水的压力信息。同时，还监测了该研究区的降雨量与坝前坝后水位波动信息。

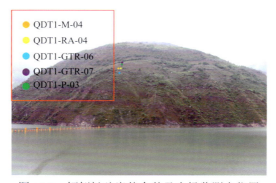

图 13.9 倾倒松弛岩体全貌及多场监测点位置

　　为了揭示滑坡-锚固体系主控参量的演化规律，对深部位移、地表位移、渗透压力、降雨量、坝前坝后水位和锚杆应力监测数据进行了分析。图 13.10 为 2017 年 5 月 17 日～2018 年 10 月 20 日（522 天）锚杆应力、多点位移计位移、降雨量、渗透压力、坝前/上围堰站水位、坝后/下围堰站水位、地表位移等参量随时间的演化规律。由图 13.10（a）可知：在 3 m、8 m、16 m 和 22 m 处，锚杆应力基本保持不变。但是，在 2018 年 8 月 22 日～10 月 20 日的 60 天内，28 m 处的锚杆应力发生突变。图 13.10（b）为相同时间段的多点位移计在不同深度（3 m、8 m、16 m、28 m 和 50 m）下的变形情况：2017 年

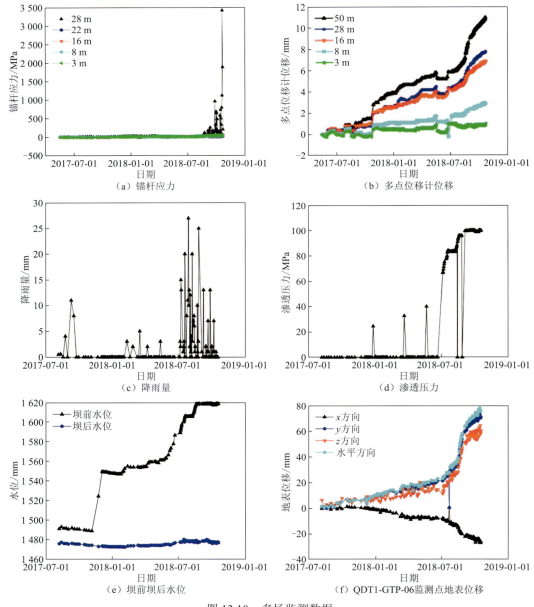

图 13.10　多场监测数据

5 月 17 日～10 月 20 日，不同深度下的测点只发生了微小位移（＜2 mm）；2017 年 10 月 20 日～2018 年 6 月 24 日，位移逐渐增加，整体位移随着深度的增加而增加，并且深层岩土体位移（16 m、28 m 和 50 m）大于浅层岩土体位移（3 m 和 8 m）；2018 年 6 月 24 日～10 月 20 日，变形加剧，50 m 处的岩土体位移已达 11 mm，同样地，位移量与监测点埋深成正比，且深层监测点位移大于浅层监测点位移。图 13.10（c）为研究区域的降雨量数据，监测时间为 2017 年 8 月 1 日～2018 年 9 月 25 日（421 天），降雨量较大值主要出现在每年的 7 月左右。图 13.10（d）展示的是研究时段内渗透压力的变化情况：2017 年 8 月 1 日～2018 年 6 月 24 日，监测点几乎没有地下水出露，渗透压力基本为 0；2018 年 6 月 24 日～9 月 2 日，渗透压力由 0 持续增加至 99.483 MPa，然后维持在此压力水平，上下做轻微波动。图 13.10（e）为坝前坝后水位变化情况：坝后水位由于受到大坝蓄水控制，常年维持在海拔 1 477 m 左右；而坝前水位波动较大，2017 年 8 月 1 日～11 月 10 日，水位在 1 490 m 附近波动，2017 年 11 月 10 日～2018 年 5 月 20 日，坝前水位持续增加，由 1 490 m 涨到 1 560 m，2018 年 5 月 20 日～8 月 18 日，水位增长加剧，从 1 560 m 逐渐增长到 1 618 m，随后水位维持在该水平基本上保持不变。图 13.10（f）为监测点 QDT1-GTP-06 的不同方向的地表位移监测数据，主要包括 x 方向、y 方向、z 方向和水平方向四个方向的地表位移：2017 年 8 月 6 日～2018 年 7 月 4 日，各方向地表位移小幅度增加，增加量均小于 20 mm；2018 年 7 月 4 日～10 月 17 日，地表发生较大位移（最大位移量接近 80 mm），z 方向的最大沉降量为 27.1 mm。

根据相似原则，选择锚杆 RA-04 在深 28 m 处监测应力（A1）、多点位移计 M-04 在深 28 m 处监测位移（A2）、降雨量（A3）、渗压计 P-03 的监测压力（A4）、坝前水位（A5）和 QDT1-GTP-06 监测点的地表水平位移（A6）6 个参量进行研究。根据式（13.9）和式（13.10），求取 6 个典型监测参量的分形维数[图 13.11（a）～（f）]，其中降雨量（A3）的分形维数 D 具有最大值 1.867 1。计算结果显示，6 个参量均具有很强的自相似性[图 13.11（g）]，说明在滑坡−锚固体系演化过程中 6 个参量具有一定的规律性，监测数据可服务于滑坡−锚固体系时效稳定性评价研究。

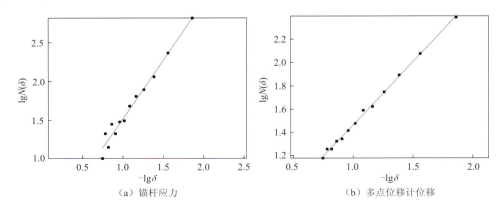

（a）锚杆应力　　　　　　　　　　　　（b）多点位移计位移

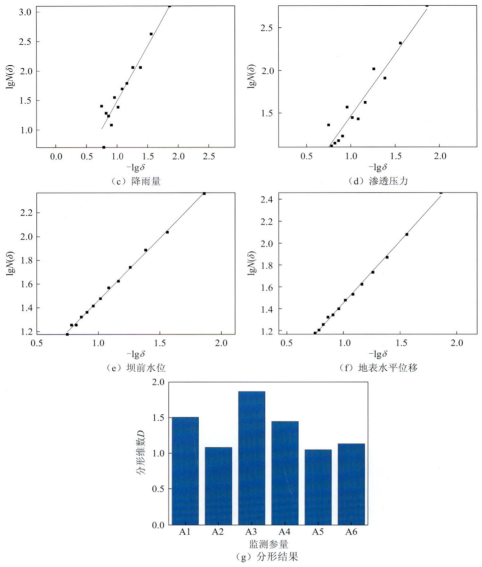

（c）降雨量　　　　　　　　　（d）渗透压力

（e）坝前水位　　　　　　　　（f）地表水平位移

（g）分形结果

图 13.11　滑坡-锚固体系不同主控参量分形特征

13.3.2　滑坡-锚固体系多参量时效稳定性评价关键因子

　　基于相关性分析的关键因子提取是一种广泛应用于数据挖掘和特征选择的方法。这种方法通过分析数据集中各参量之间的相关性，识别出对目标变量影响最大的关键因子，从而简化模型并提高预测精度。为了消除各参量数值范围、量纲与单位不同对数据分析结果的影响，采用最小-最大归一化算法预处理原始数据，如式（13.11）所示，使得不同参量数据均处于0~1。

$$x' = \frac{x - \min(x)}{\max(x) - \min(x)} \qquad (13.11)$$

式中：x' 为归一化处理后的参量；x 为归一化处理前的原始数据；$\min(x)$ 为参量的最小值；$\max(x)$ 为参量的最大值。

依据最小-最大归一化算法，将锚杆 RA-04 在 28 m 深处监测应力（A1）、多点位移计 M-04 在深 28 m 处监测位移（A2）、降雨量（A3）、渗压计 P-03 的监测压力（A4）、坝前水位（A5）和 QDT1-GTP-06 监测点的地表水平位移（A6）6 个参量的数据进行归一化处理。归一化前后数据对比如图 13.12 所示。

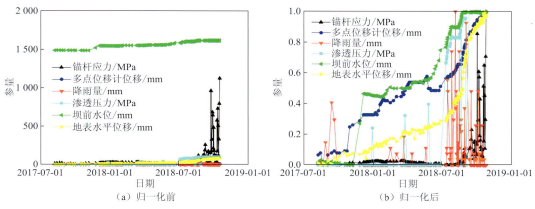

图 13.12　多参量数据归一化处理结果

采用普遍使用的皮尔逊（Pearson）线性相关系数描述多参量之间的相互关系。假设有参量 e 和参量 f，两者的皮尔逊线性相关系数 rho(e,f) 可根据式（13.12）进行计算。

$$\text{rho}(e, f) = \frac{\sum_{i=1}^{n}(X_{e,i} - \overline{X_e})(Y_{f,i} - \overline{Y_f})}{\left[\sum_{i=1}^{n}(X_{e,i} - \overline{X_e})^2 \sum_{i=1}^{n}(Y_{f,i} - \overline{Y_f})^2\right]^{\frac{1}{2}}} \qquad (13.12)$$

式中：$X_{e,i}$ 为参量 e 第 i 个数值；$\overline{X_e}$ 为参量 e 的平均值；$Y_{f,i}$ 为参量 f 第 i 个数值；$\overline{Y_f}$ 为参量 f 的平均值。

6 个监测参量的相关性分析结果如图 13.13 所示。按与锚杆应力（A1）相关性的从高到低进行参量排序：地表水平位移（A6）>多点位移计位移（A2）>渗透压力（A4）>坝前水位（A5）>降雨量（A3）。按与多点位移计位移（A2）相关性的从高到低进行参量排序：地表水平位移（A6）>坝前水位（A5）>渗透压力（A4）>锚杆应力（A1）>降雨量（A3）。按与降雨量（A3）相关性的从高到低进行参量排序：坝前水位（A5）>渗透压力（A4）>锚杆应力（A1）>多点位移计位移（A2）>地表水平位移（A6），整体来讲，降雨量（A3）与其他监测参量相关性较弱。按与渗透压力（A4）相关性的从高到低进行参量排序：坝前水位（A5）>地表水平位移（A6）>多点位移计位移（A2）>锚杆应力（A1）>降雨量（A3）。按与坝前水位（A5）相关性的从高到低进行参量排序：

多点位移计位移（A2）>渗透压力（A4）>地表水平位移（A6）>锚杆应力（A1）>降雨量（A3）。按与地表水平位移（A6）相关性的从高到低进行参量排序：多点位移计位移（A2）>渗透压力（A4）>坝前水位（A5）>锚杆应力（A1）>降雨量（A3）。

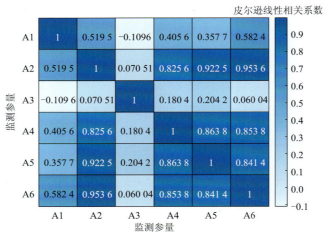

图 13.13　6 个监测参量的相关性分析结果

工程实践中常根据锚杆应力变化规律，来评价滑坡-锚固体系的稳定性。在此情况下，根据上述相关性分析结果，针对该案例应该按照下列次序进行关键因子的提取：地表水平位移（A6）>多点位移计位移（A2）>渗透压力（A4）>坝前水位（A5）>降雨量（A3）。

13.3.3　滑坡-锚固体系稳定性评价与失效判据

滑坡-锚固体系稳定性评价通过定量分析，如极限平衡法、有限元法或概率分析，可以确定体系在不同工况下的响应。失效判据则基于稳定性分析结果，设定阈值来评估体系是否处于稳定状态。例如，当体系的稳定性系数低于某一临界值时，表明体系可能存在失效风险。基于现场多参量监测数据，根据破坏时段相应参量的演化特征，选择合适的判别指标所对应的阈值来评价滑坡-锚固体系是否失效。

在 13.3.1 小节中分析出了倾倒松弛岩体局部发生破坏的时间是 2018 年 8 月 9 日。针对锚杆应力监测参量，根据新监测应力值与已监测应力值平均值的比值来判断滑坡-锚固体系是否失效，局部发生破坏时所对应的锚杆应力比值为 1.97[图 13.14（a）中红色线段]。针对多点位移计位移监测参量，根据实际变形大小来判断滑坡-锚固体系是否失效，局部发生破坏时所对应的多点位移计位移为 5.1 mm[图 13.14（b）中红色线段]。针对降雨量监测参量，根据 7 天平均降雨量无法准确识别出局部破坏时间[图 13.14（c）]。因此，进一步在 7 天平均降雨量的基础上，计算 7 天平均降雨量差与时间差的比值并将其作为滑坡-锚固体系是否失效的判断指标，局部发生破坏时所对应的 7 天平均降雨量差与时间差的比值为 3.03 mm/d[图 13.14（d）中红色线段]。针对渗透压力监测参量，根

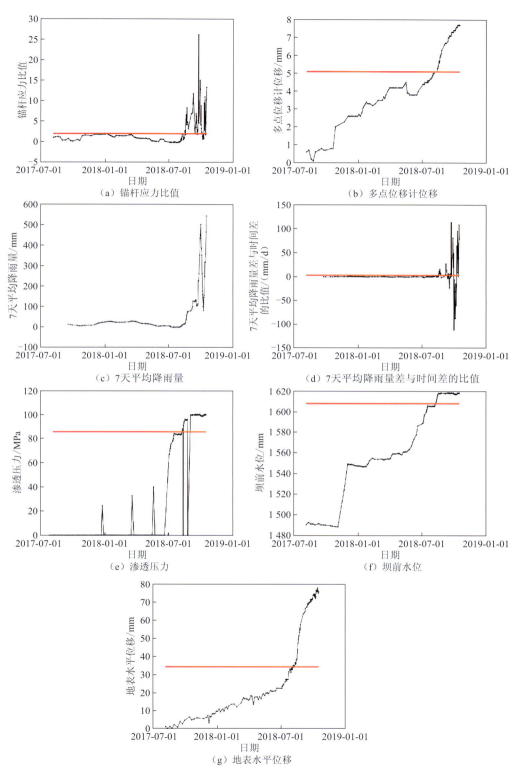

图 13.14　不同参量判别指标随时间的演化规律

据渗透压力监测值的大小来判断滑坡-锚固体系是否失效,局部发生破坏时所对应的渗透压力为 85.59 MPa[图 13.14(e)中红色线段]。针对坝前水位监测参量,根据坝前水位监测值的大小来判断滑坡-锚固体系是否失效,局部发生破坏时所对应的坝前水位为 1 608.25 m[图 13.14(f)中红色线段]。针对地表水平位移监测参量,根据地表水平位移监测值的大小来判断滑坡-锚固体系是否失效,局部发生破坏时所对应的地表水平位移为 34.3 mm[图 13.14(g)中红色线段]。表 13.4 总结了滑坡-锚固体系稳定性评价所选取的监测参量指标及其所对应的判据。

表 13.4　各监测参量评价方法与判据

监测参量	判别指标	阈值	描述
锚杆应力（A1）	锚杆应力比值	1.97	新监测应力值与已监测应力值平均值之比
多点位移计位移（A2）	数值大小	5.1 mm	实际监测的与锚杆等深度的深部位移大小
降雨量（A3）	7 天平均降雨量差与时间差的比值	3.03 mm/d	将当天降雨量和前 6 天降雨量的平均值作为 7 天平均降雨量,再计算 7 天平均降雨量曲线的倾角（降雨量差与时间差之比）
渗透压力（A4）	数值大小	85.59 MPa	实际监测的与锚杆等深度的渗透压力大小
坝前水位（A5）	数值大小	1 608.25 m	实际监测的坝前水位
地表水平位移（A6）	数值大小	34.3 mm	实际监测的与锚杆锚固端位置接近的地表水平位移

13.4　本 章 小 结

本章主要对滑坡-抗滑桩体系、滑坡-锚固体系多参量时效稳定性评价进行研究。基于滑坡演化特征,探讨了滑坡的多个参量对滑坡-防治结构体系的影响,开展了滑坡动态稳定性评价,主要结论如下。

(1)基于滑坡不同位置的位移随着库水位和降雨的变化规律,对滑坡变形影响因素进行定性分析,并采用灰度关联模型定量评价滑坡变形对库水位波动和降雨强度的响应程度。结果表明:滑坡每个阶段的变形与该阶段变形控制因素具有较强的相关关系,变形呈现“阶跃”式增长。这揭示了随着滑坡的变形演化,影响滑坡变形的主控因素将会发生变化的规律。对于滑坡前部,主控因素由库水位作用转化为库水位和降雨联合作用;对于滑坡中后部,主控因素由降雨作用逐步转化为库水位和降雨联合作用。在库水位波动和降雨联合作用下,朱家店滑坡具有加速变形趋势,将可能产生整体变形滑动,为了防止滑坡进一步变形,实施了抗滑桩治理措施。

(2)引入等效原理,建立了滑坡-抗滑桩体系稳定性评价模型。基于牵引式滑坡-抗滑桩体系渐进演化过程、推移式滑坡-抗滑桩体系渐进演化过程、复合式滑坡-抗滑桩体系渐进演化过程三种演化模式下的滑坡-抗滑桩体系演化特征,分别建立了三种模式的滑坡–抗滑桩体系动态稳定性计算公式。

（3）以澜沧江黄登水电站坝前倾倒松弛岩体为典型工程案例，通过计算分形维数 D，分析了锚杆应力、多点位移计位移、降雨量、渗透压力、坝前水位、地表水平位移 6 个参量之间的演化规律，揭示了这 6 个参量均具有很强的自相似性。监测数据可服务于滑坡–锚固体系时效稳定性评价研究。

（4）采用最小–最大归一化算法将 6 个参量的监测数据进行归一化处理，依据 6 个监测参量的相关性分析结果，得出滑坡–锚固体系多参量关键因子的提取次序为地表水平位移（A6）>多点位移计位移（A2）>渗透压力（A4）>坝前水位（A5）>降雨量（A3）。

参 考 文 献

邓聚龙, 1982. 灰色控制系统[J]. 华中工学院学报, 10(3): 9-18.

谭福林, 2018. 基于不同演化模式的滑坡–抗滑桩体系动态稳定性评价方法研究[D]. 武汉: 中国地质大学(武汉).

谭福林, 胡新丽, 张玉明, 等, 2016. 不同类型滑坡渐进破坏过程与稳定性研究[J]. 岩土力学, 37(S2): 597-606.

TAN F L, HU X L, HE C C, et al., 2018. Identifying the main control factors for different deformation stages of landslide[J]. Geotechnical and geological engineering, 36: 469-482.

第 14 章　基于演化过程的抗滑结构设计关键技术

14.1　概　　述

传统的抗滑结构设计多基于静态平衡条件，未能充分考虑滑坡的演化过程及其动态特性。目前，基于滑坡演化过程的抗滑结构设计已经成为地质工程领域的研究热点之一。基于滑坡-抗滑桩体系协同演化规律研究，设计出更加科学合理的抗滑结构，是突破抗滑结构传统设计的重要方向，也是提升滑坡治理水平的重要途径。

本章将深入探讨基于演化过程的多种抗滑结构设计关键技术，包括悬臂抗滑桩、锚固、桩锚结构。首先，分析不同演化模式下的滑坡-抗滑桩体系渐进演化过程中的稳定性变化规律，探讨不同桩位、桩宽和桩间距比与滑坡-抗滑桩体系稳定性之间的定量关系，并基于多目标优化原理优化抗滑桩结构；其次针对锚固设计中的两个关键设计参量（锚固方向角、锚杆最优锚固长度）开展研究；最后选择复合多层结构开展桩锚结构设计研究，以及动荷载作用下桩锚体系内力及变形计算研究。

14.2　基于演化过程的悬臂抗滑桩设计关键技术

围绕滑坡-抗滑桩体系设计关键技术，基于物理模型试验与理论推导等研究手段，提出不同演化类型的滑坡抗滑桩布设方法，并基于多目标优化原理优化抗滑桩结构设计。

14.2.1　基于演化过程的滑坡抗滑桩布设

桩的位置、宽度和间距等布设参数是影响滑坡-抗滑桩体系稳定性的重要因素。基于提出的滑坡-抗滑桩体系稳定性评价方法，探讨不同桩位、桩宽和桩间距比与滑坡-抗滑桩体系稳定性之间的定量关系。

1. 不同桩位与滑坡-抗滑桩体系稳定性的定量关系

在桩间距相同的情况下，研究不同桩位与滑坡-抗滑桩体系稳定性之间的定量关系。通过建立不同演化模式下的滑坡-抗滑桩体系不同桩位稳定性计算模型（图 14.1），探讨不同演化模式下的滑坡-抗滑桩体系渐进演化过程中的稳定性变化规律（谭福林，2018）。

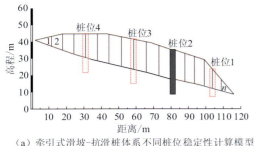

（a）牵引式滑坡-抗滑桩体系不同桩位稳定性计算模型

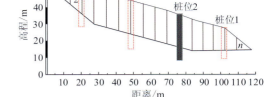

（b）推移式滑坡-抗滑桩体系不同桩位稳定性计算模型

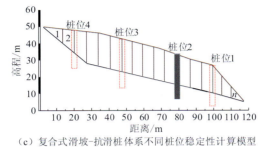

（c）复合式滑坡-抗滑桩体系不同桩位稳定性计算模型

图 14.1　滑坡-抗滑桩体系不同桩位稳定性计算模型

n 为条块数量

　　滑坡-抗滑桩体系稳定性计算参数如下：滑体容重为 21 kN/m³；对于滑带两种强度参数的取值，可参照文献（谭文辉 等，2007；田斌 等，2004；张芳枝 等，2003），取滑带的峰值强度参数黏聚力 $c_{sp} = 20$ kPa 和内摩擦角 $\varphi_{sp} = 15°$，残余强度参数黏聚力 $c_{sr} = 14$ kPa 和内摩擦角 $\varphi_{sr} = 10.5°$；抗滑桩容重为 25 kN/m³，黏聚力 $c_p = 500$ kPa，内摩擦角 $\varphi_p = 45°$，抗滑桩的截面尺寸为 2 m×3 m，桩间距为 6 m。因此，根据式（13.5）～式（13.8）可以得到复合条块的计算参数：抗滑桩影响系数 $a = 1/3$，$\overline{\gamma} = 22.3$ kN/m³，峰值应力状态时 $\overline{c} = 73.3$ kPa，$\overline{\varphi} = 18.3°$，残余应力状态时 $\overline{c} = 68$ kPa，$\overline{\varphi} = 15.7°$。依据上述方法分别计算滑坡-抗滑桩体系不同桩位的动态稳定性变化规律，如图 14.2～图 14.4 所示。

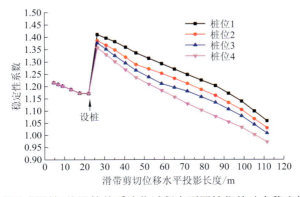

图 14.2　牵引式滑坡-抗滑桩体系演化过程中不同桩位的动态稳定性变化曲线

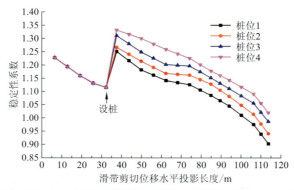

图 14.3　推移式滑坡-抗滑桩体系演化过程中不同桩位的动态稳定性变化曲线

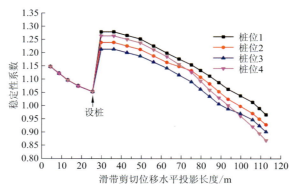

图 14.4　复合式滑坡-抗滑桩体系演化过程中不同桩位的动态稳定性变化曲线

　　图 14.2 为牵引式滑坡-抗滑桩体系演化过程中不同桩位的动态稳定性变化曲线，可以得到：①在设桩之前，滑坡的整体稳定性随着渐进演化逐渐降低。设桩之后，滑坡的整体稳定性有所提升，从而形成了滑坡-抗滑桩体系。滑坡-抗滑桩体系演化过程中的稳定性呈现出逐渐降低的特点。②从不同桩位稳定性系数的变化规律可以看出，抗滑桩由后向前布设，滑坡-抗滑桩体系的稳定性逐渐提升。这表明对于牵引式滑坡，滑坡前缘位置是设置抗滑桩的最优位置。这主要是因为在滑坡前缘处设置抗滑桩能够更为有效地降低前缘坡脚处的应力水平，确保滑坡体前部的稳定性，从而增加滑坡体的整体稳定性。③在桩位 1 处设置抗滑桩后，滑坡-抗滑桩体系的稳定性系数先增大后减小。在演化初期，抗滑桩作为前缘的支挡结构，有效减缓了滑坡整体稳定性的下降速度。然而，随着体系的进一步演化，抗滑桩的加固效果逐渐减弱，滑坡-抗滑桩体系趋于整体变形破坏，稳定性下降显著加快。相比之下，当抗滑桩设置在桩位 2、3 处时，滑坡-抗滑桩体系的稳定性变化更为复杂。在演化初期，由于滑坡前后缘的复杂变形，抗滑桩的植入暂时阻碍了滑坡的演化，体系稳定性下降较慢。但随后桩前滑坡体继续变形，未受到抗滑桩的有效阻挡，导致体系稳定性下降加快。进入下一变形阶段后，抗滑桩对桩后滑坡体的阻挡作用显现，体系稳定性下降再次减缓。然而，当中后部坡体变形发展至抗滑桩位置时，滑坡-抗滑桩体系将出现整体变形破坏趋势，体系稳定性下降再次加快。在桩位 4 处设置抗滑桩时，滑坡-抗滑桩体系的稳定性系数在演化过程中下降较快。其原因在于抗滑桩设置在前缘启动滑坡的后缘部位，

阻滑作用提升不明显，导致抗滑桩难以发挥良好的整体加固效果。

图 14.3 为推移式滑坡-抗滑桩体系演化过程中不同桩位的动态稳定性变化曲线，可以得到：①在设桩前后，随着渐进演化过程的推进，推移式滑坡-抗滑桩体系整体稳定性呈现的变化规律与牵引式滑坡-抗滑桩体系相同。②从不同桩位稳定性系数的变化规律可以看出，抗滑桩的加固效果从前向后越来越好。这说明对于推移式滑坡，其后部滑带应力水平一般较高，在滑坡后缘处设置抗滑桩能够更为有效地降低后缘坡体的应力水平，确保了后部滑坡体的稳定性，从而增加了滑坡体的整体稳定性，同样说明滑坡后缘位置是设置抗滑桩的最优位置。③当抗滑桩设置在桩位 1、2、3 处时，滑坡-抗滑桩体系演化过程中的稳定性系数先增大后减小；在体系演化过程的前期，由于抗滑桩设置在滑坡的中前部，对提高滑坡的整体稳定性起到了一定的效果，抗滑桩后部滑坡体的变形得到抑制，但在内外因素的作用下，前缘滑坡体开始变形，由于前部关键阻滑段滑带逐步弱化，稳定性下降加快；当滑坡逐步演化到阻滑段并加上抗滑桩的支护作用时，滑坡稳定性下降逐渐减缓；随着抗滑桩加固效果的减弱甚至失效，桩后滑坡体恢复原有的演化进程，滑坡-抗滑桩体系将出现整体变形破坏趋势，稳定性下降加快。当抗滑桩设置在桩位 4 处时，滑坡-抗滑桩体系演化过程中稳定性系数下降较慢，原因在于抗滑桩设置在后部启动的滑体后缘，能够起到良好的加固效果。

图 14.4 为复合式滑坡-抗滑桩体系演化过程中不同桩位的动态稳定性变化曲线，可以得到：①在设桩之前，滑坡的整体稳定性随着渐进演化逐渐降低；设桩之后，滑坡的整体稳定性得到相应的提高，从而形成了滑坡-抗滑桩体系。滑坡-抗滑桩体系演化过程中的稳定性呈现逐渐降低的特点。②从不同桩位稳定性系数的变化规律可以看出，滑坡前缘位置和后缘位置设置抗滑桩对于提高滑坡稳定性更有效，因为滑坡前缘和后缘处的滑带应力水平较高，设置抗滑桩能够更为有效地降低两处的应力水平，确保了前部滑坡体的稳定性，从而增加了滑坡体的整体稳定性。然而，前缘设置抗滑桩（即桩位 1）对于前后缘启动的滑坡的长期稳定性的提高更有效，这是因为在滑坡后部设置抗滑桩主要是控制上部推移式的部分滑体，是一个局部最优位置，并不是整体最优位置，而滑坡前部才是整体最优位置。③抗滑桩设置在桩位 1 处时，滑坡-抗滑桩体系演化过程中的稳定性系数先增大后减小。在演化前期，由于抗滑桩设置在前缘，对滑坡整体起到支挡作用，稳定性下降较慢。随着滑坡-抗滑桩体系演化的进一步发展，抗滑桩的加固效果逐步减弱，稳定性下降加快。抗滑桩设置在桩位 2、3 处时，滑坡-抗滑桩体系演化过程中稳定性系数的下降先慢后快。在演化前期，植入的抗滑桩减弱了滑坡前后的联系，稳定性下降相对缓慢；随后，桩前滑坡体由于未受到抗滑桩的阻挡作用继续变形，稳定性下降加快；进入下一个变形阶段之后，由于抗滑桩对桩后的滑坡体起到阻挡作用，滑坡-抗滑桩体系的稳定性下降再次减缓。抗滑桩设置在桩位 4 处时，滑坡-抗滑桩体系演化过程中的稳定性系数下降较快，原因在于抗滑桩设置在前后部启动的滑体后缘，抗滑桩局部加固且前缘关键阻滑段的阻滑力早期已缺失，从而未起到良好的整体加固效果。

2. 不同桩宽和桩间距比与滑坡-抗滑桩体系稳定性的定量关系

在抗滑桩布设位置不变的情况下，研究不同桩宽和桩间距比与滑坡-抗滑桩体系稳定性之间的定量关系。在上述桩位 2 的基础上，分别研究六种桩宽和桩间距比（$a'=2/6$，$a'=2/8$，$a'=2/10$，$a'=2/12$，$a'=2/20$，$a'=2/30$）与滑坡-抗滑桩体系稳定性之间的定量关系，通过上述方法计算得到不同演化模式下滑坡-抗滑桩体系的稳定性随桩宽和桩间距比的变化规律，如图 14.5 所示。

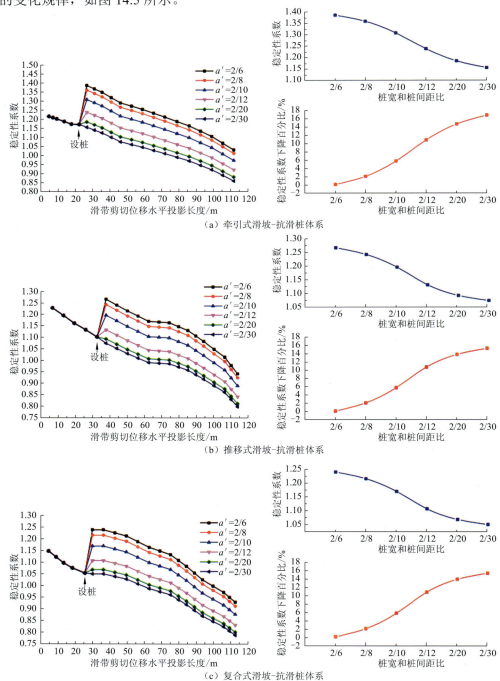

图 14.5　滑坡-抗滑桩体系演化过程中不同桩宽和桩间距比的动态稳定性变化曲线

从不同桩宽和桩间距比条件下的滑坡-抗滑桩体系动态稳定性变化曲线可以看出，随着 a' 的逐渐减小，经过抗滑桩治理之后形成的滑坡-抗滑桩体系的稳定性逐渐降低且最后接近于滑坡的稳定性变化规律；滑坡-抗滑桩体系稳定性系数下降的百分比随着 a' 的减小逐渐增大，最后趋于平稳。以上规律可以说明：①当 a' 较小时，抗滑桩对体系稳定性的提高幅度相差不大。其原因在于当桩间距较小时，桩间和桩后可以形成有效的土拱，在抗滑桩和土拱的共同作用下可以有效加固滑坡。②随着 a' 的继续减小，桩间和桩后形成的土拱抵抗滑坡推力的能力减弱，导致不同桩间距的抗滑桩对体系稳定性的提高幅度相差较大；当桩间距超过一定数值时，土拱效应一般无法形成，滑坡岩土体将从桩间挤出，抗滑桩无法起到阻滑作用，致使滑坡-抗滑桩体系的稳定性变化规律到了最后阶段，逐渐与滑坡的稳定性变化规律相接近。

14.2.2　基于多目标优化原理的抗滑桩结构优化设计

基于多目标优化原理的抗滑桩结构优化设计方法如图 14.6 所示（Tang et al.，2019）。抗滑桩结构优化设计的目标是在几何参数取值空间 **DS** 中推导出最优的抗滑桩设计（由一组设计参数 **d** 表示），从而满足目标加固效果 **TS**，并且同时使得加固效果 R 最大化和建造成本 C 最小化。其中，**d** 代表抗滑桩设计参数。例如，将桩径 D、桩间距 S、桩长 L 和桩位 X 等几何参数作为设计参数 **d**，表示为 **d**= {D, S, L, X}。而桩的其他参数，如钢筋率和混凝土模量，可取为固定值。但由于制造误差，对估算桩的极限承载力至关重要的混凝土强度，可作为不确定性参数（或噪声系数）处理。

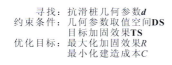

寻找：抗滑桩几何参数 **d**
约束条件：几何参数取值空间 **DS**
　　　　　目标加固效果 **TS**
优化目标：最大化加固效果 R
　　　　　最小化建造成本 C

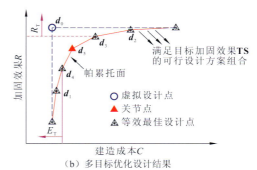

（a）多目标优化设计算法　　　　（b）多目标优化设计结果

图 14.6　基于多目标优化原理的抗滑桩结构优化设计方法

E_T 为预期成本；R_T 为预期加固效果

几何参数取值空间 **DS** 是抗滑桩候选设计的集合，可根据当地经验判断确定。目标加固效果 **TS** 是对加固滑坡稳定性的强制性要求，用目标安全系数 FS_T 或目标破坏概率 P_{fT}（或目标可靠性指数 β_T）等来表示，可根据工程项目的重要性或破坏后果来指定。极限承载力 M_{ult} 是桩的塑性力矩，根据钢筋混凝土的塑性理论进行评估。加固效果鲁棒性可以为加固滑坡稳定性对不确定性参数（或噪声系数）变化的"信噪比"（SNR）。建造成本是抗滑桩设计的经济性。假定特定项目中建造成本不随现场条件和桩安装技术变化，只考虑桩基的材料成本。此外，桩的钢筋比为固定值。因此，建造成本 C 在这里可以用每纵向长度的抗滑桩体积来近似表示：

$$C = \frac{\pi \cdot D^2 \cdot L}{4S} C_0 \qquad (14.1)$$

式中：C_0 为每立方米钢筋混凝土的成本。

最大化加固效果 R 和最小化建造成本 C 是两个相互冲突的目标。优化式（14.1）无法同时导出单一最优设计，而是会导出一个非支配设计集合，这些设计在几何参数取值空间中优于其他所有设计，但在该集合中某一设计既不优于也不劣于其他设计。如图 14.6（b）所示，虽然非主导设计 d_1 的建造成本较低（表明建造成本效率较高），但与之对应的非主导设计 d_2 产生的 R 较大（表明鲁棒性较高）。需要注意的是，虽然理想设计 d_0 在两个目标上都是最优的，但它可能不在可行域内（即未满足目标加固效果 **TS** 或不属于几何参数取值空间 **DS**）。这些非优势设计共同构成了帕累托面，揭示了这两个相互冲突的设计目标之间的权衡关系。

需要注意的是，尽管在工业、土木和电气工程领域的文献中可以找到各种优化算法，但岩土系统（如抗滑桩）的优化与其他领域的优化问题有所不同。例如，桩径受打桩设备和当地条件的限制，只能取离散值。桩长通常取离散值或整数值，桩通常在离散值或整数值标高处施工。因此，选择离散的几何参数取值空间 **DS** 进行抗滑桩的优化设计，以确保施工的可行性。由于采用的是具有有限候选设计的离散的几何参数取值空间，提出的优化方法可通过穷尽搜索来优化几何参数取值空间中的设计。在这里，对离散的几何参数取值空间中的每个候选设计的安全性、鲁棒性和成本进行评估。根据候选设计的评估性能，利用非支配排序遗传算法 II 可以得出揭示设计鲁棒性和成本效益之间权衡关系的帕累托面。

获得的帕累托面有助于做出明智的设计决策。例如，在几何参数取值空间 **DS** 中，可以选择高于预先指定的鲁棒性 R_T 且成本最低的设计［见图 14.6（b）中 d_3］或低于预先指定的成本 E_T 且鲁棒性最强的设计［见图 14.6（b）中 d_4］作为最优设计。不过，适当的鲁棒性或成本水平通常要根据具体问题而定。在没有预设强烈偏好时，可以确定帕累托面上的关节点［见图 14.6（b）中 d_5］，并将其作为最优设计。如图 14.6（b）所示，在关节点 d_5 的左侧，建造成本 C 的小幅降低会导致加固效果 R 的急剧下降，这是不可取的；而在关节点 d_5 的右侧，加固效果 R 的小幅提高需要建造成本 C 大幅增加，这也是不可取的。因此，如果没有指定设计偏好，可以将该关节点作为设计库中的最优设计。一旦得到帕累托面，就可以用边际效用函数法、标准边界交叉法、反射角或最小距离法轻松确定该关节点。

可以看出，在抗滑桩的多目标设计框架中，明确考虑了抗滑桩与滑坡之间的耦合、加固滑坡稳定性对输入参数不确定性（如岩土参数的空间变化和结构材料的制造误差）的鲁棒性、经济性和常规安全要求。

14.3 基于演化过程的锚固设计关键技术

基于不同理论对锚固设计关键技术进行优化，分别从锚固方向角、锚杆最优锚固长度两个角度展开论述，制定最优选的设计方案。

14.3.1　岩质边坡锚固方向角三维优化

最优锚固方向角通常是指锚索自由段单位长度能提供最大抗滑增量时的方向角（覃仁辉 等，2006）。目前对其研究方法普遍认可的是极限平衡法（熊文林 等，2005），研究对象主要为平面滑动边坡，且求解的锚固方向角只适用于锚索加固方向与坡面走向垂直的情况，将优化结果直接应用于楔形体边坡很难发挥锚索的最佳锚固性能，而针对楔形体边坡的研究成果非常少。因此，通过坐标系转换建立了用于锚固方向角三维优化的新计算方程，并提出了一种锚索加固方向不受限制的最优锚固方向角计算方法（安彩龙 等，2020）。

1. 优化原理

锚索对岩质边坡的支护效果主要体现在两个方面：一是锚索的预拉力提供了与滑体滑动方向相反的分力，增加了滑动面上的抗滑力；二是锚索的预拉力增加了滑体在滑动面上的正压力，从而增加了滑动面上的摩擦力（李泽 等，2016）。鉴于此，基于楔形体边坡两组滑动面的倾向和倾角建立了一组与原大地坐标系 xyz 相关的空间转换仿射坐标系；并通过建立两坐标系之间关于锚索预拉力的线性方程组，将预拉力有效地分解到了两组滑动面的法向与滑体滑动方向。根据锚索支护时的空间模型提出了锚索自由段长度的优化公式，并以该段单位长度能提供最大抗滑增量为目标，推导出了更加完善的由内锚根确定的用于锚固方向角三维优化的新计算方程。在该方程的基础上，进一步研究了锚索加固方向不受限制时的三维优化方式，优化的锚固方向角包括锚索支护时的竖直角与水平角，可借助 MATLAB 软件中的 fmincon 函数进行优化。锚固方向角三维优化流程图如图 14.7 所示。

2. 锚固方向角的优化

楔形体滑动是常见的岩质边坡破坏类型之一，这类滑坡的滑动面由两个相交的软弱面组成，在稳定性分析中属于比较复杂的空间课题。通过坐标系转换的方式构建关于锚索锚固方向角三维优化的新计算模型，所建楔形体边坡空间计算分析模型如图 14.8 所示。

假设面 LON 为岩质边坡坡面，其倾向为 φ_0，倾角为 β_0；面 LOM 为滑动面①，其倾向为 φ_1，倾角为 β_1，摩擦角为 ϕ_{j1}，法向为 $\boldsymbol{n}_1$；面 MON 为滑动面②，其倾向为 φ_2，倾角为 β_2，摩擦角为 ϕ_{j2}，法向为 $\boldsymbol{n}_2$；坡面与两组滑动面倾向之间的关系应满足 $\varphi_1 < \varphi_0 < \varphi_2$；滑动面①与坡面倾向之间的夹角为 δ_1，滑动面②与坡面倾向之间的夹角为 δ_2（以滑动面倾向大于坡面倾向为正）；两组滑动面之间的交线为 OM。以 $\boldsymbol{n}_1$ 为 x' 轴，$\boldsymbol{n}_2$ 为 y' 轴，$\overline{MO}$ 为 z' 轴，由于 $\boldsymbol{n}_1$ 与 $\boldsymbol{n}_2$ 并不一定垂直，只能建立一组与原大地坐标系 xyz 相关的空间转换仿射坐标系，则 x' 轴与 y' 轴的单位向量可表示为

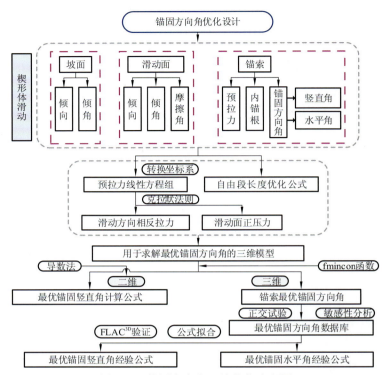

图 14.7 锚固方向角三维优化流程图

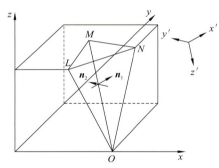

图 14.8 楔形体边坡空间计算分析模型

$$\begin{cases} \boldsymbol{n}_1 = n_{11}\boldsymbol{i} + n_{12}\boldsymbol{j} + n_{13}\boldsymbol{k} \\ \boldsymbol{n}_2 = n_{21}\boldsymbol{i} + n_{22}\boldsymbol{j} + n_{23}\boldsymbol{k} \end{cases} \tag{14.2}$$

其中，

$$\begin{cases} n_{11} = \sin\beta_1 \sin\varphi_1 \\ n_{12} = \sin\beta_1 \cos\varphi_1 \\ n_{13} = \cos\beta_1 \\ n_{21} = \sin\beta_2 \sin\varphi_2 \\ n_{22} = \sin\beta_2 \cos\varphi_2 \\ n_{23} = \cos\beta_2 \end{cases}$$

式中：$\boldsymbol{i}$、$\boldsymbol{j}$、$\boldsymbol{k}$ 分别为 x、y、z 轴的单位向量。

由于 OM 为两组滑动面之间的交线，其必定同时垂直于两组滑动面的法向，即有 $\overrightarrow{MO} \perp \boldsymbol{n}_1$，且 $\overrightarrow{MO} \perp \boldsymbol{n}_2$，则 $\overrightarrow{MO}$ 可表示为

$$\overrightarrow{MO} = \boldsymbol{n}_1 \times \boldsymbol{n}_2 = \begin{vmatrix} \boldsymbol{i} & \boldsymbol{j} & \boldsymbol{k} \\ n_{11} & n_{12} & n_{13} \\ n_{21} & n_{22} & n_{23} \end{vmatrix} = \begin{vmatrix} n_{12} & n_{13} \\ n_{22} & n_{23} \end{vmatrix} \boldsymbol{i} - \begin{vmatrix} n_{11} & n_{13} \\ n_{21} & n_{23} \end{vmatrix} \boldsymbol{j} + \begin{vmatrix} n_{11} & n_{12} \\ n_{21} & n_{22} \end{vmatrix} \boldsymbol{k} \tag{14.3}$$

$$|\overrightarrow{MO}| = \sqrt{\begin{vmatrix} n_{12} & n_{13} \\ n_{22} & n_{23} \end{vmatrix}^2 + \begin{vmatrix} n_{11} & n_{13} \\ n_{21} & n_{23} \end{vmatrix}^2 + \begin{vmatrix} n_{11} & n_{12} \\ n_{21} & n_{22} \end{vmatrix}^2} \tag{14.4}$$

令

$$n_{31} = \frac{\begin{vmatrix} n_{12} & n_{13} \\ n_{22} & n_{23} \end{vmatrix}}{|\overrightarrow{MO}|}, \quad n_{32} = \frac{\begin{vmatrix} n_{11} & n_{13} \\ n_{21} & n_{23} \end{vmatrix}}{|\overrightarrow{MO}|}, \quad n_{33} = \frac{\begin{vmatrix} n_{11} & n_{12} \\ n_{21} & n_{22} \end{vmatrix}}{|\overrightarrow{MO}|}$$

则 z' 轴的单位向量 $\boldsymbol{n}_3$ 可简化为

$$\boldsymbol{n}_3 = n_{31}\boldsymbol{i} - n_{32}\boldsymbol{j} + n_{33}\boldsymbol{k} \tag{14.5}$$

假设锚索与水平面之间的夹角为 θ（孔口高于孔底时为正），加固方向与坡面倾向之间的夹角为 α（以顺时针方向为正，所指的锚固方向角即锚固竖直角 θ 与锚固水平角 α），自由段施加的预拉力 $\boldsymbol{T}$ 在 x' 轴、y' 轴和 z' 轴三个方向的分力的坐标值分别为 $T_{x'}$、$T_{y'}$ 和 $T_{z'}$，则预拉力 $\boldsymbol{T}$ 在原大地坐标系中的表达式为

$$-\boldsymbol{T} = T \cos\theta \sin(\varphi_0 + \alpha)\boldsymbol{i} + T \cos\theta \cos(\varphi_0 + \alpha)\boldsymbol{j} + T \sin\theta \boldsymbol{k} \tag{14.6}$$

其中，T 为 $\boldsymbol{T}$ 的大小。

转换后在仿射坐标系中的表达式为

$$\begin{aligned} -\boldsymbol{T} &= T_{x'}\boldsymbol{n}_1 + T_{y'}\boldsymbol{n}_2 + T_{z'}\boldsymbol{n}_3 \\ &= (T_{x'}n_{11} + T_{y'}n_{21} + T_{z'}n_{31})\boldsymbol{i} + (T_{x'}n_{12} + T_{y'}n_{22} - T_{z'}n_{32})\boldsymbol{j} + (T_{x'}n_{13} + T_{y'}n_{23} + T_{z'}n_{33})\boldsymbol{k} \end{aligned} \tag{14.7}$$

联立式（14.6）与式（14.7），可得

$$\begin{cases} T_{x'}n_{11} + T_{y'}n_{21} + T_{z'}n_{31} = T \cos\theta \sin(\varphi_0 + \alpha) \\ T_{x'}n_{12} + T_{y'}n_{22} - T_{z'}n_{32} = T \cos\theta \cos(\varphi_0 + \alpha) \\ T_{x'}n_{13} + T_{y'}n_{23} + T_{z'}n_{33} = T \sin\theta \end{cases} \tag{14.8}$$

由图 14.8 可知，在预拉力的三个分力中，$T_{x'}$ 与 $T_{y'}$ 增加了两组滑动面上的正压力，而 $T_{z'}$ 提供了与滑体滑动方向相反的拉力。根据克拉默法则，可求得上述线性方程组的系数 $T_{x'}$、$T_{y'}$ 和 $T_{z'}$，分别为

$$\begin{cases} T_{x'} = T[A_{11} \cos\theta \sin(\varphi_0 + \alpha) - A_{12} \cos\theta \cos(\varphi_0 + \alpha) + A_{13} \sin\theta] \\ T_{y'} = T[-A_{21} \cos\theta \sin(\varphi_0 + \alpha) + A_{22} \cos\theta \cos(\varphi_0 + \alpha) - A_{23} \sin\theta] \\ T_{z'} = T[A_{31} \cos\theta \sin(\varphi_0 + \alpha) - A_{32} \cos\theta \cos(\varphi_0 + \alpha) + A_{33} \sin\theta] \end{cases} \tag{14.9}$$

其中，

$$
\begin{cases}
A_{11} = \dfrac{\begin{vmatrix} n_{22} & -n_{32} \\ n_{22} & n_{33} \end{vmatrix}}{|\overrightarrow{MO}|} \\[18pt]
A_{12} = \dfrac{\begin{vmatrix} n_{21} & n_{31} \\ n_{23} & n_{33} \end{vmatrix}}{|\overrightarrow{MO}|} \\[18pt]
A_{13} = \dfrac{\begin{vmatrix} n_{21} & n_{31} \\ n_{22} & -n_{32} \end{vmatrix}}{|\overrightarrow{MO}|} \\[18pt]
A_{21} = \dfrac{\begin{vmatrix} n_{12} & -n_{32} \\ n_{13} & n_{33} \end{vmatrix}}{|\overrightarrow{MO}|} \\[18pt]
A_{22} = \dfrac{\begin{vmatrix} n_{11} & n_{31} \\ n_{13} & n_{33} \end{vmatrix}}{|\overrightarrow{MO}|} \\[18pt]
A_{23} = \dfrac{\begin{vmatrix} n_{11} & n_{31} \\ n_{12} & -n_{32} \end{vmatrix}}{|\overrightarrow{MO}|} \\[18pt]
A_{31} = \dfrac{\begin{vmatrix} n_{12} & n_{22} \\ n_{13} & n_{23} \end{vmatrix}}{|\overrightarrow{MO}|} \\[18pt]
A_{32} = \dfrac{\begin{vmatrix} n_{11} & n_{21} \\ n_{13} & n_{23} \end{vmatrix}}{|\overrightarrow{MO}|} \\[18pt]
A_{33} = \dfrac{\begin{vmatrix} n_{11} & n_{21} \\ n_{12} & n_{22} \end{vmatrix}}{|\overrightarrow{MO}|}
\end{cases}
\tag{14.10}
$$

则锚索在滑动面上产生的抗滑力 F_s 为

$$
\begin{aligned}
F_s &= T_{x'}\tan\phi_{j1} + T_{y'}\tan\phi_{j2} + T_{z'} \\
&= T[(A_{11}\tan\phi_{j1} - A_{21}\tan\phi_{j2} + A_{31})\cos\theta\sin(\varphi_0 + \alpha) \\
&\quad + (-A_{12}\tan\phi_{j1} + A_{22}\tan\phi_{j2} - A_{32})\cos\theta\cos(\varphi_0 + \alpha) \\
&\quad + (A_{13}\tan\phi_{j1} - A_{23}\tan\phi_{j2} + A_{33})\sin\theta]
\end{aligned}
\tag{14.11}
$$

当由内锚根确定锚索的最优锚固方向角时，锚索自由段长度的计算模型如图 14.9 所示。AB 为预应力锚索，O 点为其内锚根，L_{OB} 为锚索加固方向为任意方向角时自由段的长度，L_{OE} 为锚索加固方向与坡面走向垂直时自由段的长度，O 点到坡面的垂直距离为 L_{OF}。假设 $L_{CB} = L_{DE}$，则 OE 与 OD 之间的夹角 θ' 为

$$\theta' = \arctan \frac{\tan \theta}{\cos \alpha} \tag{14.12}$$

$$L_{OB} = \frac{L_{OE} \cos \theta'}{\cos \alpha \cos \theta} = \frac{L_{OF} \cos \left(\arctan \dfrac{\tan \theta}{\cos \alpha} \right)}{\cos \left(90° - \arctan \dfrac{\tan \theta}{\cos \alpha} - \beta_0 \right) \cos \alpha \cos \theta} \tag{14.13}$$

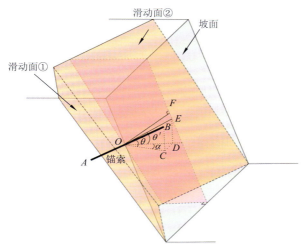

图 14.9　锚索自由段长度的计算模型

　　式（14.13）可作为锚索自由段长度的优化计算公式，指导锚索的工程设计，则锚索在该段单位长度能提供的抗滑增量为

$$\begin{aligned}
F_s^0 = \frac{F_s}{L_{OB}} = \Big\{ & T[(A_{11} \tan \phi_{j1} - A_{21} \tan \phi_{j2} + A_{31}) \cos \theta \sin(\varphi_0 + \alpha) \\
& + (-A_{12} \tan \phi_{j1} + A_{22} \tan \phi_{j2} - A_{32}) \cos \theta \cos(\varphi_0 + \alpha) \\
& + (A_{13} \tan \phi_{j1} - A_{23} \tan \phi_{j2} + A_{33}) \sin \theta] \\
& \times \cos \left(90° - \arctan \frac{\tan \theta}{\cos \alpha} - \beta_0 \right) \cos \alpha \cos \theta \Big\} \\
& \div \left[L_{OF} \cos \left(\arctan \frac{\tan \theta}{\cos \alpha} \right) \right]
\end{aligned} \tag{14.14}$$

　　在实际边坡设计中，锚索采用与坡面走向垂直的优化方式并不一定会得到其最优锚固效果。当锚索加固方向不受限制时，锚索自由段单位长度能提供的抗滑增量可由式（14.14）求得。但对于锚固方向角 θ 与 α 的求解，需要借助其他工具进行最优化分析。在此次最优锚固方向角的求解中，采用 fmincon 函数对其进行优化，所选取的目标函数为

$$f(\theta, \alpha) = -[B_1' \cos \theta \sin(\varphi_0 + \alpha) + B_2' \cos \theta \cos(\varphi_0 + \alpha) + B_3' \sin \theta]$$

$$\times \frac{\sin\left(\arctan\dfrac{\tan\theta}{\cos\alpha}+\beta_0\right)\cos\alpha\cos\theta}{\cos\left(\arctan\dfrac{\tan\theta}{\cos\alpha}\right)} \qquad (14.15)$$

其中，$\theta\in\left(\dfrac{-\pi}{2},\dfrac{\pi}{2}\right)$，$\alpha\in\left(\dfrac{-\pi}{2},\dfrac{\pi}{2}\right)$，

$$\begin{cases} B_1' = A_{11}\tan\phi_{j1} - A_{21}\tan\phi_{j2} + A_{31} \\ B_2' = A_{12}\tan\phi_{j1} + A_{22}\tan\phi_{j2} - A_{32} \\ B_3' = A_{13}\tan\phi_{j1} - A_{23}\tan\phi_{j2} + A_{33} \end{cases}$$

可由两组滑动面的产状与摩擦角求得，φ_0 与 β_0 分别为坡面的倾向与倾角。因此，式（14.15）为在 θ 与 α 约束下的非线性二元函数，可通过 fmincon 函数对其所属范围的最小值进行优化，并求解出相应的锚固方向角 θ 与 α。所求得的 $f(\theta,\alpha)$ 最小值的绝对值与 T/L_{OF} 的乘积，即预应力锚索自由段单位长度能提供的最大抗滑增量。当然，采用传统的限制锚索加固方向与坡面走向垂直的二维优化方式，锚索的最优锚固竖直角也可用 fmincon 函数进行求解，只需要令式（14.15）中的 α 为 0° 即可。

3. 锚固方向角优化系统

根据上述锚固方向角三维优化原理和方法，编制了锚固方向角优化系统。下面通过工程案例对其求解过程进行阐述。选取的某岩质边坡的地面坡度为 53°，向 125° 方向倾斜。基岩为英安岩，所含结构面主要包括一组岩层面和五组节理面。利用 DIPS 软件绘制各组结构面与坡面的赤平投影图，如图 14.10 所示，图中 S 圆弧表示坡面，Y 圆弧表示岩层面，J1～J5 圆弧分别表示五组节理面，小圆表示内摩擦圆（内摩擦角为 23°）。分析图 14.10 可知，该斜坡最有可能沿着岩层面 Y 和节理面 J2 发生楔形体破坏，岩层面倾向/倾角为 183°/33°，J2 节理面倾向/倾角为 87°/44°。边坡拟采用预应力锚索进行支护，设计为 4 m×4 m（间距）的梅花形布置，单根锚索轴向拉力设计值为 500 kN。表 14.1 为相应公式的计算结果。

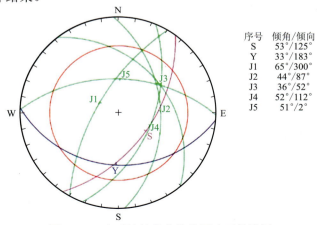

序号	倾角/倾向
S	53°/125°
Y	33°/183°
J1	65°/300°
J2	44°/87°
J3	36°/52°
J4	52°/112°
J5	51°/2°

图 14.10　岩质边坡优势结构面赤平投影图

表 14.1　锚固方向角优化结果

参数	n_{11}	n_{12}	n_{13}	n_{21}	n_{22}	n_{23}	n_{31}	n_{32}	n_{33}
值	0.693 71	0.036 36	0.719 34	−0.028 50	−0.543 89	0.838 67	0.510 60	0.729 21	−0.455 55
参数	A_{11}	A_{12}	A_{13}	A_{21}	A_{22}	A_{23}	A_{31}	A_{32}	A_{33}
值	1.040 43	−0.502 75	0.361 40	0.615 04	−0.827 31	−0.634 93	0.510 60	0.729 21	−0.455 55
参数	B_1'	B_2'	B_3'	$T_{x'}$ /kN	$T_{y'}$ /kN	$T_{z'}$ /kN			
值	0.665 43	−0.847 35	−0.092 92	320.713	73.029	339.710			

注：二维优化方式下锚固竖直角 θ 为 15.93°。

图 14.11 为上述工程案例采用两种优化方式通过 fmincon 函数求得的锚固方向角。对比表 14.1 和图 14.11 可以发现，在二维优化方式下，采用 fmincon 函数所求得的锚固竖直角 θ 与基于公式的计算结果完全相同，证明了该方法的可行性。而通过图 14.11 可以发现，基于以往限制锚索加固方向与坡面走向垂直的二维优化方式所获得的锚固方向角，即使在优化过程中充分考虑坡面与滑动面的产状、摩擦系数和锚索的设计参数，也无法发挥锚索的最佳锚固效益；但三维优化方式，相比于传统的优化方式增加了锚固水平角 α，所得锚索最优锚固竖直角 θ 和锚固水平角 α 分别为 16.2° 和 9.363°，在单根锚索提供的总抗滑增量（0.999 9＞0.966 0）和自由段单位长度能提供的抗滑增量（0.924 5＞0.901 4）上均有所提高。该方法充分考虑了坡面与两组滑动面的产状、摩擦系数和锚索的设计参数，同时打破了以往设计中锚索加固方向与坡面走向垂直的局限性，所建模型具有一定的先进性，充分发挥了锚索的锚固性能。该方法特别适用于锚索用量较多的工程，可间接地指导锚索的工程设计，减少锚索的总用量与施工长度，节省一部分工程支护费用，所获得的锚固方向角对提高边坡的稳定性和经济效益具有重要的意义。

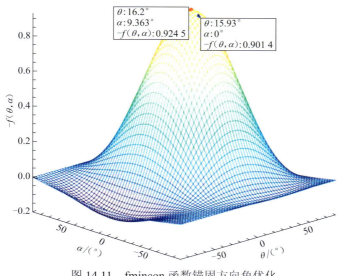

图 14.11　fmincon 函数锚固方向角优化

14.3.2　锚杆最优锚固长度

采用双剪统一强度理论，建立不同岩层倾角条件下锚杆的最优锚固长度模型，提出最优锚固长度的确定方法。

1. 双剪统一强度理论

边坡岩体的应力状态复杂，目前常用的莫尔-库仑抗剪强度理论忽略了中间主应力，仅考虑最大主应力 σ_1 和最小主应力 σ_3 的影响，而实践证明中间主应力 σ_2 会影响岩土体材料的破坏。考虑了中间主应力的强度准则，往往只适用于某一种材料，不具有全面性。鉴于此，俞茂宏（1994）提出了双剪统一强度理论，其表达式如下：

$$\begin{cases} \sigma_1 - \dfrac{\eta(b\sigma_2 + \sigma_3)}{1+b} = \sigma_t, & \sigma_2 < \dfrac{\sigma_1 + \eta\sigma_3}{1+\eta} \\[3mm] \dfrac{b\sigma_2 + \sigma_1}{1+b} - \eta\sigma_3 = \sigma_t, & \sigma_2 \geqslant \dfrac{\sigma_1 + \eta\sigma_3}{1+\eta} \end{cases} \tag{14.16}$$

式中：σ_t 为岩土体抗拉强度；η 为拉压强度比参数；b 为反映 σ_2 与其作用面上的主剪应力对材料破坏影响程度的系数，即中间主应力效应，取值范围为 $0\sim1$，不同 b 代表不同强度理论，$b=0$ 时，为莫尔-库仑抗剪强度理论，$b=1$ 时，为双剪统一强度理论，$0<b<1$ 时，为一系列新的强度理论（Yao et al., 2019）。在双剪统一强度理论应用于锚杆长度计算时，取 b 为 1。

俞茂宏等（1997）对双剪统一强度理论进行了进一步推导，引入了中间主应力系数 m，计算得 $\sigma_2 = m(\sigma_1 + \sigma_3)/2$，将 $\sigma_t = 2c\cos\phi/(1+\sin\phi)$、$\eta = (1-\sin\phi)/(1+\sin\phi)$ 代入式（14.16）得

$$\begin{cases} \sigma_1 - \dfrac{1-\sin\phi}{1+\sin\phi}\dfrac{b\sigma_2 + \sigma_3}{1+b} = \dfrac{2c\cos\phi}{1+\sin\phi}, & \sigma_2 < \dfrac{\sigma_1 + \sigma_3}{2} + \dfrac{(\sigma_1 - \sigma_3)\sin\phi}{2} \\[3mm] \dfrac{b\sigma_2 + \sigma_1}{1+b} - \dfrac{(1-\sin\phi)}{1+\sin\phi}\sigma_3 = \dfrac{2c\cos\phi}{1+\sin\phi}, & \sigma_2 \geqslant \dfrac{\sigma_1 + \sigma_3}{2} + \dfrac{(\sigma_1 - \sigma_3)\sin\phi}{2} \end{cases} \tag{14.17}$$

式中：c、ϕ 为岩土体材料参数。

对于平面应变问题，塑性材料的 m 一般趋近于 1。为了简便计算，假定 $m=1$。唐仁华和陈昌富（2011）结合莫尔-库仑抗剪强度理论，进行了进一步推导，得到了平面应变问题下双剪统一强度理论的岩土体参数与莫尔-库仑抗剪强度理论的岩土体参数的转换公式：

$$\begin{cases} \sin\phi_t' = \dfrac{2(1+b)\sin\phi}{2+b+b\sin\phi} \Rightarrow \phi_t' = \sin^{-1}\left[\dfrac{2(1+b)\sin\phi}{2+b+b\sin\phi}\right] \\[3mm] c_t' = c\dfrac{2(1+b)\sqrt{1+\sin\phi}}{\sqrt{(2+b)[2+b+(2+3b)\sin\phi]}} \end{cases} \tag{14.18}$$

式中：c_t'、ϕ_t' 为锚杆体与岩土体接触面的双剪统一强度理论的参数；c、ϕ 为锚杆体与岩土体接触面的莫尔-库仑抗剪强度理论的参数。

2. 基本模型

单层顺层岩质边坡锚杆加固模型如图 14.12 所示，滑体沿软弱结构面滑动，采用预应力锚杆进行支护，假定基岩与滑体在计算过程中保持稳定。

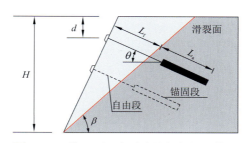

图 14.12　单层顺层岩质边坡锚杆加固模型

β 为岩层倾角；H 为坡高；L_a 为锚固长度；L_f 为自由段长度；d 为加固点至坡顶的垂直距离

3. 极限抗拔力计算

岩土体破坏的普遍形式为：在锚固段浅部，岩土体形成圆锥形或圆弧形破坏面，在圆锥形或圆弧形破坏面以下形成滑移破坏，最终整个锚杆脱离岩土体被抽出。岩土体越坚硬，滑移破坏影响因素的比重越大，对于较硬的岩体来说，锚杆的破坏主要是注浆体与接触面的滑移破坏，此时锚杆的极限抗拔力取决于注浆体与岩体接触面的强度参数和围岩压力。锚杆锚固段与岩土体的界面强度决定了锚固力的大小。假定锚固段剪力均匀分布，锚杆受力条件如图 14.13 所示，则锚杆极限抗拔力的计算公式为

$$N_t' = \pi D' L_a (c_t' + \tan \phi_t' \sigma^*) \tag{14.19}$$

式中：D' 为锚杆直径；σ^* 为锚杆注浆体与围岩的平均压力，可按照式（14.20）进行计算。

$$\sigma^* = \left[\gamma_1 (d + L_f \sin \theta) + \gamma_2 \sin \theta \frac{L_a}{2} \right] \cos \theta \tag{14.20}$$

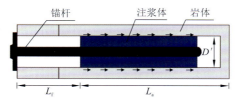

图 14.13　锚杆受力条件

双剪统一强度理论下计算锚杆极限抗拔力的公式为

$$N_t' = \pi D' L_a \{ c_t' + \tan \phi_t' \cos \theta [\gamma_1 (d + L_f \sin \theta) + (\gamma_2 L_a \sin \theta) / 2] \} \tag{14.21}$$

式中：D' 为锚杆直径，m；γ_1 为自由段及以前岩体的重度，kN/m³；γ_2 为锚固段及以内岩体的重度，kN/m³。

4. 预应力锚杆锚固长度计算

对滑坡体进行受力分析，滑坡体受到沿层面向下的滑坡推力的作用，岩层间的摩擦和黏聚作用形成阻止滑坡体下滑的抗力。对锚杆施加预应力后，锚固力沿锚杆方向提供抗滑力。滑坡推力为滑坡体重力沿斜面向下的分力，计算公式为

$$F = G\sin\beta \tag{14.22}$$

式中：G 为滑坡体的重力，采用式（14.23）计算。

$$G = [H\gamma_1(H/\tan\beta - H/\tan\alpha)]/2 \tag{14.23}$$

根据平衡条件，得到支护后的安全系数计算公式：

$$K_s = \frac{G\cos\beta\tan\phi + cL' + T'\sin(\theta+\beta)\tan\phi}{G\sin\beta - T'\cos(\theta+\beta)} \tag{14.24}$$

式中：L' 为滑面长度，$L' = H/\sin\beta$。

对式（14.24）进一步整理变形得到滑坡在某一安全系数下的锚固力公式：

$$T' = \frac{G(K_s\sin\beta - \cos\beta\tan\phi) - cL'}{K_s\cos(\beta+\theta) + \sin(\beta+\theta)\tan\phi} \tag{14.25}$$

锚固力 T' 由全部锚杆提供，锚杆的水平间距为 A，布置 n' 排，则单根锚杆的加固力为

$$N_t = T_A/n' \tag{14.26}$$

式中：T_A 为间距为 A 的锚杆的锚固力。

联立式（14.21）、式（14.26），整理得到锚固长度计算公式：

$$L_a = \frac{\sqrt{B'^2 - 4A'C'} - B'}{2A'} \tag{14.27}$$

其中，

$$A' = (\pi d\gamma_2\sin\theta\tan\phi_t'\cos\theta)/2$$
$$B' = \pi d[c_t' + \gamma_1(d + L_f\sin\theta)\tan\phi_t'\cos\theta]$$
$$C' = -N_t$$

5. 基于双剪统一强度理论的最优锚固长度

为了进一步研究锚固长度，将滑坡基本参数代入式（14.27），计算得到不同安全系数下的锚固长度。模型基本参数如下：边坡坡角为 60°，坡高为 10 m，滑面黏聚力为 5 kPa，内摩擦角为 12°。依据设计规范，初步设计布置单排锚杆，锚杆间距为 1 m，加固点至坡顶的垂直距离为 1 m。自由段及以前岩体、锚固段及以内岩体的重度为 27.2 kN/m³，锚杆自由段长 11 m，弹性模量为 200 GPa，截面面积为 314 mm²，注浆体直径为 100 mm，注浆体与围岩接触面的黏聚力为 5 kPa，内摩擦角为 15°。现取锚固竖直角 θ 为 5°、10°、15°、20°、25°、30°、35°、40°、45°、50° 的 10 种工况进行计算，计算结果如图 14.14 所示。由图 14.14 可知：随着安全系数的增加，锚杆锚固长度的增加逐渐缓慢，最后趋于平稳。这表明在大于界限安全系数后，安全系数的增长对锚固长度几乎没有影响，此时所求得的临界锚固长度即最优锚固长度。

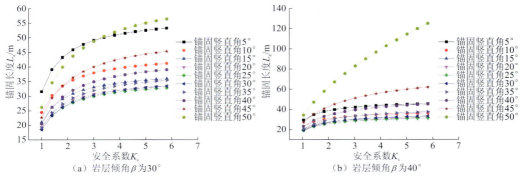

图 14.14　锚固长度和安全系数、锚固竖直角的关系

为求得最优锚固长度，利用二次函数对曲线进行拟合。以岩层倾角 $\beta=20°$ 的工况为例，对锚固竖直角 $\theta=30°$ 的曲线进行拟合，拟合优度 R^2 为 0.95，表明图中曲线拟合效果较好，此时二次函数顶点对应的安全系数为 4.77，即认为此安全系数为界限安全系数，用来确定不同锚固竖直角对应的最优锚固长度，如图 14.15 所示。

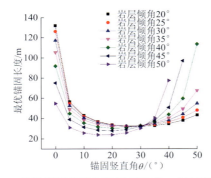

图 14.15　最优锚固长度与锚固竖直角、岩层倾角的关系

14.4　基于演化过程的桩锚结构设计关键技术

桩锚结构是一种常用于防治滑坡灾害的工程措施，基于桩锚变形协调原理，考虑复合多层滑床，构建锚索抗滑桩计算分析模型；采用拟静力法进行动荷载作用下桩锚体系分析，计算内力及协同变形。

14.4.1　复合多层滑床条件下的锚索抗滑桩计算分析模型

预应力锚索抗滑桩由预应力锚索和抗滑桩组合而成，已广泛应用于滑坡防治工程中，尤其是推力大且具备稳定滑床的滑坡。其具体结构为抗滑桩嵌固到滑床稳定地层一定深度，而锚索根据具体情况在桩顶或距离桩顶一定位置设置一排或多排。由于锚索拉力的作用，抗滑桩由原先的被动支护变为主动支护，其桩身内力和变形有了较大的改善。

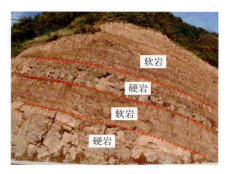

图 14.16　侏罗系典型软硬相间地层特征

在预应力锚索抗滑桩实际工程中，可通过减小桩身截面、钢筋用量等手段降低工程造价。前人的研究多集中于改进锚索抗滑桩变形协调方程，进而计算锚索拉力、桩身变形与内力，理论计算过程中都将滑床等效为均质滑床来考虑，尚未考虑复合多层滑床对桩身嵌固段的影响。但在实际工程中，复合多层滑床的地质条件更为常见（图 14.16），复合多层滑床中各岩层之间工程特性的差异会对计算结果产生影响，因此，按照传统的计算方法进行锚索抗滑桩受力及变形计算，结果可能与实际工程情况不符。鉴于此，基于桩锚变形协调原理，构建复合多层滑床条件下的锚索抗滑桩计算分析模型，提出复合多层嵌固段抗滑桩内力和变形计算方法。

1. 变形协调方程建立

由桩锚变形协调原理（图 14.17）可知，桩锚的变形协调主要发生在滑坡推力作用阶段，在此阶段每根锚索的变形量 Δ_i 与该锚索所在点处桩的水平位移 f_i 的关系表达式如下：

$$\Delta_i = f_i \cos \theta_i \qquad (14.28)$$

其中，

$$f_i = X_0 + \alpha_0 L_i + \Delta_{iq} - \sum_{j=1}^{n} \Delta_{ij} \qquad (14.29)$$

$$\Delta_i = \delta_i (R_i - R_{i0}) \qquad (14.30)$$

式中：θ_i 为第 i 根锚索与水平面的夹角；X_0 为滑动面处桩的位移；α_0 为滑动面处桩的转角；L_i 为第 i 个锚点与滑动面的距离；R_{i0} 为第 i 根锚索的初始预应力；R_i 为第 i 根锚索的拉力；δ_i 为第 i 根锚索的柔度系数；Δ_{iq}、Δ_{ij} 分别为滑坡推力及锚索拉力 R_j 作用下 i 点处桩的位移。

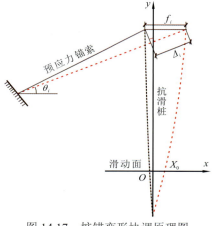

图 14.17　桩锚变形协调原理图

2. 锚索拉力的求解

根据桩锚变形协调原理，将计算分析模型分为两个阶段进行考虑，即锚索预应力作用阶段和滑坡推力作用阶段，在计算过程中需要分别计算两个阶段滑动面处的位移 X_1、X_2 和转角 α_1、α_2。由于两个阶段的计算都在同一个地层中进行，其地基系数 K 的取值一致。而两个阶段滑动面处的位移和转角由于在滑动面处的剪力和弯矩不同而存在差异，但其计算方法一致。在复合多层滑床中，第 i 层的挠曲微分方程为

$$EI \frac{\mathrm{d}^4 x}{\mathrm{d} y^4} + x K_{zi} B_{\mathrm{p}} = 0 \qquad (14.31)$$

式中：E 为桩的弹性模量；I 为桩的截面惯性矩；K_{zi} 为第 i 层的地层系数；B_{p} 为桩计算宽度。

可求解以上挠曲微分方程，得到如下表达式：

$$
\begin{pmatrix} x_i \\ \phi_i \\ \beta_i \\ \dfrac{M_i}{\beta_i^2 EI} \\ \dfrac{Q_i}{\beta_i^3 EI} \end{pmatrix} = \begin{pmatrix} \varphi_{i1} & \varphi_{i2} & \varphi_{i3} & \varphi_{i4} \\ -4\varphi_{i4} & \varphi_{i1} & \varphi_{i2} & \varphi_{i3} \\ -4\varphi_{i3} & -4\varphi_{i4} & \varphi_{i1} & \varphi_{i2} \\ -4\varphi_{i2} & -4\varphi_{i3} & -4\beta_i\varphi_{i4} & \varphi_{i1} \end{pmatrix} \begin{pmatrix} x_{i-1} \\ \phi_{i-1} \\ \beta_i \\ \dfrac{M_{i-1}}{\beta_i^2 EI} \\ \dfrac{Q_{i-1}}{\beta_i^3 EI} \end{pmatrix} \tag{14.32}
$$

其中，

$$
\varphi_{i1} = \cos(\beta_i \Delta y_i)\, \mathrm{ch}(\beta_i \Delta y_i)
$$

$$
\varphi_{i2} = \frac{1}{2}[\sin(\beta_i \Delta y_i)\, \mathrm{ch}(\beta_i \Delta y_i) + \cos(\beta_i \Delta y_i)\, \mathrm{sh}(\beta_i \Delta y_i)]
$$

$$
\varphi_{i3} = \frac{1}{2}\sin(\beta_i \Delta y_i)\, \mathrm{sh}(\beta_i \Delta y_i)
$$

$$
\varphi_{i4} = \frac{1}{4}[\sin(\beta_i \Delta y_i)\, \mathrm{ch}(\beta_i \Delta y_i) - \cos(\beta_i \Delta y_i)\, \mathrm{sh}(\beta_i \Delta y_i)]
$$

$$
\Delta y_i = y_i - y_{i-1}
$$

式中：x_i 为第 i 层滑床层底处桩的位移；ϕ_i 为第 i 层滑床层底处桩的转角；Q_i 为第 i 层滑床层底处桩的剪力；M_i 为第 i 层滑床层底处桩的弯矩；φ_{i1}、φ_{i2}、φ_{i3}、φ_{i4} 为 K 法的影响函数值；y_i 为第 i 层滑床层底深度；β_i 为第 i 层滑床桩的变形系数，其表达式如式（14.33）所示。

$$
\beta_i = \sqrt[4]{\frac{K_{zi} B_{\mathrm{p}}}{4EI}} \tag{14.33}
$$

将式（14.32）变为

$$
\begin{pmatrix} x_i \\ \phi_i \\ M_i \\ Q_i \end{pmatrix} = \begin{pmatrix} \varphi_{i1} & \dfrac{\varphi_{i2}}{\beta_i} & \dfrac{\varphi_{i3}}{\beta_i^2 EI} & \dfrac{\varphi_{i4}}{\beta_i^3 EI} \\[2mm] -4\beta_i\varphi_{i4} & \varphi_{i1} & \dfrac{\varphi_{i2}}{\beta_i EI} & \dfrac{\varphi_{i3}}{\beta_i^2 EI} \\[2mm] -4\beta_i^2 EI\varphi_{i3} & -4\beta_i EI\varphi_{i4} & \varphi_{i1} & \dfrac{\varphi_{i2}}{\beta_i} \\[2mm] -4\beta_i^3 EI\varphi_{i2} & -4\beta_i^2 EI\varphi_{i3} & -4\beta_i\varphi_{i4} & \varphi_{i1} \end{pmatrix} \begin{pmatrix} x_{i-1} \\ \phi_{i-1} \\ M_{i-1} \\ Q_{i-1} \end{pmatrix} \tag{14.34}
$$

将式（14.34）简写为

$$
\boldsymbol{x}_i = \boldsymbol{\varphi}_i \cdot \boldsymbol{x}_{i-1} \tag{14.35}
$$

其中，$\boldsymbol{x}_{i-1}$、$\boldsymbol{x}_i$ 分别为第 i 层层顶及层底位置处桩截面的变形及内力，根据以上关系，即可求得层底位置与滑动面处桩截面变形及内力的关系：

$$\boldsymbol{x}_i = \boldsymbol{\varphi} \cdot \boldsymbol{x}_0 \tag{14.36}$$

其中，

$$\boldsymbol{\varphi} = \boldsymbol{\varphi}_n \boldsymbol{\varphi}_{n-1} \cdots \boldsymbol{\varphi}_i \cdots \boldsymbol{\varphi}_2 \boldsymbol{\varphi}_1 = \begin{pmatrix} A_1 & A_2 & A_3 & A_4 \\ B_1 & B_2 & B_3 & B_4 \\ C_1 & C_2 & C_3 & C_4 \\ D_1 & D_2 & D_3 & D_4 \end{pmatrix} \tag{14.37}$$

当桩底为自由端，即 $M_n = 0$、$Q_n = 0$ 时，有

$$\begin{cases} x_0 = F_1 M_0 + F_2 Q_0 \\ \phi_0 = F_3 M_0 + F_4 Q_0 \end{cases} \tag{14.38}$$

其中，

$$\begin{pmatrix} F_1 & F_2 \\ F_3 & F_4 \end{pmatrix} = -\begin{pmatrix} C_1 & C_2 \\ D_1 & D_2 \end{pmatrix}^{-1} \begin{pmatrix} C_3 & C_4 \\ D_3 & D_4 \end{pmatrix}$$

式中：x_0 和 ϕ_0 为滑坡推力作用阶段滑动面处的位移和转角，即 $X_2 = x_0$，$\alpha_2 = \phi_0$。

同理，锚索预应力作用阶段滑动面处的位移和转角为

$$\begin{cases} X_1 = F_1 M_0' + F_2 Q_0' \\ \alpha_1 = F_3 M_0' + F_4 Q_0' \end{cases} \tag{14.39}$$

式中：M_0' 和 Q_0' 分别为锚索预应力作用阶段滑床层底桩的弯矩和剪力。

计算出两个阶段滑动面处的位移和转角后，便可得到求解锚索拉力的方程式：

$$\sum_{j=1}^{n} \xi_{ij} R_j + \delta_i R_i = C_i \tag{14.40}$$

其中，

$$\xi_{ij} = (F_1 l_j + F_2 - F_3 l_i l_j - F_4 l_i + \delta_{ij}) \cos^2 \alpha_i$$

$$C_i = [(F_1 - F_3 l_i) M + (F_2 - F_4 l_i) Q + \Delta_{iq}] \cos \alpha_i + R_{i0} \delta_i + \sum_{k=1}^{n} (F_1 L_k + F_2 - F_3 L_i L_k - F_4 L_i) R_{k0} \cos^2 \theta_k$$

式中：l_i、l_j 分别为第 i 和 j 根锚索作用下锚索自由段的长度；α_i 为第 i 根锚索作用力作用于 O 点的力臂与桩的夹角；M、Q 分别为滑坡作用于桩 O 点的弯矩及剪力。

对于铰支端和嵌固端的桩底条件，也可采用相应的边界条件按上述方法进行求解，在此不再赘述。

由式（14.40）可求得锚索拉力 R_j，进一步可求出两个阶段滑动面处的剪力、弯矩、位移和转角。将两个阶段的计算结果进行叠加便可得到滑动面处总的剪力、弯矩、位移和转角。

3. 受荷段内力的求解

求得锚索拉力 R_j 后便可将其作为已知数，采用分段的方法对桩身受荷段内力进行求解。此时，令 $L_0 = 0$、$L_{n+1} = L$、$R_{n+1} = 0$，当 $y = L - L_i$ 时，取 $k = n+1-i$（$i = 1,2,\cdots,n$），

$$
\begin{cases}
Q_{y^-} = Q(y) - \sum_{j=1}^{k} R_{n+2-j} \cos\theta_{n+2-j} \\[2mm]
Q_{y^+} = Q(y) - \sum_{j=1}^{k} R_{n+1-j} \cos\theta_{n+1-j} \\[2mm]
M_y = M(y) - \sum_{j=1}^{k} R_{n+1-j} \cos\theta_{n+1-j}[y - (L - L_{n+1-j})]
\end{cases}
\tag{14.41}
$$

当 $L - L_i - 1 < y < L - L_i$ 时，取 $k = n + 2 - i$（$i = 1, 2, \cdots, n+1$），

$$
\begin{cases}
Q_y = Q(y) - \sum_{j=1}^{k} R_{n+2-j} \cos\theta_{n+2-j} \\[2mm]
M_y = M(y) - \sum_{j=1}^{k} R_{n+2-j} \cos\theta_{n+2-j}[y - (L - L_{n+2-j})]
\end{cases}
\tag{14.42}
$$

式中：Q_{y^-} 为桩锚固处下方的剪力；Q_{y^+} 为桩锚固处上方的剪力；M_y 为桩锚固处的弯矩；Q_y 为两根桩锚固处中间部分的剪力；$Q(y)$ 为滑坡推力或岩土压力作用于桩上的剪力；$M(y)$ 为滑坡推力或岩土压力作用于桩上的弯矩；k 为从桩顶往下数到第 i 根锚索时支撑点的个数。

4. 嵌固段内力求解

将边界条件计算结果代入式（14.34），即可根据式（14.43）求得滑床每层各个深度处抗滑桩的位移、转角、弯矩和剪力。

$$
\begin{pmatrix}
x_y \\
\alpha_y \\
M_y \\
Q_y
\end{pmatrix}
=
\begin{pmatrix}
\varphi_{i1} & \dfrac{\varphi_{i2}}{\beta_i} & \dfrac{\varphi_{i3}}{\beta_i^2 EI} & \dfrac{\varphi_{i4}}{\beta_i^3 EI} \\[3mm]
-4\beta_i\varphi_{i4} & \varphi_{i1} & \dfrac{\varphi_{i2}}{\beta_i EI} & \dfrac{\varphi_{i3}}{\beta_i^2 EI} \\[3mm]
-4\beta_i^2 EI\varphi_{i3} & -4\beta_i EI\varphi_{i4} & \varphi_{i1} & \dfrac{\varphi_{i2}}{\beta_i} \\[3mm]
-4\beta_i^3 EI\varphi_{i2} & -4\beta_i^2 EI\varphi_{i3} & -4\beta_i\varphi_{i4} & \varphi_{i1}
\end{pmatrix}
\begin{pmatrix}
x_{i-1} \\
\alpha_{i-1} \\
M_{i-1} \\
Q_{i-1}
\end{pmatrix}
\tag{14.43}
$$

式中：x_y 为桩每一点处的水平位移；α_y 为桩每一点处的转角。

5. 桩顶位移计算

桩顶位移可由第 $n-1$ 和 n 个锚索点的位移推算求得，其基本假设是从第 $n-1$ 个锚索点至桩顶的有限范围内的桩身位移曲线可进行取直处理。

如图 14.18 所示，要求解桩顶位移，首先需要计算滑动面处的位移 x_0。滑动面处的位移 x_0 由嵌固段位移计算公式求得，在考虑复合多层滑床的条件下可通过式（14.44）求得，求得滑动面处的位移 x_0 后可按照几何方法通过式（14.44）计算桩身受荷段各点的位移。

$$
x_{n+1} = x_{n-1} + \frac{l_{n+1} - l_{n-1}}{l_n - l_{n-1}}(x_n - x_{n-1})
\tag{14.44}
$$

桩顶位移一般应该控制在 $0.01h$（h 为抗滑桩的全长）以内，当周边建筑物对抗滑桩的变形较敏感时，则应控制在 $0.005h$ 以内。根据位移计算公式对桩顶位移进行计算，若不能满足，则调整锚索预应力值，直到满足为止。

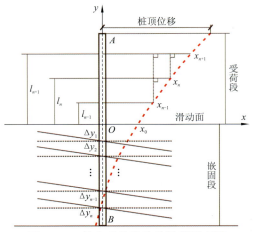

图 14.18　桩身受荷段位移计算原理图

通过两个算例进行计算，改进算法相比于传统算法准确性更高，且改进算法得到的桩身变形及内力均小于传统算法，桩顶位移减小比例分别为 17.0% 和 28.7%，最大弯矩减小比例分别为 10.64% 和 20.90%，可见，传统算法的设计偏于保守，会导致工程造价偏高。

充分考虑实际地质条件下地层分层的特征和桩锚的实际受力情况，基于桩锚变形协调原理，提出复合多层滑床条件下的锚索抗滑桩计算分析模型。并通过联立方程组求解各排锚索拉力，进而得到锚索抗滑桩整个桩身内力和位移的分布特征，将桩顶位移和桩身侧壁应力作为计算分析模型的控制条件。该计算分析模型与传统的计算方法相比，具有更好的适应性，计算结果更为准确。该计算分析模型可为复合多层岩体地区中锚索抗滑桩加固滑坡的工程设计提供一定的理论依据。

14.4.2　动荷载作用下桩锚体系内力及变形计算

作为一种复合结构，设计过程中需要考虑土、桩、锚之间的相互作用，使桩锚结构既能满足安全性需求，又能发挥其良好的经济效益。预应力锚索抗滑桩在实际工程中的作用可分为两个阶段，即锚索预应力作用阶段和滑坡推力作用阶段，如图 14.19 所示。

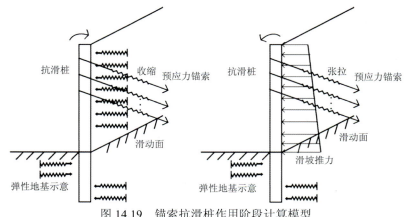

图 14.19　锚索抗滑桩作用阶段计算模型

锚索预应力作用阶段：预应力锚索抗滑桩施工完毕后，预应力锚索的张拉条件得到满足，锚索预应力引起抗滑桩变形。在锚索张拉的过程中，张拉力被传递到锚索锚固段稳定岩层中，锚索会产生一定的收缩变形，包括自由段与锚固段的弹性变形。同时，由于桩体承受锚索预应力的作用，桩身要发生挠曲变形而向坡体内侧移动，而桩后岩土体也由于挤压作用而产生压缩变形，特别是软弱岩土体的变形会更大。

滑坡推力作用阶段：预应力锚索发挥作用的同时，随着时间的推移和外界自然气候条件的变化，滑坡推力会逐渐作用在预应力锚索抗滑桩上，直到滑坡推力完全作用在桩身。在此阶段锚索和桩作为一个整体共同承受桩前岩土体的作用力（滑坡推力）来稳定坡体，桩体会由第一阶段的桩后侧移动转向桩前侧移动，而锚固在桩体上的锚索又会约束桩体的位移，并且随桩体一起移动变形。在锚固稳定的地层中，锚索变形等于自由段与锚固段变形之和，锚索拉应力也趋于稳定值。最终，桩锚共同承受滑坡推力作用，锚索和抗滑桩在连接点处完成变形协调。

通过建立两个阶段的模型，对桩锚结构实际工程中的桩锚相互作用过程进行了分析。可以看出，桩锚结构从锚索预应力作用阶段到滑坡推力作用阶段，桩锚连接点处的位移既与锚索变形有关，又可以表示桩身的位移，锚索与抗滑桩在该点处变形协调，可以建立变形协调方程。

1. 动荷载作用拟静力法

采用拟静力法进行桩锚体系动荷载作用分析，并进行结构设计。拟静力法也称为等效荷载法，即通过反应谱理论将地震对建筑物的作用以等效荷载的方法来表示，然后根据这一等效荷载用静力分析的方法对结构进行内力和位移计算，以验算结构的抗震承载力和变形。拟静力法的实质就是将地震对边坡产生的作用力，简化成水平方向和竖直方向两个加速度不变的作用。然后，将其施加在不稳定的滑块重心上，其中加速度方向取最不利于边坡稳定的方向。

运用拟静力法施加动荷载作用，进行桩锚结构设计，提出桩锚结构抗震设计方法。动荷载作用施加在滑坡滑体中，增大了滑坡推力，锚索抗滑桩结构内力与变形均会增大以抵抗滑坡推力，因此，可根据桩锚极端应力来进行结构设计。

根据我国《滑坡防治设计规范》（GB/T 38509—2020），要求地震荷载按式（14.45）、式（14.46）进行计算：

$$F_{hi} = a_w W_i a_i \tag{14.45}$$

$$F_{vi} = F_{hi} / 3 \tag{14.46}$$

式中：F_{hi} 为滑块 i 的水平向地震荷载；a_w 为综合水平地震系数，即 $a_w = a_h \xi / g$，a_h 为设计基本地震加速度，ξ 为折减系数，取 0.25，g 为重力加速度；W_i 为滑块 i 的重量；a_i 为滑块 i 的动态分布系数，一般取 $1 \sim 3$；F_{vi} 为滑块 i 的竖向地震荷载。综合水平地震系数按表 14.2 取值。

表 14.2　综合水平地震系数取值表

设计基本地震加速度	不考虑	0.1g	0.15g	0.2g	0.3g	0.4g
综合水平地震系数 a_w	0	0.025	0.037 5	0.05	0.075	0.10

不平衡推力法计算时，通过分析各滑块剩余下滑力，得到滑体中最不稳定滑块，该滑块的剩余下滑力最大，产生失稳的概率大。因此，在进行锚索抗滑桩设计时，桩锚应设置在最不利滑块内，以保证滑体的整体安全性。具体滑块分析如图 14.20 所示。

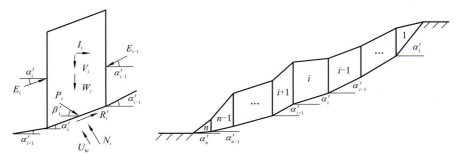

图 14.20　不平衡推力法示意图

N_i 为滑块 i 底面法向压力

$$F_s' = \frac{\sum_{i=1}^{n}\left(R_i'\prod_{j=i+1}^{n}\psi_j\right)+R_n'}{\sum_{i=1}^{n}\left(T_i\prod_{j=i+1}^{n}\psi_j\right)+T_n} \tag{14.47}$$

$$R_i' = [(W_i+V_i)\cos\alpha_i' - U_{hi} - I_i\sin\alpha_i' + P_i\sin(\alpha_i'+\beta_i')]\tan\varphi_i' + c_i'b_i\sec\alpha_i' \tag{14.48}$$

$$T_i = (W_i+V_i)\sin\alpha_i' + I_i\cos\alpha_i' - P_i\cos(\alpha_i'+\beta_i') \tag{14.49}$$

$$\psi_i = \cos(\alpha_{i-1}'-\alpha_i') - \sin(\alpha_{i-1}'-\alpha_i')\tan\varphi_i'/F_s' \tag{14.50}$$

$$E_i = T_i - R_i/F_s' + \psi_i E_{i-1} \tag{14.51}$$

式中：F_s' 为滑坡安全系数；R_i' 为滑块 i 抗滑力；ψ_i 为滑块 $i-1$ 对滑块 i 的传递系数；T_i 为滑块 i 下滑力；W_i 为滑块 i 重量；V_i 为滑块 i 垂直向地震惯性力；I_i 为滑块 i 水平向地震惯性力；U_{hi} 为滑块 i 底面的孔隙压力；P_i 为作用于滑块 i 的外力（不含坡外水压力）；α_i' 为滑块 i 底面与水平面的夹角；β_i' 为滑块 i 的外力 P_i 与水平线的夹角；c_i'、φ_i' 分别为滑块 i 底面的有效黏聚力和有效内摩擦角；b_i 为滑块 i 沿滑动面的长度；E_{i-1} 为滑块 $i-1$ 作用于滑块 i 的推力；E_i 为滑块 $i+1$ 对滑块 i 侧面的反作用力。

基于变形协调条件，桩锚结构内力计算时，方程中的 Δ_{iq} 和 X_2、α_2 会根据滑坡推力的大小变化。因此，在动荷载作用下，拟静力法得到的滑坡推力增大，Δ_{iq} 和 X_2、α_2 增大，导致桩锚结构内力增加。

根据滑坡推力分布形式，得到动荷载作用下滑坡推力作用分布，以及 q_1 和 q_2 的大小，进而得到 Δ_{iq} 的大小。将抗滑桩受荷段视为悬臂梁，则滑坡推力作用于抗滑桩桩身，引起桩锚连接点处的水平位移 Δ_{iq}，其可运用结构力学虚功原理求得

$$\Delta_{iq} = \frac{L^4}{120EI}[\mu_i^4(q_0\mu_i + 5q_1) - 5\mu_i(4q_1 + q_0) + 15q_1 + 4q_0] \qquad (14.52)$$

式中：$\mu_i = 1 - L_i/L$，L 为桩长；q_0 为滑坡推力作用在滑动面处和桩顶处桩身上的分量之差，即 $q_0 = q_2 - q_1$，q_2 为滑动面处推力，q_1 为桩顶处推力。

2. 桩锚体系内力及协同变形计算

锚索抗滑桩在工作过程中，受到锚索预应力和滑坡推力作用，会产生一定的偏移，同时，锚索因应力变化也将产生一定的变形。由于锚索稳定连接在桩身上，可以认为锚索的变形量 Δ_i 与连接点处桩身水平位移 f_i 存在一个等式的关系，即桩锚变形协调条件。桩锚结构经过两阶段相互作用，在连接点处完成变形协调，建立位移平衡方程式（14.28）。

从图 14.21 中可以看出，当桩锚结构达到稳定工作状态，完成变形协调后，滑坡推力作用阶段连接点的水平位移 f_i 由以下三部分组成。

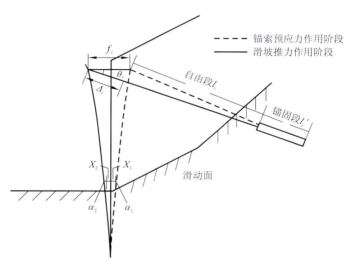

图 14.21　优化变形协调模型

一是滑动面处桩身的位移、转角引起的桩锚连接点的水平位移。通过两个阶段的分析可知，锚索预应力作用阶段滑动面处的位移和转角为 X_1、α_1，滑坡推力作用阶段滑动面处的位移和转角为 X_2、α_2。当锚索抗滑桩达到稳定工作状态时，桩身在滑动面处的转角和位移应为锚索预应力作用阶段与滑坡推力作用阶段滑动面处转角与位移之和。

二是滑坡推力作用阶段，抗滑桩受滑坡推力和桩前岩土抗力的作用，在桩锚连接点处产生的水平位移。不考虑锚索拉应力作用，滑坡推力对第 i 根锚索连接点处产生的水平位移为 Δ_{iq}。

三是滑坡推力作用阶段，锚索受其他锚索拉应力作用，在桩锚连接点处产生的水平位移。第 j 根锚索作用锚索拉力 R_j，在第 i 根锚索连接点处产生的水平位移为 Δ_{ij}。

因此，滑坡推力作用阶段桩锚连接点处产生的水平位移 f_i 可表示为

$$f_i = X_A + \alpha_A L_i + \Delta_{iq} - \sum_{j=1}^{n} \Delta_{ij} \tag{14.53}$$

$$X_A = X_1 + X_2, \qquad \alpha_A = \alpha_1 + \alpha_2 \tag{14.54}$$

$$\Delta_{ij} = \Delta R_j \delta_{ij} \cos\theta_j = (R_j - R_{j0})\delta_{ij}\cos\theta_j \tag{14.55}$$

式中：δ_{ij} 为锚索拉力 R_j 作用于桩上 i 点的水平位移系数；L_i 为第 i 根锚索连接点与滑动面的距离；Δ_{iq} 为滑坡推力作用下桩锚连接点 i 处桩身的水平位移；Δ_{ij} 为锚索拉力 R_j 作用于第 i 根锚索时在桩锚连接点处产生的水平位移；X_1 为锚索预应力作用阶段滑动面处桩的位移量；α_1 为锚索预应力作用阶段滑动面处桩的转角大小；X_2 为滑坡推力作用阶段滑动面处桩的位移量；α_2 为滑坡推力作用阶段滑动面处桩的转角大小；X_A 为稳定状态下滑动面处桩的位移量；α_A 为稳定状态下滑动面处桩的转角大小。

锚索是一种采用一定弯曲柔性的钢绞线通过预先钻孔以一定方式锚固在岩土体中进行加固的有效材料，主要由自由段与锚固段组成。锚固段大多通过注入混凝土将岩土体与钢筋黏结，以产生足够大的阻滑效果，而自由段为多股钢绞线拧成的整体。

由于锚索锚固段与自由段的材料组成并不相同，其弹性模量、截面积、初始长度差异较大。在计算锚索变形量时应分别计算锚固段与自由段变形。当锚索处于弹性变形阶段时，桩锚稳定状态下锚索变形量可表示为

$$\Delta_i = \frac{l_i(R_i - R_{i0})}{N_i' E_s A_s} + \frac{l_i'(R_i - R_{i0})}{E_s' A_s'} \tag{14.56}$$

$$E_s' = \frac{A_s E_s N_i' + (A_s' - A_s)E_c}{A_s'} \tag{14.57}$$

式中：R_{i0} 为第 i 根锚索的初始预应力；R_i 为第 i 根锚索的拉力；l_i 为锚索自由段长度；l_i' 为锚索锚固段长度；N_i' 为每孔锚索束数；E_s 为自由段锚索的弹性模量；E_s' 为锚固段锚固体组合弹性模量；A_s 为锚索的截面面积；A_s' 为锚固段锚固体组合横截面积；E_c 为注浆体弹性模量。

根据式（14.53）～式（14.57），可以将桩锚变形协调方程变为

$$\frac{l_i(R_i - R_{i0})}{N_i' E_s A_s} + \frac{l_i'(R_i - R_{i0})}{E_s' A_s'} = \left[(X_1 + X_2) + (\alpha_1 + \alpha_2)L_i + \Delta_{iq} - \sum_{\substack{j=1 \\ (j \neq i)}}^{n} \Delta_{ij} \right] \cos\theta_i \tag{14.58}$$

虽然该方程组的未知数是方程个数的 2 倍，但在实际工程中，锚索初始预应力大小 R_{i0} 是可以通过施工控制的已知值，则锚索拉力 R_i 可以通过式（14.58）求解得到。

然后，将锚索拉力作为已知值施加在桩锚连接点处，对抗滑桩桩身进行受力分析，得到桩身弯矩与剪力分布情况。基于以上结构内力分析，可分别进行锚索和抗滑桩结构设计。

根据计算简图（图 14.22），首先得到锚索预应力作用阶段滑动面处的位移和转角 X_1、α_1。在锚索预应力作用下，抗滑桩滑动面处的剪力 Q_1 和弯矩 M_1 分别为

$$Q_1 = \sum_{i=1}^{n} R_{i0} \cos\theta_i, \qquad M_1 = \sum_{i=1}^{n} R_{i0} L_i \cos\theta_i \tag{14.59}$$

式中：L_i 为第 i 根锚索连接点与滑动面的距离；θ_i 为第 i 根锚索与水平面的夹角。

采用地基系数 K 法，对抗滑桩嵌固段进行分析可得

$$X_1 = \frac{\phi_1}{\beta'^3 EI} Q_1 + \frac{\phi_2}{\beta'^2 EI} M_1, \qquad \alpha_1 = \frac{\phi_3}{\beta'^2 EI} Q_1 + \frac{\phi_4}{\beta' EI} M_1 \qquad （14.60）$$

式中：β' 为桩的变形系数。

X_2 与 α_2 的计算中，在滑坡推力作用阶段，考虑滑坡推力分布形式，依据悬臂桩法，通过每根锚索的拉力 R_i 与滑坡推力大小计算出滑动面处的剪力 Q_0 和弯矩 M_0，再根据嵌固段抗滑桩计算得到滑动面处的位移 X_2 和转角 α_2（图 14.23）。

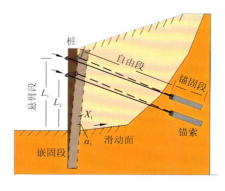

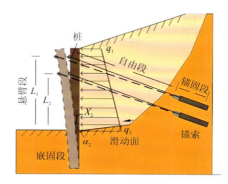

图 14.22　锚索预应力作用阶段计算模型　　　　图 14.23　滑坡推力作用阶段计算模型

（1）考虑锚索拉力与滑坡推力共同作用，计算出滑动面处剪力 Q_2 和弯矩 M_2：

$$Q_2 = Q_0 - \sum_{i=1}^{n} R_i \cos\theta_i, \qquad M_2 = M_0 - \sum_{i=1}^{n} R_{i0} L_i \cos\theta_i \qquad （14.61）$$

（2）已知滑动面处弯矩和剪力，根据桩底边界条件求得滑动面处位移与转角：

$$X_2 = \frac{\phi_1}{\beta'^3 EI} Q_2 + \frac{\phi_2}{\beta'^2 EI} M_2, \qquad \alpha_2 = -\frac{\phi_3}{\beta'^2 EI} Q_2 + \frac{\phi_4}{\beta' EI} M_2 \qquad （14.62）$$

14.5　本 章 小 结

本章从抗滑桩、锚固、桩锚结构三类防治手段着手，探讨了滑坡防治关键技术。

首先，详细介绍了基于演化过程的悬臂抗滑桩设计关键技术。围绕滑坡-抗滑桩体系设计关键技术，基于物理模型试验与理论推导等研究手段，提出了不同演化类型滑坡悬臂抗滑桩布设方法，建立了基于协同演化机理的抗滑桩桩间距和桩长优化方法，可对滑坡-抗滑桩体系在演化过程中的整体稳定性发展趋势做出初步判断，同时有针对性地为不同演化模式下的滑坡治理工程设计提供理论依据；以加固效果与建造成本为目标函数，运用非支配排序遗传算法 II 得到一系列等效最佳点构成帕累托面，选择帕累托面上的关节点作为多目标优化设计的最折中设计点。

然后，系统研究锚固方向角的三维优化设计理论，这一新方法充分考虑了楔形体边坡坡面与滑动面产状、摩擦系数和锚索设计参数，打破了传统设计中锚索方向与坡面走

向垂直的局限性，所建模型具有一定的先进性，有利于充分发挥锚索的锚固性能；基于双剪统一强度理论计算极限抗拔力、预应力锚杆锚固长度、最优锚固长度。

最后，介绍基于演化过程的桩锚结构设计关键技术。提出复合多层滑床条件下锚索抗滑桩计算分析模型，为复合多层岩体地区中锚索抗滑桩加固滑坡的工程设计提供一定的理论依据；运用拟静力法施加动荷载作用，进行桩锚结构设计，提出桩锚抗震设计方法。

综上所述，本章的研究不仅增强了对抗滑结构的理解，而且为防灾减灾策略的制订提供了科学依据。通过对不同演化过程的抗滑结构设计关键技术的研究，可以更有效地预测和防治滑坡灾害，确保滑坡工程的安全和稳定。

参 考 文 献

安彩龙，梁烨，王亮清，等，2020. 岩质边坡楔形体锚索加固方向角三维优化设计[J]. 岩土力学，41(8): 2765-2772.

李泽，周宇，薛龙，等，2016. 岩质边坡楔形体最优锚固角的计算方法研究[J]. 科学技术与工程，16(27): 122-125, 130.

覃仁辉，刘颖，李先光，2006. 关于预应力锚索单位长度锚固力确定最优方位角的探讨[J]. 矿产勘查，9(9): 47, 65.

谭福林，2018. 基于不同演化模式的滑坡–抗滑桩体系动态稳定性评价方法研究[D]. 武汉：中国地质大学(武汉).

谭文辉，任奋华，苗胜军，2007. 峰值强度与残余强度对边坡加固的影响研究[J]. 岩土力学，28(S1): 616-618.

唐仁华，陈昌富，2011. 基于统一强度理论的锚杆挡土墙可靠度分析[J]. 水文地质工程地质，38(4): 69-73.

田斌，戴会超，王世梅，2004. 滑带土结构强度特征及其强度参数取值研究[J]. 岩石力学与工程学报，23(17): 2887-2892.

熊文林，何则干，陈胜宏，2005. 边坡加固中预应力锚索方向角的优化设计[J]. 岩石力学与工程学报，24(13): 2260-2265.

俞茂宏，1994. 岩土类材料的统一强度理论及其应用[J]. 岩土工程学报，16(2): 1-10.

俞茂宏，杨松岩，刘春阳，等，1997. 统一平面应变滑移线场理论[J]. 土木工程学报，30(2): 14-26.

张芳枝，陈晓平，吴煌峰，等，2003. 东深供水工程风化泥质软岩残余强度特性研究[J]. 工程地质学报，11(1): 54-57.

TANG H M, GONG W P, WANG L Q, et al., 2019. Multiobjective optimization-based design of stabilizing piles in earth slopes[J]. International journal for numerical and analytical methods in geomechanics, 43(7): 1516-1536.

YAO W M, LI C D, ZUO Q J, et al., 2019. Spatiotemporal deformation characteristics and triggering factors of Baijiabao landslide in Three Gorges Reservoir region, China[J]. Geomorphology, 343: 34-47.

第五篇

滑坡研究与示范平台

　　滑坡大型野外综合试验场是开展重大滑坡演化过程研究的重要平台。本篇介绍黄土坡滑坡大型野外综合试验场建设思路及试验场架构体系，重点介绍滑带土大型原位三轴蠕变试验和大型原位直剪试验研究成果。基于试验场立体综合观测数据分析典型水库滑坡的演化特征与力学机制。

第15章 水库滑坡大型野外综合试验场

15.1 概　　述

滑坡孕育发展是一个复杂的地质物理力学过程，受控于地质结构、物质组成和驱动诱发因素，其演化过程具有阶段性、非线性和模式多样性，多重时空效应显著。有效监测滑坡演化与物理力学过程，原位获取滑坡演化过程关键特征参量，是实现滑坡预测预报与有效防治的基础保障。国内外十分重视运用大型野外综合试验场开展科学研究，如瑞士泰利山下岩石实验室（Mont Terri Underground Rock Laboratory），中国科学院、水利部成都山地灾害与环境研究所建立的东川泥石流观测研究站等。2012年，中国地质大学（武汉）建成了世界上首个以大型隧洞群为主体，集原位观测和试验于一体的水库滑坡大型野外综合试验场，配套有先进完善的地质灾害监测系统与原位试验设备，成为滑坡地质灾害的重要研究基地（Juang，2021）。建设水库滑坡大型野外综合试验场是滑坡演化过程研究的重要部署，其承担着全面、持续获取滑坡多场动态参量，探明滑坡复杂原位结构，开展滑坡现场试验研究等重要功能，从而为揭示滑坡演化规律，实现滑坡精准预测预报与有效防治等提供理论、技术和数据支持。

15.2　试验场建设思路

我国是世界上拥有水库大坝最多的国家。以三峡水利枢纽工程为代表的高坝大库主要集中在高海拔、高地震烈度、地质条件极为复杂的西部地区，水库地质灾害特别发育。水库地质灾害的长期科学观测与研究对于我国重大水利工程的安全运行至关重要。三峡库区共发现较大规模的地质灾害体4 855处，其中体积大于100 m³的1 380余处。水库运行条件下地质环境演化及地质灾害预测预报与防控实践，是国际地质灾害研究的热点与难点，同时也是国家重大发展战略的迫切需求。

针对上述国际前沿科学问题，以滑坡演化控制论为指导，选取三峡库区正在变形的巨型水库滑坡——黄土坡滑坡为研究案例，建设滑坡大型野外综合试验场（图15.1）。试验场由试验隧洞群与一系列观测、试验系统构成，可开展"天空地深"一体化长期观测与现场原位科学试验等，有效服务水库滑坡地质灾害形成演化机理、滑坡预测预报、滑坡防治与地质灾害大数据理论等研究。通过库区地球物理背景和地质环境演变长期观测，研究典型水库滑坡多场演化过程，揭示水库运行条件下滑坡地质灾害演化机理，为基于演化过程的滑坡防治和预测提供科学依据。水库滑坡大型野外综合试验场的建设与发展，将在滑坡地质灾害演化机理研究与防控技术体系研究方面发挥示范引领作用，为我国大型水库的运行及国家减灾防灾决策提供重要的理论与技术支撑。同时，试验场将在国际合作交流、科技资源共享、科普教育、人才培养等方面发挥作用，是滑坡灾害研究"产学研用"一体化的国际化研究平台。

图 15.1　巴东大型野外综合试验场

15.3　黄土坡滑坡地质背景

15.3.1　黄土坡滑坡概况

1. 自然地理

黄土坡滑坡位于长江右岸、巴东新城区（图 15.2）。巴东新城区在地形地貌上位于长江三峡中段西陵峡与巫峡之间的过渡地带，属构造侵蚀中低山峡谷地貌，山顶高程 700～1 230 m，相对高差 600～800 m。长江在此段顺轴向近东西的官渡口向斜核部偏南发育，流向自 NE80°转 SE50°，河谷横断面呈敞口较宽的 V 字形，江面宽 300～600 m。巴东处于长江中下游地区，地属亚热带季风气候，全年四季分明，少风，年平均风速不超过 3.4 m/s，东风和西南风发生频率较高。区内日照、温度和水分在垂直方向差异显著，山地型小气候特征表现突出，区域年平均降雨量约 1 600 mm，集中在每年的 4～9 月（鲁莎，2017）。

2. 黄土坡滑坡地质条件

1）地形地貌

黄土坡滑坡总体呈近东西向展布且南高北低的顺向斜坡。其历史上发生过多期次滑坡及变形活动，形成多级缓坡平台。坡面走向与岩层走向基本一致，局部有变化。坡面

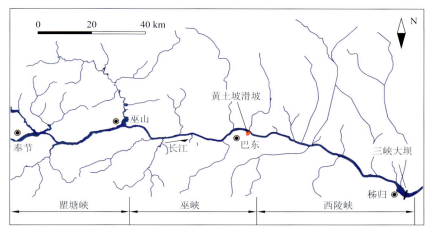

图 15.2　黄土坡滑坡地理位置图

形态呈上陡中缓下陡特征，上部坡度为 $25°\sim35°$，中部和临江坡度分别为 $15°\sim20°$ 及 $30°\sim35°$。黄土坡滑坡区冲沟发育，有呈南北向展布的三道大规模冲沟，命名为二道沟、三道沟和四道沟，其分别位于滑坡区域的东部、中部和西部，是黄土坡滑坡边界划分的重要依据。

2）地层岩性

滑坡区地层岩性出露主要为中三叠统巴东组（T_2b）基岩和第四系松散堆积层。中三叠统巴东组（T_2b）基岩总体厚度约为 1 245 m，第四系松散堆积层在滑坡体上广泛分布，主要有滑坡堆积、残坡积和崩滑堆积三种成因类型，具体情形如下。

（1）基岩。

三叠系巴东组共分五段，黄土坡滑坡区主要出露巴东组第二段和巴东组第三段。其中，巴东组第二段（T_2b^2）岩石力学强度一般不高，遇水易软化、泥化，属于三峡地区典型易滑地层，主要分布在高程 $430\sim460$ m 的滑坡区；巴东组第三段（T_2b^3）的物质组成、岩性和结构等在上段和下段表现形式各异，将其划分为 T_2b^{3-1}、T_2b^{3-2} 两个亚段。上亚段 T_2b^{3-2} 与下亚段 T_2b^{3-1} 相比，岩性较为软弱且力学强度较低。具体出露岩体特征见表 15.1。

（2）第四系松散堆积层。

滑坡区第四系松散堆积层根据成因不同可分为六种类型。崩滑堆积层（$Q^{col+del}$）结构松散，岩性为碎块石土。残坡积堆积层（Q^{el+dl}）厚 $5\sim9$ m，碎石成分以灰岩、泥质灰岩和灰质白云岩为主。滑坡堆积层（Q^{del}）主要分布于四道沟两侧的滑坡，一般规模较小，滑体厚 $5\sim30$ m，以碎（块）石土为主，偶见少量具原岩层状结构的块裂岩。泥石流堆积层（Q^{set}）由碎（块）石土或粉质黏性土夹碎块石组成，成分较复杂，以灰岩、泥质灰岩为主，块径大小混杂，结构松散，厚 $0.5\sim3$ m。冲洪积层（Q^{al+pl}）和人工堆积层（Q^{ml}）厚度和物质成分变化较大，主要为碎块石土。

表 15.1 黄土坡滑坡及其附近出露基岩详细特征一览

系	统	组	段	岩性	分段厚度/m
三叠系	中统	巴东组 (T₂b)	第五段 (T₂b⁵)	浅灰色微晶灰岩，浅灰色白云质粉砂岩	21.52
			第四段 (T₂b⁴)	紫色灰质粉砂岩夹细砂岩、泥岩，紫色灰质泥岩夹粉砂岩、细砂岩，紫红色灰质粉砂岩夹泥岩、粉砂岩	354.50
			第三段 上亚段 (T₂b³⁻²)	浅灰绿—蓝灰色厚层泥岩，黄绿色、浅灰色、蓝灰色、黄灰色、绿灰色中厚层泥灰岩	153.00
			第三段 下亚段 (T₂b³⁻¹)	棕黄色、灰黄色、浅灰色白云岩，蓝灰色、深灰色中厚层—厚层灰岩	229.30
			第二段 (T₂b²)	紫红色泥岩夹粉砂岩、紫红色含灰质结核粉砂岩、泥岩互层	418.87
			第一段 (T₂b¹)	灰绿色、黄绿色、灰色灰质泥岩夹泥晶灰岩、白云岩、灰绿色石英砂岩	79.66

3）地质构造

巴东地区基本构造在印支期形成，发展至燕山期得到定型，接着进一步在喜马拉雅期进行改造与加强，以上构造运动造成黄土坡滑坡区褶皱、断层等发育。主要地质构造见图 15.3。

（1）褶皱。

巴东位于上扬子台褶带八面山弧形褶皱带的东北段，属于扬子准地台次级构造单元，其北部、西部和东部依次为大巴山台褶带、四川拗陷和江汉拗陷。八面山弧形褶皱带由系列褶皱组成，其构造线在南部为 NNE 走向，向北延伸逐渐转为 EW 走向。其中，官渡口向斜是其北端的一个次级线性褶皱，该向斜轴总体走向近 EW，因河流弯曲该向斜核部跨越长江两岸。官渡口向斜主体褶皱为两翼对称、轴面近垂直的复式向斜。

（2）断层。

黄土坡滑坡及其邻近地区的断裂构造可分为北东向、北西向、近东西向和近南北向断裂组，见地质构造图图 15.3。

4）水文地质

根据水介质特征、水动力及补径排特征，黄土坡滑坡及其邻近地区的地下水划分为碳酸盐岩岩溶水、碳酸盐岩夹碎屑岩裂隙岩溶水、碎屑岩裂隙水和松散堆积层孔隙水。碳酸盐岩岩溶水赋存于三叠系嘉陵江组碳酸盐岩类中，主要集中在测区南部及其周边地区；碳酸盐岩夹碎屑岩裂隙岩溶水赋存于三叠系巴东组 T_2b^1 和 T_2b^3 的泥质灰岩、泥灰岩、

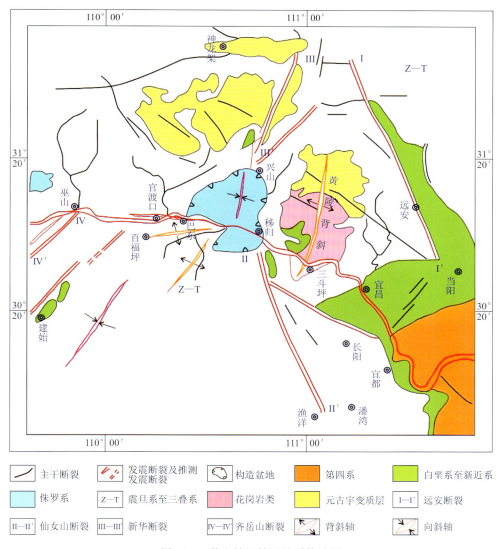

图 15.3　黄土坡滑坡区地质构造图

灰岩夹泥岩、泥质粉砂岩中。地下水主要在裂隙和溶蚀裂隙中流动，其富水性弱，动态变化大；碎屑岩裂隙水赋存于三叠系巴东组 T_2b^2 泥岩、粉细砂岩，含裂隙潜水，其富水性弱，动态变化大；松散堆积层孔隙水赋存于各类松散堆积体中，不同土体的含水透水性差异较大。

　　受滑坡区大气降雨补给和库水位升降的综合影响，在滑坡前缘，地下水主要受库水位升降影响，而在坡体中后部，大气降雨补给起主导作用。地下水水质类型主要为重碳酸硫酸钙型水（HCO_3-SO_4-Ca）、重碳酸钙型水（HCO_3-Ca），pH 为 7.05～7.59，为弱碱—中性水。

3. 黄土坡滑坡基本特征

1）黄土坡滑坡的形态特征

黄土坡滑坡空间上由四个次级滑坡组成，分别为临江 1 号滑坡、临江 2 号滑坡、变电站滑坡和园艺场滑坡，其体积方量达 $6.934×10^7 \mathrm{m}^3$。临江 1 号滑坡和临江 2 号滑坡的前缘位于 175 m 水位以下，以三道沟为界，两者滑坡方量分别为 $2.256×10^7 \mathrm{m}^3$ 和 $1.992×10^7 \mathrm{m}^3$，是黄土坡滑坡形成的主体，占滑坡总方量的 61%；变电站滑坡位于临江 1 号滑坡和临江 2 号滑坡后部，其前缘高程集中在 160～210 m，后缘高程在 600 m 左右，滑坡方量约为 $1.334×10^7 \mathrm{m}^3$；园艺场滑坡前缘北东侧覆盖于变电站滑坡前部而北西侧位于临江 1 号滑坡上，前缘高程集中在 220～240 m，后缘高程约为 520 m，滑坡方量约为 $1.353×10^7 \mathrm{m}^3$。黄土坡滑坡四个次级滑坡的分布形态见黄土坡滑坡工程地质平面图（图 15.4）。

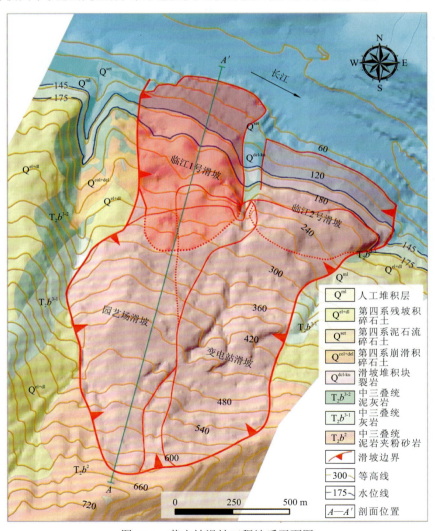

图 15.4　黄土坡滑坡工程地质平面图

2）黄土坡滑坡的物质组成

黄土坡滑坡的四个子滑坡中，临江 1 号滑坡（临江 1 号崩滑体）、临江 2 号滑坡（临江 2 号崩滑体）的物质成分主要为块石土（滑帅，2015），碎石夹（含）黏性土次之，还有少量呈透镜体状分布的碎石土，三类土的体积比约为 6∶3∶1。变电站滑坡由于滑坡中部"基岩硬坎"的存在，滑面在高程 380 m 一带凸起，将滑坡分为上、下两部分。上部物质以 T_2b^2 紫红色泥岩、粉砂质碎裂岩为主，含少量角砾及碎石土，土石比为 4∶1～9∶1，厚度一般为 1.5～2.7 m；下部为滑体越过"基岩硬坎"后的松散堆积物，其厚度较上部滑体增大，但挤压揉搓痕迹发育特征较上部偏弱。滑床呈波状起伏特征，滑坡前缘主要为滑动后堆积的块碎石土，超覆于临江 2 号滑坡之上。

园艺场滑坡与变电站滑坡具有相同的地质成因，同为顺层的岩质滑坡。滑带位于巴东组第二段紫红色泥岩、泥质粉砂岩中，滑体物质主要来源于巴东组第二段紫红色泥岩、泥质粉砂岩和巴东组第三段灰岩、白云质灰岩两部分。滑面层发育于 T_2b^2 紫红色泥岩、泥质粉砂岩当中，因 T_2b^{3-1} 灰岩层与下伏的 T_2b^2 紫红色岩系呈整合接触关系，且尚未剥蚀殆尽，故在滑坡作用下 T_2b^{3-1} 残留灰岩与下伏的紫红色岩系一同下滑。因此，园艺场滑坡滑体物质的来源包括 T_2b^2 紫红色泥岩、泥质粉砂岩和 T_2b^{3-1} 灰岩、白云质灰岩、白云岩两部分。滑体前部物质成分以 T_2b^{3-1} 的散裂岩为主，后部以 T_2b^2 的块裂岩为主，而中部为两者的混杂堆积区，浅层主要为 T_2b^{3-1} 的层状块裂岩及散裂岩，深层部分主要为 T_2b^2 的块裂岩。

3）隧洞群揭露滑带特征

在临江 1 号滑坡内部的野外试验隧洞开挖过程中发现，在滑坡内部普遍发育有剪切错动带和软弱夹层。分析统计隧洞群开挖编录资料发现，揭露典型滑带 7 处，其中主洞 3 处，3 号支洞 2 处，4 号支洞 1 处，5 号支洞 1 处。

（1）主洞揭露。

主洞进洞口位置 K0+026 m 处揭露滑带，滑带表面可见光滑磨光面，可见明显的镜面和擦痕（图 15.5）。滑带土的物质成分主要为浅灰色和灰黄色碎石土，软塑状，有揉皱现象。

图 15.5　K0+026 m 处揭露滑带

在主洞位置 K0+693～K0+721 m 处掌子面揭露典型滑带结构（图 15.6）。掌子面中部出露滑带，宽度约为 1.1 m，成分为棕黄—浅黄色黏土夹少量碎石，走向为 70°～80°，滑带与下部岩层绝缘接触，呈硬塑状，其内碎石磨圆较好，碎石大小为 1 cm×2 cm～2 cm×4 cm，多呈次圆状（图 15.7），不透水。

图 15.6　K0+697.4 m 处掌子面揭露的滑带与滑体基岩接触

（a）掌子面中部滑带　　　　　　　　　　（b）滑带土内碎石磨圆特写

图 15.7　K0+694.4 m 处掌子面揭露的滑带物质和结构特征

在 K0+657～K0+694 m 处掌子面揭露滑体、滑床和滑带（图 15.8）。滑带为黄色、浅灰色黏土夹少量碎石，碎石磨圆较好，在滑带局部可见擦痕镜面现象，总体厚度为 50～100 cm（图 15.9～图 15.11）。滑带与下伏基岩接触界面明显清晰，基本顺下伏基岩层面发育（图 15.12）。

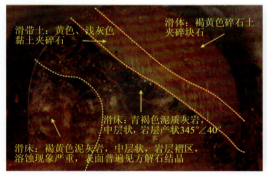 

图 15.8　K0+680.7 m 处掌子面　　　　　　图 15.9　K0+683.4 m 处掌子面滑带土

图 15.10　K0＋683.4 m 处接触面滑动擦痕

图 15.11　K0＋680.7 m 处掌子面滑带土
（黄色碎石黏土，碎石颗粒为次圆状）

　　主洞揭露的主滑带长约 70 m，在隧洞掌子面左下方首先出现滑带，随着隧洞里程的推进，滑带逐渐向掌子面右上角发展直到最后消失（图 15.13）。滑带基本顺下伏基岩层面发育，总体向北倾，中等倾角。滑带消失于 K0＋653.5 m 处掌子面顶部右侧。滑带在隧洞左右侧壁的出露延伸情况如图 15.14、图 15.15 所示。

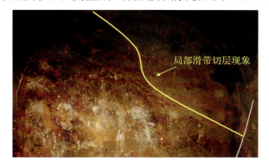

图 15.12　K0＋667 m 处掌子面

图 15.13　K0＋655.1 m 处掌子面

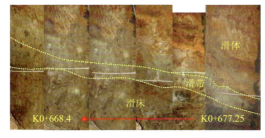

（a）K0＋668.4~K0＋677.25 m处右侧壁

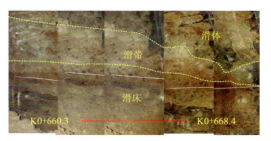

（b）K0＋660.3~K0＋668.4 m处右侧壁

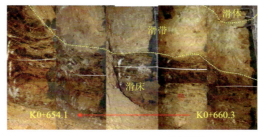

（c）K0＋654.1~K0＋660.3 m处右侧壁

图 15.14　K0＋654.1～K0＋677.25 m 处右侧壁滑带延伸情况

（a）K0+704.2~K0+712.4 m处左侧壁

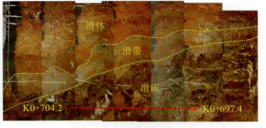
（b）K0+697.4~K0+704.2 m处左侧壁

（c）K0+688.9~K0+697.4 m处左侧壁

图 15.15　K0+688.9~K0+712.4 m 处左侧壁滑带

（2）3 号支洞揭露。

在 K3+0~K3+5.3 m 处揭露一处滑带，厚度为 15~20 cm，类型为泥夹碎石，为巴东组第三段青灰色泥灰岩。在 K3+20.4~K3+25.1 m 处存在一处滑带，自 K3+23.7 m 于洞顶出露，至 K3+25.1 m 处出露比较明显，K3+25.1~K3+33 m 滑带逐渐从掌子面消失，逐渐转移至洞底。

（3）4 号支洞揭露。

该支洞开挖深度为 5.6 m，主要揭露了薄—中层黄褐色的泥灰岩，局部见中厚层灰绿色的泥灰岩，岩体风化程度较高，整体较为破碎。揭露的滑带上下部与岩石接触处见明显擦痕，滑带内部也有连续剪切面，由此可以判断该滑带经历了多次剪切作用。图 15.16 显示，所揭露滑带组分为细粒夹碎石，滑带底部的剪切擦痕及滑带内部有次生剪切面。滑带厚度在空间上呈厚薄不均的变化，下部薄层岩石局部见揉曲现象。

图 15.16　4 号支洞滑带揭露

（4）5 号支洞揭露。

5 号支洞 K5＋14.5～K5＋20.4 m 处掌子面中部揭露浅紫色滑带，厚度约为 40 cm（图 15.17）。

图 15.17　K5＋16.6 m 处掌子面揭露的滑带

临江 2 号滑坡上布设有平硐 TP4，在硐深 196～210 m 段揭露滑带，厚度为 0.30～0.50 m，主要由红棕色夹灰绿色碎石土组成，滑带上下侧揭露的岩性不一致，上侧碎石粒径在 3～5 cm，角砾粒径在 2～10 mm，含有 50%的碎石及角砾，岩性为中风化泥质灰岩和泥质白云岩；下侧碎石及角砾占 30%，粒径为 2～10 cm，岩性为泥质灰岩和泥灰岩，在下伏基岩界面可见滑动擦痕。平硐 TP4 滑带与滑床基岩见图 15.18。

图 15.18　平硐 TP4 滑带与滑床基岩

15.3.2　黄土坡滑坡三维地质结构

本节基于黄土坡滑坡钻探、隧洞群、平硐与长期监测等资料，分析其滑体和滑带的空间展布特征，建立滑坡的三维地质结构模型（Wang et al.，2018），为典型水库滑坡演化与防控研究提供地质基础。

1. 数据获取

1）滑坡勘察资料

滑坡勘察资料主要包含工程地质平面图、剖面图和钻孔数据等，提供了滑坡的平面几何形态、地层岩性、地质结构等重要信息，可用于确定滑坡体的形态、规模、边界条件，以及各岩层、构造面的产状和分布，为构建三维地质结构模型提供关键参数和依据。勘察资料显示，研究区主要地质构造为官渡口向斜，沿长江两岸基岩普遍倾向河谷，而巴东组中包含多个软弱夹层，这些特殊的岩性和结构组合是导致众多水库滑坡发生的重要因素。黄土坡滑坡的四个次级滑坡中，临江 1 号滑坡和临江 2 号滑坡最先发生滑动，变电站滑坡和园艺场滑坡发生在临江滑坡之后。图 15.19 为黄土坡滑坡典型剖面图（A—A'），可知滑坡主体覆盖巴东组第三段（T_2b^3）灰岩和泥灰岩，后缘覆盖巴东组第二段（T_2b^2）泥质粉砂岩，滑床中存在多个软弱泥质夹层，在层面上可以清晰地观察到光滑的剪切面（Tang et al.，2015）。

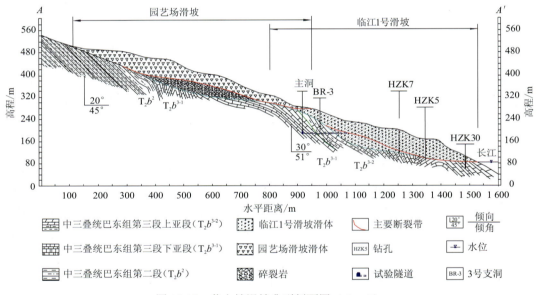

图 15.19　黄土坡滑坡典型剖面图（A—A'）

2003～2010 年，临江 1 号滑坡有效布设监测钻孔 BDZK5、HZK5 和 HZ6，分别位于坡体的前缘（BDZK5）和中部（HZK5、HZ6），如图 15.20 所示。监测数据显示，BDZK5 揭露的滑带在 63.5～64.5 m 深度范围内，2004 年 9 月～2007 年 1 月累计位移量约为 54.3 mm。HZK5 监测的滑带埋深为 76～77 m，2006 年 5 月～2009 年 6 月的累计位移量为 32.2 mm。HZ6 监测的滑带位于 44.0～46.0 m 深度范围，2003 年 3 月～2010 年 9 月累计位移量达到 78.9 mm。其中，HZ6 的最大变形方向为 NE45°，BDZK5、HZK5 的最大变形方向约为 NE20°，均指向滑坡主滑方向。

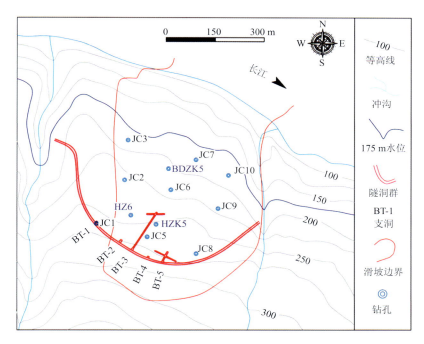

图 15.20　隧洞群和钻孔的平面位置

为进一步探明滑坡结构，于 2013 年在临江 1 号滑坡布设了新一批钻孔，如图 15.20 中以 JC 编号的监测点。钻孔深度为 76.8～127.1 m，分布在坡体的中后部（图 15.20）。2014～2016 年，使用钻孔测斜仪连续监测了 JC2、JC3、JC7、JC8、JC9 的深部变形。

图 15.21 显示了 JC2、JC3、JC7、JC8、JC9 揭露的滑面、基岩面位置及岩心照片。可见，不同位置处的滑带厚度不均，其成分为灰绿色或棕黄色粉质黏土夹砾石，其中黏土（颗粒粒径 $d \leqslant 0.002$ mm）、粉砂（0.002 mm $< d \leqslant 0.075$ mm）、砂（0.075 mm $< d \leqslant 2$ mm）和砾石（$d > 2$ mm）颗粒的占比分别为 15%～25%、20%～30%、15%～25%、30%～40%。进一步通过 X 射线衍射分析发现，滑带土中的黏土矿物主要为伊利石（约占 60%）、蒙脱石和绿泥石。通过将岩心照片与测斜数据对比发现，次级活动剪切面通常高于基岩面，即新的局部滑动发生在主滑带的上部。

2）隧洞群勘察与监测资料

隧洞群施工过程中，共揭露 12 个夹层滑动区，图 15.22 展示了隧洞挖掘过程中于 K0+556.8 m 处掌子面揭露的基岩，此处岩层倾向为 NE20°，倾角为 18°，软弱岩层厚约 50 cm，为灰黄色棱角状至次棱角状角砾岩。

BT-3 约从主洞的中部开始分支，共揭露了 5 个软弱层和 1 个破裂带。5 个软弱层均位于基岩内，与破裂带的产状几乎相同。破裂带附近的基岩节理十分密集（图 15.23），使得 BT-3 末端的破裂带成为最薄弱的区域。

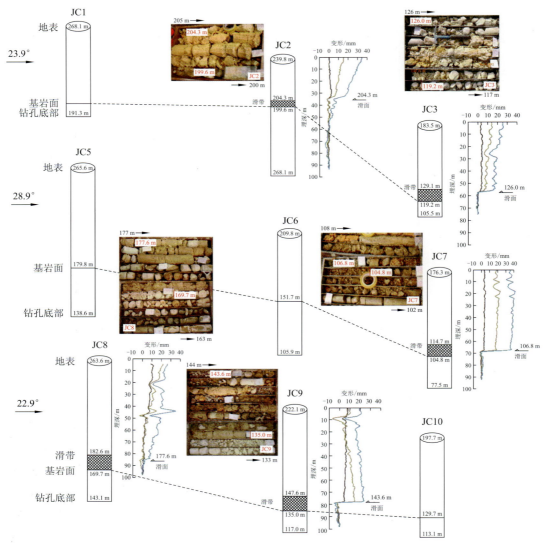

图 15.21　临江 1 号滑坡勘察与测斜信息

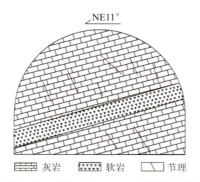

图 15.22　K0+556.8 m 处掌子面草图

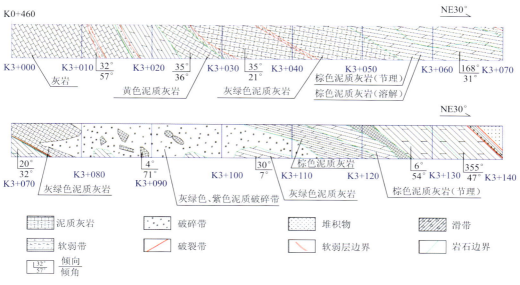

图 15.23　BT-3 右侧示意图

2. 地质体建模

根据滑坡、隧洞群等的勘察资料，绘制了黄土坡滑坡三维地质结构模型［图 15.24（a）］。U-Th 测年结果显示 BT-3 和 BT-5 揭露的滑带样本中方解石的年龄分别为 40 ka 和 100 ka，表明 BT-3 和 BT-5 揭露的滑带非同一条，因此，进一步结合测年数据与深部位移监测数据构建了滑动面模型［图 15.24（b）］，即临江 1 号滑坡可以分为两个次级滑坡，分别命名为临江 1-1 号滑坡和临江 1-2 号滑坡。

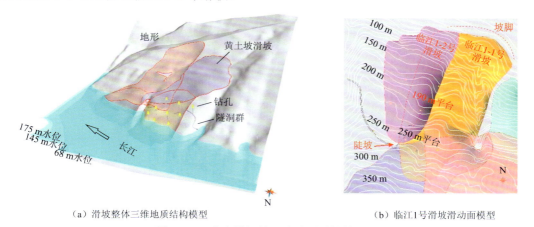

（a）滑坡整体三维地质结构模型　　　　　　　　（b）临江1号滑坡滑动面模型

图 15.24　黄土坡滑坡三维地质结构模型

根据临江 1 号滑坡滑动面模型，临江 1-1 号滑坡的平面面积、体积和最大深度分别为 6.65×10^5 m^2、1.29×10^7 m^3 和 90.25 m；而临江 1-2 号滑坡的平面面积、体积和最大深度分别为 3.42×10^5 m^2、5.06×10^6 m^3 和 65.18 m。临江 1-1 号滑坡大约于 10 ka 前发生滑动，而大约 6 ka 后，其西部边界再次发生滑动，形成了较浅的临江 1-2 号滑坡。

15.4　黄土坡滑坡大型野外综合试验场架构

　　黄土坡滑坡大型野外综合试验场以临江1号滑坡隧洞群为主体，辅以一系列多场监测系统，构建了一个集滑坡"天空地深"立体化监测体系与深部原位试验于一体的综合平台，如图15.25所示。隧洞群主要用于原位揭露滑体、滑带和基岩结构，并提供独特的原位试验和监测场地条件。监测系统采用了多场、多传感器的配置，涵盖了天基多尺度遥感数据、空基无人机监测数据，以及地质背景、地表变形、深部变形、应力、气象水文、水质、库水位等地基监测数据，从而实现了对滑坡多场时空关联的全方位监测（Juang，2021），

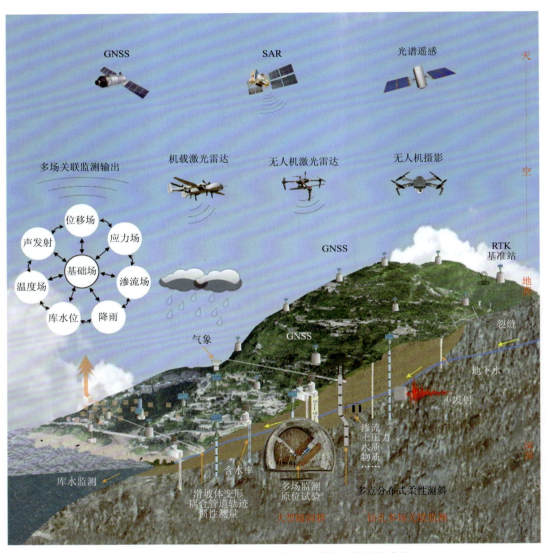

图 15.25　三峡库区黄土坡滑坡大型野外综合试验场

主要监测对象及手段见表 15.2。进一步地，通过高效、直观的地质灾害实时监测数据管理系统进行科学规范高效管理，可以为三峡库区地质灾害基础研究、灾害防治、预测预警、应急抢险、风险管控等提供全面系统的数据支撑和优质服务。

表 15.2 大型野外综合试验场主要监测对象及手段

监测类别		监测设备	功能与目的
变形场	a.地表变形监测	a-1 北斗卫星导航系统； a-2 干涉雷达； a-3 无人机	a-1 提供精确的定位数据，用于监测滑坡区域内地表关键点的水平和垂直位移； a-2 通过分析雷达波的干涉模式，可以监测滑坡区域的大范围地表变形； a-3 获取滑坡区域的高分辨率图像和数据用于分析滑坡的宏观变形
	b.地下变形监测	b-1 钻孔测斜仪； b-2 TDR； b-3 流体静压水准仪； b-4 分布式光纤； b-5 裂缝探测仪； b-6 电缆位移计； b-7 三维激光扫描仪； b-8 静力水准仪； b-9 收敛计； b-10 惯性测量吸引管道轨迹仪	b-1 用于测量地下不同深度的倾斜变化，从而监测滑坡体的深层变形； b-2 利用电磁波在介质中的传播特性，可以监测滑坡体中的水分变化或深部位移； b-3 监测滑坡体中隧洞或其他结构的沉降； b-4 连续监测滑坡区域内的微小位移和应变变化； b-5 监测滑坡区域中裂缝的宽度和变化，对评估滑坡活动性很重要； b-6 用于测量滑坡滑动区域的位移，通常安装在预计会发生位移的裂缝或滑动面上； b-7 快速获取和分析隧洞的精确三维数据，以监测变形、评估结构稳定性； b-8 监测隧洞沉降量； b-9 测定洞室原型断面围岩的位移量，以了解围岩和衬砌的变化形态； b-10 采用惯性测量技术，分时测量滑坡变形耦合管道的轨迹，获取不同时段的轨迹差（即滑坡体沿管道方向的位移分布），惯性测量不受测线布设方向限制
应力场	c.土压力监测	c-1 土压力表； c-2 应力测量仪	c-1 实时测量滑坡体或支护结构所受的土压力变化； c-2 实时监测滑坡岩土体内部的应力状态
环境	d.水文监测	d-1 雨量站； d-2 水库水位计； d-3 地下水位计； d-4 巴歇尔槽流量计； d-5 土壤湿度传感器； d-6 水化学传感器； d-7 地下水位监测站	d-1 监测特定区域的降雨量，降雨是诱发滑坡的重要因素之一； d-2 监测水库的水位变化，水库水位的升降对周边滑坡稳定性有显著影响； d-3 监测地下水位的变化； d-4 在滑坡监测中，通常用来测量通过隧洞或排水系统的水流流量，帮助评估水文状况； d-5 监测滑坡区域内土壤的湿度，土壤含水量的变化对滑坡稳定性有直接影响； d-6 分析地下水或土壤水的化学成分，提供滑坡区域水文地质条件信息； d-7 采用一体化设计，可监测水位变化和水温数据，设备完全不受潮湿或外部电流影响，可以实现对可监测区域地下水位数据的定时上报

续表

监测类别		监测设备	功能与目的
环境	e.气象	e-1 全自动气象观测站	e-1 可精确实时采集风速、风向、温度、湿度、大气压力、降雨量的变化，使用卫星等通信方式进行数据传输，可本地或远程读取监测站存储的数据，支持远程管理命令下发等功能
	f.地球物理监测	f-1 宽频地震仪；f-2 绝对重力观测仪	f-1 记录滑坡区域的地震活动或微震动；f-2 监测滑坡大尺度区域的质量变化，对评估滑坡稳定性具有参考价值
结构场	g.地形、地貌监测	g-1 三维激光扫描仪	g-1 提供精确的地形数据，识别滑坡特征
	h.土体吸力与含水量监测	h-1 土壤水分传感器	h-1 实时监测滑坡岩土体含水量和孔隙水压力

15.4.1　空间展布

　　黄土坡滑坡大型野外综合试验场由滑坡"天空地深"立体化监测体系与深部隧洞群构成。其中，隧洞群由 1 条主洞与 5 条支洞组成。主洞长 908 m，拱形截面尺寸为 5 m×3.5 m（高度×半径），主要分布在滑带以下的基岩中。5 条支洞（BT-1～BT-5）分别在 K0+320m、K0+420 m、K0+460 m、K0+520 m 和 K0+570 m 的位置与主洞相交。BT-1 和 BT-4 长 5 m，待进一步开挖。BT-2 长 10 m，用于开展地球物理观测。BT-3 和 BT-5 的长度分别为 145 m 和 40 m，方位角分别为 33°和 26°，均指向滑坡的主滑方向，两条支洞均揭露滑带，可用于现场采样，开展原位试验与监测。在黄土坡滑坡地表和地下则布设了立体多场、多灾种监测系统，实现了无人机、地表变形、深部变形、应力、气象水文、水质、库水位、地球物理等多种类型数据的长序列观测。

15.4.2　滑坡立体监测体系

　　针对滑坡尺度，构建了一个滑坡多场指标立体监测系统，涵盖天、空、地表和深部四部分，连续、全面获取滑坡多场参量动态变化数据（图 15.25）。在黄土坡滑坡地表及深部安装了 GPS、北斗卫星导航系统、管道变形耦合仪（自研）、关联监测与柔性测斜系统（自研）、渗压计（自研）、水位计等，以实时监测地表变形、地下变形、地下水位和渗流场等多场关键动态参数。此外，引入地基干涉雷达、无人机监测设备，用于获取黄土坡滑坡地表宏观变形的详细数据。这些新技术的结合使用，不仅提高了监测数据的种类和精度，也增强了数据的可靠性和全面性。

15.4.3　隧洞群原位观测体系与试验平台

　　试验场隧洞群清晰揭示了临江 1 号滑坡的深部结构，并对滑坡岩土体力学特性、水文条件及深部变形等进行了有效监测。隧洞群内部安装了多套测斜仪、静力水准仪、裂缝计、声发射仪，能够实时、精准地监测滑带的变形情况，包括倾斜角度、位移变化及裂缝扩展等关键参数。这些监测数据全面把握了滑坡体内部的变形状态，为滑坡稳定性分析和预警提供了可靠依据。隧洞内还布置了巴歇尔槽流量计、土壤湿度传感器和水化学传感器等设备，用于记录水位、流量、土壤湿度及水化学参数的变化，为深入了解滑坡体水文条件及其对稳定性的影响提供了支持。

　　支洞的设置为开展原位力学试验提供了便利条件。其中，BT-2 主要用于地球物理监测，内部安装了 gPhone 绝对重力观测仪和宽频地震仪，能够实时监测黄土坡滑坡区微重力场、地震活动及环境噪声等数据。BT-3 和 BT-5 则直接揭露了滑坡主滑带，利用这一场地条件，进行了一系列原位试验，包括滑带大型原位三轴蠕变试验、滑带大型原位直剪试验、滑坡氡浓度监测试验等（图 15.26）。这些试验为深入研究大型水库滑坡的演化机理提供了重要依据。

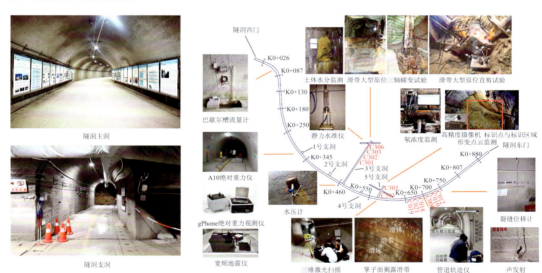

图 15.26　隧洞群原位观测与试验体系

15.5　本 章 小 结

　　建成了水库滑坡大型野外综合试验场，其由试验隧洞群与一系列监测系统组成，可开展"天空地深"一体化长期观测与现场原位试验，有效服务地质灾害形成演化机理、地质灾害预测预警、地质灾害防治等研究与实践。水库滑坡大型野外综合试验场的建设与发展，将在地质灾害成灾机理研究与防控技术体系研究方面发挥积极作用，为我国大型水库的运行及国家减灾防灾宏观决策提供理论与技术支撑。同时，试验场可在国际合作交流、科技资源共享、科普教育、人才培养等方面发挥特长，是滑坡灾害研究"产学研用"一体化的研究平台。

参 考 文 献

滑帅, 2015. 三峡库区黄土坡滑坡多期次成因机制及其演化规律研究[D]. 武汉: 中国地质大学(武汉).

鲁莎, 2017. 三峡库区黄土坡滑坡滑带特性及变形演化研究[D]. 武汉: 中国地质大学(武汉).

JUANG C H，2021. BFTS-engineering geologists' field station to study reservoir landslides[J]. Engineering geology, 284:106038.

TANG H M, LI C D, HU X L, et al., 2015. Evolution characteristics of the Huangtupo landslide based on in situ tunneling and monitoring[J]. Landslides, 12: 511-521.

WANG J G, SU A J, LIU Q B, et al., 2018. Three-dimensional analyses of the sliding surface distribution in the Huangtupo No.1 riverside sliding mass in the Three Gorges Reservoir area of China[J]. Landslides, 15: 1425-1435.

第16章　滑带土原位力学试验

16.1　概　　述

　　滑带是滑坡的主控结构，滑带土的力学性质对滑坡的演化状态识别和防控具有重要意义。而原位力学特征是天然滑带土结构性的宏观表现，是研究滑带土结构性的重要基础。测试场地、仪器等条件限制，以往滑带土研究中建立的强度理论模型基本以室内力学试验为基础，而对原位土体结构性与相关特征参数的考虑是欠缺的，导致研究结果在很大程度上忽略了土体内部特征所带来的强度与变形附加值。因此，只有通过开展原位力学试验，获取结构性滑带土的力学特征，才能充分揭示滑坡变形破坏机理，有效服务滑坡防控研究。

　　黄土坡滑坡大型野外综合试验场的建立为滑带土大型原位试验研究提供了优良的场地条件。利用 BT-3 揭露的黄土坡滑坡滑带土（图16.1），采用大型原位设备，分别开展了滑带土大型原位三轴蠕变试验和大型原位直剪试验。本章将详细介绍上述两个滑带土大型原位试验，展示试验设备、试验过程及结果，并根据试验结果，提出对应的原位滑带土本构模型，为滑坡演化机理研究提供理论和数据支撑。

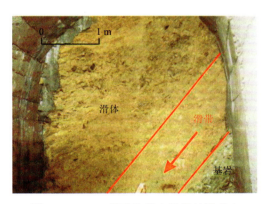

图16.1　BT-3 揭露的黄土坡滑坡滑带土

16.2　滑带土大型原位三轴蠕变试验

　　本节将详细介绍于大型野外综合试验场 3 号支洞进行的滑带土大型原位三轴蠕变试验（蠕变持续时间约为 200 天），并针对试验结果和现象进行阐述与讨论。

16.2.1 试验设备

使用了岩土体大型原位三轴蠕变试验仪器（图 16.2）来进行试验，该仪器根据功能可分为加载系统和控制系统两部分。加载系统用于对试样施加轴向应力和围压。其中，轴向应力通过千斤顶施加，千斤顶与试样之间设有承压板以保证轴向应力的均匀分布；围压的施加通过对试样 4 个侧面液压枕的充油膨胀来实现。控制系统由计算机、用于信号转换和传输的 EDC 系列伺服驱动器、用于增压的伺服阀、助力器和油源组成。当实际施加的荷载因外界因素而发生变化时，系统将自动检测，然后通过添加或排出废油来补偿或释放压力，以保持施加的荷载恒定。在试样 4 个侧面和顶面的中心位置均安置了线性可变差动变压器（linear variable differential transformer，LVDT）位移传感器。计算机将在整个蠕变试验中下达加载指令，并对变形数据进行长期采集（Tan et al.，2018）。

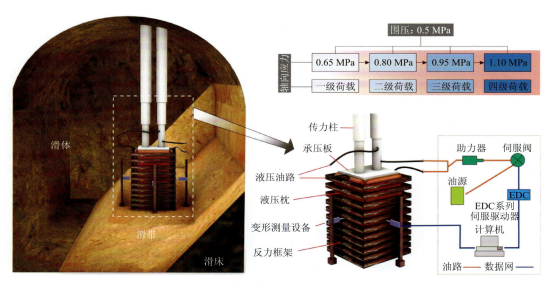

图 16.2 大型原位三轴蠕变试验仪器

16.2.2 试验流程

原位滑带土试样尺寸为 1 000 mm×500 mm×500 mm。为了尽可能减少对土体的扰动，通过缓慢分级卸荷的方式将测试土样从整块土体中切割出来，其底面仍然与基础相连。制样完成后，其 4 个垂直平面的朝向分别为 35°（A 面）、125°（B 面）、215°（C 面）和 305°（D 面），其中 35° 朝向的平面（A 面）近似平行于滑坡移动方向（图 16.3）。

剪切试验在排水条件下进行，加载方案如图 16.2 所示。轴向应力采用多级加载的形式，一级荷载设置为 0.65 MPa，后一级的轴向应力比上一级高 0.15 MPa，总共施加了 4 个等级的轴向应力。围压根据滑带埋深处的天然应力设置，保持在 0.5 MPa。

图 16.3　滑带土试样各面朝向

16.2.3　试验结果

通过收集 4 个侧面（A～D 面）和顶面的持续变形数据，得到变形曲线，如图 16.4 所示。其中，位移正值表示该面沿外法线方向产生变形（即膨胀变形），负值则表示该面沿内法线方向产生变形（即压缩变形）。通过变形曲线可知，最终除试样顶面因受到垂向应力而变形较大外，试样的 A 面有明显的膨胀变形。此外，与 A 面、D 面的膨胀变形相对的是 B 面、C 面产生压缩变形，表示试样在受到竖向荷载后，可能在特定方向上产生了切向运动。

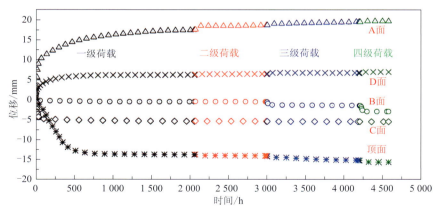

图 16.4　试样 4 个侧面和顶面的变形与时间的关系

在一级荷载加荷阶段，各面首先经历瞬时弹性变形，然后经历衰减蠕变。A 面在大约 15 h 内产生 7 mm 变形，随后变形速率放缓，直到最后位移稳定在 17.3 mm。B 面、C 面和 D 面的变形与 A 面的变形规律非常相似，只是变形的幅度各有不同，最终位移分别为-1.2 mm、-5.9 mm、6.3 mm。顶面变形曲线在线性阶段后同样经历了衰减蠕变阶段，但线性阶段持续的时间远长于 4 个侧面线性阶段所持续的时间，接近 350 h。顶面的最终竖向位移为-13.6 mm。随后的二级荷载至四级荷载加荷阶段位移变化非常小，表明随着应力的增加，试样并未发生明显的剪切破坏，而是呈现应变硬化特征。

对比试样各个面的位移结果（图 16.4）发现，各面的变形量、方向等存在规律性差异。例如，35°朝向（A 面）出现明显膨胀，位移约为 215°朝向和 305°朝向的 3 倍，而该方向与黄土坡滑坡的主滑方向一致。这一现象与室内三轴试验的结果区别明显，而通过假设原位滑带土内存在定向排布的微裂缝可以合理解释这一现象。由于黄土坡滑坡滑带土中的砾石含量较高，在应力集中的位置和胶结最弱的土-岩界面上很可能会形成裂缝。在滑坡体长期蠕变过程中，滑带内粗颗粒的长轴会逐渐向滑动方向翻转靠拢，导致试样内部形成了裂缝的优势方向，即滑坡主滑方向。最终，在这个优势方向上形成的裂缝群使土体内形成了一个剪切面（图 16.5）。因此，当对滑带土试样持续压缩时，试样沿剪切面产生了切向位移，这也是 B 面、C 面产生压缩变形的原因（Tan et al.，2022）。

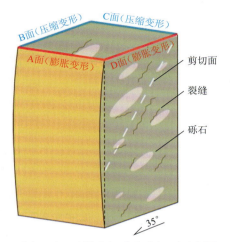

图 16.5　试样内部潜在剪切面示意图

16.2.4　本构模型

基于试验结果建立本构模型是描述土体力学行为最直观的方法。为了体现滑带土蠕变特性，在传统伯格斯（Burgers）模型中增加时间项，依据原位试验曲线建立了滑带土应力-应变-时间关系。模型包含线性黏塑性单元和非线性黏塑性单元。其中，线性黏塑性单元通过并联组合流变元件（包括胡克弹性体、牛顿黏滞体、圣维南塑性体）来进行表征；非线性黏塑性单元通过引入经验方程来进行描述。据此建立的本构模型如图 16.6所示。

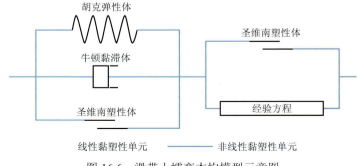

图 16.6　滑带土蠕变本构模型示意图

根据已有研究，线性黏塑性项可表示为

$$\varepsilon_1 = \frac{\sigma - \sigma_s}{E_1}\left[1 - \exp\left(-\frac{E_1}{\eta_1}t\right)\right] \tag{16.1}$$

式中：ε_1 为线性黏塑性部分的应变；σ 为轴向应力；t 为时间；E_1 和 η_1 分别为流变体的弹性模量和黏滞系数；σ_s 为土壤屈服应力。

由于一级荷载加荷阶段的试验数据反映的线性和非线性变形过程最明显，因此利用一级荷载加荷阶段的应变数据对该方程进行拟合。试样顶面变形线性阶段（$0\sim60\,\mathrm{h}$）的拟合曲线与试验数据的对比如图 16.7（a）所示。通过计算得到线性阶段的试验数据与拟合曲线的相关系数 $R^2 = 0.991$，表明该线性黏塑性项能很好地描述滑带土线性阶段的力学行为。

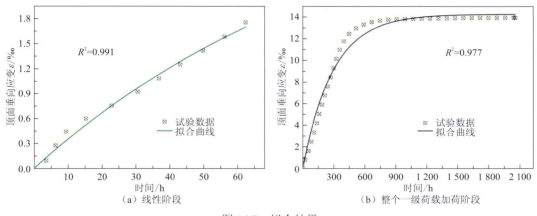

图 16.7　拟合结果

接下来对非线性变形阶段进行描述。非线性黏塑性项可以通过引入经验方程来表示。常用的描述流变行为的经验方程一般包括幂函数、指数函数和对数函数。对比发现，幂函数更适合用来描述土体的衰减蠕变。因此，非线性黏塑性项可表示为

$$\varepsilon_n = \left(\frac{\sigma - \sigma_s}{a_0}\right)^m t^\beta \tag{16.2}$$

式中：ε_n 为非线性黏塑性部分的应变；β 为蠕变指数；a_0 为非线性系数；m 为硬化系数。

将线性黏塑性项与非线性黏塑性项串联，得到最终的本构模型：

$$\varepsilon = \frac{\sigma - \sigma_s}{E_1}\left[1 - \exp\left(-\frac{E_1}{\eta_1}t\right)\right] + \left(\frac{\sigma - \sigma_s}{a_0}\right)^m t^\beta \tag{16.3}$$

同样地，使用试验数据对本构方程的各参数进行反演，得到的拟合曲线与试验数据的对比如图 16.7（b）所示，计算得到相关系数 $R^2 = 0.977$。结合线性阶段的分析结果发现，该本构模型能很好地描述黄土坡滑坡原位滑带土的力学特性。

16.3　滑带土大型原位直剪试验

抗剪强度参数是评价滑坡稳定性和设计滑坡抗滑结构的基础数据，而直剪试验因其方便、快捷等优点被广泛应用于土体强度参数的获取。然而，目前滑带土的直剪试验大多在室内进行，采用大型原位直剪试验来研究滑带土剪切力学特性的案例仍较为罕见。本节详细介绍了在 3 号支洞中进行的大型原位直剪试验，并基于试验结果对黄土坡滑坡滑带土的剪切力学特性进行了讨论与分析（Zou et al.，2020）。

16.3.1　试验设备

原位直剪试验的原理与室内直剪试验基本相同。在保持土体原状的条件下，首先施加法向荷载（F_n），产生法向应力（σ_n）。当法向荷载引起的法向变形相对稳定后，缓慢施加一个切向推力（F_s），在预设剪切面上产生剪应力（图 16.8）。当试样进入破坏状态时，得到一个极限稳态剪应力，即抗剪强度（τ_f）。通过一系列不同法向应力的原位直剪试验，得到了不同的抗剪强度。以法向应力为横坐标，以抗剪强度为纵坐标，用最小二乘法对数据进行线性拟合，得到直线的斜率和截距。其中，直线的截距为滑带土的黏聚力，斜率的反正切值为滑带土的内摩擦角。

$$\tau_f = \sigma_n \tan\varphi + c \tag{16.4}$$

式中：τ_f 为滑带土的抗剪强度，等于切向推力 F_s 与滑带土试样剪切面面积 A_0 的比值；σ_n 为法向应力，等于法向荷载 F_n 与滑带土试样剪切面面积 A_0 的比值；φ 和 c 分别为滑带土的内摩擦角和黏聚力。

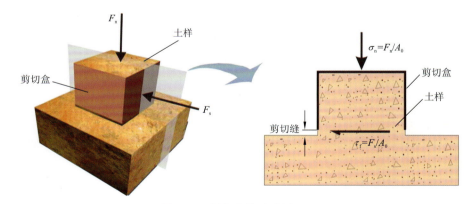

图 16.8　原位直剪试验原理

试验所用原位直剪装置由加载系统、传力系统、反力墙、剪切盒和测量仪器组成（图 16.9）。加载系统包括 1 个法向液压千斤顶、2 个切向液压千斤顶和 2 个油压泵；传力系统包括钢支撑板、传力柱和滚轴排，其中，滚轴排的作用是避免出现偏心法向荷载；反力墙为现场浇筑，利用洞壁混凝土体承担反力，保证液压千斤顶产生的力平稳传递到壁面；

剪切盒侧面有 4 个观察孔，用于插入测量仪器；测量仪器包括 2 个应力计和 8 个位移计。

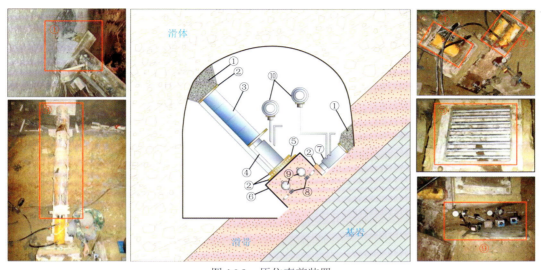

图 16.9　原位直剪装置

①为反力墙；②为钢支撑板；③为传力柱；④为法向液压千斤顶；⑤为滚轴排；⑥为剪切盒；
⑦为切向液压千斤顶；⑧为观察孔；⑨为位移计；⑩为应力计

16.3.2　试验流程

1. 制样

沿滑动面方向制作倾角与基岩面倾角大致相同的土样。土样为尺寸为 50 cm×50 cm×40 cm 的长方体。由于滑带土含有不同直径的碎石，在制样过程中，可能会发现块径比较大的碎石，若碎石在剪切面附近，换试验点制样，若碎石在试样表面，将大块径碎石剔除，以使试样表面平整。共制作了 6 个试样，从外到内标记为 S01～S06（图 16.10）。

图 16.10　大型原位直剪试验制样

2. 组装仪器

制样完成后，在试样上放剪切盒，缓慢加载施压使试样套入剪切盒，直至剪切盒下沿距剪切面 5 cm 左右，此 5 cm 未套入剪切盒内的土体作为预留剪切缝（图 16.8）。将剪切盒顶部超出剪切盒高度的土样铲平，并用现场土样填充剪切盒与土样间的间隙。

在土样顶部中心位置放一块 40 cm×40 cm 的钢板，钢板上放 30 cm×30 cm 滚珠排，在剪切过程中，滚珠排可保证法向荷载不产生偏心荷载。随后在滚珠排上放一块 40 cm×40 cm 的钢支撑板，然后安装千斤顶和传力柱，直至传力柱顶到洞壁，浇筑反力墙。最后，通过观察孔将装有位移计的钢棒插入土样，完成测量仪器的安装。

3. 加载

加载前，检查各测量仪器的工作状态，测读初始读数。本次试验中，最大法向应力设定为 0.2 MPa。确定每个土样所需施加的法向应力大小，分别施加于不同试体，剪切过程中，对千斤顶不断补压使试验试体法向应力恒定。法向荷载分成 3~4 级施加。每级荷载施加前后立即测记垂直测量仪器读数，每隔 3 min 读数 1 次，当连续两次读数之差不超过 0.01 mm 时，变形相对稳定，施加下一级荷载。施加最后一级荷载后按 5 min、10 min、15 min 的时间间隔测记垂直变形，当连续两个 15 min 的累计垂直变形不超过 0.01 mm 时，即认为垂直变形已经稳定，然后施加剪切荷载。剪切荷载按预估最大剪切荷载分 8~12 级施加，每隔 10 min 加荷 1 次，加荷前后均需测记各测量仪器读数，当剪切位移急剧增长或达到试样尺寸的 1/10 时，即认为滑面已破坏，终止试验。

16.3.3　试验结果

在本次试验中，最终法向液压千斤顶的压力读数分别为 2.1 MPa、2.5 MPa、5.9 MPa、9.9 MPa、4.4 MPa、7.9 MPa。法向液压千斤顶圆柱的横截面积 A_1 为 80 cm^2，滑带土试样的剪切面面积 A_0 为 2 500 cm^2；因此，6 个试样的最终法向应力分别为 0.067 MPa、0.080 MPa、0.189 MPa、0.317 MPa、0.141 MPa、0.253 MPa。

6 个试样在不同法向应力下的试验结果如图 16.11 所示。从图 16.11（a）~（f）的法向位移-剪切位移曲线可以看出：在试样 S01 和 S06 剪切过程中，土样法向位移先增大后减小[图 16.11（a）、（f）]；试样 S02、S03 的法向位移在剪切初期逐渐增大，之后趋于稳定[图 16.11（b）、（c）]；试样 S04 的法向位移随剪切位移的增加而稳定增大[图 16.11（d）]；在剪切过程中，试样 S05 的法向位移增加缓慢，然后加速，最后减速，总位移很小，约为 1.2 mm[图 16.11（e）]。由此可见，由于原位滑带土的非均质性，试样的结构和组成并不完全相同，最终各试样的位移曲线存在差异。

综合分析图 16.11 中的剪应力-剪切位移曲线，可将试样分为如下三个变形破坏阶段。

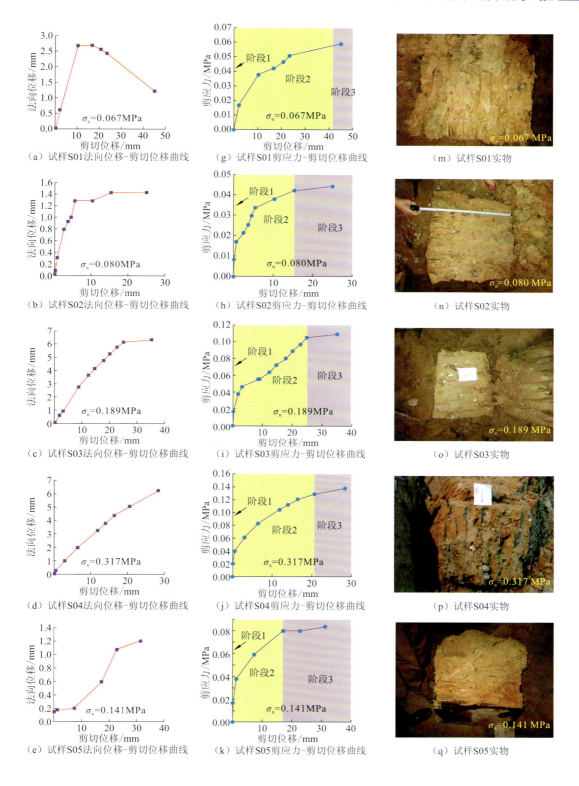

（a）试样S01法向位移-剪切位移曲线　　（g）试样S01剪应力-剪切位移曲线　　（m）试样S01实物

（b）试样S02法向位移-剪切位移曲线　　（h）试样S02剪应力-剪切位移曲线　　（n）试样S02实物

（c）试样S03法向位移-剪切位移曲线　　（i）试样S03剪应力-剪切位移曲线　　（o）试样S03实物

（d）试样S04法向位移-剪切位移曲线　　（j）试样S04剪应力-剪切位移曲线　　（p）试样S04实物

（e）试样S05法向位移-剪切位移曲线　　（k）试样S05剪应力-剪切位移曲线　　（q）试样S05实物

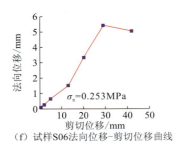
（f）试样S06法向位移-剪切位移曲线

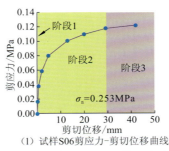
（l）试样S06剪应力-剪切位移曲线

（r）试样S06实物

图 16.11　大型原位直剪试验结果

（1）弹性变形阶段：试样刚开始受力变形的阶段，剪应力-剪切位移曲线近似为线性发展。此阶段，试验宏观表现为试样底部产生一些小变形，并没有形成明显的贯通剪切面。

（2）弹塑性变形阶段：试样产生屈服点，缓慢进入塑性变形阶段，试样内部开始产生破裂，破裂的传播速度比较缓慢。在这一阶段有些曲线上出现了一些不规则的变化段（如试样 S01、S02、S03 曲线）。之后试样的变形快速增大，剪应力-剪切位移曲线开始进入平缓发展阶段，整个材料的变形表现出塑性流动。

（3）塑性变形阶段：随着剪切位移的继续增大，剪切面已经基本发展形成，剪应力趋于平稳，试样产生剪切流动，表现出应变硬化特征。

根据图 16.11 中的剪应力-剪切位移曲线，确定各种法向应力下的抗剪强度（曲线中的最大值），进而绘制出 τ_f-σ_n 曲线（图 16.12），根据最小二乘法得到线性拟合方程：

$$\tau_f = 0.029\ 4 + 0.362\ 6\sigma_n \tag{16.5}$$

τ_f-σ_n 曲线拟合结果如图 16.12 所示。

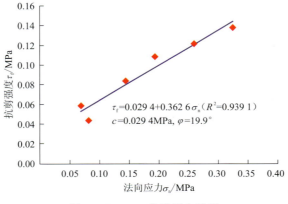
图 16.12　τ_f-σ_n 曲线拟合结果

为了与大型原位直剪试验结果进行对比，对重塑滑带土进行了室内直剪试验。
室内直剪试验中所取土样的位置与大型原位直剪试验相同。为满足试验仪器对土壤粒度的要求，采用 2 mm 筛网对滑带土样进行筛分，去除大颗粒。室内直剪试验测得的抗剪强度参数为黏聚力 16.5 kPa，内摩擦角 7.2°。

与大型原位直剪试验相比，室内直剪试验所得的黏聚力减小 43.9%，内摩擦角减小 63.8%。室内直剪试验低估了滑带土体的强度，其原因可能是重塑土样的过程对滑带土的结构进行了扰动，以及土样中的砾石被去除。

16.3.4　本构模型

滑带土的本构模型是分析滑坡力学行为的重要依据。基于本次的滑带土大型原位直剪试验，建立了原位滑带土剪应力-剪切位移本构模型。

从剪应力-剪切位移曲线[图 16.11（g）～（l）]可以看出，弹性变形阶段初始曲线较陡；随着剪切位移的增大，曲线斜率逐渐减小，最终剪应力趋于稳定。考虑到曲线的上述特点，引入非对称 sigmoid 函数、对称 sigmoid 函数、指数函数和幂函数四种函数来描述滑带土的剪切力学行为。

非对称 sigmoid 函数表示为

$$\tau = A - \frac{A}{1 + \left(\dfrac{u_s}{u_0}\right)^p} \tag{16.6}$$

对称 sigmoid 函数表示为

$$\tau = \frac{A}{1 + e^{-k(u_s - u_0)}} \tag{16.7}$$

指数函数表示为

$$\tau = A - a \cdot e^{-u_s/u_0} \tag{16.8}$$

幂函数表示为

$$\tau = a \cdot u_s^p \tag{16.9}$$

式中：A、u_0、p、k、a 为上述函数的待定参数；τ 为剪应力；u_s 为剪切位移。

使用上述四种函数，对 6 个试样的试验数据进行拟合。图 16.13（a）～（d）分别为上述四种函数的拟合结果。每个小图中都有 6 组不同颜色的数据点及其对应的拟合曲线，6 组数据点分别代表 6 个试样的试验结果。从总体上看，上述函数对试验数据均有较好的拟合效果，每组拟合曲线的相关系数基本上均大于 0.9。其中，非对称 sigmoid 函数拟合效果最佳，6 个试样拟合曲线的平均相关系数为 0.980，其次是幂函数、指数函数和对称 sigmoid 函数，平均相关系数分别为 0.964、0.949 和 0.907。此外，对比各函数的曲线形状发现，非对称 sigmoid 函数能最好地描述每个变形阶段的特征。因此，可选取该函数作为原位滑带土的剪应力-剪切位移本构模型。

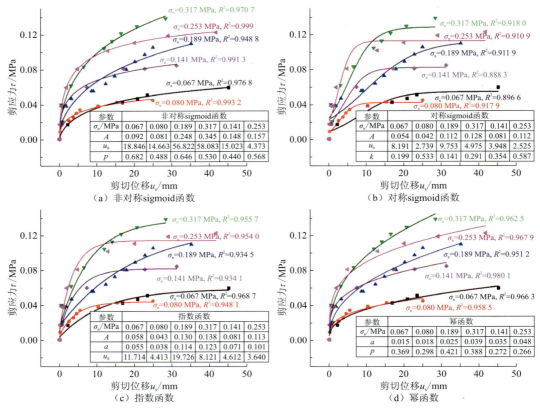

图 16.13　基于试验数据的四种函数拟合结果

16.4　本章小结

　　滑带土的大型原位三轴蠕变试验能够反映滑带土的长期变形特性，对滑坡演化特征的研究具有重要意义。大型原位三轴蠕变试验保留了黄土坡滑坡滑带土试样的天然结构，对原位滑带土的蠕变特性进行了开创性研究。大型原位直剪试验则破除了滑带土中砾石对试验结果的影响。试验结果反映出了原位滑带土与重塑滑带土在力学行为上的差异。针对在试验中观察到的试样变形特性，分析了原位滑带土潜在的结构特征与力学行为。基于原位试验，均提出了滑带力学本构模型，可准确地描述原位滑带土的蠕变性质，为同类型滑坡的相关研究提供了参考。

参 考 文 献

TAN Q W, TANG H M, FAN L, et al., 2018. In situ triaxial creep test for investigating deformational properties of gravelly sliding zone soil: Example of the Huangtupo 1# landslide, China[J]. Landslides, 15:

2499-2508.

TAN Q W, HUANG M S, TANG H M, et al., 2022. Insight into the anisotropic deformation of landslide sliding zone soil containing directional cracks based on in situ triaxial creep test and numerical simulation[J]. Engineering geology, 311: 106898.

ZOU Z X, ZHANG Q, XIONG C R, et al., 2020. In situ shear test for revealing the mechanical properties of the gravelly slip zone soil[J]. Sensors, 20(22): 6531.

第 17 章　基于立体综合监测的黄土坡滑坡演化机制

17.1　概　　述

　　水库滑坡的演化是复杂且多维的动态过程，涉及多个时间尺度和空间尺度的物理作用，其失稳破坏不仅取决于当地区域地质条件特性，降雨入渗、地震活动等外部因素也可能对滑坡体产生显著影响，而库水位的周期性波动更是影响此类滑坡稳定性的关键因素之一。水库滑坡从开始变形到最终失稳破坏一般需要经历较长的时间，是一个不断累积发展的过程，这不仅涉及降雨入渗与库水影响的时空叠加作用，更涉及多因素耦合下的渐进破坏机制，致灾机理复杂，防控难度高。黄土坡滑坡作为巨型水库滑坡的典型案例，其演化机制的揭示对于滑坡灾害的评价、预测和防治均具有不可或缺的理论与实践价值。

　　本章将依托黄土坡滑坡立体综合监测系统，通过分析各类监测数据，结合时间序列分析、空间分布分析及多场数据融合分析等方法，总结黄土坡滑坡变形演化的控制因素及时空分布规律，并在此基础上揭示黄土坡滑坡的演化机制。结合具体实例，探讨库水位变化、降雨等因素对滑坡演化进程的具体影响，为水库滑坡防治提供理论支撑和实践指导。

17.2　滑坡观测数据

17.2.1　气象水文数据

　　巴东地区是典型的亚热带季风气候区，其历史降雨量记录显示，1954～2000 年平均年降雨量稳定在 1 100.7 mm。这段时期内，降雨量的季节性分布特征显著，大约 70% 的降雨集中在 4～9 月这一时段，即该地区的雨季。2012～2023 年的观测数据（图 17.1）显示，黄土坡滑坡区平均年降雨量约为 1 102.4 mm。大部分降雨依然集中在 4～9 月，相对地，1～3 月降雨量则明显减少。在这段时期内，年最大降雨量出现在 2021 年，这反映了黄土坡滑坡区降雨的年际和月际变化特征。长江巴东段的汛期是一个重要的水文现象，通常从 7 月持续至 9 月。三峡水库的蓄水对巴东地区的长江水位产生了显著影响。2012～2023 年，黄土坡滑坡库水位的变化范围维持在 145～175 m，最高水位通常出现在每年的 10～11 月。

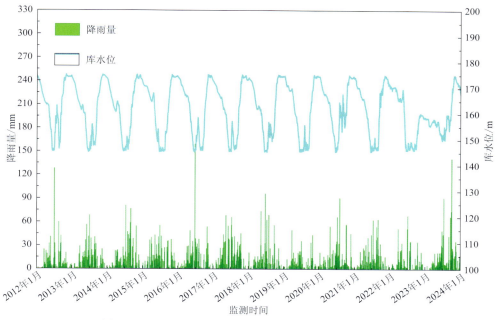

图 17.1　2012～2023 年黄土坡滑坡实测降雨量与库水位

17.2.2　滑坡土壤含水率数据

　　图 17.2、图 17.3 显示了含水率监测点位置及 2018 年以来不同监测点的含水率数据。5 个监测点的监测结果呈现出了明显的区间划分特征。WC001 与 WC502 两处的含水率处于较低区间，其含水率在 15%～35% 波动，而 WC306、WC308、WC501 三处的含水率较高，最高含水率可达 65% 左右，最低时含水率也超过 45%。从时间上看，含水率随着时间推移在一定范围内波动，并表现出一定的周期性规律，从每年的 3 月开始，含水率上升，并在当年的 9 月达到峰值，而 9 月之后一直到次年 3 月，含水率呈现下降趋势。从峰值上看，同一个监测点的含水率在各年的峰值差别不大，整体变化规律呈三角函数类型。在 5 年的时间尺度内，其变化规律与降雨的变化规律有一定的契合度。

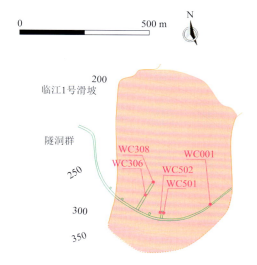

图 17.2　黄土坡滑坡含水率监测点布置图

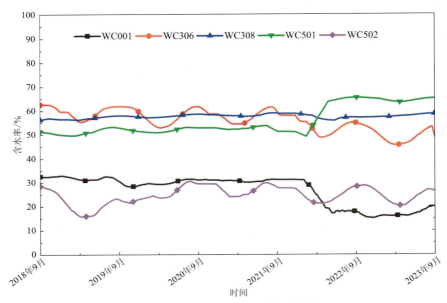

图 17.3　黄土坡滑坡含水率变化曲线

17.2.3　GNSS 地表位移监测数据

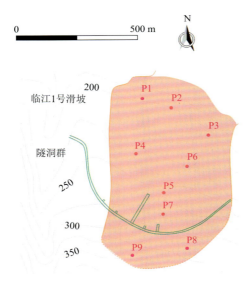

图 17.4　黄土坡滑坡地表位移监测点布置图

选取 2018～2023 年于临江 1 号滑坡布设的 9 个 GNSS 地表位移监测点（图 17.4），对其位移曲线展开分析。如图 17.5 所示，各个监测点的位移逐年增加，其中位于滑坡前缘的监测点 P3 与位于滑坡中前部的监测点 P6 相对于其他监测点而言产生较大位移。此外，从曲线的增长趋势可以看出一定的周期性，每年的 7～9 月，位移随时间推移变化尤为明显，这段时间各个监测点的位移都迅速增加，其中监测点 P6 仅在 2021 年 7～9 月位移就增加了 12.6 mm。以上位移特征反映出了黄土坡滑坡在内外因素共同作用下持续产生变形。

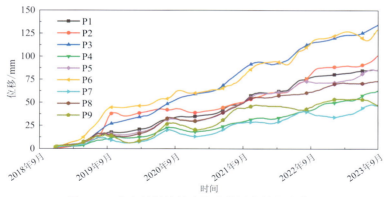

图 17.5　黄土坡滑坡地表位移监测点的位移数据

17.2.4　小基线集干涉式合成孔径雷达地表变形监测数据

小基线集干涉式合成孔径雷达（small baseline subset InSAR，SBAS-InSAR）时序分析技术是 20 世纪 90 年代发展起来的一种遥感技术，它基于 SAR 原理，通过分析从不同角度获取的雷达影像，来监测地表的微小变化。运用 SBAS-InSAR 时序分析技术来分析黄土坡滑坡区的地表变形情况，相比于传统的 InSAR 能更容易地观察到地表的微小变形。

根据 SBAS-InSAR 的监测结果处理数据可以直观地看到黄土坡滑坡的变形分布。其坡向与垂向的变形速率分布如图 17.6、图 17.7 所示。黄土坡滑坡整体的最大坡向变形速率约为 12 mm/a，四个次级滑坡的交错区域、临江 1 号滑坡中后部、变电站滑坡中前部靠

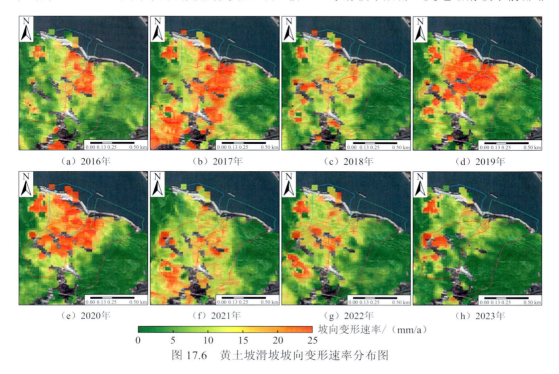

图 17.6　黄土坡滑坡坡向变形速率分布图

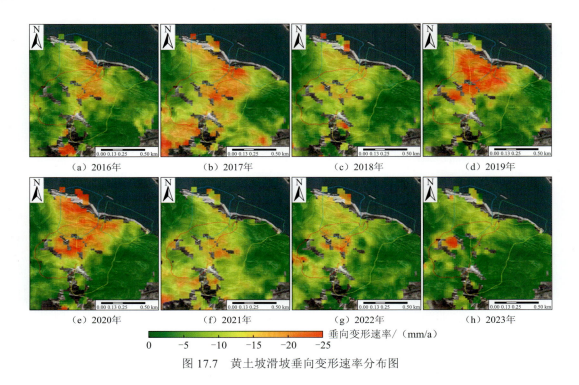

（a）2016年　　　　（b）2017年　　　　（c）2018年　　　　（d）2019年

（e）2020年　　　　（f）2021年　　　　（g）2022年　　　　（h）2023年

垂向变形速率/（mm/a）

0　　−5　　−10　　−15　　−20　　−25

图17.7　黄土坡滑坡垂向变形速率分布图

近三道沟区域及园艺场滑坡中前部等区域的坡向变形速率较高，达到 15 mm/a。临江 2 号滑坡东侧、变电站滑坡东侧及中后部等部位相对稳定，坡向变形速率约为 5 mm/a。临江 1 号滑坡前缘和临江 2 号滑坡前缘由于长期在水面以下，无法被遥感卫星观测。黄土坡滑坡在垂向的位移趋势基本与坡向位移趋势保持一致，垂向变形速率较大的位置集中于临江 1 号滑坡、变电站滑坡和园艺场滑坡的交错区域，其整体的垂向变形速率为 −15～−10 mm/a，相较于周边区域有明显的垂直向位移。

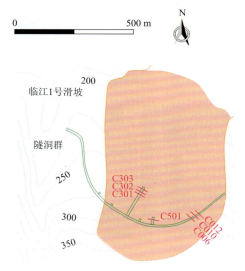

图17.8　黄土坡滑坡裂缝计布置图

17.2.5　深裂缝监测数据

2013 年 9 月开展的现场调查发现，大型野外综合试验场隧洞内表面不同区域有 24 条裂缝（Wang et al.，2016）。对所有裂缝进行了标记，并在裂缝 C006、C010、C012、C301、C302、C303 和 C501 的地点安装了全自动裂缝计，持续采集裂缝发展变化数据。裂缝计的平面分布及其监测数据分别如图 17.8 和图 17.9 所示。

由裂缝监测数据可知，所有裂缝均随时间

推移发育扩展，裂缝 C501 的膨胀速度最快，从 2018 年 9 月至 2023 年 9 月产生约 5.5 mm 的横向变形，3 号支洞的 C301、C302、C303 及主洞末端的 C006、C010、C012 等裂缝 5 年内仅加宽了 1～3 mm。C006、C010、C012 在月际变化上有着较为明显的规律，每年 9 月至次年 3 月扩展明显较快，而 4～8 月则相对放缓。其他裂缝监测点（如 C501）也能发现相似的规律。

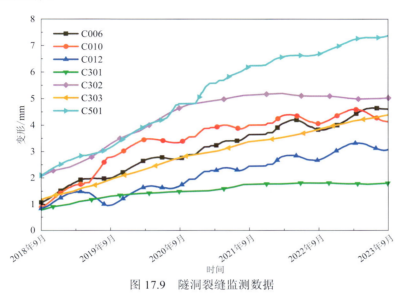

图 17.9　隧洞裂缝监测数据

17.2.6　深部测斜监测数据

2013 年为进一步对黄土坡滑坡进行地质与变形调查监测，在临江 1 号滑坡布设了一批新的钻孔，编号为 JC1～JC10，钻孔深度为 76.8～127.1 m，钻孔分布在坡体的中后部（图 17.10）。2014～2016 年使用测斜仪连续监测了 JC2、JC3、JC7、JC8、JC9 钻孔的深部变形。

本小节分别给出了 JC3 和 JC9 两个钻孔在 2014 年 4 月～2015 年 6 月的变形数据。位于滑坡前缘的 JC3 钻孔的累计位移曲线如图 17.11 所示，其中 A、B 方向表示 65° 和 155° 方位角的位移分量。由数据可知，黄土坡滑坡临江 1 号滑坡前缘整体发生向长江方向的滑移，且以浅层滑移为主，滑带大致位于高程 168～172 m 处。至 2015 年 6 月，其最大累计位移约为 40 mm，平均位移速率为 0.7～0.9 mm/月。

进一步观察发现，滑坡前缘各地层间累计位移随深度的变化并非呈线性关系，而是随着深度的增加产生波动，在 20～30 m 深度范围内波动最为明显，并且在此区段形成一个峰值。而此深度对应的高程范围 165～175 m 也正处于三峡水库的水位变动区间之内。2013 年 12 月 16 日巴东发生了 5.1 级地震，震源深度为 5 000 m，对临江 1 号滑坡也产生了一定的影响，在崩滑体前缘产生了最大约 3 mm 的主滑方向位移。

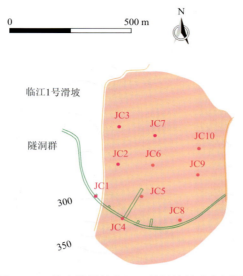

图 17.10　黄土坡滑坡临江 1 号滑坡钻孔布置图

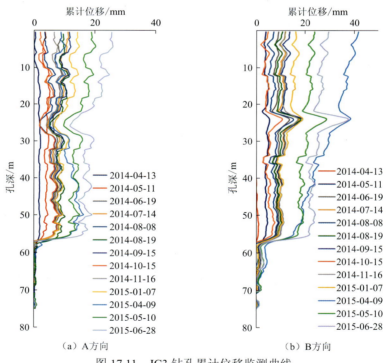

（a）A 方向　　　　　　　　　　（b）B 方向

图 17.11　JC3 钻孔累计位移监测曲线

　　滑坡中后部的 JC9 钻孔累计位移监测曲线如图 17.12 所示。由图 17.12 可见，滑坡中部整体向长江滑移，累计位移均匀增大，未见明显滑动带，至 2015 年 6 月最大累计位移约为 20 mm，平均位移速率为 0.5～0.6 mm/月，小于滑坡前缘的变形速率，此部位受 2013 年巴东地震的影响较小，震后发生了约 1 mm 的位移。

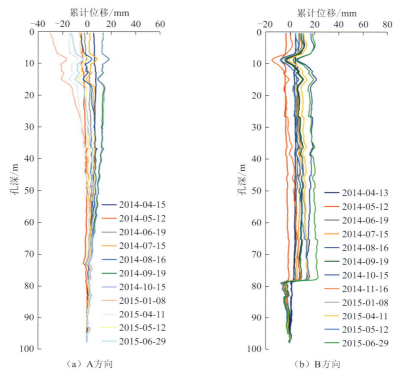

图 17.12　JC9 钻孔累计位移监测曲线

17.3　黄土坡滑坡演化特征与机理

17.3.1　黄土坡滑坡演化特征

黄土坡滑坡作为一个多期次、多个子滑坡组成的大型复合变形体,其变形在空间上呈现显著的不均一性。地表监测数据显示,在四个次级滑坡的交错区域、临江 1 号滑坡中后部、变电站滑坡中前部靠近三道沟区域及园艺场滑坡中前部等区域的变形速率较高,而临江 2 号滑坡东侧、变电站滑坡东侧及中后部等部位相对不活跃。钻孔测斜数据揭示了临江 1 号滑坡深部变形特征,表明滑体位移随深度增加呈现非线性波动,在库水位波动影响高程内,位移波动最大。深部裂缝的发展也体现了空间上的不均匀性,其中 5 号支洞裂缝扩展速度最大,其次是 3 号支洞,表明深层滑带的变形速率大于浅层滑带。

时间序列分析表明,黄土坡滑坡的变形演化过程具有动态非线性特性。在特定年份,如 2017 年、2019 年和 2020 年,地表位移较大,变形主要集中在三道沟附近。且这种空间上的不均匀性随着时间的推移而变化,其中 2016～2020 年三道沟区域变形逐年扩大,而 2021～2023 年的变形速率则有所放缓,显示出收敛趋势。此外,滑体的变形随时间推移渐进性增加,特别是在 9 月至次年 3 月变形速率较大,而在 4～8 月变形速率较小,滑体处于稳定变形阶段，未表现出加速变形的迹象。

监测数据的相关性分析揭示了黄土坡滑坡的变形速度、含水率变化与季节性降雨和库水位波动之间的密切联系（图 17.13）。具体而言，库水位变化对滑坡体的影响随着与长江距离的增加而减小，而降雨则影响整个滑坡体。在库水位上升期间，地表的变形速度较低。但在库水位下降期间，即当地的雨季，地表变形同时受到降雨和库水位变化的影响，变形速度增加。降雨导致的地表变形速度最大约为 5 mm/月，而库水位下降引起的最大额外变形速度为 5～7 mm/月。与地表变形不同，深层滑动面的变形速度在库水位上升期间明显加快，最高达到 3.72 mm/月，为年平均水平的 2～3 倍。浅层和深层变形速度的差异表明，降雨和库水位波动对滑坡行为的影响方式不同。降雨一般通过增加滑坡体含水率来影响变形，大多会降低整个滑坡的稳定性。库水位的上升会减缓浅层滑体的变形，但会加速深层滑体的滑动；相反，库水位的下降会加速浅层滑体的变形，但会减缓深层滑体的滑动。根据多年的监测数据研判，临江 1 号滑坡将继续在季节性降雨和周期性库水位波动期间产生蠕滑，但其东部地区的地表和深层变形速度将持续增大，使得这些区域相对更加危险（Tang et al.，2015）。

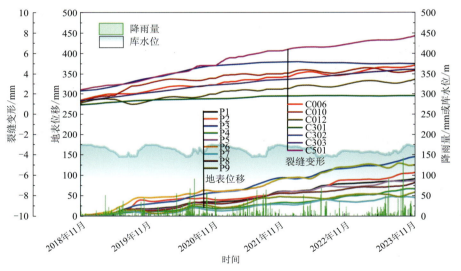

图 17.13　黄土坡滑坡综合位移监测曲线

17.3.2　黄土坡滑坡演化机理

黄土坡滑坡浅部和深部变形现象的差异，揭示了降雨和库水位波动对滑坡稳定性的影响具有不同的作用机理，具体如下。

降雨对滑坡的作用机理主要表现在：①产生下坡方向的雨水渗透压力，增加了滑坡的下滑力；②吸附应力消失且滑面上的孔隙水压力增加，使得滑坡抗滑力降低。这两个因素共同促使滑坡产生浅层和深层的滑移变形。

库水位上升的影响包括：①产生了上坡方向的渗透力，减小了浅层滑体的下滑力；②地下水位的上升在深层滑面上额外产生了正孔隙水压力并消除了吸附应力。这两个因素导致了深层滑体有效应力和抗滑力的减小[图 17.14（a）]。因此，库水位上升减缓了沿浅层滑面的滑动，但加快了沿深层滑面的滑动[图 17.14（b）]。

库水位下降的影响体现在：①产生了下坡方向的渗透力，增加了浅层滑体的下滑力；②深层滑面上的正孔隙水压力减小且吸附应力增加，即增加了深层滑体抗滑力[图 17.14（c）]。这两个因素加速了沿浅层滑面的变形，但减缓了沿深层滑面的变形[图 17.14（d）]（Wang et al.，2016）。

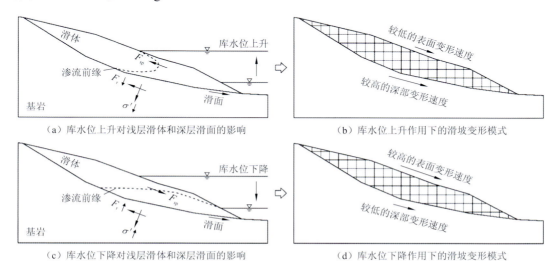

（a）库水位上升对浅层滑体和深层滑面的影响　　　（b）库水位上升作用下的滑坡变形模式

（c）库水位下降对浅层滑体和深层滑面的影响　　　（d）库水位下降作用下的滑坡变形模式

图 17.14　库水位波动对浅层滑体和深层滑面的影响及其变形模式

F_{sp} 为渗透力；F_r 为阻力；σ' 为有效应力

进一步地，引入驱动-锁固力学模型，着重分析库水位上升和下降过程中水压力对库岸滑坡稳定性的影响。受长期库水和降雨作用影响，库岸滑坡滑带软化作用明显，抗剪强度较低。而在滑坡（中）后部，滑面坡度较陡，滑动面的抗滑力不足以抵抗滑坡体自重的下滑分力，会向前端滑体传递下滑推力，驱动滑坡滑移，因此将这部分滑体称为驱动段（图 17.15）。而前段滑体滑动面坡度较缓，甚至接近水平或是反倾，且该部分滑坡体厚度较大，因此在自重条件下，这部分滑体的抗滑力大于其自身重力的下滑分力，对整个滑坡的稳定性起着关键性作用，同时阻碍着驱动段的变形，称为锁固段（图 17.15）。

在库水位上升阶段[图 17.16（a）]，由于库水位抬升，水流由岸坡流向坡内，产生指向坡内的渗透力，有利于滑坡的稳定性。同时在此阶段，滑坡体内地下水位不断抬升，滑体所受浮托力不断增大。在锁固段，浮托力增大不利于滑坡整体稳定性，而在驱动段则有利于滑坡稳定性，浮托力作用的最终效果需看哪部分起主控作用。在三峡水库首次试验性蓄水中，库水位从 69 m 抬升到 135 m 时，淹没的主要为锁固段的滑体，锁固段部位的浮托力起主导作用，因此该阶段库水位抬升所产生的浮托作用整体上是不利于滑坡稳定性的。蓄水后，大量的滑坡开始持续变形，也证实了这一点。

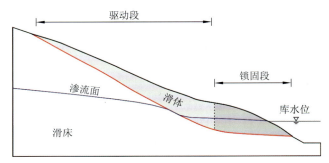

图 17.15　驱动-锁固力学模型

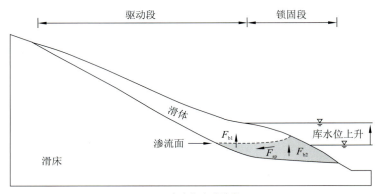

（a）库水位上升阶段

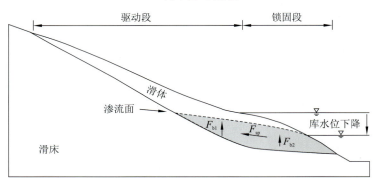

（b）库水位下降阶段

阶段	因素	渗透力（F_{sp}）	驱动段浮托力（F_{b1}）	锁固段浮托力（F_{b2}）
库水位上升阶段	对力的影响	向内	+	+
	对稳定性的影响	+	+	−
库水位下降阶段	对力的影响	向外	−	−
	对稳定性的影响	−	−	+

注：+表示增大；−表示减小。

（c）渗透力与浮托力对滑坡稳定性的影响机制

图 17.16　库水位上升与下降阶段水压力对库岸滑坡稳定性的影响

F_{sp} 为渗透力；F_{b1} 为驱动段浮托力；F_{b2} 为锁固段浮托力

在库水位下降阶段[图 17.16（b）]，地下水流向由坡内指向坡外，产生了指向坡外的动水压力，不利于滑坡的稳定性。在此阶段，滑坡体内地下水位不断下降，滑体所受浮托力不断降低。浮托力降低在驱动段不利于滑坡的稳定，而在锁固段则有利于滑坡的整体稳定性。因此，无论是在库水位上升阶段还是在库水位下降阶段，其对滑坡整体稳定性的影响，最终由渗透力作用、驱动段浮托力作用、锁固段浮托力作用综合叠加而成[图 17.16（c）]（Zou et al.，2021）。

综上所述，水压力对滑坡稳定性的影响可以从渗透力和浮托力两个角度进行分析。渗透力对滑坡稳定性的影响取决于水流方向及其大小；浮托力对滑坡稳定性的影响视具体滑体部位而定，浮托力存在于驱动段有利于滑坡的稳定性，而存在于锁固段则不利于滑坡的整体稳定性。

17.4　本 章 小 结

本章依托黄土坡滑坡立体综合监测系统，基于获取的大量降雨、水位、地表与深部变形数据，全面揭示了黄土坡滑坡复杂的动力学特征和演化机理。黄土坡滑坡的变形在空间上表现出显著的不均匀性，在时间上具有动态非线性。降雨和库水位波动对滑坡行为的影响方式不同，降雨通过增加滑坡体含水率来影响变形，大多会降低整个滑坡的稳定性。库水位的上升会减缓浅层滑体的变形，但会加速深层滑体的滑动。相反，库水位的下降会加速浅层滑体的变形，但会减缓深层滑体的滑动。库水位的升降对滑坡整体稳定性的影响，最终是由渗透力作用、驱动段的浮托力作用及锁固段的浮托力作用综合叠加而成的。

参 考 文 献

TANG H M, LI C D, HU X L, et al., 2015. Deformation response of the Huangtupo landslide to rainfall and the changing levels of the Three Gorges Reservoir[J]. Bulletin of engineering geology and the environment, 74: 933-942.

WANG J G, SU A J, XIANG W, et al., 2016. New data and interpretations of the shallow and deep deformation of Huangtupo No.1 riverside sliding mass during seasonal rainfall and water level fluctuation[J]. Landslides, 13(4): 795-804.

ZOU Z X, TANG H M, CRISS R E, et al., 2021. A model for interpreting the deformation mechanism of reservoir landslides in the Three Gorges Reservoir area, China[J]. Natural hazards and earth system sciences, 21(2): 517-532.